"十二五"普通高等教育本科国家级规划教材

住房城乡建设部土建类学科专业"十三五"规划教材

高校建筑环境与能源应用工程学科专业指导委员会规划推荐教材

人工环境学

（第二版）

Built Environment Science

李先庭　石文星　主编

中国建筑工业出版社

图书在版编目（CIP）数据

人工环境学/李先庭，石文星主编. —2版. —北京：
中国建筑工业出版社，2017.3
"十二五"普通高等教育本科国家级规划教材　住
房城乡建设部土建类学科专业"十三五"规划教材　高
校建筑环境与能源应用工程学科专业指导委员会规划
推荐教材
ISBN 978-7-112-20433-5

Ⅰ.①人… Ⅱ.①李… ②石… Ⅲ.①环境科学-高
等学校-教材 Ⅳ.①X

中国版本图书馆 CIP 数据核字（2017）第 037089 号

　　　　本书是"十二五"普通高等教育本科国家级规划教材，主要介绍人工环境的
内容和营造不同人工环境的方法。全书共分四篇，分别介绍典型人工环境对象的
需求参数，影响人工环境的各种因素，营造不同类型人工环境的方法以及如何定
量分析评价各种人工环境。本书重点不在具体的人工环境系统，而在各类人工环
境的共同营造方法，是营造各类人工环境的基础。其中的人工环境包括温度、湿
度、风速、污染气体、悬浮颗粒物、气体成分与气压等内容，典型的人工环境对
象包括人居环境、动植物的生长发育环境、食品的贮运环境、工业生产与实验检
测环境等。
　　　　该书除可用做建筑环境与能源应用工程专业的提高教材外，还可供土木建筑、
制冷、环境、电子、航空航天、制药、船舶、交通、农业等专业的师生参考。

　　　　责任编辑：齐庆梅
　　　　责任校对：李欣慰　党　蕾

"十二五"普通高等教育本科国家级规划教材
住房城乡建设部土建类学科专业"十三五"规划教材
高校建筑环境与能源应用工程学科专业指导委员会规划推荐教材

人 工 环 境 学（第二版）

李先庭　石文星　主编

＊

中国建筑工业出版社出版、发行（北京海淀三里河路 9 号）
各地新华书店、建筑书店经销
北京红光制版公司制版
北京富生印刷厂印刷

＊

开本：787×1092毫米　1/16　印张：19¾　字数：487千字
2017年8月第二版　2017年8月第二次印刷
定价：**39.00**元
ISBN 978-7-112-20433-5
（29954）

第 二 版 前 言

长期以来，人们都将供热、通风和空调作为不同的专业内容来讲授，且针对的对象主要是工业建筑和民用建筑。近十几年来，暖通空调的应用面越来越广，在国民经济中发挥的作用越来越大，消耗的能源在国民经济中占据的比重在同等规模的行业中首屈一指，越来越多的人员开始从事与之相关的工作。这一状况使得 20 世纪 80 年代末彦启森教授和江亿教授提出的人工环境学科概念越来越得到人们的认可，人们普遍期望能够有一本关于人工环境营造方面的教材来帮助从业人员更好地从事该领域的工作。

在此背景下，《人工环境学》第一版于 2006 年出版，将人工环境拓展为包括温度、湿度、风速、污染气体、悬浮颗粒物、气体成分与气压的空气环境，从而可以涵盖各类应用对象。若干所院校以此教材为基础给本科生、研究生开设了人工环境学课程，受到师生们的好评。近年来，随着人工环境应用领域的进一步扩展和人们对节能减排的重视，作者结合近些年的技术发展，并综合考虑第一版教材中的不足，编写了此版《人工环境学》。

修订后的《人工环境学》保持了第一版"绪论＋四篇"的风格，对第一版部分章节内容进行了合并与调整，补充了一些新内容。全书重点不在具体的人工环境系统，而在各类人工环境的共同营造方法。全书除绪论外共分为四篇十三章：第一篇共四章，主要介绍不同类型人工环境需要什么样的空气参数；第二篇共三章，主要介绍影响人工环境的因素；第三篇共两章，主要介绍人工环境的营造方法；第四篇共三章，主要介绍人工环境的分析和评价方法。四篇内容既相对独立，又具有一定的内在联系。

本书第一章至第五章对第一版内容做了少量修改；第六章至第八章对第一版的结构做了较大的调整，并更新补充了部分内容；第九章和第十章由第一版的第九章至第十一章合并修改而来，并补充了温湿度和风速控制方法；第十一章至第十三章在第一版第十二章至第十四章的基础上修改而来，并增加了室内环境的综合评价方法及示例。此版修改由李先庭规划与统稿，由石文星负责审查，清华大学建筑技术科学系的王宝龙副教授、邵晓亮博士、博士生沈翀参与了此版的修改，研究生梁超、李子爱、王鲁平、王欢、冉思源、马惠颖、林炎顷、王建、南硕、程作、张国辉、吕伟华、游田、艾淞卉、宋鹏远、尚升、黄文宇、刘星如、张朋磊等同学在本书编写过程中帮助查阅整理了大量资料，并进行了校对，在此表示衷心的感谢！

为方便任课教师制作电子课件，我们制作了包括书中公式、图表等内容的电子素材可发送邮件至 jiangongshe@163.com 免费索取。

本书被列为"十二五"普通高等教育本科国家级规划教材。受编者水平和知识面所限，本书如有不妥和错误之处，恳请读者给予批评指正。

第 一 版 前 言

长期以来，人们都将供热、通风和空调作为不同的专业内容来讲授。而自 20 世纪 80 年代末彦启森教授和江亿教授提出人工环境的概念后，人们一直期望能够用人工环境来涵盖传统的供热、通风和空气调节，而且应用对象不仅包含建筑，还应包括其他各类应用供热、通风和空气调节的对象。

近年来，随着对空气品质的关注和航空航天及军工技术的发展，人们对空气中气体污染物、悬浮颗粒物以及空气成分和气压也越来越关注，传统的供热、通风和空调已很难全部覆盖这些内容。本书作者从最早的人工环境概念出发，分析比较各种不同类型的应用对象，将人工环境拓展为包括温度、湿度、风速、污染气体、悬浮颗粒物、气体成分与气压的空气环境，从而可以涵盖各类应用对象。

本书重点不在具体的人工环境系统，而在各类人工环境的共同创造方法。全书除绪论外共分为四篇十三章：第一篇共四章，主要介绍不同类型人工环境需要什么样的空气参数；第二篇共三章，主要介绍影响人工环境的因素；第三篇共三章，主要介绍人工环境的创造方法；第四篇共三章，主要介绍人工环境的分析和评价方法。四篇内容均相对独立，又具有内在联系。

本书第一章、第十二章由李先庭编写，第六章由李先庭、余延顺编写，第二、十、十四章由赵彬编写，第三、四、九章由石文星编写，第五、七、十一章由田长青编写，第八、十三章由余延顺编写。全书由李先庭统稿，清华大学建筑技术科学系的彦启森教授担任主审。清华大学建筑技术科学系李蓉樱、赵丽娜、陈权、赵恒，中国科学院理化技术研究所徐洪波，天津商学院制冷与空调工程系黄建、谢旭明等研究生在本书编写过程中帮助查阅整理了大量资料，中国建筑工业出版社齐庆梅编辑在本书出版过程中提出很多好的建议并给予了大量指导，本书得到了国家"985 工程"二期教材建设的资助，在此一并表示衷心的感谢！

由于编者水平有限，且本书涉及的学科内容广泛，有不妥和错误之处，恳请读者给予批评指正。

编者
2006 年 3 月

目　　录

第四篇　人工环境的分析方法

第一章　绪　论

第一节　人工环境的范畴与分类

环境是以人类社会为主体的外部世界的总称，包括自然环境和人造环境。前者是不依赖人类的主观意识而独立存在的客观世界（如大气环境等）；而后者则是人类在利用自然、优化自然的过程中营造出来的环境，包括工程环境（如人工产品、人工建筑、工艺环境等）和社会环境（如政治制度、社会行为、宗教文化等）。本书所讲述的人工环境是工程环境的一种，特指人类通过技术手段而营造出来的满足一定要求的空气环境，其中包括空间内空气的温度、湿度、风速、气体成分、污染物浓度以及空气压力等。

随着工农业生产、建筑、交通、国防等的发展和人民生活水平的提高，人工环境的要求也越来越高，应用领域越来越广，与人的关系也越来越密切。人工环境的分类方法多种多样，不同的目的有不同的分类方法。

按照对象空间（本书专用名词，系指所研究的目标）与自然环境是否连通，可分为密闭空间环境和非密闭空间环境两大类。

典型的密闭空间环境如载人航天器、潜艇以及战时使用的地下防护工程等。在这些密闭空间中，工作人员和设备散发出的各种气体和颗粒都弥漫在这个有限的空间内，无法像地球表面建造的建筑物或局部空间那样可以利用自然（即大气）环境中的清洁新鲜空气，通过通风换气等技术手段保障或维持其内部的空气成分，也不能像自然环境中那样进行生态再生循环，而必须设置合理的人工环境系统，为内部人员的生存、机器设备的正常运行提供所需的空气环境。

非密闭空间的例子很多，如普通的建筑、地铁、地下矿井、火车、汽车等。在这些非密闭空间中，自然环境中的空气会通过渗透进入对象空间之中，空间内的空气参数不仅受到内部人员、设备等的影响，同时也受到自然环境中空气参数的影响。自然环境的影响有时是有利的，如可以直接从自然环境中补充新鲜空气，保持对象空间中的氧气浓度基本不变；有时是不利的，如自然环境中的灰尘会通过渗透使得对象空间的污染物浓度过高，自然环境中的高温、高湿将使对象空间温、湿度的维持付出更多代价等。

按照对象空间的功能，又可分为建筑环境、交通工具环境、军事装备环境、工农业生产环境以及人工检测环境等。

建筑环境是人工环境中最为重要的对象，通常包括商用建筑、住宅建筑及地下建筑等。典型商用建筑包括写字楼、酒店、医院、商场、学校、体育场馆、剧场、车站、机场等；住宅建筑则包括高层住宅、多层住宅、别墅、庄园等；地下建筑种类各异，包括地铁、地下隧道、地下商用建筑、人防工程等。

交通工具环境与人的关系越来越密切，被称为"移动的建筑"，包括各类汽车、火车、飞机、轮船等。

军事装备环境的种类很多，如军舰、战机、坦克、装甲车、潜艇等军用装备中舒适与生命环境的维持，飞船、航天飞机及空间站中微重力条件下的环境营造，各种导弹装备的实验与发射平台环境的维持等。

工农业生产环境包括生产过程中需要控制的工艺环境和生产环境，包括温度、湿度、颗粒物浓度等，如纺织、钢铁、化工、冶金、采矿等；洁净环境是一种特殊的工农业生产环境，包括用于大规模集成电路生产制造的洁净车间、医院手术室、制药和食品加工的GMP（Good Manufacture Practice）车间、实验动物饲养室等；植物温室是一种典型的农业生产环境，包括蔬菜大棚、阳光温室、植物园等；食品贮运环境也是一种典型的生产环境，包括牛奶、冰淇淋、果蔬等各种冷冻或冷藏食品的生产、运输和销售过程所需要的环境。

人工检测环境的种类也特别多，如模拟各种不同气象条件的人工气候室、用于耐高温或耐低温实验的高低温实验箱、各种精密实验的恒温恒湿环境等。

按照对象空间中主要关注目标的不同，又可分为人居环境、动植物生长发育环境、食品贮运环境、工业生产与实验检测环境等。

人居环境中的关注目标主要是人，因此对象空间的主要目标是营造适合于人的生存、满足人体舒适和健康的空气环境，如各类建筑、交通工具、生命保障系统等。

动植物生长发育环境中的关注目标是动植物，因此对象空间的主要目标是创造适合于动植物生长、发育的空气环境，如实验动物饲养室、植物温室等。

食品的贮运环境的关注目标是食品，因此对象空间的主要目标是创造适合于生产出高质量食品以及保持食品质量的空气环境，如食品加工车间、易腐食品冷藏运输车等。

工业生产与实验检测环境的关注目标是生产的工艺过程，对象空间的主要目标应保持工业生产和检测环境所需要的空气环境，如恒温恒湿车间、人工气候室等。

从上面的例子可以看出，人工环境的覆盖面很广，所涉及的学科和专业种类也很多。但综观人工环境的应用领域，可以发现对空气参数的要求并不像覆盖面那样宽广，主要涉及到空气环境的温度、湿度、风速、气体成分、污染物浓度（包括气体污染物和悬浮颗粒物）和空气压力等六大参数。

第二节 人工环境的发展历程

回顾人工环境的发展历程，可以看到人们对人工环境的认识与研究往往是从对单一的环境控制参数开始的。

在温度控制方面，主要分为采暖和制冷两大部分。

在采暖方面，从西安半坡村挖掘发现，在新石器时代仰韶时期我国就开始使用火炕，而夏、商、周时期使用供暖火炕则在《古今图书集成》中就有记载；西方世界则在古罗马时代（公元1～4世纪）出现了将热空气从床下送入房间的装置。18世纪的英国，由于工业革命的兴起，城市人口急剧膨胀，建筑集中度增加，使用取暖设备的人逐渐增多，采暖逐渐进入人们的生活中。从取暖装置看，经历了从烧柴的壁炉到烧煤的铸铁采暖炉，再到蒸汽、热水集中区域采暖系统的变迁。

在制冷方面，我国劳动人民于公元前已经采用天然冰进行防暑降温了。《诗经》中有：

"二之日凿冰冲冲，三之日纳于凌阴"的诗句。《左传》也有"鉴如缶，大口以盛冰，置食物于中，以御温气"的记载[1]。《艺文志》则有"大秦国有五宫殿，以水晶为柱拱，称水晶宫，内实以冰，遇夏开放"的记载。在国际方面，1748年，威廉·库伦（苏格兰人，格拉斯哥大学教授）科学地观察到乙醚蒸发会引起温度的下降。1755年，威廉·库伦发明了第一台采用减压水蒸发的制冷机，同时发表了《液体蒸发制冷》一文，开创了人工制冷的新纪元，因此1755年可以看作人工制冷史的起点[2]。表1-1中显示了人工制冷的初期发展历程。

人工制冷最初的发展　　　　　　　　　　　　　　　　　表1-1

时　　间	事　　件
1755 年	William Cullen 发表《液体蒸发制冷》论文
1805 年	提出蒸气压缩制冷方式
1834 年	做出蒸气压缩制冷机械模型
1850 年	进行了较多的蒸气压缩制冷实验
1867 年	San Antonio, D. Holden 和 J. Muhl 建成蒸汽锅炉驱动的制冷装置
1875 年	林德制造出第一台甲醚压缩机
1876 年	林德制造出氨压缩机

截至1875年，产生了四种制冷机：空气膨胀式制冷机、（氨）吸收式制冷机、蒸发式制冷机、水减压蒸发式制冷机，拉开了人工制冷的序幕。

在湿度控制方面，早在2000多年前中国人就已经采用木炭来吸湿。湖南长沙马王堆出土的汉墓就有木炭，被认为是墓主当时用木炭来吸收墓室中的潮气的。可见，除湿在我国有着悠久的历史。1911年Carrier给出湿空气图表，揭开了湿度控制工业的序幕。随着20世纪初纺织工业的发展，喷水室喷雾加湿开创了空气调节湿度控制的先河。随着制冷技术的进一步实用化，冷水喷淋、冷凝除湿在工业生产中得到了广泛的应用。近几十年来，人们对除湿和加湿的研究和应用又有了新的发展。1955年Lof就用三甘醇溶液作为除湿剂进行太阳能除湿实验，之后各国的研究人员都做了大量的工作，在除湿方面进行了有益的探索；近50年来，随着吸附技术的发展，吸附剂实现了重复再生使用，在空气除湿中受到了重视；近20年来固体转轮除湿也有了很大的发展；近年来，随着新工艺、新材料与膜分离技术的发展，溶液除湿[3]、膜法除湿也越来越受到人们的关注[4]。而在加湿方面，干蒸汽加湿、电极式加湿、超声波加湿等技术也得到很大发展。

在空气成分控制方面，人们很早就认识到通风的重要性，但只停留在感性认识的层面上。随着空间密闭性能的提高，人们认识到通风可以维持合适的氧气浓度和污染物浓度。在人工环境中，气调贮存保鲜是空气成分控制的典型应用。通过使用选择性的渗透膜，可以保持气调库中氧气浓度低于外界环境，CO_2浓度高于外界环境，从而保持水果、蔬菜新鲜且不腐烂。早在20世纪40年代，美国便开始兴建气调冷藏库用于商业贮藏苹果，获得明显效益[5]。各国相继效仿，使得气调技术在食品保鲜方面得到迅速的发展。但人为地改变空气成分是以空气分离技术突破为先导的。1895年，德国林德利用焦耳-汤姆逊节流效应制成世界第一台3L/h高压空气液化装置，液化空气成功，并投入工业生产，建立了

"林德节流液化循环"。1902 年，林德设计了世界第一台 $10m^3/h$ 高压节流、单级精馏制氧机，1903 年制造出氧，可称为世界空分制氧的第一个里程碑，林德成为世界制氧机的鼻祖。1902 年，法国克劳特发明对外做功来降低温度的活塞式膨胀机，建立了有名的"克劳特膨胀液化循环"。1924 年，德国法兰克尔提出在大型空分设备上采用金属填料的蓄冷器，代替一般的热交换器，林德公司 1926 年开始在空分设备中应用，这是大规模气体液化与分离技术方面的一个重要进展[6]。此后空气液化与分离技术在工业生产中开始大量应用，为改变空气气体成分提供了基础。

在污染物浓度控制方面，在人类诞生后，尤其是使用火以来，人类就已经逐步开始关注空气污染现象。早在公元 1300 年，爱德华一世宣布禁止在开会期间燃烧生煤；1661 年，John Evelyn 写了《伦敦空气污染的坏处及建议管制方法》一书；1866 年，第一篇讨论空气污染对健康影响的论文发表[7]。随后人们对污染物危害的认识越来越清楚，制定出一系列控制污染物浓度的法律。

在空气污染控制技术方面，1668 年英国学者加斯特洛提出避免煤烟危害的技术措施。1809 年英国采用了石灰乳脱除煤烟中的硫化氢，1849 年开始采用氧化铁脱除硫化氢。1897 年日本建造了煤烟脱硫塔，烟气经石灰乳脱硫后经高烟囱排放。20 世纪 60 年代以后，空气污染控制技术有了较大的发展，除尘、脱硫、脱氮等实用技术在实际工作中发挥了重要的作用。我国自 1973 年开始研究和使用空气污染控制技术，虽然起步较晚，但目前的发展步伐较快[8]。

在悬浮颗粒控制方面，人们最早对空气中悬浮颗粒的认识是对室外空气中的悬浮颗粒，即大气尘。早期关于大气尘的概念是指大气中的固态粒子，即真正的灰尘；后来又有人（如德国的荣格 Junge）提出大气尘是粗分散气溶胶的概念，但这一概念也是不完全的。大气尘的现代概念不仅是指固体尘，而是既包含固态微粒也包含液态微粒的多分散气溶胶，这就是广义的大气尘。而狭义的大气尘实专指大气中的悬浮微粒，粒径小于 $10\mu m$。在过去，我国《大气环境质量标准》中将 $10\mu m$ 以下的悬浮微粒称为飘尘，现改称为可吸入微粒。

空气过滤器是控制室内悬浮颗粒的主要手段。1942 年在第二次世界大战中，为了除去放射性微粒，美国研制出了折叠形滤纸高效过滤器，并在 1958 年出现于市场。随后一系列用于控制环境中悬浮颗粒的空气净化设备相继研制成功。1961 年第一个层流洁净室在美国出现[9]，是空气洁净技术一个重要的里程碑。第一个生物洁净室于 1966 年 1 月在美国建成，用于医院的手术室。诞生于 20 世纪 50 年代末 60 年代初的我国的悬浮颗粒控制技术，也取得了很大的发展，尤其是在核工业、航天工业、电子工业、精密机械工业中得到了广泛的应用，特别是近年来在我国集成电路生产、特殊疾病的手术和治疗护理以及制药行业推行质量管理标准方面发挥了重要作用，成为生产活动和科学实验现代化的标志之一[9,10]。

在空气压力控制方面，人们对大气压力控制的研究和应用多发生于 20 世纪。在航空航天方面，1961 年 4 月，世界上第一艘载人飞船成功发射，航天员加加林在人类历史上首次登上太空绕地球飞行 $108min$[11]，这标志着大气压力控制系统在航天器座舱内的成功应用。此后，为了试验航天和军工产品在不同地区的适应性，一批可实现压力变化的舱体和装备试验环境诞生，为军事、交通和工业生产的发展发挥了重要作用。

随着人类科技的进步和社会生产力的提高，各项环境参数的控制技术对人工环境技术的发展起到了巨大推动作用，使得人工环境技术从以前对六大参数的单独控制逐步过渡到目前对各种参数进行综合控制，为更好地营造和实现人工环境奠定了基础。

第三节　为什么要学习人工环境学

欲营造满足要求的人工环境，必须有营造人工环境的系统，通常称之为人工环境系统。

传统上，人们通常使用采暖系统、通风系统和空调系统来代表营造室内空气环境的系统。采暖系统通常仅关注温度，通风系统通常关注氧气和污染物浓度（有时也涵盖温度），而空调系统理论上讲则应既涵盖温度、湿度，又涵盖污染物浓度的控制，但实际上有很多系统仅关注降温和除湿（有的甚至除湿都未包括，我国南方很多地方简称"冷气"就是这种现象的体现）。当前有些空调专家提出应将采暖、通风和空调系统合并，统称为空调系统，这虽然有助于解决采暖系统、通风系统和空调系统的分类与协调问题，但仍不能彻底解决室内空气环境气体成分、污染气体、悬浮颗粒物和空气压力的问题。因此，本书将不再按传统的采暖系统、通风系统和空调系统来进行人工环境系统的划分，而仅将它们作为人工环境系统的一种特殊形式。

人工环境系统由控制温度、湿度、风速、气体成分、污染物浓度、空气压力的装置和设备组成。当人工环境种类不同时，营造环境的设备将会有很大的差异，但营造人工环境的系统构成和方法却是类似的。

示例一：普通地面建筑通常采用制冷设备制取冷水，用冷水对空气进行冷却、除湿，送入对象空间中，实现室内温、湿度的控制；而在飞机中则采用空气膨胀制冷。二者制取冷风的途径完全不同，但都采用了制取冷风送入对象空间中，实现空间中温、湿度的控制。

示例二：热带地区采用制冷设备制取干爽的凉风送入地下矿井中，用于控制矿井操作面附近的空气温度和湿度；而寒带地区则可以直接将地面上的空气送入矿井操作面，实现空气温度和湿度的控制。二者需要的设备完全不同，但却均采用了送干爽凉风控制操作面温度和湿度的方法。

示例三：对象空间中有污染气体源存在，而在自然环境的空气中该污染气体浓度很低，工程A采用直接将自然环境中的空气通入对象空间，从而把空间中污染物的浓度控制在允许值以下；工程B则采用一套空气处理系统，把从空间取过来的空气中的污染物分解成无害气体，再送入对象空间，从而把空间中污染物的浓度控制在允许值以下；工程C则在空间内安装净化器，该净化器采用活性炭吸附空气中的污染物，通过空气的不断循环将空间中的污染物浓度控制在允许值以下。三个工程所用设备完全不同，但均采用稀释方法实现了空间中污染物的浓度控制。

由于各种应用对象的差异特别大，各种空气处理设备的种类特别多，不同对象最适合的设备必须考虑应用对象的工艺特点，因地制宜地进行选择，因此不可能在一本书中把各种对象的设备都介绍清楚。但服务于不同人工环境对象的系统和方法却有很多相似之处，这些共性的东西就是人工环境学的研究内容。

所谓人工环境学，就是研究营造不同人工环境的方法的科学。由于人工环境包括温度、湿度、风速、气体成分、污染物浓度、空气压力等内容，因此人工环境学将重点介绍创造所需温度、湿度、风速、气体成分、污染物浓度、空气压力的方法。

由于不同的参数可以由同一系统营造，也可以由不同的系统营造，通常，我们把营造人工环境的各个子系统独立对待。在一定条件下如果两个或多个子系统可以合并时，整个人工环境系统将会得到简化。图 1-1 是一般对象空间的人工环境系统示意图，通常由温度控制系统、湿度控制系统、风速控制系统、气体成分控制系统、污染气体控制系统、悬浮颗粒控制系统、大气压力控制系统等七大系统所组成。实际工程中，人们似乎往往很少看到七大系统都齐全的人工环境系统，这并不是因为某些系统不必要，而是在一些情况下，有些系统退化成没有任何设备的系统了。这一点可以从下面的示例中看出。

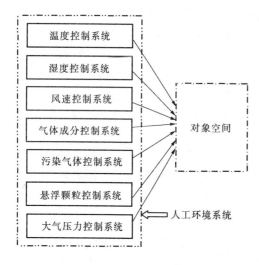

图 1-1 一般对象空间人工环境系统示意图

示例一：某建筑在周边房间的空调区域采用风机盘管系统，未设置新风系统；而在中心房间的空调区域内采用带回风的全空气系统。对周边房间而言，风机盘管系统是温度控制系统、湿度控制系统和风速控制系统的集成系统，而气体成分控制系统、污染气体控制系统、悬浮颗粒控制系统、大气压力控制系统则退化成外窗的空气渗透；对中心房间而言，全空气系统是温度控制系统、湿度控制系统、风速控制系统、气体成分控制系统、污染气体控制系统、悬浮颗粒控制系统、大气压力控制系统的集成系统。其中，通过送入空气的成分实现了房间内的空气成分和污染气体浓度控制，通过过滤系统实现了颗粒物浓度控制，通过调节送风和排风量的大小实现了室内风速和大气压力控制。

示例二：地下防护工程在平时由通风系统将处理后的空气送入地下，并由排风系统将污浊的空气排出；当生化袭击发生时，防护工程与自然环境的通风被切断，而由其内部的环境控制与生命保障系统提供人员和设备安全、保证战斗力的空气环境。

示例三：载人飞船在太空飞行时，环境控制与生命保障系统将为飞船内部提供安全、舒适的空气环境。事实上，所谓的环境控制与生命保障系统就是由温度控制系统、湿度控制系统、风速控制系统、气体成分控制系统、污染气体控制系统、悬浮颗粒控制系统、大气压力控制系统等七大系统所组成的集成系统。

我们学习人工环境学，就是要掌握七大系统的实现方法。通过学习这些系统的实现方法，就可以结合服务对象的工艺特点，提出节约资源和能源、提高保障品质的人工环境系统解决方案，更好地为工艺对象服务。

第四节 本书内容安排及特点

我们学习人工环境学的目的，最终是为关注的对象服务。因此，在对人工环境进行分类时，我们在书中按照对象空间中主要关注目标的不同进行分类，将人工环境分为人居环境、动植物生长发育环境、食品贮运环境、工业生产与实验检测环境等。此外，由于人的生存环境差异很大，人工环境的目标通常是营造满足人体舒适的空气环境，因此本书不讲人的极限生存环境。事实上，本书讲述的方法可以方便地用于极限生存环境之中。

全书共分为四篇：第一篇，人工环境的需求参数；第二篇，人工环境的影响因素；第三篇，人工环境的营造方法；第四篇，人工环境的分析方法。

第一篇主要介绍不同类型人工环境需要什么样的空气参数，共分四章（即第二到第五章），分别介绍人居环境、动植物生长发育环境、食品贮运环境、工业生产与实验检测环境的需求参数，为人工环境的营造指明了方向。

第二篇主要介绍影响人工环境的因素，共分三章（即第六到第八章）。在第六章中，针对传统气象参数和设计日概念的局限性，提出了广义气象参数和典型设计周期的概念；在第七章中，介绍了广义围护结构的热、湿、气体组分传递规律与气密性；第八章介绍了对象空间的内扰。这些内容可用于人工环境的定性分析，也为人工环境的定量分析与评价提供了基础。

第三篇主要介绍人工环境的营造方法，共分两章（即第九章、第十章）。第九章重点介绍对象空间内空气成分的制备与空气处理方法；第十章介绍了对象空间内空气温度、湿度、污染物浓度、压力、气体组分以及风速等参数的保障原理和技术措施，为人工环境的营造提供了具体的实现方法。

第四篇主要介绍人工环境的分析和评价方法，共分四章（即第十一到十三章）。第十一章介绍人工环境的评价指标，用于指导人工环境的分析与评价；第十二章介绍人工环境的集总参数分析方法；第十三章介绍人工环境的分布参数分析方法，并展示了两个人工环境评价的典型案例。

上述四个部分既相互独立，又具有内在联系。本书的目的不是掌握各种不同类型的人工环境系统，而是各种人工环境的分析与营造方法。这些方法不仅适用于常见的建筑环境，还可适用于其他人工环境。由于人工环境包含的内容很多，本书不可能充分结合各种不同人工环境的特点分析各自的系统，只能概括介绍典型的处理方法。在将这些方法组合成具体的解决方案时，还必须充分结合工艺对象的特点，而这部分内容就只能在其他各种专业书籍中介绍了。

参 考 文 献

［1］ 石文星，田长青，王宝龙编著. 空气调节用制冷技术（第五版）［M］. 北京：中国建筑工业出版社，2016.

［2］ 邱忠岳 译. 世界制冷史［M］. 中国制冷学会，2001.

［3］ 刘晓华，江亿，张涛著. 温湿度独立控制空调系统（第二版）［M］. 北京：中国建筑工业出版社，2013.

［4］ 张立志编著. 除湿技术［M］. 北京：化学工业出版社，2005.

［5］ 孙企达编著. 真空冷却气调保鲜技术及应用［M］. 北京：化学工业出版社，2004.

［6］ 顾福民. 国内外空分发展回顾、现状与展望［J］. 抗氧科技，2005，（1）：1-20.

［7］ Henry C. Perkins 著，黄正义，黄炯昌译. 空气污染学［M］. 台湾：科技图书股份有限公司，1977.

［8］ 李广超主编. 大气污染控制技术［M］. 北京：化学工业出版社，2001.

［9］ 许钟麟著. 空气洁净技术原理［M］. 上海：同济大学出版社，1998.

［10］ 吴植娱，顾闻周，王君山. 洁净室洁净度测试技术发展的回顾与展望［J］. 建筑科学，1987，（4）：37-40.

［11］ 戚发轫主编. 载人航天器技术［M］. 北京：国防工业出版社，2003.

第一篇 人工环境的需求参数

人工环境系统是为对象空间（本书专用名词，系指所研究的目标）服务的，要创造满意的人工环境，首先必须了解需要什么样的人工环境。

人工环境的种类很多，本篇根据服务对象的特点，分别从人、动植物、食品、生产和检测四个方面阐述对温度、湿度、风速、气体成分、污染气体、悬浮颗粒物和大气压力的要求，为人工环境的创造指明方向。

由于人类的生存环境变化范围很大，人工环境的目标主要是营造舒适、健康的空气环境，因此人类对人工环境的需求主要针对正常生理需求的环境，不涉及极限生存环境等。

本篇共分四章。第二章介绍人类舒适、健康所需要的人工环境，第三章介绍动植物生长、发育所需要的人工环境，第四章介绍食品贮存和运输所需要的人工环境，第五章则介绍工农业生产和检测所需要的人工环境。

第二章　适宜的人居环境

现代人大部分时间都在室内度过，根据美国环保署（EPA）1993～1994 年对近万人进行的跟踪调查所得到的数据显示，人们在各类室内环境中度过的时间高达 87.2%，另有 7.2% 的时间花在交通工具中，只有 5.6% 的时间在室外度过[1]。由此可见，创造一个适宜人们居住生活的环境是多么的重要。

第一节　热舒适环境

一、热舒适定义

"热舒适"（thermal comfort）这一术语在研究人体对热环境的主观热反应时已被广泛应用。人体通过自身的热平衡条件和感觉到的环境状况获得是否舒适的感觉，这种舒适的感觉既包括生理反应，也包括心理反应。在美国采暖制冷与空调工程师学会的标准（ASHRAE Standard55）[2] 中，热舒适定义为对热环境表示满意的意识状态。Bedford（1936）[3] 的七点标度把热感觉和热舒适合二为一，Gagge[4] 和 Fanger 等[5] 均认为"热舒适"指的是人体处于不冷不热的"中性"状态，即认为"中性"的热感觉就是热舒适。

但另外一种观点认为热舒适与热感觉是不同的。早在 1917 年 Ebbecke 就指出"热感觉是假定与皮肤热感受器的活动有联系，而热舒适是假定依赖于来自调节中心的热调节反应"[6]。Hensel[7] 认为舒适的含义是满意、高兴及愉快，Cabanac[8] 认为"愉快是暂时的"，"愉快实际上只能在动态的条件下观察到……"。即认为热舒适是随着热不舒适的部分消除而产生的。当人获得一个带来快感的刺激时，并不能肯定他的总体热状况是中性的；而当人体处于中性温度时，并不一定能得到舒适条件。例如，在体温低时，浴盆中的较热的水会使受试者感到舒适或愉快，但其热感觉评价却应该是"暖"而不是"中性"。相反当受试者体温高时，用较凉的水洗澡却会感到舒适，但其热感觉的评价应该是"凉"而不是"中性"。

二、人体的热平衡方程

人的热舒适感主要建立在人和周围环境正常的热交换上，即人体新陈代谢的产热率和人向周围环境的散热率之间的平衡关系。人体为了维持正常的体温，必须使产热和散热保持平衡。图 2-1 是人体的热平衡示意图，它用一个多层圆柱断面来表示人体的核心部分、皮肤和衣着。人体的热平衡方程如下[5]：

$$M - W - C - R - E - S = 0 \tag{2-1}$$

式中　M——人体能量代谢率，决定于人体的活动量大小，W/m^2；

　　　W——人体所做的机械功，W/m^2；

C——人体外表面向周围环境通过对流形式散发的热量，W/m^2；

R——人体外表面向周围环境通过辐射形式散发的热量，W/m^2；

E——汗液蒸发和呼出的水蒸气所带走的热量，W/m^2；

S——人体蓄热率，W/m^2。

式（2-1）中各项均以人体单位表面积的产热和散热表示。裸身人体皮肤表面积可以用下式计算[9]：

$$A_D = 0.202m_b^{0.425}H^{0.725} \qquad (2-2)$$

式中 A_D——人体皮肤表面积，m^2；

H——身高，m；

m_b——体重，kg。

如果一个人身高为 1.78m，体重为 65kg，则皮肤表面积为 1.8m^2左右。上述公式中各部分热量的计算方法和公式可见本章参考文献 [10]。

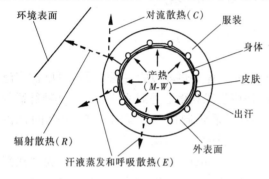

图 2-1 人体和环境的热交换[10]

三、影响热舒适的物理因素

热舒适是在体温处于一个很窄的适宜性范围以内，皮肤湿度低，且人体自身调节很小的情况下出现的（ASHRAE，1997）。引起热不舒适感觉的原因主要可以分为以下几个方面。

1. 人体的皮肤温度及核心温度

热舒适感觉不能用任何直接的方法来测量。热感觉是人对周围环境是"冷"还是"热"的主观描述。尽管人们常评价房间的"冷"和"暖"，但实际上人是不能直接感觉到环境的温度，只能感觉到位于皮肤表面下的神经末梢的温度。

热感觉并不仅仅是由冷热刺激的存在造成的，而与刺激的延续时间以及人体原有的热状态也都有关。人体的冷、热感受器均对环境有显著的适应性。例如把一只手放在温水盆里，另一只手放在凉水盆里，经过一段时间后，再把两只手同时放在具有中间温度的第三个水盆里，那么第一只手会感到凉，另一只手会感到暖和，尽管它们是处于同一温度的。

除皮肤温度以外，人体的核心温度对热感觉也有影响。例如一个坐在 37℃浴盆中的人可以维持恒定的皮肤温度，但核心温度却不断上升，因为他身体的产热散不出去。如果他的初始体温比较低，开始他感受的是中性温度。随着核心温度的上升，他将感到暖和，最后感到燥热。因此，热感觉最初取决于皮肤温度，而后取决于核心温度。

2. 空气温度

当环境温度迅速变化时，热感觉的变化比体温的变化要快得多。Gagge 等（1967）所做的一系列突变温度环境的实验发现，人处于突变的空气温度环境时，尽管皮肤温度和核心体温的变化需要好几分钟，但热感觉却会随空气温度的变化马上发生变化[11]。因此在瞬变状况下，用空气温度来预测热感觉比根据皮肤温度和核心温度来确定可能更为准确。

3. 垂直温差

由于空气的自然对流作用，很多空间均存在上部温度高，下部温度低的状况。一些研究者对垂直温度变化对人体热感觉的影响进行了研究。虽然受试者处于热中性状态，但如果头部周围的温度比踝部周围的温度高得越多，感觉不舒适的人就越多。图 2-2 是头足温差与不满意度之间关系的实验结果。

地板的温度过高或过低同样会引起居住者的不满。研究证明，居住者足部寒冷往往是由于全身处于寒冷状态导致末梢循环不良造成的。但地板温度低会使赤足的人感到脚部寒冷，因此地板的材料是重要的，比如地毯会给人温暖的足部感觉，而石材地面会给人较凉的足部感觉。表 2-1 给出了地板材料与舒适的地面温度的对应关系。

所谓舒适的地面温度即赤足站在地板上不满意的抱怨比例低于 15％时的地板温度，其中地板为混凝土地板覆盖面层。过热的地板温度同样也会引起不舒适，图 2-3 是一种地板的温度与不满意度之间关系的实验结果。实验中受试者的身体均处于热中性状态，但对不同的地板温度的热反应却不同。

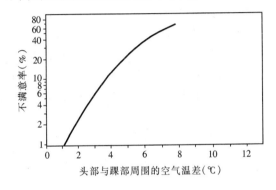

图 2-2　头足温差与不满意度之间
关系的实验结果[12]

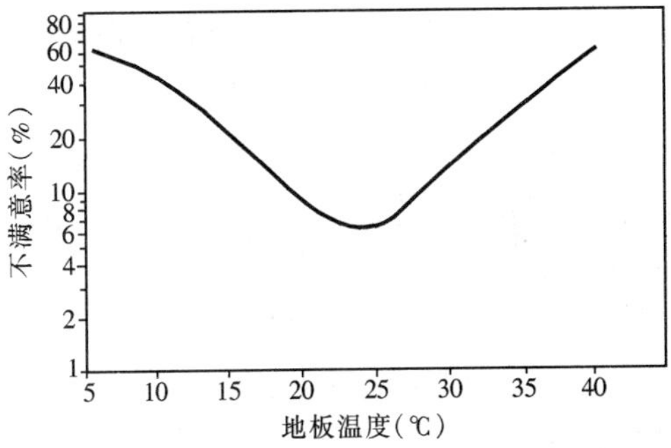

图 2-3　地板温度与不满意度之间
关系的实验结果[12]

不同地板材料的舒适温度[12]　　　　　　　　　　　　表 2-1

地板面层材料	满意度＞85％的地面温度（℃）	地板面层材料	满意度＞85％的地面温度（℃）
木	23～28	橡木地板	24.5～28
混凝土	26～28.5	2mm 聚氯乙烯	26.5～28.5
毛织地毯	21～28	大理石	28～29.5
5mm 软木	23～28		

4. 相对湿度

在偏热的环境中人体需要出汗来维持热平衡，空气相对湿度（φ）的增加并不能改变出汗量，但却能改变皮肤的湿润度。因为此时，只要皮肤没有完全湿润，相对湿度的增加就不会减少人体的实际散热量而造成热不平衡，人体的核心温度不会上升，所以在代谢率一定的情况下排汗量不会增加。但由于人体单位表面积的蒸发换热量下降会导致蒸发换热的表面积增大，就会增加人体的湿表面积。皮肤湿润度的定义是皮肤的实际蒸发量与同一环境中皮肤完全湿润而可能产生的最大蒸发散热量之比，相当于湿皮肤表面积所占人体皮肤表面积的比例。这一皮肤湿润度的增加被感受为皮肤的"黏着性"增加，从而增加了热不舒适感。潮湿的环境令人感到不舒适的主要原因就是皮肤的"黏着性"增加了。Nishi

和 Gagge（1977）给出了会引起不舒适的皮肤湿润度的上限[13]：

$$w < 0.0012M + 0.15 \qquad (2-3)$$

式中　M——人体能量代谢率，决定于人体的活动量大小，W/m^2；

　　　w——皮肤湿润度。

5. 吹风感

吹风感是最常见的不满意问题之一，吹风感的一般定义为人体所不希望的局部降温。但对某个处于"热中性"状态下的人来说，吹风可能是愉快的。

6. 人体活动状态的改变

当人体活动增加时，人体产热的增加要求更低的室内空气温度以便散热。比如，体育馆所要求的温度就比教室要低得多。

7. 其他因素

还有一些因素普遍被人们认为会影响人的热舒适感，例如年龄、性别、季节、人种等。很多研究者对这些因素进行了研究，但结论与人们的一般看法并不一致。

Nevins 等（1966）[14]、Rohles 和 Johnson（1972）[15]、Langkilde（1979）[16]以及 Fanger（1982）[5]分别对不同年龄组的人进行了实验研究，发现年龄对热舒适没有显著影响，老年人代谢率低的影响被蒸发散热率低所抵消。老年人往往比年轻人喜欢较高室温的现象的一种解释是因为他们的活动量小。

长期在炎热地区和寒冷地区生活的人对其所在的炎热或寒冷环境有比较强的适应力，即表现在他们能够在炎热或寒冷环境中保持比较高的工作效率和正常的皮肤温度。为了了解他们对热舒适的要求是否因此有所变化，Fanger 对来自美国、丹麦和热带国家的受试者进行了实验，发现他们原有的热适应力对他们的热舒适感没有显著影响，即长期在热带地区生活的人并不比在寒冷地区生活的人更喜欢较暖的环境，因此他得出结论认为对热舒适条件的要求是全世界相同的，不同的只是他们对不舒适环境的忍受能力[5]。

另一些对不同性别的对比实验发现在同样条件下男女之间对环境温度的好恶没有显著差异。实际生活中女性比男性更喜欢高一点的室温的主要原因之一可能是女性喜欢穿比较轻薄的衣物[5]。

由于人不可能由于适应而喜欢更暖或更凉的环境，因此季节就不应该对人的热舒适感有所影响。McNall 等人[17]（1968）的研究证明了这一点。因为人体一天中有内部体温的节律波动：下午最高，早晨最低，所以从逻辑上很容易作出这样的判断，即人的热舒适感在一天中是有可能会有变化的。但 Fanger（1974）[18]和 Ostberg 等[19]（1973）的研究发现人体一天中对环境温度的喜好没有什么明显变化，只是在午餐前有喜欢稍暖一些的倾向。

总之，为了热舒适，人体必须通过传导、对流、辐射和蒸发等手段排除多余的热量。因此就环境因

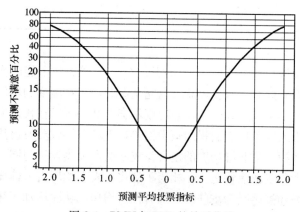

图 2-4　PMV 与 PPD 的关系曲线

素而言，空气温度、相对湿度（φ）、空气流动和平均辐射温度（MRT）的某些特定组合会形成为大部分人认可的热舒适环境。4个环境因素综合在一起决定了人体排除多余热量的难易程度。

四、人体热舒适区

1984年国际标准化组织提出了室内热环境评价与测量的新标准化方法 ISO7730。在该标准中采用预测平均投票指标 PMV（Predicted Mean Vote）、预测不满意百分比 PPD（Predicted Percent Dissatisfied）指标来描述和评价热环境。有关这两个指标的定义将在本书第十二章中详细介绍。图2-4是 PMV 与 PPD 之间的关系曲线。由图可见，当 PMV＝0 时，PPD 为 5%。即意味着在室内热环境处于最佳的热舒适状态时，仍然有 5% 的人感到不满意。因此 ISO7730 推荐的人体热舒适区为 PMV 在 −0.5～+0.5 之间，相当于人群中允许有 10% 的人感觉不满意。目前，对长途客车、空调列车内人员

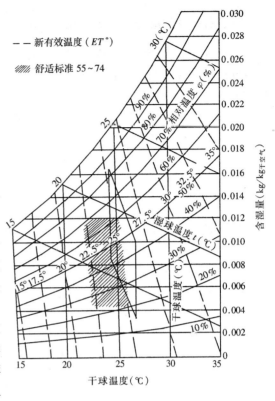

图 2-5　ASHRAE 舒适区[20]

热舒适性的研究多采用 PMV 和 PPD 相结合的评价研究方法；在对飞行器空调座舱的热舒适研究中，也有部分学者采用 PMV 与热舒适方程相结合的评价方法。

而美国供热制冷空调工程师协会 ASHRAE（American Society of Heating, Refrigerating and Air-Conditioning Engineers）则制定了如图 2-5 所示的舒适区，用于指导热环境的设计。

第二节　气体成分对人体的影响

地球作为一颗特殊的行星，是因为在地球上存在着生命。而生命存在需要的基本条件是阳光、空气、水等。在这些条件中，最不可或缺的条件就是空气。如果没有食物，人可以存活 15 天左右；没有水，约 3 天人就要死亡；没有空气，人的生命只能维持 5 分钟左右。各种气体在干洁空气中占一定的份额，按体积百分比来计，其中氮气占 78%，是地球上生物体的基本成分；氧气占 21%，是人类和大多数生物维持生命活动所必需的物质；二氧化碳占 0.03%，是光合作用的基本原料，同时对地面起保温作用；臭氧占 0.000001%，使地球上的生物免受过多紫外线的伤害；另外还有一些微量气体。但是有些气体即使量小，长期作用于人体会对人体的健康产生影响；而在特殊情况下，如火灾等，某些有毒有害气体的浓度会急剧上升，对人体造成极大的危害。因此，研究人体暴露在高浓度气体和微量气体中的影响具有深远的意义。

一、各种气体成分的健康效应

各种气体成分在室内浓度达到一定时就造成室内空气的化学污染，其中主要是指有机挥发性化合物（Volatile organic compounds，简称 VOCs）和有害无机物引起的污染。有机挥发物是一类低沸点的有机化合物的总称，美国环保署（EPA）对 VOCs 的定义是：除了 CO_2、碳酸、金属氧化物、碳酸盐以及碳酸铵等一些参与大气中光化学反应之外的含碳化合物。主要包括醛类、苯类、烯等近 300 种有机化合物，其中最为主要的为甲醛和甲苯、二甲苯等芳香族化合物，这类污染物主要来自装修或装饰材料。而无机物污染主要为 NH_3 和各种燃烧产物，包括 CO_2、CO、NO_x、SO_x 等，这些污染物主要为室内燃烧产物。

（一）几种有机物的健康效应

1. 氢化氰（HCN）

HCN 是由含氮材料燃烧生成的，这类材料包括天然材料和合成材料，如羊毛、丝绸、尼龙、聚氨酯、丙烯腈二聚物以及尿素树脂。它是一种毒性作用极强的物质，毒性约是 CO 的 20 倍，它基本上不与血红蛋白结合，但却可以抑制细胞利用氧气（组织中毒性缺氧）及人体中酶的生成，阻止正常的细胞代谢，引起目眩、虚脱、神志不清等症状。单一 HCN 浓度及中毒症状如表 2-2 所示。

HCN 浓度与中毒症状[21]

表 2-2

暴露浓度（10^{-6}）	暴露时间（min）	症　　状
18～36	＞120	轻度症状
45～54	30～60	损害不大
110～125	30～60	有生命危险或致死
135	30	致　死
181	10	致　死
270	＜5	立即死亡

2. 丙烯醛

丙烯醛是一种特别强烈的感觉和肺刺激物，所谓感觉刺激包括对眼睛和上呼吸道的刺激；肺刺激是指作用于肺的刺激。眼睛刺激是一种只取决于刺激物浓度的即刻效应，角膜中的神经末梢受到刺激会产生疼痛、反复眨眼和流泪，强烈的刺激还可以导致眼睛损伤。空气中的刺激物进入上呼吸道，刺激那里的神经，在鼻、嘴、喉内产生灼热感并导致黏液分泌。感觉效应主要与刺激物的浓度有关，一般不随暴露时间的增加而增强。在灵长目动物身上，继初始感觉刺激的体征出现后，大量被吸入的刺激物便进入肺部并显示出肺刺激的症状。肺刺激的特征是咳嗽、支气管缩窄和肺流阻力增大。通常，暴露于高浓度下达 6～48h 便会出现组织炎症、组织损伤、肺水肿以及随后的死亡。暴露于肺刺激物中还会增加对细菌感染的敏感性。与感觉刺激不同，肺刺激效应既与刺激物浓度有关又与暴露持续时间有关。

现已证明，丙烯醛存在于许多燃烧生成的气体中，它既可由各种纤维材料燃烧产生，又可由聚乙烯热解生成[22]。丙烯醛极具刺激性，其浓度低至百万分之几时仍可刺激眼睛，甚至有可能造成生理失能。令人惊奇的是，对灵长目动物的研究表明，在高达 0.00278 浓度下暴露 5min 并没有造成身体失能。然而，由较低浓度引起的肺病并发症却在暴露半小时后造成了死亡。

3. 甲醛（CH₂O）

甲醛是一种无色有强烈刺激性气味的气体，易挥发，易溶于水，其 30%～40% 的水溶液俗称福尔马林。甲醛容易聚合为多聚甲醛，其受热后则发生解聚作用，在室温下缓慢分解出甲醛。室内甲醛主要来自装修材料及家具、吸烟、燃料燃烧和烹饪等。它的释放速率与家用物品所含的甲醛量有关，还与温度、湿度、风速有关。温度越高，甲醛释放越快；反之亦然。由于甲醛的水溶性很强，如果室内湿度较大，则甲醛易溶于水雾中，滞留室内；如果室内湿度较小，则容易向室外排放。

甲醛对皮肤和黏膜有强烈刺激作用，能引起视力和视网膜的选择性损害，当空气中的甲醛浓度超过 $0.6mg/m^3$ 时，人的眼睛会感到刺激，咽喉会感到不适和疼痛，在含甲醛 10^{-5} 的空气中停留几分钟，眼睛就会流泪不止。当浓度为 $1mg/m^3$ 时，可被人嗅到。吸入高浓度的甲醛时，由于甲醛能与蛋白质结合，可能会导致呼吸道的严重刺激以及水肿和头痛。皮肤直接接触甲醛可引起过敏性皮炎、色斑甚至坏死。长期接触低浓度的甲醛，可降低机体免疫水平，引起神经衰弱、慢性呼吸道疾病、女性月经紊乱、妊娠综合症，出现嗜睡、记忆力减退等症状，严重者可出现精神抑郁症，还可能引起新生儿体质降低、染色体异常，甚至引起鼻咽癌。表 2-3 给出了甲醛暴露与健康效应的剂量反应关系。

甲醛暴露与健康效应的剂量反应关系[23]　　　　表 2-3

甲醛浓度（mg/m³）	人体反应	甲醛浓度（mg/m³）	人体反应
0.0～0.05	无刺激和不适	0.1～25	上呼吸道刺激反应
0.05～1.0	嗅阈值	5.0～30	呼吸系统、肺部刺激反应
0.05～1.5	神经生理学影响	50～100	肺部水肿及肺炎
0.01～2.0	眼睛刺激反应	>100	死　亡

（二）几种无机物的健康效应

1. 一氧化碳（CO）

CO 是一种无色无味的剧毒气体，是造成火灾中人员死亡的主要因素之一，在火灾事故中通常有 50% 的受害者死于 CO 的毒性作用。室内 CO 主要来源于吸烟、含碳燃料的不完全燃烧等。当不存在室内源时，室内 CO 的含量与室外持平，维持在 $3～10mL/m^3$。

CO 的主要毒害作用在于对血液中血红蛋白的高亲合性，其对血红蛋白的亲合力比 O_2 高 250 余倍，这就极大削弱了血红蛋白与 O_2 的结合力而使血液中 O_2 含量降低致使供氧不足（低氧症），引起头疼、虚脱、神志不清和肌肉调解障碍等症状。而自身与血红蛋白结合成碳氧血红蛋白（carboxyhaemoglobin，COHb），COHb 的浓度在人体冠状动脉和脑部动脉处急剧升高，在其他地方则相对要慢得多。人体暴露于 CO 中产生的病理症状总结如表 2-4 所示。

美国《消防手册》（第 17 版）指出，COHb 饱和水平（即 COHb 在血液中所占数量比例）高于大约 30% 便对多数人构成潜在危险，达到约 50% 便很可能对多数人是致命的。COHb 饱和度 50% 被定义为潜在致死临界值。当其浓度足够高（大约 60%）时，死因通常判定为 CO 中毒。表 2-5 总结了不同 COHb 饱和水平下的病理症状。

CO暴露症状表[24]   表 2-4

暴露浓度（10^{-6}）	暴露时间（min）	症　　状
50	360～480	不会出现副作用的临界值
200	120～180	可能出现轻微头痛
400	60～120	头痛、恶心
800	45	头痛、头晕、恶心
	120	瘫痪或可能失去知觉
1000	60	失去知觉
1600	20	头痛、头晕、恶心
3200	5～10	头痛、头晕
	30	失去知觉
6400	1～2	头痛、头晕
	10～15	失去知觉，有死亡危险
12800	1～3	即可出现生理反应，失去知觉，有死亡危险

COHb饱和度效应[25]   表 2-5

COHb饱和度（%）	症　　状
0～10	无
10～20	前额皱紧，皮下脉管肿胀
20～30	头痛，太阳穴血管搏动
30～40	重头痛，虚弱，头晕，视力减弱，恶心，呕吐，虚脱
40～50	同上，此外呼吸频率加快，脉动速率加大，窒息
50～60	同上，此外昏迷，痉挛，呼吸不畅
60～70	昏迷，痉挛，气息微弱，可能死亡
70～80	呼吸速率减慢直至停止，在数小时内死亡
80～90	在1h内死亡
90～100	在几分钟内死亡

2. 二氧化碳（CO_2）

CO_2是一种无色无味的气体，高浓度时略带酸味，不助燃，密度比空气大。CO_2虽然在可探测到的水平上毒性不太大，但中等浓度却可增加呼吸的速率和深度，从而增加每分钟呼吸量（RMV）[22]。2%的CO_2可使呼吸速率和深度增加约50%。如果吸入4%的CO_2，RMV大约增加一倍，但个人几乎意识不到这种效应。进一步增加CO_2含量（如从4%增加到10%）会使RMV也相应增加。当CO_2含量达到10%时，RMV可能是静止时的8～10倍。

CO_2的最主要生理作用是刺激人的呼吸中枢，导致呼吸急促，并且还会引起头疼、嗜睡、神志不清等症状。当室内CO_2浓度大于1.5%时，会引起呼吸困难和呼吸频率加快、改变血液pH值、减弱人体的活动能力等。当浓度大于3%时，会引起头痛、眩晕和恶心。当浓度大于6%～8%时，可导致昏迷，甚至死亡。CO_2作为居室中常见的污染物，当浓度达0.07%时，少数敏感的人就会感觉到不良气味，并产生不适感，因此居室内CO_2浓度应保持在0.07%以下，最高不应超过0.1%[23]。

3. 氧气（O_2）

O_2通常占空气体积的21%，人类呼吸及神经系统的所有功能均已适应此浓度。当O_2浓度稍有下降时，人体组织的供氧量随之下降，这就开始出现生理反应，导致神经、肌肉活动能力下降，呼吸困难。对于不同的个体，实际效应可能千差万别，而且受到年龄和总体生理状况影响。表2-6总结了缺氧时人的反应。

缺氧时症状[26]　表2-6

O_2百分比（％）	时　间（min）	效　应
17～21	无限	呼吸频率下降、运动协调性丧失，思考困难
14～17	120	脉搏加快，头晕
11～14	30	恶心、呕吐、瘫痪
9	5	知觉丧失
6	1～2	死亡

4. 氯化氢（HCl）

HCl主要是含氯材料燃烧后的产物。PVC是最值得注意的含氯材料之一。HCl是强烈的感觉刺激物，也是烈性的肺刺激物。其浓度为$0.75×10^{-4}$时就对眼睛和上呼吸道极具刺激，这意味着已对行为造成了障碍。但人们发现，灵长目动物在高达0.017浓度下暴露5min却没有发生身体失能。据报道，该毒物在剂量尚未达到造成身体失能的水平上曾导致过暴露后死亡。但到目前为止，人们尚未利用实际的PVC烟雾进行过比较研究[22]。

5. 氮氧化物（NO_x）

NO_2、NO等氮氧化物构成所谓的NO_x的混合物。氮氧化物来自含氮材料的氧化，在室内主要是厨房烹饪产生，HCN经高温燃烧后也可产生NO_x。有些研究是在烟雾毒性试验条件下把老鼠暴露于NO_x中，研究表明[13]，与HCN相比，NO_2也具有致命的毒性效力。使老鼠致死的是暴露后死亡，通常发生在一天之内。动物实验也表明，NO_2会使肺部防护机能减退，使得机体对病原体的抵抗变弱，从而容易被细菌感染。

由于NO能够和空气中的氧结合成NO_2，而NO的毒性效力也大约只是NO_2的1/5，因此NO_2的浓度通常作为氮氧化物污染的指标。研究表明，在对人的健康影响方面，NO_2的浓度比暴露时间更关键。通常在低浓度下几个小时的暴露不会对动物的肺部产生不利影响，只有几周以上的低浓度暴露才可能引起肺部损伤，但是在高浓度NO_2中的短期暴露就可能对健康产生不利影响。表2-7给出了NO_2对人影响的浓度阈值。

6. 二氧化硫（SO_2）

SO_2主要由煤或者油燃烧产生，通常室内的SO_2的浓度比室外低，这主要是因为SO_2被房间表面吸附的缘故。SO_2极易溶于水，因此它可能会在眼睛、鼻子和喉咙黏膜处变成亚硫酸、硫酸，产生更强的

NO_x对人影响的浓度阈值[27]　表2-7

浓度阈值（mg/m³）	损伤作用类型
0.2	接触人群呼吸系统患病率增加
0.3～0.6	短期暴露使敏感人群肺功能改变
0.4	嗅阈

刺激，但上呼吸道对SO_2的阻留能够在一定程度上减轻其对肺部的刺激。但是SO_2可以通过血液到达肺部，仍会产生刺激作用。

当SO_2浓度在$1.0×10^{-5}$～$1.5×10^{-5}$时，呼吸道的纤毛运动和黏膜的分泌作用均会受到不同程度的抑制；当它的浓度为$2.0×10^{-5}$时，会对眼睛产生很强的刺激，长时间暴露在这种环境中，会引起慢性呼吸综合症；当浓度为$2.5×10^{-5}$时，气管中的纤毛运动将有65％～70％受到障碍。而如果SO_2与粉尘一起进入人体，则由于粉尘能够把吸附在其上的SO_2直接带到肺部，因此使得毒性增强3～4倍。

此外，SO_2进入人体体内后，能够与维生素B_1结合，从而阻止维生素B_1和维生素C

的结合，破坏体内维生素 C 的平衡，进而影响新陈代谢。它还会抑制、破坏或激活某些酶的活性，使得糖和蛋白质的代谢发生紊乱，影响机体生长发育。

7. 氨（NH_3）

NH_3 是一种无色有强烈刺激气味的碱性气体，易溶于水、乙醇和乙醚，0℃时，NH_3 的溶解度为 1176L/L 水。

室内 NH_3 浓度超标的主要原因是由于建筑施工过程中，为了加快混凝土的凝固速度和冬季施工防冻，在混凝土中加入了高碱混凝土膨胀剂和含有尿素和氨水的混凝土防冻剂，这些含有大量氨类物质的外加剂在一定的温度湿度条件下，被还原成氨气释放出来。

NH_3 对健康影响主要表现为上呼吸道刺激和腐蚀作用，严重中毒时可出现喉头水肿、声门狭窄、窒息、肺水肿等。当 NH_3 的浓度超过嗅阈：$0.5 \sim 1.0mg/m^3$ 时[23]，对人的口、鼻黏膜及上呼吸道有很强的刺激作用，其症状根据氨气的浓度、吸入时间以及个人感受性等而有轻重之分。当 NH_3 的浓度达 $3500mg/m^3$ 以上时，可立即致人死亡。轻度中毒表现主要有鼻炎、咽炎、气管炎和支气管炎等，还能刺激眼结膜水肿、角膜溃疡、虹膜炎、晶状体浑浊，甚至角膜穿孔。

NH_3 对人体的作用过程如下：由于它的碱性，它对接触的皮肤组织有腐蚀和刺激作用，可以破坏吸收皮肤组织中的水分，使组织蛋白变性、组织脂肪皂化和破坏细胞膜结构。由于它在水中溶解性极高，容易被吸附在皮肤黏膜和眼结膜上，产生刺激和炎症。随着呼吸，NH_3 气进入人体呼吸道，对上呼吸道有刺激和腐蚀作用，可麻痹呼吸道纤毛和损害黏膜上皮组织，使得病源微生物易于侵入，降低人体抵抗力。当浓度过高时，还可通过三叉神经末梢的反射作用而引起心脏停搏和呼吸停止。当 NH_3 进入肺部后，大部分被血液吸收，与血红蛋白结合，破坏输氧功能。短期吸入大量氨气后，可出现流泪、咽痛、声音嘶哑、咳嗽、痰带血丝、胸闷、呼吸困难、头痛、头晕、恶心和呕吐乏力等，严重的可发生肺水肿、成人呼吸紧迫综合症。

二、各种气体的混合效应

虽然各种单一的气体毒物都可以通过不同的机理产生截然不同的生理效应，但当其混合时，每一种毒物都可能在被暴露对象身上产生某种程度的损害。应该预料到，不同程度的部分损害状况对失能或死亡所起的促进作用可能是近似相加性的。这已由许多利用啮齿动物进行的研究所证明，而且是评价毒性危险的关键要素。例如，普遍认为，当把 CO 和氢氰酸表示为产生某种效应所需的分数剂量时，它们似乎是可以相加的。因此，作为合理的近似，在评估是否出现危险条件时，可以把 CO 的有效剂量的分数值与 HCN 的相加。

对毒性数据的经验分析表明，就 HCl 和 CO 的混合物而言，引起老鼠死亡的暴露剂量也可以相加。这些研究意味着，当有 CO 存在时，HCl 可能比以前想像的要危险得多。或者相反，当有另一种刺激物同时存在时，CO 中毒的严重程度可能要比无该种刺激物时大得多。老鼠暴露于 HCl 中时，在其血液中可以看到快速呼吸性酸中毒。这种中毒与由 CO 产生的代谢性酸中毒结合，可使老鼠受到严重损害。这种效应对人的暴露有很大意义，例如获救或逃生后长时间的血氧过少状态。另外，还有迹象表明，当灵长目动物同时暴露于 HCl 和 CO 时，CO 的失能效应可能会在其身上加强。这种情况的出现，可导致动脉血液中氧气分压力减小。这对于其他刺激物或许也是如此。

从有关老鼠的研究中可以看出，HCl 和 HCN 的分数有效剂量也具有相加性。尤其令人惊讶的是，在每一种毒物均不会独自导致暴露后死亡的条件下，这些毒物的浓度组合却可以导致暴露后死亡的发生。死亡经常发生在暴露后的几天内。

CO_2 自身的毒性效力相当低，通常不被单独认为是燃烧毒理学上的重要因素。但它可刺激呼吸，从而导致血液中 COHb 形成速率的增加。平衡状态时 COHb 的饱和度达到与没有 CO_2 时相同的水平。然而，人们发现，当 CO 和 CO_2 有某种结合时，死亡发生率相应增加，尤其是暴露后死亡。这或许同 CO 与 HCl 混合时看到的现象类似。这样的效应可能与呼吸性酸中毒（由 CO_2 引起）与代谢性酸中毒（由 CO 引起）的联合损害相联系，啮齿动物很难从这种联合损害状态下恢复过来。CO_2 的这些效应是否发生于灵长目动物身上，目前尚不能确定。

表 2-8 列出了若干有毒气体的毒性增大序列。表中的估计值 LC_{50}（10^{-6}）表示在给定时间内这种浓度气体能导致暴露者 50% 死亡。多种有毒气体的共同存在可能加强毒性。

若干有毒气体的毒性增大序列[22]　　　　　　　　　　　　　　　表 2-8

气体种类		假定 LC_{50}（10^{-6}）		气体种类		假定 LC_{50}（10^{-6}）	
符　号	中 文 名	5min	30min	符　号	中 文 名	5min	30min
CO_2	二氧化碳	>150000	>150000	HF	氟化氢	10000	2000
C_2H_4O	乙　醛		20000	COF_2	氟化碳		750
$C_2H_4O_2$	醋　酸		11000	NO_2	二氧化氮	5000	500
NH_3	氨	2000	9000	C_3H_5O	丙烯醛	750	300
HCl	氯化氢	16000	3700	CH_2O	甲醛		250
CO	一氧化碳		3000	SO_2	二氧化硫		500
HBr	溴化氢		3000	HCN	氰化氢	280	135
NO	一氧化氮	10000	2500	$C_9H_6O_2N_2$	酸酯		约 100
COS	硫化碳		2000	$COCl_2$	氯化碳	50	90
H_2S	硫化氢		2000	C_4F_8	八氟化四碳	28	6
C_3H_4N	氢丙烯		2000				

表 2-9 列出了人体对缺氧及主要有害、有毒气体的耐受极限，包括丧失逃生能力的麻木极限和致死的死亡极限。

人体对缺氧及主要有害、有毒气体的耐受极限[28]　　　　　　　表 2-9

气 体 种 类	环境中最大允许浓度（10^{-6}）	致人麻木极限浓度（% 或 10^{-6}）	致人死亡极限浓度（% 或 10^{-6}）
O_2	—	14%	6%
CO_2	5000	3%	20%
CO	50	2000	13000
HCN	10	200	270
H_2S	10	—	1000~2000
HCl	5	1000	1300~2000
NH_3	50	3000	5000~10000
HF	3	—	—
SO_2	5	—	400~500
Cl_2	1	—	1000
$CoCl_2$	0.1	25	50
NO_2	5	—	240~775

值得一提的是，由于 VOCs 中各化合物之间的协同作用比较复杂，各国、各地、不同时间地点所测的 VOCs 的组分也不完全相同，所以目前对 VOCs 的健康效应的研究远不及甲醛清楚。表 2-10 给出了部分 VOCs 对人体健康的影响。

部分 VOCs 对人体健康的影响[23]　　表 2-10

VOCs	对健康影响	VOCs	对健康影响
苯	致癌，刺激呼吸系统	二氯甲烷	麻醉，影响中枢神经系统，可能导致人体癌症
二甲苯	麻醉，影响心脏、肾和神经系统	1，4-二氯苯	麻醉，眼睛、呼吸系统产生严重刺激，影响中枢神经系统
甲苯	麻醉，贫血	氯　苯	刺激或抑制中枢神经系统，影响肝脏和肾脏功能，刺激眼睛和呼吸系统
苯乙烯	麻醉，影响中枢神经系统，致癌	丁　酮	刺激或抑制中枢神经系统
甲苯二异氰酸酯	过敏、致癌	汽油	刺激中枢神经系统，影响肝脏和肾脏功能
三氯乙烯	动物致癌，影响中枢神经系统		
乙苯	对眼睛、呼吸系统产生严重刺激，影响中枢神经系统		

由表 2-10 可知，大部分 VOCs 是烈性麻醉剂，可抑制中枢神经系统，同时也刺激眼睛、皮肤和呼吸系统，引起全身无力、嗜睡、皮肤瘙痒等，有的还会引起内分泌失调，影响性功能。当浓度较高时，可损害肝脏和肾脏功能。在大量使用含有 VOCs 的化工产品且室内通风极差的情况下，会引起急性中毒，轻者感到头晕、头痛、咳嗽，恶心，呕吐，或有酩酊状；严重者出现肝中毒，昏迷，甚至出现生命危险。近年研究表明，在已确认的 900 多种室内化学物质和生物性物质中，VOCs 至少有 350 种以上（$>1\mu L/m^3$），其中 20 多种为致癌物或致突变物，如苯、甲苯能损伤造血系统，引起白血病。

表 2-11 是丹麦 Lars Molhave 等根据他们所进行的控制暴露人体实验结果和各国的流行病研究资料，定出的总挥发性有机化合物（TVOCs）暴露与人体健康效应的剂量反应关系。

TVOCs 暴露与健康效应的剂量反应关系[23]　　表 2-11

TVOCs 浓度（mg/m^3）	健 康 效 应	分 类
<0.2	无刺激、无不适	舒　适
$0.2\sim3.0$	与其他因素联合作用时，可能出现刺激和不适	多因协同作用
$3.0\sim25$	刺激和不适，与其他因素联合作用时，可能出现头痛	不　适
>25	除头痛外，可能出现其他的神经毒性作用	中　毒

第三节　悬浮颗粒物对人体的影响

悬浮颗粒物作为我国首要的空气污染物之一，严重影响着室内空气品质并威胁着居住者的健康。越来越多的资料显示，空气中的颗粒物污染与人体呼吸道疾病、心血管疾病和癌症等健康问题密切相关。

一、悬浮颗粒物的健康效应

空气动力学当量直径小于 $10\mu m$ 的颗粒称为可吸入颗粒物（记作 PM10），可通过呼吸进入人体的上下呼吸道。尤其是空气动力学当量直径小于 $2.5\mu m$ 的颗粒，称为细颗粒物（记作 PM2.5），可以通过上下呼吸道和支气管，到达肺部发生沉积，甚至通过肺泡进入血液循环。所谓空气动力学当量直径是指将各种形状的颗粒标准化成为密度为 $1g/cm^3$ 的具有同样空气动力性质（即沉降速度）的球体，或者说相当于同样沉降速度的水滴的直径。暴露在颗粒物质中，对人体的呼吸道疾病、眼睛和皮肤过敏等健康问题影响很大，也导致死亡率和发病率有所增加，尤其对于具有慢性肺部疾病和心血管疾病的人而言，影响更大。无机性的不可溶颗粒或纤维将引起物理性伤害，但在非生产性室内条件下，一般达不到这个水平，经过一定时间大部分会被呼吸器官清除，不过有可能会引起一些过敏。可溶性颗粒物，将通过肺泡壁吸收而进入血液，参与全身运动。如果是有毒的，还将在局部呈现炎症，甚至全身的有害反应。例如，吸入含铅粒子会导致贫血、白血球和血小板的减少，再生障碍性贫血或者神经炎，严重的还会导致铅中毒。一些如雾状的液态颗粒，可刺激气管引发肺水肿。此外，香烟烟雾的危害则是众所周知的。

近年来，全国各地频发雾霾天气，使人们对细颗粒物污染的重视程度空前提高。细颗粒物上往往富集重金属、酸性氧化物、有机污染物（如多环芳烃、农药等），并且是细菌、病毒和真菌的载体，对人体危害极大[29, 30]。细颗粒物易于进入呼吸道深部，与肺组织细胞接触后难以掉落，通过刺激作用导致肺组织细胞损害。沉积的细颗粒物作用于 II 型肺泡上皮细胞，抑制细胞分化和细胞代谢能力，损伤上皮细胞，甚至导致肺上皮细胞增生发生纤维化。此外，细颗粒物还会通过吸附的毒性成分引起肺组织生化成分改变及炎症因子的释放，诱发炎症。由于对呼吸道的急性刺激作用，细颗粒物可能会引发哮喘。有研究表明，细颗粒物具有自由基活性，其含有的金属成分、有机成分等会刺激肺泡巨噬细胞产生自由基，对组织细胞造成氧化损伤[31]。流行病学研究已经发现细颗粒物暴露与人群心血管事件危险度增加显著相关，会增加心肌梗死和中风等心血管系统疾病的入院率和死亡率，特别是增加缺血性心脏病及心律失常的发生率。对于儿童、老人等易感个体，大气细颗粒物的影响更为明显。对于细颗粒物对心血管系统的作用机制仍在研究中，根据现有临床和实验研究，其影响机制可能为：肺和/或循环系统炎症反应、内皮功能失调、早起凝血状态及促进动脉粥样硬化斑块形成；自主神经功能失常导致肺或外周循环系统炎症刺激；心肌缺血反应或改变心肌细胞钙通道功能所致的心功能障碍[32]。

目前的研究主要是从生物学、卫生学的角度进行的，结果表明：对于悬浮颗粒物，常见的人体健康效应可以分为三类，分别是肺功能异常、呼吸道症状以及肺癌等。

肺功能异常主要针对青少年。常用的肺功能指标有用力肺活量（FVC）和 1s 用力呼气量（FEV1），前者指的是最大吸气后，用最大力量经口呼出的最大气体体积，后者指的是最大吸气后，第一秒内用最大大力量尽快呼出的气体体积，单位是 L（mL）。肺功能异常并没有统一的规定，当用 FVC 实测值/预测值（％）、FEV1 实测值/预测值（％）、FEV1/FVC（％）（实测值之比）来评定肺功能异常时，有人用 75％作为标准，也有人用 85％作为标准。前者认为是阻塞型通气障碍，而后者认为是通气功能紊乱。考虑到所关注的儿童绝大多数都是健康的儿童，因此将 FVC 实测值/预测值（％）、FEV1 实测值/预测值（％）的正常标准定为＞85％，而将 FEV1/FVC（％）的正常标准定为＞80％。与通气功能阻碍或通气功能紊乱有关的指标 FEV1（％）、FEV1/FVC（％）及 FEV1/FVC（％）异常率与空气中的颗粒物污染有显著或极显著的统计关联，即颗粒物浓度越高，

FEV1（%）值、FEV1/FVC（%）值越低，FEV1/FVC（%）异常率越高[30]。这表示空气中的颗粒物污染可能使儿童呼吸道阻力增加或者产生通气功能紊乱。FEV1/FVC（%）与空气颗粒物污染浓度存在显著的负相关关系，FEV1/FVC（%）实际是 1s 用力呼气容积占用力肺活量的百分比，它是反映阻塞型通气障碍的指标之一，因此儿童的气道阻塞通气障碍或通气功能紊乱与空气颗粒物污染存在着统计上显著的负相关关系。

呼吸道症状包括气管炎、哮喘以及呼吸道和肺部炎症等，主要由颗粒物表面吸附的非致癌性重金属元素及其化合物和病原微生物引起。长期暴露在环境烟草烟雾（ETS）和燃煤产物污染中的人，患肺癌的可能性较高，此类环境中的悬浮颗粒物表面往往吸附了大量的多环芳烃和苯并蒽等有机物和砷等致癌性重金属及其化合物。

二、相应的健康危害评价方法

1. 呼吸道的颗粒沉降量

呼吸功能异常的表现之一是 FEV1/FVC（%）低于 80%，FEV1/FVC（%）实际是 1s 用力呼气容积占用力肺活量的百分比，它是反映阻塞型通气障碍的指标之一。已发现儿童的 FEV1/FVC（%）与空气颗粒物污染浓度存在着统计上显著的负相关关系，引起儿童气道阻塞通气障碍或通气功能紊乱的可能原因是吸入空气中的颗粒物阻塞小气道。为此，可以将一段时间内沉降于小气道的颗粒的质量或者数量作为内暴露量，用于剂量反应关系。

2. 非致癌物的健康危害评价

引起呼吸道症状（非致癌、非致敏）的颗粒物污染可以用非致癌物的健康危害评价模式进行评价。

从健康危害的发生情况来看，通常假定这是一种非随机的有阈现象，也就是存在阈剂量，低于阈剂量时，健康危害不会发生或者观察不到，剂量高于阈剂量时，则会有健康危害出现。而且，效应与剂量的关系不仅表现在发生概率方面，还表现在危害的严重程度上。

近年来，国外在非致癌污染物的健康危害评价方面做了大量的工作，从危害管理实际应用的目的出发，提出了"参考剂量"（"Reference Dose"简写为 RfD）的概念，并将其应用于非致癌污染物的健康危害评价中。所谓"参考剂量"，是一种长期的日均暴露水平，在此水平上人类终生接触某非致癌污染物，预期人体不会产生明显的健康危害。从这一定义出发，可以认为参考剂量是理论上的阈剂量的替代值，尽管参考剂量并不是安全与不安全的分界线，但至少能说，若暴露剂量低于参考剂量时应当是偏安全的。

3. 致癌物的健康危害评价

对环境中化学致癌物导致健康危害的评价，实质上就是计算这些化学致癌物在低剂量水平时的致癌危险，而低剂量水平的致癌危险既不能用动物实验直接确定，又不能根据人类流行病学资料直接求出，办法之一是利用以高剂量的资料为依据推导的数学模型向低剂量外推而求得。就评价致癌危险而言，尽管所用的模型均能合理地拟合一定的观察资料，但是在预测低剂量水平时的致癌危险方面，却都会造成较大的偏差。因此，目前尚没有一种模型被认为是最适合外推低剂量的致癌危险的。这是因为肿瘤的形成是一种及其复杂的生物学过程，涉及很多机制，而对这些机制人们还不完全了解或者完全不了解，从而也就很难用一种简化的数学模型将其规律全面、准确而又定量地反映出来。

然而，从另一方面看，为了保护人类健康，人们还必须利用数学模型外推，以便进行危险评价。于是就采取一些变通的办法。例如，利用数学模型确定危险的上界而不去估算真实的危险。

第四节 生物污染对人体的影响

一、生物污染的种类与特点

微生物是肉眼看不见而必须通过显微镜才能看见的微小生物的统称，它们普遍具有以下特点[33]：个体极小；分布广、种类繁多；繁殖快（在适宜的环境条件下，大多数微生物繁殖一代只需十几分钟至二十分钟）；较易变异，对温度适应性强。自然界中大部分微生物是有益的，少数微生物是有害的，会引发生物污染。室内空气生物污染因子主要包括细菌、真菌（包括真菌孢子）、病毒、藻类、原虫、螨虫及其排泄物、微小植物残体（如花粉）、生物体有机成分（如动物和人的皮屑）等。主要来源是：建筑物卫生间和由冷桥引起的长期潮湿的表面，空调系统内的潮湿表面，过滤器和冷却塔，花粉及室内人员尤其是传染病患者和家庭宠物。一些典型生物污染源及其传播途径和特性见表 2-12。

一些典型生物污染源及其传播途径和特性[34]　　　　　　　　　　表 2-12

名　称	大小（μm）	引发病症举例	特　点
病　毒	0.02～0.3	流感、水痘、甲肝、乙肝、SARS 等	传染途径通常为呼吸道传染和消化道传染
细　菌	0.5～3.0	痢疾、百日咳、霍乱、过敏症、肺炎、哮喘、军团菌症等	以空气作为传播媒介
真　菌	1～60	湿疹性皮炎、慢性肉芽肿性炎症、溃疡等	霉菌还能产生悬浮在空气中的有机体，这些有机体常常能产生霉变和臭味

微生物的生存需要合适的环境生存因子，其中温度和湿度是两个重要因子[33]。在适宜的温度范围内，温度每升高 10℃，反应速度将提高 1～2 倍，微生物的代谢速率和生长速率均可相应提高，在适宜的温度范围内微生物能大量生长繁殖。在低温条件下，微生物的代谢极微弱，基本处于休眠状态，但不致死。而且处于低温下的微生物一旦获得适宜温度，即可恢复活性，以原来的生长速率生长繁殖。大多数细菌的最适生长温度范围为 25～40℃，因此通常的生产、生活环境正好适合这类细菌的生存。而干燥能使菌体内蛋白质变性，引起代谢活动停止，所以干燥会影响微生物的活性以至于生命力。

二、生物污染的健康效应

室内空间相对较小，受人活动及卫生习惯的影响很大，如室内流感病人通过飞沫可使空气中的流感病毒量显著增加，并且室内温度湿度适宜，是病原微生物生存的良好环境。其他一些致病因子均能以不同的形式形成气溶胶（气溶胶是指沉降速度可以忽略的固体粒子在气体介质中的悬浮体，也称悬浮颗粒物）。人类呼吸道传染病作为人类最常见的疾病，其绝大部分是室内传播感染的，一年四季均可发生，冬春季更为多见，其症状可从隐性感染直到威胁生命。广泛公认的由空气传播的传染病有三种：麻疹、水痘和结核病。

随着建筑物密闭性的增强，出现了越来越多与室内生物污染相关的疾病。常见的生物污染物及其带来的疾病有军团菌与军团菌病、真菌与变应性疾病、尘螨与变应性疾病及其他菌落与相应的变应性疾病。

1. 军团菌与军团菌病

军团菌是革兰阴性杆菌，有 34 种之多，最常见的是嗜肺军团菌，每种军团菌又可分出许多种血清型，目前还在不断发现新的菌型。军团菌生存能力很强，生存的温度可为 5～50℃，pH 值可以在 5.5～9.2。军团菌的生存范围很广，在天然的河水、池塘水、泉水中能生存几个月，在自来水中能生存 1 年以上，在蒸馏水中也能存活几个星期，能广泛存在于人工管道内的水中，例如大型储水器中的水、冷却水、冷凝水、温水、游泳池水、浴池水、加湿器水、喷雾器水等。若这类水以喷雾形式使用，则军团菌就会随水雾一起进入空气中，成为军团菌病的致病源。

军团菌的潜伏期长短不等，短的可在 1 天半内发病，长的可达 19 天，大多数的人都在第 2 天至第 10 天内发病。军团菌能侵犯各年龄组的人群，但对老年人群更为严重。此病初期有不适感，发烧、头痛、肌痛等，很像流感的症状，继而出现高烧、怕冷、咳嗽、胸痛，所以，当按照常规的肺部感染进行治疗而不见效时，应考虑到是否是军团菌病。由于经常少量感染军团菌，有些人已成为带菌者，成为隐性感染者，这些人自身虽已有一定的免疫力，但一旦抵抗力下降，也会发病。

2. 真菌与变应性疾病

真菌除霉菌外，还有不发霉的菌株。真菌引起人体变应反应主要由真菌的孢子、菌丝和代谢产物引起，其中最主要的是真菌孢子。由于真菌孢子的数量大、体积小、质量轻，极易脱落扩散到空气中，在空气中四处漂浮，进入人体呼吸道的深部，引起人体变应性疾病。真菌是吸入性为主的变应原，主要引起呼吸道的敏感，个别病人可引起皮肤过敏和眼部过敏，出现皮肤瘙痒、麻疹或出现流泪、眼痒、眼周围红肿等。

真菌适宜生存在空气湿润、温暖的阴暗地方。真菌极易生长，只要气候适宜，即使只有极少量的有机物（营养条件）也能生长。近年来，由于气候条件和居住条件的变化，发现室内真菌引起过敏的人数不断增多。

3. 尘螨与变应性疾病

螨虫属于节肢动物，有很多种类，尘螨是其中之一。尘螨也有很多种类，室内最常见尘螨的大小约为 0.2～0.3mm，低倍显微镜下就能看到。能在室温 20～30℃ 的环境中生存，最适宜的温度是 25±2℃，如果气温达到 44℃ 时，在 24h 内能全部死亡。若环境湿度高于 85%，则宜生长霉菌而不利于尘螨生存。尘螨适宜在空气不流通、温度和湿度合适而且密闭的环境中生存，但对环境的抵抗力很弱。

尘螨普遍存在于人类居住和工作的环境中，是一类极强的变应原，能引起呼吸道过敏和皮肤过敏，主要症状是哮喘、过敏性鼻炎、过敏性皮肤炎、荨麻疹等。尘螨主要孳生在室内的床上、被褥内、枕头下。近年来，由于室内使用空调，小气候合适，房屋的密闭性更好，室内空气流通性更差，加之室内的纺织品装饰物增多，故尘螨还常孳生在窗帘、沙发、挂毯和地毯等物品内。

4. 其他菌落与相应的变应性疾病

根据统计资料，近年来北京病毒性肺炎发病率逐年增加，特别是呼吸道合胞病毒和腺病毒发病率更高。人群密集的地方，如学校，特别容易发生肺炎支原体感染，这种肺炎占各种原因肺炎的 10%，占非细菌性肺炎的 1/3。美国纽约等地报告支原体肺炎占医院外获得性非流行性肺炎的 12%～20%。患有肺炎支原体感染的人通过咳嗽、打喷嚏和其他一些口鼻活动，使得鼻、口分泌物中的支原体气溶胶化，健康人吸入后发病[35]。

有些呼吸道传染病的发生与环境因素有非常大的关系，如 SARS-CoV，从已经发生的医院医护人员感染的情况和家庭内部感染的情况分析，在密闭室内 SARS-CoV 感染患者，通过呼吸、咳嗽和打喷嚏等产生的感染飞沫引起人与人之间传播感染的几率要高于室外环境。世界卫生组织也确认近距离飞沫传播、病人排泄物和接触受污物体是人体感染 SARS-CoV 病毒的主要途径。研究发现：北京市 SARS 新增发病人数与空气污染指数之间具有明显的相关性，患者确诊前第四天和第五天的空气污染指数相关性最好，PM10 对这种相关性贡献很大[36]。

外源性变应性肺泡炎一般是在室内环境从事农业劳作而接触霉变谷物、真菌孢子和某些化学物质引起的，鸟类中也有这种变应原。易感个体接触变应原数小时后即会急性发作，症状与流感相似，一般数日至数周消失，但有时会致死。慢性期会发生肺纤维化，并导致永久性肺功能受损。吸入发霉干草尘引起的农民肺、鸟粪尘引起的养鸟者肺，以及吸入污染加湿器水中的变应原而引起的加湿器热是三个最好的例证。与农民肺与养鸟者肺的情况不同，加湿器热无长期后遗症，并且继续接触会产生耐受性。引起加湿器热的变应原一般来自于污染的加湿器中的混合微生物[31]。

现在家庭宠物的饲养越来越多，由这些宠物引起的室内空气生物污染也在不断地增加，诱发的呼吸道疾病也在日益增加。另外，由于室内空气处于相对流动较慢、更新周期较长、空气中含有的其他化学物质等，也能够促使感染的增加。

受室内生物污染危害的职业与人群多至十几个，室内空气生物污染因子对这些职业人群的健康影响是多方面的，主要包括：呼吸道黏膜刺激、支气管炎和慢性呼吸障碍、过敏性鼻炎和哮喘、过敏性肺炎、吸入热和有机尘中毒综合症、呼吸道传染病感染、霉菌毒素中毒、不良建筑综合症等等[32]。

第五节　气压对人体的影响

人体对气压的变化，一般能很好适应。在 3000m 以上的西藏高原，人们能正常生活。人体对相当于 15 个大气压的高压也能忍受。但是，如果短时间内气压发生很大的波动，人体就不能适应。

一、低气压与人体生理功能

随着离地高度的增加，气压有规律地下降。气压越低，空气越稀薄，空气中氧分压就越低，这样肺内气体的氧分压也必随之下降，血液中血红蛋白就不能被饱和，会出现血氧过少现象。在 8000～8500m 高处，只有 50% 的血红蛋白与氧结合，机体内氧的储备降至正常的 45%，生命亦将受影响。故一般将 240mmHg（相当于 8500m）的气压视之为气压（高度）的生理界限。当气压在 630mmHg 时（相对 1500m），人体即可产生一系列的生理变化，但一般都能适应。当气压低于 400mmHg 时，人体适应就较困难了，具体见表2-13。

不同高度时气压及人体内血氧饱和百分比[37] 表 2-13

高度（km）	0	1	2	3	4	5	6	7	8	9	10	11
气压（mmHg）	760	674	594	526	462	405	354	310	270	230	210	170
大气氧分压（mmHg）	159	140	125	110	98	85	74	65	56	48	41	36
肺泡氧分压（mmHg）	105	90	70	62	50	45	40	35	30	<25	<25	<25
动脉血氧饱和百分比（氧容积%）	95	94	92	90	85	75	70	60	50	<50	<50	<50

不同个体对高山低气压的生理反应不同。长期居住于高山的居民，与居住于平原后进入的高山者的反应也不同。在高山低气压的情况下，人体的生理功能会出现以下一系列变化：

登上 2100m 以上高山时，即会出现红细胞增多。如原来为山地居民，一般要到达 3500m 以上才会出现红细胞增多。除了红细胞计数增加外，红细胞的性质也发生变化。网织红细胞成熟期和红细胞寿命都缩短，每个红细胞内所含血红蛋白轻度增加，红细胞脆性降低，电泳能力增强，红细胞内磷酸甘油酯含量增多。

一般人登上高山心率加快，高原居民因适应而心率较慢。3000m 以上高山居民常可因肺泡的高压而致右心室心肌肥大。到达 4200m 以上，则有可能出现左心肥大，原因是血容量和血黏度的增加。

在低压环境下，血氧和最大通气量降低。某些居住高山的居民，对血液中二氧化碳分压增加的敏感性已降低，因此缺氧并不能刺激其通气反应。由于缺氧，在刚到达 3200m 以上时，脑力活动可能减退，但不久可复原。在 3500m 左右的高山地区，人们的听觉、痛觉、视觉的敏感度都有提高。到达 5200～6100m 的高山，这些感觉功能会稍减退。

高山居民与平原居民比较，其尿中肾上腺素与去甲肾上腺素排泄增加，而 17-酮与男性素则减少。高山居民甲状腺机能也有减退。在高山地区，机体内各个器官及组织的毛细管穿透性都有所增加。

在刚进入高原不久，可见各种免疫功能的减退。如补体及溶菌酶的活力受抑制，T 细胞活力减退，免疫球蛋白 A、M、G 的合成也受抑制，这可能是人体的应激反应。在高山居住 30 天后，一般免疫功能即可恢复。能量代谢在初到高山可能有变化，但居住时间稍久，适应后可恢复正常。不论是高山居民还是初上高山的人员，其 24h 生物节律并不出现改变。

二、气压迅速波动对人体的影响

气象敏感者在天气变化时或天气变化前会诉说自觉不适，这种不适的产生有其必然的作用因素。虽然大部分生物气象学家认为气压波动对人体的影响较小，但近年来 Richner 等提出迅速的气压波动可能是气象敏感者出现不适的原因[38]。他认为，迅速的气压波动可能产生两种波，一种是周期短于 4min 的声波，另一种是周期长于 4min 的重力波。重力波可存在于两个气团的界面或焚风（当气流跨越山脊时，背风面上容易发生一种热而干燥的风，名叫焚风。当空气从海拔 4000～5000m 的高山下降至地面时，温度就会升高 20℃以上，会使凉爽的气候顿时热起来，这是产生"焚风"的原因）经过冷空气的接触面。而重力波则与人们在天气变化时出现的症状有关。

此外，压力的变化速率也至关重要。在气压突然降低的天气里，人们会感到烦躁不安。加拿大科学家在研究了大量汽车事故后发现，多数事故发生在气压下降的时候。有些研究甚至表明，在低气压区域内温度突然升高会导致暴力事件增多[39]。而在飞机机舱或航天器中，空气增压或降压太快，可能会危及人的生命。

主 要 符 号 表

符号	符号意义，单位	符号	符号意义，单位
A_D	人体皮肤表面积，m^2	m_b	体重，kg
C	人体外表面向周围环境通过对流形式散发的热量，W/m^2	R	人体外表面向周围环境通过辐射形式散发的热量，W/m^2
E	汗液蒸发和呼出的水蒸气所带走的热量，W/m^2	S	人体蓄热率，W/m^2
H	人身高，m	w	皮肤的湿润度
M	人体能量代谢率，决定于人体的活动量大小，W/m^2	W	人体所做的机械功，W/m^2

参 考 文 献

[1] Wallace L. Indoor particles: a review [J]. Journal of the Air & Waste Management Association, 1996, 46 (2): 98-126.

[2] ASHRAE Standard. Standard 55-2004 [S]. ASHRAE Inc., Atlanta, GA, 2004.

[3] Bedford T. The warmth factor in comfort at work [J]. Rep. industr. hlth. Res. bd, 1936 (76).

[4] Gagge A P. Introduction to thermal comfort [J]. Les Editions del INSERM, INSERM, 1977, 75: 11-24.

[5] Fanger P O, Thermal Comfort [M], Robert E. Krieger Publishing Company, Malabar, FL, 1982.

[6] 赵荣义. 关于"热舒适"的讨论 [J]. 暖通空调, 2000, 03: 25-26.

[7] Hensel H, Hensel H. Thermoreception and temperature regulation [M]. 1981.

[8] Cabanac M. Pleasure and joy, and their role in human life [J]. Creating the Productive Workplace, 2006: 40-50.

[9] Du Bois D, Du Bois E F. A formula to estimate the approximate surface area if height and weight be known. 1916 [J]. Nutrition (Burbank, Los Angeles County, Calif.), 1989, 5 (5): 303.

[10] 朱颖心 主编. 建筑环境学（第三版）[M]. 中国建筑工业出版社, 2010.

[11] Gagge A P, Stolwijk J A J, Hardy J D. Comfort and thermal sensations and associated physiological responses at various ambient temperatures [J]. Environmental research, 1967, 1 (1): 1-20.

[12] Mcintyre, Indoor Climate [M], London: Applied Science Publisher, 1980.

[13] Nishi Y, Gagge A P. Effective temperature scale useful for hypo-and hyperbaric environments [J]. Aviation, space, and environmental medicine, 1977, 48 (2): 97-107.

[14] Nevins R G, Rohles F H, Springer W, et al. A temperature-humidity chart for thermal comfort of seated persons [J]. ASHRAE transactions, 1966, 72 (1): 283-291.

[15] Rohles F H, Johnson M A. Thermal comfort in the elderly [J]. ASHRAE Trans, 1972, 78 (1): 131.

[16] Langkilde G. Thermal comfort for people of high age [J]. Contort thermique: Aspects physi-

ologiques et psychologiques. INSERM，Paris，1979，75：187-193.

[17]　McNall P E, Ryan P W, Jaax J. Seasonal variation in comfort conditions for college-age persons in the Middle West [J]. ASHRAE Trans, 1968, 74 (1)：140.

[18]　Fanger P O, Hojbjerre J, Thomsen J O B. Thermal comfort conditions in the morning and the evening [J]. International Journal of Biometeorology 18 (1)：16，1974.

[19]　Ostberg O, Nicholl A G M. The preferred thermal conditions for 'morning' and 'evening' types of subjects during day and night preliminary results [J]. Build Int, 1973, 6：147-157.

[20]　ASHRAE Handbook [M], Fundamantal, 1997.

[21]　李引擎，陈景辉，朱新生. 火灾中建材燃烧毒性的试验研究 [J]. 火灾科学，1992，1 (1)：37-44.

[22]　王晔翻 译. 消防技术与产品信息 [M]. 1996, 39-46. Hartzell, G. E., Combustion products and their effects on life safety, Fire Production Handbook [M]. 17th edition, National Fire Protection Association, Quincy, Massachusetts.

[23]　朱天乐. 室内空气污染控制 [M]. 北京：化学工业出版社，2003.

[24]　James H Meidl. Explosive and toxic hazardous materials [M]. Glencoe Press, 1970, Table 28：293.

[25]　Gordon E Hartzell. Advances in combustion toxicology, Vol. One [M]. Technomic Publishing Inc.，1989，23.

[26]　Custer R L P, Bright R G. Fire detection：the state-of-the-art [J]. NASA STI/Recon Technical Report N, 1974, 75.

[27]　周中平，赵寿堂，朱立，等. 室内污染检测与控制 [M]. 北京：化学工业出版社，2002.

[28]　范维澄，王清安，姜冯辉，等. 火灾学简明教程 [M]. 合肥：中国科学技术大学出版社，1995.

[29]　Waldman J M, Lioy P J, Zelenka M. Wintertime measurements of aerosol acidity and trace elements in Wuhan city in central China [J]. Atmosphere Environment, 1991, 25B (1)：113-120.

[30]　魏复盛，Chapman R S. 空气污染对呼吸健康影响研究 [M]. 北京：中国环境科学出版社，2001：1-12.

[31]　伊冰. 室内空气污染与健康 [J]. 国外医学（卫生学分册），2001，28 (3)：167～169.

[32]　于玺华 车凤翔. 现代空气微生物学及采检鉴技术 [M]. 北京：中国大百科全书出版社，1998.

[33]　周群英，高廷耀. 环境工程微生物学（第二版）[M]. 北京：高等教育出版社，2000.

[34]　张寅平，赵彬，成通宝，杨瑞，罗晓熹，莫金汉，江亿. 空调系统生物污染防治方法概述 [J]. 暖通空调，2003，03：183-188.

[35]　李劲松. 试论室内空气生物性污染 [J]. 中国预防医学杂志，2002，3 (3)：174～177.

[36]　段宁，刘景洋，乔琦. 北京市 SARS 病例数与空气污染指数的相关性探讨 [J]，环境科学研究，2003，16 (3)：40～43.

[37]　夏廉博. 人类生物气象学 [M]. 北京：气象出版社，1986.

[38]　Richner H. Pressure fluctuations caused by atmospheric waves and their variation under different weather conditions [J]. Archiv für Meteorologie, Geophysik und Bioklimatologie, Serie A, 1977, 26 (4)：309-322.

[39]　邵强. 家庭医学全书 环境与生活 8 [M]. 成都：四川科学技术出版社，2002.

第三章　动植物的生长发育环境

随着经济的发展和人们对物质生活需要的提高，传统的农业栽培技术和畜牧水产养殖技术逐渐受到现代科技的挑战。诸如温室大棚、无土栽培、人工饲养、反季节栽培与养殖等新技术逐渐得到发展和应用，不仅为人们带来了优质的产品，还减少了对生态环境的破坏，这些新技术的应用离不开人工环境的创造。为发现新的生命现象、揭示疾病发生机理等，以医学、生物学为代表的生命科学得到迅猛发展，其中实验动物为之作出了重要贡献，为提供具有标准化的遗传学和微生物学指标的实验动物，其养殖环境的创造也成为生命科学研究领域的重要方向。因此，为创造农作物优质、高产的栽培环境和适合于经济动物（家禽和家畜）、实验动物的饲养环境，则必须首先了解这些动植物对生存环境的要求，以便应用人工环境技术为其提供适宜的生长发育环境。

第一节　人工环境因素对动植物的一般作用规律

生物是动物、植物和微生物的总称。大自然中约有 200 万种生物，他们之间依靠地球表面的空气、水、土壤中的营养物质而得到生存和发展。这些生物群落在一定范围和区域内相互依存，同时与各自的环境不断进行物质和能量交换，形成一个生态系统。这个生态系统具有自己的生产者、消费者、分解者和非生物环境，他们在物质循环和能量转换中各自发挥着特定的作用，以维持自然界的生态平衡。图 3-1 表示出了生物及其外界环境之间的相互关系。可见，生物的环境就是影响生物反应的外界条件（即环境因素，又称为环境因子）的总和，每个环境因素的性质不同，故对生物的作用也不同，各种环境因素往往对生物产生综合影响。

从生态学角度看，生物的生长发育环境包括非生物环境（abiotic environment）和生物环境（biotic environment）[1]，前者是温度、水、空气、污染气体、悬浮颗粒物以及光照、土壤、盐分等非生物因素（或称因子）的总称，而后者则是指生物种内或种间的相互关系。

温度、湿度、风速、气体成分、污染气体、悬浮颗粒物和大气压力等人工环境因素都是生物的非生物环境因素。这些因素对生物生长发育的影响存在一定的普遍规律，其中最为重要的则是耐受性定律。

耐受性定律（Law of Tolerance）指出，一种生物能否生存与繁殖，依赖于其综合环境的全部因素的存在，但只要其中某一项因素的质或量不足或超过生物的耐受限度，将造成该物种不能生存，甚至灭绝[1,2]。实际上，任何一种环境因素对每一种生物而言都有一个耐受范围，一般呈正态分布（参见图 3-2）。对于某种环境因素而言，将适合度最大时环境因素的状况称为最适点（optimum point），能够忍耐的最小和最大剂量，则分别称之为下限临界点（lower critical point）和上限临界点（upper critical point），这三点对生物非常重要，通常称为环境因素的"三基点"。两个端点均表示只有 50% 的生物能够存活的状态（LD50），当环境因素水平趋向两个端点时，生物的机能将逐渐减弱直至被抑制。如果一种生物长期暴露在这种极限条件下，它的生存将受到严重危害，但因生物个体的坚韧、强壮程度不同，在极限条件下的生存机会也不相同。

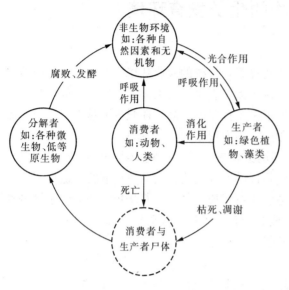

- 生产者：主要指绿色植物，利用其叶绿素进行光合作用，将太阳能转化为化学能，将自然环境中的无机物转化为有机物，不仅满足自身的生长发育需要，而且为自然界一切生物和人类提供食物和能量
- 消费者：消费者分为三级（一级：草食性动物，以植物为直接食物；二级：肉食性动物，以草食性动物为食物；三级：以肉食性动物为食物），它不能直接制造有机物，而以消费为生，对整个生态系统具有调节能力，尤其是对生产者的过度生长、繁殖起控制作用
- 分解者：生态系统的"清洁工"，他们把动植物的尸体分解为简单的无机物，归还给非生物环境，是营养物质在生物与非生物之间的循环载体
- 非生物环境：是指生态系统中的各种无机物和自然因素，是自然界的生命之源

图 3-1　生物与环境之间的关系

由于各种因素往往对生物共同发生作用，故每种生物都具有对多种因素（如温度、相对湿度等）的联合适应范围，如图 3-3 所示。因此，利用人工环境技术创造生物的生长发育环境时，必须遵循各物种的耐受性定律。

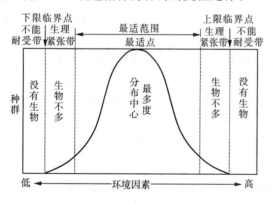

图 3-2　耐受性定律与生物
分布、种群水平之间的关系[1]

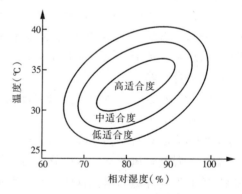

图 3-3　环境因素的综合作用

从上述分析可知，环境因素是生物生长发育、繁衍生息的基本条件，只有明确环境因素对生物的影响规律，才能为创造和谐的地球环境、维护生态平衡，开发现代化农牧渔业养殖、种植技术提供指导，才能为植物园、动物园以及实验动物设施的建设及其环境控制提供基础条件。本章仅从人工环境学角度探讨常规动植物和实验动物所需的生长发育环境，而其他因素对动植物的影响请参考相关论著。

第二节 植物的生长发育环境

生物的新陈代谢包含同化作用（assimilation）和异化作用（dissimilation）两类化学反应。同化作用是将非生活物质转化为生活物质，而异化作用则是将生活物质分解为非生活物质的过程[2]。动物一般只具有异化作用（部分含有叶绿素的原生动物除外），而植物是同时具有同化和异化双重作用的生物，因此，了解植物的光合作用与呼吸作用规律，对于调控植物的生长发育环境，指导农业生产有着十分重要的理论意义和应用价值。

一、光合作用与呼吸作用

（一）光合作用

光合作用（photosynthesis）通常是指绿色植物吸收光能，把 CO_2 和水转化成有机物，同时释放 O_2 的过程。光合作用被称为是"地球上最重要的化学反应"，没有光合作用就没有繁荣的生物世界，光合作用是生物界获得能量、食物以及 O_2 的根本途径。自从有了光合作用，需氧生物才得以进化和发展；正因为光合作用的不断进行，才使得大气层中形成了吸收有害紫外辐射的臭氧层，使生物可从水中转移到陆地上生活和繁衍。

光合作用机理是植物生理学的主要研究内容之一，其认识过程相当漫长[3,4]。

18 世纪以前，人们认为植物生长发育所需的全部元素均来自于土壤中，1771 年英国化学家 J. Priestley 发现了植物可以"净化"因燃烧蜡烛而破坏的空气，同年荷兰医生 J. Ingenhousz 证实植物只有在光照条件下才能"净化"空气，因此人们将 1771 年定为发现光合作用的年代。此后，虽然开展了众多研究，但直到 19 世纪末人们才写出了光合作用的总反应方程式：

$$6CO_2 + 6H_2O \xrightarrow{\text{光，绿色植物}} C_6H_{12}O_6 + 6O_2 \tag{3-1}$$

从式（3-1）可以看出，光合作用的本质是一个氧化还原过程。其中，CO_2 是电子受体即氧化剂，H_2O 是电子供体即还原剂。

20 世纪 30 年代，英国科学家 R. Hill 发现光照射叶绿体可将水分解并释放出氧气，并且在任何氧化剂存下，同时可以将 CO_2 还原为糖。因此，光合作用的突出特点是：H_2O 被氧化到 O_2 的水平；CO_2 被还原到糖的水平；氧化反应所需的能量来自于光能的吸收、转换与贮存[5]。几十年后，式（3-1）被简化成下式：

$$CO_2 + H_2O \xrightarrow{\text{光，叶绿体}} (CH_2O) + O_2 \tag{3-2}$$

在式（3-2）中用（CH_2O）表示一个糖类分子的基本单位，用叶绿体代替绿色植物，说明叶绿体是进行光合作用的基本单位和场所。

随着研究的不断深入，1941 年美国科学家 S. Ruben 和 M. D. kamen 通过 ^{18}O 和 $C^{18}O_2$ 同位素标记实验，证明光合作用所释放的 O_2 来源于 H_2O。为了把 CO_2 中的氧和 H_2O 中的氧在形式上加以区别，用下式作为光合作用的总反应式：

$$CO_2 + 2H_2O^* \xrightarrow{\text{光，叶绿体}} (CH_2O) + O_2^* + H_2O \tag{3-3}$$

式（3-3）反映了光合作用的本质，指出了光合作用发生的场所、条件、O_2 的真正来源。

光合作用的进行受内、外因素的影响，其主要因素有叶体结构、叶龄、光照、CO_2 浓度、温度和氮（N）素等。在适当范围内提高光强、CO_2浓度、温度和叶片含氮量可促进光合作用。内、外因素对光合作用的影响不是独立的，而是相互联系、相互制约的。

（二）呼吸作用

呼吸作用（respiration）是指生物细胞内有机物在酶的作用下逐步氧化分解并释放能量的过程。根据呼吸作用过程中是否有氧气参与，可将呼吸作用分为有氧呼吸（aerobic respiration）和无氧呼吸（anaerobic respiration）两大类。

1. 有氧呼吸

有氧呼吸是指生物细胞利用分子氧（O_2）将某些有机物质彻底氧化分解，形成 CO_2 和 H_2O，同时放出能量的过程。呼吸作用中被氧化的有机物质称为呼吸底物（或呼吸基质），碳水化合物、脂肪、蛋白质、有机酸都可以作为呼吸底物。如以葡萄糖为底物，则有氧呼吸的总反应方程式为

$$C_6H_{12}O_6 + 6O_2 \xrightarrow{\text{酶}} 6CO_2 + 6H_2O \quad \Delta G^{\circ\prime} = -2870\text{kJ/mol} \tag{3-4}$$

其中，$\Delta G^{\circ\prime}$ 表示 pH=7 时标准自由能的变化。

从上述的总反应方程式可以看出，在有氧呼吸时，呼吸底物被彻底氧化为 CO_2 和 H_2O，O_2 被彻底还原为 H_2O。总反应方程式和燃烧反应式完全相同，但在燃烧反应时，底物分子与 O_2 反应迅速激烈，能量是以热的形式进行释放；而在呼吸作用中，氧化作用则分为许多步骤进行，能量是逐步释放的，一部分转移到中间产物 ATP 和 NADH 分子中，成为随时可利用的储备能，而另一部分则以热的形式放出。

2. 无氧呼吸

无氧呼吸是指生物细胞在无氧条件下把某些有机物分解为不彻底的氧化产物，同时释放能量的过程。微生物的无氧呼吸通常称为发酵（fermentation），如酵母菌在无氧条件下分解葡萄糖产生酒精，这种作用称为酒精发酵，其反应式为

$$C_6H_{12}O_6 \xrightarrow{\text{酶}} 2C_2H_5OH + 2CO_2 \quad \Delta G^{\circ\prime} = -226\text{kJ/mol} \tag{3-5}$$

高等植物也可发生酒精发酵，例如甘薯、苹果、香蕉贮藏过久产生酒味就是酒精发酵的结果。

此外，乳酸菌在无氧条件下产生乳酸，这种作用称为乳酸发酵，其反应式为

$$C_6H_{12}O_6 \xrightarrow{\text{酶}} 2CH_3CHOHCOOOH \quad \Delta G^{\circ\prime} = -197\text{kJ/mol} \tag{3-6}$$

呼吸作用的进化与地球上大气成分的变化有着密切关系。地球上本来没有游离的氧气存在，生物只能进行无氧呼吸，但随着光合作用的出现，生物体的有氧呼吸才相伴而生。现今高等植物的呼吸类型主要是有氧呼吸，但也保留着能进行无氧呼吸的能力，例如成苗之后的植物遇到水淹时，可进行短时期的无氧呼吸，以适应缺氧条件。

3. 呼吸作用的生理指标

呼吸速率（respiratory rate）和呼吸商（respiratory quotient）是判断呼吸作用强度和性质的两种重要的生理指标[3]。

（1）呼吸速率：表示单位时间、单位质量（干重、鲜重）的植物组织或单位细胞、毫克氮所放出的 CO_2 的量（Q_{CO_2}）或吸收的 O_2 的量（Q_{O_2}）来表示。常用单位有：μmol/（g·h）、μL/（g·h）。呼吸速率是最常用的反映呼吸强弱的生理指标。

（2）呼吸商：是指植物组织因呼吸作用在一定时间内所释放的 CO_2 的体积（或摩尔

数）和吸收 O_2 的体积（或摩尔数）之比，用 RQ 表示，呼吸商又称呼吸系数（respiratory coefficient），即

$$RQ=V_{CO_2}/V_{O_2} \qquad (3\text{-}7)$$

通常，碳水化合物是主要的呼吸底物，脂肪、蛋白质以及有机酸等也可作为呼吸底物。呼吸底物不同，其呼吸商也不同。例如：以葡萄糖作为呼吸底物，当其完全氧化时，从式（3-4）可以看出，葡萄糖吸收 6mol 氧气，同时放出 6mol 二氧化碳，故 $RQ=1$；如果按式（3-5）进行无氧呼吸时，由于只放出 CO_2 而并未消耗 O_2，因此 $RQ=\infty$。由于呼吸商的大小与呼吸底物的性质有密切关系，故可根据呼吸商的大小大致推测呼吸作用的底物及其性质的改变。

呼吸商可以描述任何生物的呼吸作用性质，对人类、动物、植物以及植物的果实、切花都是适用的。特别是对于有生物生存的某些密闭空间而言，明确生物的呼吸商，对于控制 CO_2 和 O_2 的浓度或分压极为重要。

4. 呼吸作用的生理意义

呼吸作用对于植物生命活动十分重要，参见图 3-4。归纳起来有以下三个方面的意义。

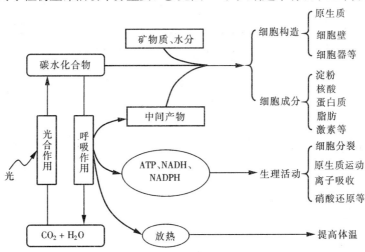

图 3-4　呼吸作用的主要功能[3]

（1）呼吸作用为植物生命活动提供能量。呼吸作用将有机物氧化，使其中的化学能以 ATP 形式贮存起来。当 ATP 在 ATP 酶的作用下分解时，再把贮存的能量释放出来，以不断满足植物体内各种生理过程对能量的需求；未被利用的能量以热能的形式散失，以提高植物体温。另外，呼吸作用还为植物体内有机物质的合成提供原动力（如 NADH、NADPH）。

（2）呼吸作用中间产物是合成植物体内重要有机物的原料。呼吸作用在分解有机物质过程中产生许多中间产物，其中一些中间产物的化学性质十分活跃，是进一步合成新的有机物的物质基础，因而呼吸作用在植物体内的碳、氮和脂肪等代谢活动中起着中枢作用。

（3）呼吸作用在植物抗病免疫方面有着重要作用。在植物和病原微生物的相互作用中，植物依靠呼吸作用氧化分解病原微生物所分泌的毒素，以消除其毒害；呼吸作用还可促进具有杀菌作用的绿原酸、咖啡酸等的合成，以增强植物的免疫能力。

二、环境因素对植物生长发育的影响

环境因素对植物生长发育的影响归根到底是对光合作用和呼吸作用的影响。温度、水（湿度）、空气、光照和无机盐类物质（土壤）是植物生活的 5 个基本要素，其中，温度、湿度、空气（成分、风速和大气压力）属于人工环境因素。

（一）温度

温度是植物必需的生活条件之一。各种植物的生长都要求一定的温度条件，温度过高或过低都会影响其开花、结果，甚至死亡，故不同纬度以及不同海拔高度的地区相应地出现不同的植物种类；同时，每一个植物种类在其生长发育过程的不同阶段对温度的要求也有所不同。

1. 温度与植物分布的关系

由于地球表面各地带的温度不同，所以不同温度要求的植物在地表上有不同的地理分布。

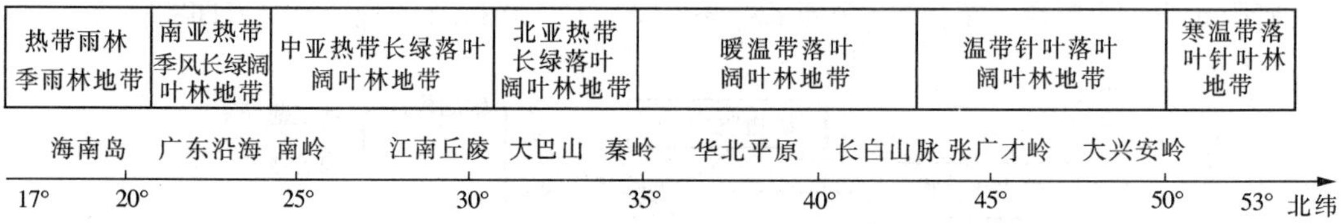

热带雨林季雨林地带
南亚热带季风长绿阔叶林地带
中亚热带长绿落叶阔叶林地带
北亚热带长绿落叶阔叶林地带
暖温带落叶阔叶林地带
温带针叶落叶阔叶林地带
寒温带落叶针叶林地带
海南岛
广东沿海
南岭
江南丘陵
大巴山
秦岭
华北平原
长白山脉
张广才岭
大兴安岭
17°
20°
25°
30°
35°
40°
45°
50°
53°
北纬

图 3-5　我国东部植被的水平分布图[5]

从温度的水平变化来看，自南北两极到赤道，表现为植物种类在气候带（热带、亚热带、温带和寒带）上的分布。因此，在热带平原地区所分布的是要求温度比较高的植物，而温、寒带平原地区所分布的则是适应温度较低的植物。这点从图 3-5 中我国东部植被的水平分布情况中可以看出。

8844.43m
高山冰雪带
5600
5200
高山冰雪稀疏植被带
寒带
高山草甸带
4500
亚高山灌丛草甸带
4000
山地寒温性针叶林带
3000
2500
山地针阔叶混交林带
温带
山地长绿阔叶林带
亚热带
1100
山地雨林季雨林带
热带

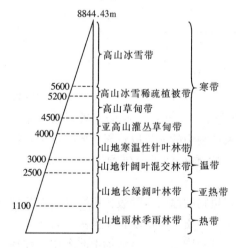

图 3-6　珠穆朗玛峰植被的垂直带谱图[5]

（2005 年 10 月 9 日中华人民共和国国务院新闻办公室公布了珠穆朗玛峰的精确高度为 8844.43m）

体温（mg/(m²·s)）
30
25
20
15
10
5
0
表观光合作用
呼吸作用
净光合作用
冷冻死亡
高温死亡
-10
0
10
20
30
40
50
温度(℃)

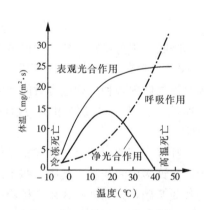

图 3-7　温度对光合与呼吸作用的影响[4]

另外，从温度在一个地区的垂直变化来看，根据气象规律，温度随海拔高度的升高而降低，一般而言，海拔每升高100m，平均温度降低0.5～0.6℃，这种降温现象也引起植物及其组成的植被类型发生变化，参见图3-6。

从上述分析可知，不同植物都有各自的生存环境，因此，在分析各种植物对人工温室的温度要求时，必须根据某种植物原产地所在的纬度和海拔高度来确定，分布在高山地区肯定要比分布在平原地区所要求的温度要低。

2. 温度对植物生长发育的影响

(1) 植物生存的临界温度对植物的影响

任何一种植物均需在一定温度范围内才能生长发育。如：不同植物种子的温度"三基点"就各不相同（参见表3-1）。

不同种类农作物种子萌发的温度三基点（℃）[5]　　　　　　　　表3-1

名　称	下限临界点	最适点	上限临界点
小　麦	4	25	32
玉　米	8～9	33	44
水　稻	10	30	37
亚　麻	2	21～25	28～30
向日葵	5～10	28	37～44
黄　瓜	15～18	31～37	44～50

当环境温度高于上限临界点时，植物的生长发育受阻，首先破坏了光合作用和呼吸作用的平衡，使呼吸作用大大超过（表观）光合作用，从而引起植物因长期缺乏养分而死亡（参见图3-7）；其次，在高温下植物的蒸腾作用旺盛需要补充大量水分，如果土壤的水分供应不足，将破坏植物体内的水分平衡。故当受到旱害时将导致植物萎蔫或枯死。

当环境温度低于下限临界点温度时，植物的生长发育也将受到限制。当寒冷空气入侵植物时，将产生冻害、寒害或霜害现象，严重妨碍植物的生长发育或导致死亡。发生冻害、寒害或霜害的机理是低温造成植物生理活动（如光合、呼吸、蒸腾和吸收等作用）的减弱或植物组织内结冰。

(2) 植物生长发育不同阶段对温度的要求

不同植物在不同发育阶段对温度的要求不同。1）种子发芽阶段：当温度高于种子萌发所需下限临界点温度时，种子的萌发速度与温度的增加成正相关，直至最适温度为止；其后温度继续升高，便引起萌发速度下降甚至停止。2）植物生长阶段：一般植物在0～35℃范围内能正常生长，温度上升，生长加速，温度降低，生长减慢。3）植物开花结实阶段：该阶段植物的温度三基点比生长阶段的温度三基点高，一般而言，温度高发育快，果实成熟早，反之亦然。此外，温度还影响果实种子的品质，在果实成熟期有较高的温度，能促进果实的呼吸作用，使其酸含量降低，糖含量提高，味甜，着色好；而温度较低时则相反。

(二）湿度

空气的相对湿度直接和间接地影响植物的生长发育。相对湿度越低，空气越干燥，植物的蒸腾和土壤的蒸发就越强。当植物的蒸腾量超过根系的吸水量时，就破坏植物体的水分平衡，如土壤供水不足，植物就会发生萎蔫，严重时甚至死亡。当大气中的水蒸气含量达到饱和时就形成雾，雾作为水分可以被植物直接吸收，在无雨的海岸地区，它成为植物的主要水源；在不太干旱的地区，雾水降落得多时，在叶面上形成水滴，水滴降落到地面可增加土壤的水分供给，补偿干季的降水不足，有利于植物的生长发育。

空气中的水蒸气是一些植物的水分来源。一般植物主要是从土壤中吸收水分供给自己进行光合作用之用，但干燥的苔藓和地衣可直接从潮湿的大气中吸收尚未凝结的水分，在高海拔地区的森林中，因为那里大气的相对湿度达90％以上，所以树干和树枝上都生长着丰富多彩的苔藓植物；在潮湿的热带森林中的兰科植物和蕨类植物，它们附生在岩石、树干和枝丫上，直接从空气中吸取水分。如果空气相对湿度过低，将会对这些植物的生存造成障碍。

（三）空气

空气是维系生命的最重要的物质基础，其中空气成分对植物的影响更为明显[6]。

（1）氧气：O_2是生物呼吸作用的必要条件，同时又是植物光合作用的产物。作物在各个生命期均需要 O_2 进行正常呼吸，释放能量以维持其生命活动，O_2 浓度降低，作物有氧呼吸降低，无氧呼吸增加。无氧呼吸过程会产生酒精导致细胞质的蛋白质变性；无氧呼吸释放能量少，与有氧呼吸相比，释放等量的能量需多消耗几十倍的有机物；此外，无氧呼吸缺少氧化过程，无法提供合成其他有机物的中间产物。因此，作物在长时间低 O_2 浓度环境下会发育不良甚至死亡。

（2）二氧化碳：CO_2是植物光合作用的物质基础，同时也是维持大气 CO_2 相对平衡的调节者。绿色植物每合成 1kg 葡萄糖，就需吸收 $2500m^3$ 的 CO_2，所消耗的 CO_2 通过动植物的呼吸作用、微生物分解有机物质、燃烧有机燃料以及碳酸盐岩体的分解和火山爆发等形式进行补充。

在构成植物的干元素中，C、H、O 分别占 45％、6.5％和 42％，三种元素占 93％以上。其中 C 是构成植物的主要元素，主要来自于大气中的 CO_2（和少量溶于水的 CO_2），但空气中的 CO_2 的含量往往不能完全满足植物光合作用的需要。实验表明，采用适当方法（如施加 CO_2 肥料等），向农作物周围的空气中补充一定的 CO_2 可以实现农作物增产[5,6]。

（3）植物的挥发性分泌物：在大气中除了含有 N_2、O_2、CO_2 等气体外，局部还含有芳香油、醇、醚、醛和酮等植物自身的挥发性分泌物，它们对邻近的生物产生一定的影响。

1）有些植物的挥发性分泌物会妨碍或促进其他植物的生长发育。如胡桃的叶子分泌的大量胡桃醌可抑制苹果、番茄等植物的生长；小麦和豌豆，马铃薯和菜豆，洋葱和甜菜生长在一起彼此具有促进作用。

2）有些植物的挥发性分泌物具有杀菌作用。如桉树的分泌物能杀死结核菌和肺炎菌。

3）某些挥发性分泌物对人和动物有一定影响。如除虫菊的分泌物可作为杀虫剂，薄荷的气味可驱走多种蔬菜害虫，毒漆树分泌物可引起人的皮肤红肿、痒痛。

（4）污染气体和悬浮颗粒物：对植物有影响的空气成分还有 SO_2、HF、Cl_2、NO_x、NH_3、尘埃等气体和固体污染物，它们一般会通过植物的气孔、皮孔、根部等进入植物体内，并在植物中不断积累，对其生长发育造成严重影响，造成产量降低、品质变坏，当被人类和动物食用后，将直接危害到人畜安全。

从上述影响植物生长发育的环境因素来看，适宜的温度、湿度和空气成分条件有利于植物的生长发育。此外，大气压力对植物而言不是一种影响显著的环境因素，但风则对植物生长有一定的影响，故需注重植物环境的适度通风，以调节植物叶幕或株丛内部的空气成分，减少植株受病毒的感染。这些规律是建造人工温室、栽培植物的重要理论基础。

三、温室内的人工环境

生长在室外自然环境中的植物，在其生长发育过程中经常会遇到各种气象灾害的侵袭，如冻害、冰雹、高温、高湿、大风等，这些极端天气往往给种植业带来巨大的经济损失。为避免自然灾害的影响，提高农产品产量和品质，推进反季节栽培以提高农产品的经济效益，人造温室技术得到迅猛发展。温室是人们了解自然、控制自然的一个创举。据《古文奇字》记载："秦始皇密令种瓜于骊山"而且"瓜冬有实"。这个历史事实说明了远在两千多年前，秦始皇就倡导利用人工温室，在严寒的冬季进行瓜类的蔬菜生产，这是有史以来世界上最早的温室[7]。

温室是在应用环境因素对植物生长发育规律的基础上建立起来的能够调控环境因素、用于作物栽培、品种改良、植物展示的半密闭微气候环境设施。由于温室可对室内空气的温度、湿度、成分、风速等影响植物生长发育的环境因素进行人工调控，故可为植物提供适宜的生长发育环境。根据用途、建筑结构、温度、采光材料、外形的不同，温室有各种分类[8]。例如，按采光材料可分为玻璃温室、塑料温室和日光温室三大类；按照温室的温度范围可分为高温温室、中温温室、低温温室、冷温温室等。

温室是典型的人工环境，它主要包含以下几个方面[6-8]。

（1）温度环境：温室内的温度条件包括空气温度和土壤温度。温室通过太阳辐射后，由于温室效应使得室内积蓄大量热量，为农作物生长创造基本的温度条件，但由于室内温度需要调控，故通常在温室内还配置降温、升温设备，以保证室内不出现过低或过高温度，使其位于作物生长发育的最适温度范围。

（2）湿度环境：温室内的湿度环境是指空气湿度和土壤湿度，通风换气是调节室内空气湿度的常用方法，此外，也可根据需要设置除湿、加湿设备以改善空气湿度状况；节水灌溉、地膜覆盖是调节土壤湿度的有效途径。

温室内的人工环境条件　　　　　　　　　　　　　　　　　　　　　表 3-2

环 境 因 素	环 境 条 件
温　度	（1）高温温室：18～36℃，栽培各种蔬菜、花卉，以及进行各种农作物、经济作物的栽培试验，或栽培原产热带地区植物 （2）中温温室：12～25℃，栽培热带和亚热带相接地带及热带高原产的植物 （3）低温温室：5～20℃，栽培亚热带和暖温带相接地带产的植物 （4）冷温温室：0～15℃，栽培或贮存暖温带及其原产本地区而作为盆景的植物
相对湿度	植物生长通常发生在相对湿度为20%～80%，但根据植物的生长环境不同而有所区别 （1）水生植物：90%以上，栽培生长在水中的植物，如王莲、玻璃藻等 （2）湿生植物：90%左右，栽培分布在沼泽地区和郁闭森林下层的植物，如兰科、天南星科、蕨类和藕、茭白、水芹等 （3）中生植物：70%～80%，栽培要求中度湿润的植物，如扶桑、橡皮树、君子兰、鹤望兰、芭蕉和茄类、豆类、叶菜类、葱蒜类等 （4）旱生植物：60%以下，栽培原产地为沙漠地区、高山荒漠地区、岩石地区的植物，如仙人掌、龙舌兰科植物和南瓜、西瓜、葡萄、石榴等

续表

环 境 因 素	环 境 条 件
风　速	风速在 $0.5\sim0.7m/s$ 之间有利于植物生长，风速大于 $1m/s$ 时会使蒸腾过度，致使气孔的保护细胞关闭，减少 CO_2 的吸收和阻碍植物生长；风速大于 $5m/s$ 时将导致植物的物理损坏；空气流过叶面的速度为 $0.03\sim0.1m/s$ 有利于 CO_2 的吸收；室内换气次数应低于 90 次/h
空气成分	O_2 浓度为 20% 左右；CO_2 浓度为 $300\sim800mL/m^3$ 有利于植物生长；C_2H_4 浓度＜ $184\ mL/m^3$ （$230\ mg/m^3$）；HF 浓度＜$1mL/m^3$；SO_2 浓度≪$2mL/m^3$；NH_3 浓度≪$40mL/m^3$；Cl_2 浓度≪$0.1mL/m^3$等

（3）空气环境：温室气体环境包括 CO_2、O_2 及 C_2H_4 等有害气体等。半密闭温室的室内空气环境往往比室外要恶劣，为保证作物正常生长，常常采用空气调节措施为作物创造适宜的气体环境。通风换气和 CO_2 施肥技术被认为是目前控制温室气体成分最为有效的方法。

由于植物的种类繁多，原产地来源广泛，因此其温室内的人工环境条件也很难确定，但其确定原则是模拟各种植物在其原产地的生理过程选择其最适的生存条件。表 3-2 是根据文献 [6～10] 给出的资料而汇总出的温室环境条件，可供读者参考。

温室环境是人工创造的植物生长发育环境，除需创造适宜的温度、湿度和微气候气体环境外，还需控制其光环境和土壤（包括无土栽培的营养液）环境，使之模拟无自然灾害的大自然环境，对于改善传统农业结构，推进农业产业化、现代化具有重要的实用价值。

第三节　动物的生长发育环境

根据生物的耐受性定律可知，任何生物都有其最适的环境因素范围，当环境因素超越一定范围后，将严重影响其生长发育。

一、温度、湿度和风速对动物的影响

（一）动物的能量代谢与体温调节

根据动物和温度的关系，可将动物分为恒温动物（或称为温血动物，homoiothermic animal）和变温动物（或称为冷血动物，poikilothermic animal）两种类型。大多数的鸟类和哺乳动物都是恒温动物，除极高和极低温度外，在一定的温度范围内他们具有可保持体温相对稳定的生理调节机能，即能很好地调节发热和散热机制以维持体温的恒常性；而变温动物则是指体温随环境温度的改变而同步变化的动物，他们的体温和环境温度相差无几，如两栖类和爬行类动物等。动物的能量摄取、产生和散发是由其神经系统的反射活动来调节的。

1. 能量代谢

（1）热量的产生

动物生理活动所需要的能量是通过机体不断与外界环境进行物质交换和物质代谢而获

得的。能量贮存在体内的糖类、脂肪和蛋白质分子内部的化学键中，主要通过氧化过程随着化学键的断裂把能量释放出来。一般动物以下列方式来维持其能量的平衡[11]：

$$摄取能量＝产热量＋活动能量＋贮存能量 \tag{3-8}$$

动物处于绝对安静状态时，由于摄取能量＝0、活动能量＝0，故其产热量仅依赖于消耗体内的贮存能量，此时动物的产热量称为基础代谢（basal metabolism）或基础代谢率（basal metabolic rate）。

恒温动物的基础代谢与体表面积或体重有关。一般而言，恒温动物的体表面积 S（m^2）与体重 W（kg）存在下列关系：

$$S = kW^{2/3} \tag{3-9}$$

其中，k 为与动物种类有关的系数，如大鼠为 0.091，兔子为 0.125，猫为 0.099，狗为 0.107，人为 0.115[11]。

文献 [11] 给出了基础代谢 M（kcal/d）与体重 W（kg）的关系：

$$M = 69W^{0.75} \tag{3-10}$$

或

$$M = 3.34W^{0.75} \tag{3-10'}$$

式（3-10'）中，M 的单位为 W/只动物，体重 W 的单位为 kg，该式与文献 [10] 给出的公式（3-11）非常相近。

$$M = 3.5W^{0.75} \tag{3-11}$$

动物在实际生活中的散热量 Q，通常以基础代谢量的多少倍来表示，即 $Q＝\alpha M$，它是创造动物生长发育环境的基础数据之一。

（2）热量的散失

动物体的散热主要是通过皮肤的导热、对流、辐射、水分蒸发以及呼吸道的水分蒸发进行的，与所处环境温度密切相关。虽然也可以通过排泄粪便来散热，但仅为总散热量的5%左右。从图3-8中可以看出，在低温环境中，动物通过导热、辐射、对流散热较多；而在高温环境中，蒸发散热的份额较大，特别是在35℃的环境中，绝大部分热量是以蒸发方式散失的。

1）导热散热主要通过与皮肤接触进行，但由于空气的导热系数较小，故在普通状态下由此途径散失的热量较小。

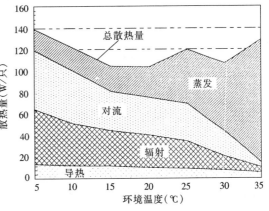

图 3-8 猪体散热量与环境温度之间的关系[11]

2）对流散热是通过皮肤表面与周围空气进行的，其散热量随皮肤周围空气流速的提高而增大。为防止肌体散热，在低温环境下，动物体表血管收缩，使皮肤血流量减少；反之，在高温环境中，血管扩张，使体表血流量增加，以强化对流散热。

3）辐射散热是动物身体散热的重要方式，其散热量取决于辐射散热面积、皮肤温度以及周围环境与物体的温度。动物不仅向周围环境进行辐射散热，其身体各部位之间也进行着相互辐射。辐射散热的调节机制是通过皮肤的血流量，即由皮肤温度的调节来进行的。动物的体位变化也与辐射有关，如在寒冷环境下动物蜷缩就是为了减少辐射面积；而在温暖环境下，动物趴在地面睡眠就是为了增加辐射散热面积。

4）蒸发散热可以通过皮肤和呼吸道无意识地进行，即使皮肤没有出汗，仍然有部分水蒸气从皮肤中蒸散出来，这种在正常状态下的蒸散作用称为无感觉蒸散。动物还能通过出汗、流涎、呼吸进行可调性蒸散。啮齿类动物和狗的体表外分泌汗腺很不发达，高温下则主要通过流涎方式进行蒸发散热，这点可以通过对暴露在不同温度下 2h 后的贝格狗（beagle）的呼吸次数随外温变化数据的分析可以看出，呼吸次数随环境温度的上升而快速增加，20℃时呼吸次数约为 20 次/min，而在 28℃、31℃和 34℃时的呼吸次数则分别为20℃时的 2 倍、12 倍和 16 倍[11]。

2. 体温调节

（1）变温动物

变温动物包括无脊椎动物和脊椎动物中的鱼类、两栖类和爬行类。这类动物的体温在一般情况下非常接近于环境温度。他们在活动时体内有一定的能量不断转化为热量，只要体表的散热速率小于体内的产热速率，体温就必然略高于环境温度，如软体动物、甲壳动物等的体温平均约比环境温度高 0.2～0.6℃。也有不少变温动物在活动强度较大时，体温和环境温度相差较大，如昆虫中的蜻蜓、丸花蜂在飞翔时，体温几分钟内可上升 15～20℃。爬行类动物由于它吸收太阳能和在运动中产热量增加而成为暂时性的"温血动物"。

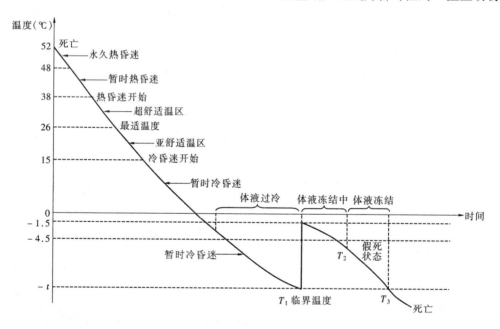

图 3-9　昆虫的体温变化曲线[1]

变温动物的状态在外界温度变化时将产生有规律的变化，参见图 3-9。在温度最高点（生命的温度上限）的下面有一个热昏迷区（或称为热僵硬区），在此温度区间内，动物将丧失活动能力，且陷入昏迷状态；在热昏迷区之下的一般温度范围内，生长、发育和繁殖顺利进行，这一段可称为活动区，其中央为最适温度，在最适温度条件下，动物的代谢过程最为平衡，因此死亡率最低，繁殖能力最强；活动区之下为冷昏迷区（或冷僵硬区）；

在0℃以下即产生过冷现象，一直延伸到体液冻结，在冻结时，潜热被释放出来，因此体温有一短暂回升；此后体温随环境温度的降低而持续下降，并可能导致其死亡。

（2）恒温动物

动物在长期适应变化较大的陆地气温过程中，其能量调节机制得到不断进化和完善，并在其大脑中形成热中枢，进而出现了能调节体温的恒温动物。由于恒温动物的运动器官和循环系统的发达和完善，气体交换的强化和体温调节的适应，中央神经系统的复杂化，总的能量代谢的增强，以及脂肪层、毛和羽覆盖等隔热构造的产生，使其体内能经常保持稳定的高温，以维持其较高的代谢水平。在此基础上进行能量调节，使其在一定范围内体温不受外界温度的影响，从而减少对外界环境温度的依赖。

恒温动物的体温调节有化学调节和物理调节两种方式。化学调节与热的产生有关，物理调节关系到热的分配和散失，这两种调节方式既有区别又相互关联。

体温的化学调节是按照环境温度来改变体内营养物质氧化过程的水平，可以从耗氧量来估算出产热量和散热量之间的关系。动物的身体越小，其单位体重的表面积越大，热量越容易散失。物理调节机制包括用于保温的身体覆盖层（羽、毛、脂肪）、血液循环的血管调节（深层和表层的血流）、汗腺的活动、频繁呼吸以及增减散热体表面积等。

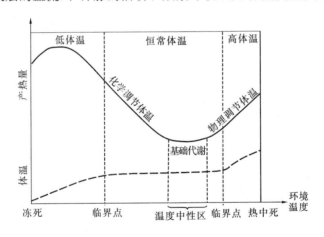

图3-10　产热量、基础代谢、体温和环境温度之间的关系[10]

在外界温度变化时，恒温动物将通过化学和物理调节机制调节其体温，从图3-10所示的动物的产热量、体温和环境温度的相互关系可以看出，在外界温度较高时，动物以物理机制来调节体温，但当环境温度高于高温临界点时，超越了动物物理调节的能力极限，导致体温持续上升、出现过热、蛋白质变性，最终造成动物死亡；在低温环境下，动物则采用化学调节机制，加快新陈代谢，增加产热量，以维持体温，但当环境温度低于低温临界点时，产热量已不能维持其体表散热，动物将出现过冷、体温下降，最终导致新陈代谢混乱甚至死亡。

（二）温度、湿度、风速对动物的影响

从上述能量代谢和体温调节特征可知，温度是动物重要的环境因素。温度的变化在不同程度上直接影响动物的新陈代谢，从而影响其活动、生殖、生长、发育、形态和行为；环境温度对动物的间接作用是通过其食物（包括植物性食物和动物性食物）以及其他动物的活动或环境的物理化学条件来进行的。

与温度类似，湿度对动物的生活、生长、发育、代谢、体色、形态、行为都有一定的直接影响。动物对环境湿度具有一定的主动适应性，当湿度变化时，动物可以通过改变或调整自己的体形构造、行为、生理规律，主动适应环境以维持其生存。

温度和湿度往往共同影响着动物的新陈代谢。湿冷的空气使有机体的热量散失很快，变温动物在这种条件下新陈代谢迅速降低，恒温动物的代谢则加强，以保证体温；在干冷的环境中，热量散失较慢，其结果使变温动物体温降低较慢，而恒温动物的代谢增进并不明显；在干热的空气中，体表水分蒸发较快，其降温效果使得变温动物和恒温动物的体温调节成为可能；热湿空气将阻碍体表水分的蒸发，使动物丧失体温调节机能，导致病变和死亡。

风速对动物的生长、发育与繁殖一般没有直接影响，但会影响其进食行为，同时还通过加速体内水分蒸发和热量散失而间接地影响动物的能量代谢和水分代谢。

二、空气成分和气压对动物的影响

1. 空气成分对动物的影响

空气中的 O_2 和 CO_2 在动物生活中起着十分重要的作用。大气能满足动物的生长发育要求，即使在海拔 1000m 以上的地方，大气成分也能满足动物对 O_2 的需求；空气中的 CO_2 通常不会对动物的生活造成影响，只有在山洞、巢穴以及种群密集处，由于这些场所的颗粒污染严重，或动物呼吸产生污染气体浓度过高，以及受到环境污染时，才会造成空气成分的变化，对动物的生活造成影响。

不同的动物对含氧量变化的敏感性不同。动物在缺氧的情况下，正常的气体代谢受到破坏，生长、发育和繁殖能力受到抑制，呼吸加快，活动能力降低，中枢神经的机能受到破坏，并容易进入休眠状态。空气中 CO_2 含量的变化将影响动物的呼吸作用，当 CO_2 含量增加至 1%～3% 时，脊椎动物的呼吸数显著增加，正在进行休眠的动物则促进其昏迷。例如，许多昆虫和啮齿类动物吸入 CO_2 浓度过高的空气后，都很容易进入休眠状态。

空气中悬浮着大量的颗粒污染物及气体污染物以及其他杂质，其主要来源是岩层及土壤风化产生的灰尘、森林燃烧和人类生活及生产活动释放出的烟尘、火山喷发到空气中的大量灰尘、从星际太空坠落的宇宙尘埃、海洋盐质以及细菌、人类呼出的病毒、植物花粉等。这些污染物会使动物正常呼吸环境受到破坏，直接影响动物的身体健康，严重时对生命也构成威胁。

2. 大气压力对动物的影响

大气压力随海拔高度的增加而降低，即使如此，对陆生动物的影响并不明显。研究表明，在大多数情况下，海拔高度增加使动植物稀少的主要原因不是由于气压降低所致，而是其他不良环境条件如气候寒冷、土壤不良和食物缺乏所致。

由于气压降低引起空气中的含氧量减少，相对而言，对恒温脊椎动物造成的影响较为明显。由于氧气含量减少，给呼吸带来困难，他们必须有特殊的适应能力（血液中所含血红细胞数量和血红蛋白含量较多），才能在高山低气压环境中生存。

三、动物的生长发育环境

由于动物的种类繁多，其适宜的生长发育环境参数也各不相同，并且随着年龄（月龄）的变化而有所不同，表 3-3 是根据文献 [9]、[10] 整理出的典型经济动物的主要人工环境参数。

经济动物生长发育的环境条件　　　　　　　　　　　　　　表 3-3

环境因素		环　境　条　件	
温度	大多数动物	10～30℃	
	奶牛与肉牛	2～24℃	
	猪类	产仔猪舍：10～20℃，孵化器：28～32℃ 仔猪：断奶后第 1 周保持 27℃，然后以 1.5℃/周的速率降低至 21℃ 成长和怀孕期：13～22℃	
	禽类	孵化室：15～17℃；孵化器：30～33℃，然后以 3℃/周的速率降低至室温 养鸡场、鸡笼：10～30℃	
相对湿度	大多数动物	50%～80%	
	奶牛与肉牛	50%～80%	
	猪类	产仔猪舍：<70% 仔猪：≤75% 成长和怀孕期：冬季≤75%，夏季无限制	
	禽类	孵化室：50%～80% 养鸡场、鸡笼：50%～75%	
风速	大多数动物	<0.25m/s	
	奶牛与肉牛	4～10 次/h	
	猪类	产仔猪舍：10～240L/s（冬季～夏季） 仔猪：1～12 L/（s·只），1.5～18 L/（s·只）（适用于体重为 5.5～14kg） 成长和怀孕期：成长期（体重 34～68kg）3～35 L/（s·只），（体重 68～100kg）5～60 L/（s·只），怀孕期（体重 150kg）为 6～70 L/（s·只），哺乳期（体重 180kg）为 7～140 L/（s·只）	
	禽类	孵化室、养鸡场、鸡笼：冬季 0.1L/（s·kg 体重），夏季 1～2 L/（s·kg 体重）	
空气成分	大多数动物	颗粒污染物<15mg/m³，氨气<37 mg/m³，硫化氢<30mg/m³，二氧化碳<2770 mg/m³	

在动物园或经济动物圈舍设计时，必须根据各种动物自身的生活习性，为其创造适宜的热舒适环境（温度、湿度和风速）、空气品质和空气成分，以利于动物的生长发育，提高产量。

第四节　实验动物的饲养环境

实验动物学作为生命科学的重要研究基础和支撑条件，已得到各国政府的重视和科学家的关注，人们期待借助实验动物学的研究成果来探索生命的起源，揭示遗传奥秘，研究疾病与衰老的机制，从而延长人类寿命，提高生命质量。实验动物学的研究对象是实验动物和动物实验。

实验动物虽然也是动物，但它不同于野生动物、经济动物（如家禽、家畜）和观赏动物。它是从动物学、畜牧兽医学研究的一般概念上的动物中分化出来的，专供生命科学研究用的具有遗传学和微生物学质量标准化的动物[1]。它具有如下特征：（1）人工饲养，（2）对其携带的微生物、寄生虫实行控制，（3）遗传背景明确或来源清楚，（4）用于科学研究、教学、生产、检定及其他科学实验。故实验动物和设备、信息、试剂一样，是生命科学实验研究不可缺少的基本要素。为完整、精确保存实验动物体内所携带的基因和微生物信息，必须对实验动物进行精心饲养，其饲养环境必须进行严格控制，与其说是对实验动物的"饲养"，倒不如说是实验动物的活体"珍藏"。

一、实验动物的种类

用于生物医学研究的实验动物种类很多。目前常用的种类有：两栖纲的青蛙、蟾蜍；爬行纲的蛇；鸟纲的鸡、鸭、鸽；哺乳纲啮齿目的小鼠、大鼠、豚鼠、地鼠、长爪沙鼠、棉鼠等；兔形目的家兔；食肉目的猫、犬、雪貂；有蹄目的羊、猪和灵长目的恒河猴、猩猩、狒狒、绒猴、食蟹猴等30余种，覆盖了变温动物和恒温动物。其中最常用的是小鼠、大鼠、豚鼠和兔等。

按照微生物、寄生虫的控制程度不同，将实验动物分为无菌动物（germ free animal，GF 动物）、悉生动物（gnotobiotic animal，GN 动物）、无特定病原体动物（specific pathogenfree animal，SPF 动物）和普通动物（conventional animal，CV 动物）等四种，其分类原则如表3-4所示。

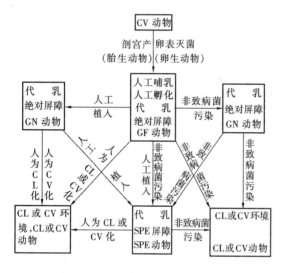

图 3-11　各等级实验动物的相互关系[1]

按微生物控制程度对实验动物分类[1]　　　　　　表 3-4

种　类	饲养环境	说　　明	备　注
无菌（GF）动物	隔离系统	以封闭的无菌技术取得，用现有方法不能检出任何微生物和寄生虫的动物	无菌动物
悉生（GN）动物	隔离系统	明确知道带有的微生物丛，需要特殊饲养的动物，又称已知菌动物或已知菌丛动物	明确知道所带有的微生物信息
无特定病原体（SPF）动物	屏障系统	没有特定的致病性微生物和寄生虫的动物	明确知道不带有的微生物种类
普通（CV）动物	开放系统	不明确所带有的微生物、寄生虫的动物，也称通常动物，但不得带有人畜共患传染病病原体	对微生物带有情况不够明确

所有实验动物的最初来源都是普通（CV）动物，经过人工孵化和人工哺育，转化为无菌（GF）动物，再获得其他种类的实验动物，其相互关系如图3-11所示。

我国颁布实施的《实验动物管理条例》将实验动物分为四级[12]：1级为普通动物，2级为清洁动物（clean animal，CL动物），3级为无特定病原体动物，4级为无菌动物（包括GF动物和GN动物），对不同等级的实验动物，要求按照相应的微生物控制标准进行管理。

二、实验动物环境的重要性

影响实验动物的环境因素很多，包括对实验动物个体发育、生长繁殖、生理、化学平衡和有关反应产生影响的一切外部条件。实验动物的性状不仅取决于遗传因素，还取决于环境因素。20世纪50年代Russll和Burch提出，动物最初是从父母获得遗传因子（基因型）形成了表现型，表现型因受各种环境因素的影响而形成演出型，如图3-12所示。

为获得重复性好的动物实验结果，要求实验动物的演出型必须稳定，这就需要对决定演出型的遗传基因和环境条件加以控制。动物对实验处理的反应可用下式表示：

图3-12　动物性状与遗传和环境的关系[11]

$$R=（A+B+C）×D±E \tag{3-12}$$

式中，R：表示实验动物总的反应；A：表示实验动物物种的反应；B：表示品种或品系特有的反应；C：表示个体的反应差异；D：表示环境影响；E：表示实验误差。其中，A、B、C由遗传基因所决定。

由于R和D呈正相关，说明环境因素对动物反应起决定性作用。故在实验动物的遗传性状相对稳定的情况下，应尽量排除环境因素变化所造成的影响。只有重视实验动物环境，改善环境条件，并对环境设施进行严格的监控与管理，才能保证实验动物的健康和质量标准化，保障各品系动物具有稳定的演出型特征。

三、环境因素对实验动物的影响

适宜的外部环境因素是实验动物生长发育、保存遗传性状的必要条件。由于实验动物也是动物，故环境因素对动物影响的普遍性规律照样成立，但由于实验动物具有特殊性，对环境参数要求比动物园的动物和经济动物更为严格，故在此仅对其特殊性进行阐述。

（一）实验动物的热舒适环境

与人体和普通动物一样，影响实验动物的热舒适性因素仍然是温度、湿度、气流、风速等环境因素。

1. 温度

实验动物大多属于恒温动物，当外界温度在一定范围内变化时，他们具有调节体温相对稳定的能力。实验动物的最适温度一般位于18～29℃，但不同种类动物又有所差异，参见表3-5。如果偏离其最适温度过多，动物将不能适应，产生不良反应，这意味着可能影响动物实验的结果。

温度对实验动物有以下几个方面的影响。

主要实验动物的最适温度（℃）[1]

表 3-5

动物种类	中　　国	英国（内务部）	日　　本	欧洲手册（原西德，1971）	体散热量（平均体重），W（kg）
小鼠	15～20	20～24	22～24	22±2	0.69（0.021）
大鼠	—	18.3～22	23	22±2	4.84（0.118）
豚鼠	15～20	17～20	21～25	22±2	6.78（0.410）
家兔	户外（冬季保温）	15.5	23	18±2	11.38（2.600）
猫	—	21～22	24	22±2	—
犬	—	22 以下	24（幼）	18±2	14.53（2.600）
灵长类	20～24	20～22	24	22±2	38.74（16.000）

（1）温度将导致实验动物性状的改变。如：冬季户外（温度低于15℃）成长的幼兔耳朵比室内（20～27℃）成长的幼兔耳朵短。耳朵形态的变化是幼龄家兔对低温所产生的一种身体结构上的适应，这是因温度引起的演出型变化。

（2）温度变化将导致实验动物的生理机能变化。气温过高或过低常导致雌性动物的性周期紊乱，产仔率下降，死胎率上升，泌乳量减少（甚至拒绝哺乳）；温度的变化影响动物的代谢水平，从最适温度起每降低1℃，动物的摄食量约增加1%；温度变化将导致体温变化（参见图3-13，图中，Jcl：ICR小鼠是指进行免疫药物筛选、复制病理模型较常用的一种实验动物），同时影响实验动物的心跳和呼吸速度（参见图3-14）。

（3）温度变化还直接影响动物的健康和抗感染能力。温度过高或过低时，动物肌体的抵抗能力明显下降，某些条件下将导致传染病流行和动物死亡；过高或过低的气温可激发动物产生应激反应，通过神经内分泌系统引起肾上腺激素分泌增加，长期暴露在这样的环境中，动物脏器可发生实质性改变；动物在不同温度条件下对化学物质的毒性反应也随之变化。

此外，环境温度在短时间内急剧变化，对实验动物的影响将更加严重，因此必须保证环境温度随时间的变化率符合各种实验动物的生理要求。

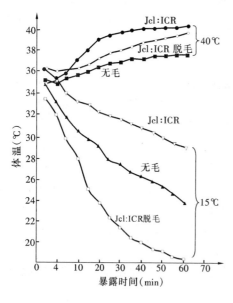

图 3-13　环境温度变化对小鼠体温的影响[11]

2. 湿度

湿度与温度往往共同作用影响实验动物的热舒适环境，这点可以从表3-6看出。

当体温与环境温度接近时，动物主要以蒸发方式散热；在高温、高湿情况下，散热受到抑制，容易引起代谢紊乱及肌体抵抗力下降，动物的发病率和死亡率将明显上升。湿度过高，微生物易于繁殖，饲料和垫料容易霉变，空气中的氨浓度也将增大，引起某些传染病发生，对动物的健康不利；湿度过低，容易出现扬尘，引起呼吸道疾病，影响动物健康。例如：湿度过低，可使大鼠体表水分蒸发

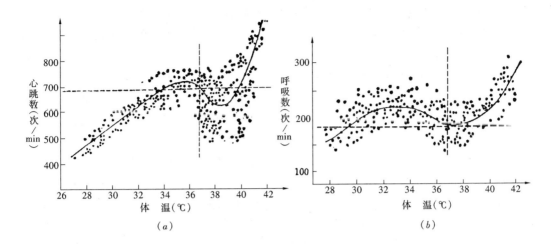

图 3-14 小鼠的体温与生理现象的关系[11]

（a）体温与心跳次数的关系；（b）体温与呼吸次数的关系

很快，尾巴失水过多，将导致尾巴血管收缩而形成环状坏死的坏尾症或环尾症（ring tail）。当温度为 27℃、相对湿度为 20% 时，大鼠几乎均患有此症；相对湿度为 40% 时，约有 25%～30% 的大鼠发病，当相对湿度大于 60% 时则不发生此症。由此可见，实验动物饲养环境的湿度管理至关重要。

小鼠暴露在各种温湿度环境中 60min 后的生理反应[11]　　　　　　表 3-6

环境温度（℃）	相对湿度 φ（%）	心跳数（次/min）	呼吸数（次/min）	体温（℃）
15	40～50	563.3±78.0	207.1±31.5	30.0±1.4
	60～70	602.2±77.4	206.4±22.0	30.9±2.0
	85～95	950.6±62.0	222.0±16.1	30.2±1.5
25	40～50	731.4±53.4	180.6±31.3	35.7±1.0
	60～70	695.3±47.6	188.3±29.0	35.1±1.1
	85～95	697.5±42.6	195.6±18.7	35.4±0.9
30	40～50	701.4±41.3	171.0±21.3	36.9±0.7
	60～70	668.7±40.2	185.2±14.8	37.1±0.7
	85～95	646.3±48.2	187.3±22.5	37.5±0.7
35	40～50	650.6±49.0	205.3±30.4	38.6±0.7
	60～70	687.8±49.9	189.8±32.0	38.6±0.5
	85～95	777.6±75.0	227.9±43.9	40.4±0.5

3. 气流和风速

合理的气流组织和风速对于调节温度、湿度、降低室内粉尘和有害气体污染、控制传染病的流行、保证实验动物健康非常有利。气流主要影响动物皮肤的体表蒸发和对流散热。大多数实验动物的体形较小，对气流非常敏感，流速过低或过高都影响动物健康，甚至发病、死亡，空气流速一般应控制在 0.13～0.18m/s 范围内。室温较高时，气流有利于对流散热；室温较低时，流速增大加强了体表的散热，导致动物的寒冷感。由于饲养室内的气流组织很难实现均匀和稳定，笼具内的通风性能差异很大，笼内气流和饲养室内的气流分布悬殊，特别是风口处流速高达 $1\sim2m/s$，因此饲养室内的笼具布置应避开送、回风口，以减少气流对动物造成不良影响。

4. 温度、湿度及风速的综合影响

无论是在自然环境下还是在饲养室的空调环境中，温度、湿度及风速均不是以单一因素对动物产生影响，而是相互关联共同影响的。在研究温度、湿度、风速对实验动物的综合影响时，采用实效温度（或体感温度）是一种简单方便、切实可行的方法。

山内忠平为考察温度、湿度和风速对小鼠的综合影响，在温度为 15、25、35℃，相对湿度为 40％、65％、90％和风速为 0.2、1.0、2.0m/s 共计 27 种工况条件下，测量了小鼠暴露在不同环境下 1h 时的体温变化。结果表明：温度对体温的影响最大；而单纯的湿度对体温的影响并不明显，但与温度结合起来看，则出现明显差别；对于风速而言，无论是单因素，还是与温度、湿度综合起来看，均出现极为明显的差别。在此基础上，山内忠平总结出适用于小鼠的实效温度（或称为体感温度）计算公式（3-13）和（3-14）[11]：

$$T_e = t + 100d - v\sqrt{38-t} \quad \text{（相关度为 98.7％）} \qquad (3\text{-}13)$$

$$T_e \cdot h = 4.18h - 2.044\sqrt{(37-t)\ h} \quad \text{（相关度为 90.7％）} \qquad (3\text{-}14)$$

式中　T_e——反映舒适性的实效温度，℃；

　　t——空气的干球温度，℃；

　　d——空气的含湿量，kg/kg$_{干空气}$；

　　v——风速，m/s；

　　h——空气的比焓，kJ/kg。

（二）饲养室的空气品质

洁净度和新风量是反映饲养室内空气品质的重要指标，必须加以严格控制。

1. 洁净度

实验动物的饲养室必须控制其室内的固体颗粒物、微生物及有害气体等污染物的浓度。室内空气污染物来源于室外大气、动物皮毛、皮屑、饲料、垫料等碎屑和消毒、灭虫、使用药物等化学药品。

动物粪便等排泄物产生的污染种类很多，有氨、硫化氢、甲基硫醇、硫化甲基、三甲胺、苯乙烯、乙醛等，这些气体具有强烈的臭味。其中，氨是在这些物质中浓度最高的一种，氨可刺激动物的眼结膜、鼻腔黏膜和呼吸道黏膜，导致动物流泪、咳嗽或出现上呼吸道慢性炎症，从而使这些实验动物失去应用价值，严重时还会产生急性肺水肿而导致动物死亡。因此，通常以氨浓度为指标来检测饲养室的污染程度，将其控制在 $14mg/m^3$ 以下。

悬浮颗粒物除本身对动物产生直接影响外，还为微生物提供生存载体，可把各种微生物粒子，包括饲料、垫料中带入的各种病毒、细菌、霉菌和芽孢等带入饲养室。因此，清洁级以上的实验动物或设施进入饲养环境时，必须经过空气净化，使之达到一定洁净度。要求饲养无特定病原体动物时，饲养室环境洁净度必须达到 1 万级，而清洁级动物饲养环境应该达到 10 万级以上。

2. 新风

饲养室必须提供足够的新风，以提供动物新陈代谢必需的氧气，同时减轻 CO_2、

NH_3、消毒药品以及室内粉尘颗粒、粪便异味对动物健康的影响。实验室的新风量大小一般以换气次数来表示，室内换气次数实际上取决于风量、风速、送风口和排风口的横截面积、室内容积和室内污染物浓度大小，但需要注意气流组织，风速过大会造成动物的体温下降，其换气次数应根据相关标准进行选取。

四、实验动物设施及其环境指标

1. 实验动物设施

实验动物设施是指生产实验动物和从事动物实验的建筑物和设备。按设施的功能不同可分为生产设施、研究设施、试验设施和特殊设施等；按微生物的控制环境的要求不同，又将其环境分为普通环境、屏障环境和隔离环境[14]，其对应的环境设施（或环境保障系统）分别为开放系统、屏障系统和隔离系统，如图 3-15 所示。

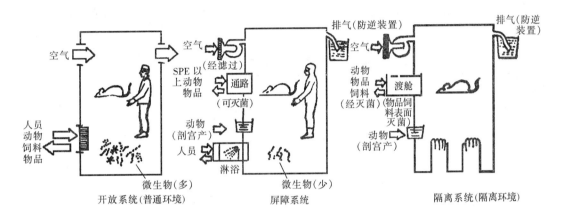

图 3-15　实验动物饲养系统的分类[14]

（1）开放系统

开放系统应用于普通环境要求，一般无净化装置，虽然也安装了排风和防野鼠、防昆虫等装置，但基本上是与大自然相通的，设施的内环境特别是温度、湿度、大气尘埃都受外部环境的影响。开放系统应符合动物居住的基本要求，不能完全控制传染因子，适用于饲养教学等用途的普通实验动物。

（2）屏障系统

确保屏障环境的系统或设施，适用于饲育清洁实验动物及无特定病原体（SPF）实验动物，该环境需严格控制人员、物品和环境空气的进出。

屏障系统是指与外界隔离的实验动物生活环境，所有进入空气都必须经过初、中、高三级过滤净化处理，洁净度为 10000 级，系统内需保证一定的正压，一般为 20～50Pa；出风口有防止空气倒流装置。凡进入设施的动物必须经过严格的消毒、灭菌处理。管理人员必须经过专门培训，人员进入时需经过淋浴、更换无菌衣帽，进入后必须严格按照一整套规程进行操作。屏障系统用于饲养无特定病原体动物和洁净级动物。

感染屏障系统是一种特殊的屏障系统，不是考虑如何避免人和外界环境对实验动物和系统内部造成污染，而主要是考虑如何防止系统内的泄漏物对外界环境造成危害，故系统内为负压环境，送排风均需经过净化处理，主要用于感染动物的饲养及其动物实验。其详细内容参见第五章"第四节 生物安全实验室"。

（3）隔离系统

实现隔离环境要求的环境保障系统或设施，采用无菌隔离装置以保存无菌或无外来污染动物，适用于饲育无特定病原体（SPF）、悉生（GN）及无菌（GF）实验动物。

隔离系统既要保证与环境的绝对隔离，又能满足转运动物时保持内环境一致。隔离系统是以隔离器为主体及其附属装置组成的饲养系统，送入隔离器的空气需要超高效过滤，并维持一定的压差，洁净度达到 100 级，饲料、饮水、垫料、笼具等都必须经过高温高压灭菌，动物和物料的动态传递须经特殊的传递系统。工作人员不直接接触动物，而是通过手套进行操作。

2. 实验动物设施的环境指标

为保证实验动物的开放系统、屏障系统和隔离系统的环境要求，各国都根据自己的国情制定了严格的管理制度和标准。表 3-7 给出了我国国家标准规定的实验动物设施的环境指标要求。

实验动物繁育、生产设施的环境指标（静态）[14]　　　　　表 3-7

项　　目		环境参数指标						
		小鼠、大鼠、豚鼠、地鼠			犬、猴、猫、兔、小型猪			鸡
		普通环境	屏蔽环境	隔离环境	普通环境	屏蔽环境	隔离环境	屏蔽环境
温度（℃）		18～29	20～26		16～28	20～26		16～28
日温差（℃）		—	4				4	4
相对湿度（%）		40～70						
换气次数（次/h）		8～10	10～20	20～50	8～10	10～20[①]	20～50[①]	10～20[①]
气流速度（m/s）		0.1～0.2						
梯度压差（Pa）		—	20～50[②]	100～150	—	20～50[②]	100～150	20～50[②]
空气洁净度（级）		—	10000	100	—	10000	100	10000
落下菌数（个/皿时）		≤30	≤3	无检出	≤30	≤3	无检出	≤3
氨浓度（mg/m³）		≤14						
噪声（dB（A））		≤60						
照度（lx）	工作照度	150～300						
	动物照度	15～20			100～200			5～10
昼夜明/暗交替时间（h）		12/12 或 10/14						

注：表中氨浓度指标为动态指标。

　① 一般采用全新风，保证动物室有足够的新鲜空气，如果先前去除了粉尘颗粒物和有毒气体，不排除使用循环空气的可能，但再循环空气应取自于无污染区域或同一单元，新鲜空气不得少于 50%，并保证送风的温、湿度参数。

　② 单走廊设施必须保证饲育室、实验室压强最高。

主 要 符 号 表

符号	符号物理意义，单位	符号	符号物理意义，单位
d	空气的含湿量，$kg/kg_干$	Te	实效温度（体感温度），℃
h	空气的比焓，kJ/kg	t	空气的干球温度，℃
M	动物的基础代谢率，$W/$只	V_{O2}	单位时间内呼吸作用所需的 O_2 体积或摩尔数，m^3/s，mol/s
Q	散热量，W	V_{CO2}	单位时间内呼吸作用所释放的 CO_2 体积或摩尔数，m^3/s，mol/s
RQ	呼吸商（呼吸系数）	v	风速，m/s
S	面积，m^2	W	动物体重，kg

参 考 文 献

[1] 华东师范大学，北京师范大学，复旦大学，等．动物生态学[M]．北京：人民教育出版社，1982．

[2] 姜汉侨，段昌群，杨树华，等．植物生态学[M]．北京：高等教育出版社，2004．

[3] 王忠．植物生理学[M]．北京：中国农业出版社，2000．

[4] 李合生．现代植物生理学[M]．北京：高等教育出版社，2002．

[5] 王铸豪．植物与环境[M]，北京：科学出版社，1986．

[6] 周长吉．现代温室工程[M]．北京：化学工业出版社，2003．

[7] 赵鸿钧．塑料大棚园艺[M]，北京：科学出版社，1978．

[8] 孙可群．温室建筑与温室植物生态[M]．北京：中国农业出版社，1982．

[9] ASHRAE Handbook，Applications，A22．Environmental Control for Animals and Plants[M]，2003．

[10] ASHRAE Handbook，Fundamentals，F10．Environmental Control for Animals and Plants[M]，2005．

[11] [日]山内忠平著，沈德余译．实验动物的环境与管理[M]．上海：上海科学普及出版社，1989．

[12] 实验动物管理条例[S]．1988年1月31日中华人民共和国国务院批准，1988年11月14日国家科学技术委员会第2号令发布；2011年1月8日《国务院关于废止和修改部分行政法规的决定》第一次修订；2013年7月18日《国务院关于废止和修改部分行政法规的决定》第二次修订．

[13] 陈主初，吴端生．实验动物学[M]．长沙：湖南科学技术出版社，2002．

[14] 中国实验动物学会．实验动物环境及设施 GB 14925—2010[S]．2010．

第四章　食品的贮运环境

空气、水和食物是人类生存所必需的物质条件。食物来源于自然界，经过加工处理后的食物商品称为食品。由于食品的产地与收获期往往受到气候和季节的限制，导致其生产与消费存在时空差异。因此，食品的贮藏与运输（简称食品的贮运）是连接产地与餐桌的必不可少的重要环节，同时也是保证食品品质新鲜、防止营养物质流失的重要手段。食品的贮运环境所涉及的主要控制参数为温度、湿度和空气成分；为保证食品安全，特殊场合还需控制加工和贮运环境的空气洁净度；在物流过程中，尚需考虑气压和日射对食品的影响。本章将主要探讨食品的化学成分、贮藏保鲜原理以及贮运环境参数，进而指出食品贮运、冷藏链与食品安全之间的相互关系及其需要关注的问题。

第一节　食品的贮藏保鲜原理

一、食品的化学成分

欲探讨食品的贮运环境，则必须明确食品的组成成分及其相关特性，从而有针对性地采取适当方法来创造适宜的食品贮藏条件，以保证食品品质。

（一）食品的化学成分

食品的化学成分主要包括蛋白质、脂肪、糖类、维生素、酶、矿物质和水分[1]。由于它们的生化性质不同，对人体的营养价值也不同，因此在其贮运过程中必须尽量避免或减少营养成分的破坏与损失，以保持新鲜食品原有的营养价值与风味。

（1）蛋白质：蛋白质（proteins）是构成一切生命体的重要物质，也是食品冷冻冷藏加工中保存的重要对象。动物蛋白与植物蛋白的分子结构虽有一定区别，但构成蛋白质的基本元素是 C、H、O、N、S、P 等物质，有些蛋白质还含有 Fe、Cu、Zn 等元素。

（2）脂肪：脂肪（fats）是食品中热量最高的营养素。1g 脂肪的发热量平均可达 38kJ，约为相同质量的糖和蛋白质发热量的 2.2 倍以上。脂肪主要由甘油（glycerol）和脂肪酸（fatty acids）组成，其中也常有少量的色素、脂溶性维生素和抗氧化物质。脂肪的性质与脂肪酸关系很大，脂肪酸可分为饱和脂肪酸和不饱和脂肪酸。脂肪中含有的饱和脂肪酸成分越多，其流动性越差。习惯上称常温下呈固态的脂肪为脂，如多数动物性脂肪；反之则称为油，如豆油、花生油、芝麻油、菜油等各类植物油。

脂肪的水解与氧化不仅会使脂肪变质失去营养，还可能产生毒性物质。脂肪水解是指脂肪在酸、碱溶液中或在微生物作用下可迅速水解为甘油和脂肪酸，使甘油分离出来；脂肪酸在酶的一系列催化作用下可生成 β-酮酸，脱羧后成为具有苦味及臭味的酮类。脂肪变质又称为脂肪酸败（rancidity），它是脂肪酸链中不饱和键被空气中的氧所氧化，生成过氧化物（peroxide），过氧化物继续分解产生具有刺激性气味的醛、酮或酸等物质的过程。

（3）糖：糖（sugar）的主要组成元素是 C、H、O，其化学成分中 H 和 O 的总和比例是 2：1，恰好与 H_2O 的 H、O 比例相同，故糖通常也被称为碳水化合物（carbohydrate）。糖主要存在于植物性食品中，占植物干重的 $50\%\sim80\%$。糖是人体热量的主要来源，1g 葡萄糖在体内完全氧化可产生 16kJ 的热量。糖一般可分为单糖、低聚糖和多糖三类。

（4）酶：酶（enzyme）是活细胞产生的一种具有催化作用的特殊蛋白质，是极为重要的活性物质。酶在不同的 pH 值环境下活性不同，大多数酶在 pH＝$4.5\sim8.0$ 的范围内具有最佳的活性。没有酶的存在，生物体内的化学反应将非常缓慢，或者必须在高温、高压等特殊条件下才能进行；酶的存在使生物物质能在常温、常压下以极高的速度进行化学反应。在食品加工与贮藏中，酶可来自于食品本身和微生物两个方面，酶的催化作用通常使食品的营养和感观质量下降，因此，抑制酶的活性是食品加工贮藏中的重要内容之一。

（5）维生素：维生素（vitamin）是食品中的微量有机物质，是人体生理过程以及蛋白质、脂肪、糖等代谢过程中不可缺少的成分，除了极少数维生素外，人体是不能合成维生素的，只能从食物中获取。维生素一般分为脂溶性和水溶性两大类，冷冻冷藏对他们的破坏作用较小。

（6）矿物质：食品中除了构成水分和有机物质的 C、H、O、N 四种元素外，其他元素统称为矿物质（mineral）。根据人体对矿物质的需求量，可将矿物质分为常量元素和微量元素。含量在 0.01% 以上的元素称为常量元素，如：Ca、Mg、P、Na、K、Cl、S 等；其他则为微量元素，如 Fe、Zn、Cu、I、Mn、Mo。人体需适量摄入矿物质，过多或过少均会影响健康。人体所需矿物质主要以无机盐形式存在于食品中。

（7）水分：水（water）是组成一切生命体的重要物质，同时也是食品的主要成分之一。水分的存在状态直接影响着食品自身的生化过程，是食品加工和贮藏中需重点考虑的成分。

（二）食品中的水分

水在食品中具有极其重要的作用，是其他物质所无法取代的。食品中含有大量的水，如新鲜水果的含水量约 $90\%\sim95\%$，鱼肉含 $80\%\sim85\%$，肉食含 $70\%\sim75\%$，即使经烹调后的食品，一般也含有约 $50\%\sim60\%$ 的水分。可以把食品材料近似看作是溶液，其中水是溶剂，具有很大的比热容、潜热、介电常数和表面张力等性质；而糖、蛋白质、碳水化合物等则是溶液的溶质。

1. 水分的分类

食品材料中的水分在不同领域有不同的分类方法。如：按照物料中水分的饱和蒸气压大小不同又可分为结合水和自由水（或游离水）[1]；按照水分与物料的结合力强弱不同可分为化学结合水、物理化学结合水和机械结合水三种形式[2]。这些分类方法是人为的、相对的，在食品贮运领域通常采用前者的分类方法。

（1）结合水：是指在一定温度下其水蒸气饱和压力与纯水饱和蒸气压力有明显差异的水分。这类水分包括化学结合水、物理化学结合水和机械结合水中的毛细管水分。结合水包围在蛋白质和糖分子周围，形成稳定的水化层。结合水不易流动、不易结冰、也不作为溶质的溶剂，对蛋白质等物质具有很强的保护作用，对食品的色、香、味及口感影响很大。

（2）自由水：是指与物料结合力极弱的水分，由于它的束缚力最弱，故在一定温度下表现出来的饱和蒸气压与纯水在相同温度下的饱和蒸气压几乎相同。自由水可以认为是机械结合水中的表面润湿水分和孔隙中吸留的水分，在食品组织的孔隙内或远离极性基团，能够自由移动、溶解溶质，也容易结冰。自由水在动物细胞中含量较少，而在某些植物细胞中含量却较高。一般而言，食品冻结时，自由水先行结冰，而结合水非降至相当低温度不会结冰；在解冻过程中，自由水易被食品组织重新吸收，但结合水则不能完全被组织所吸收。

在食品材料中，自由水是食品水分的主要存在形式，而结合水含量较少，仅占食品总水量的 5%～10%[3]。

2. 水分活度

(1) 食品水分活度的定义

水分存在于食品物料中，使其饱和蒸气压较同温度下水蒸气饱和压力低，故水分汽化而逸出的能力以及在物料内部的扩散能力均有所下降。为说明水分这一物理化学变化，下面给出水分活度（water activity，又称为水分活性，用符号 α_w 表示）的定义。

在食品（可以视为溶液）中，根据相平衡条件可知，食品周围水蒸气的化学势 μ_w（vapor）与食品中水分的化学势 μ_w（food）相等，即可给出 α_w 的定义式[1]：

$$\alpha_w = \left(\frac{f_w}{f_w^*}\right)_T \tag{4-1}$$

式中　f_w^*——与纯水平衡时的水蒸气逸度（fugacity），也即纯水的饱和蒸汽压 p_w^*，Pa；

　　　f_w——食品物料中水蒸气的逸度，即食品中水蒸气的有效压力，Pa。

食品中的水蒸气逸度 f_w 与食品中水分的蒸气压 p_w 存在如下关系：

$$f_w = \gamma_w p_w \tag{4-2}$$

式中　γ_w——水的逸度系数（fugacity coefficient）。

研究表明，在低于 100℃ 的温度范围内，$\gamma_w \approx 1.0$。故，食品的水分活度表达式为

$$\alpha_w = \left(\frac{\gamma_w p_w}{p_w^*}\right)_T \approx \left(\frac{p_w}{p_w^*}\right)_T \tag{4-3}$$

由此可见，一定温度条件下食品的水分活度 α_w 是食品物料中水分的蒸气压 p_w 与同温度下纯水的饱和蒸气压 p_w^* 之比。

由于物料中自由水的水蒸气分压近似等于水蒸气饱和压力，所以当结合水非常少时，该物料的水分活度 α_w 接近于 1.0；当食品中仅存在结合力为无限大的水分时（如绝干食品），可以认为 α_w 趋近于 0。对于实际食品而言，水分与物料的结合力不尽不同，故 $0 < \alpha_w < 1.0$。

(2) 食品水分活度与周围空气相对湿度的关系

水分活度 α_w 与湿空气的相对湿度 φ 具有相似的表达形式，但这是两个完全不同的概念。把食品放入一个密闭空间内，当温度不变且物料与周围空气达到热湿平衡时，空间中湿空气的相对湿度 φ 就近似等于食品的水分活度 α_w，由此可以测量食品的水分活度。

如果将水分活度为 α_w 的物料放入相对湿度为 φ 且与物料温度相等的空气环境中：1）当 $\alpha_w > \varphi$ 时，物料将向空气逸出水分，最终实现平衡，物料出现去湿、干耗；2）当 $\alpha_w < \varphi$ 时，物料将吸收湿空气中的水分，直至达到平衡，这就是食品的回潮、吸潮或吸湿现象。

二、影响食品贮藏保鲜的因素

当新鲜食品在常温下存放时，由于附着在食品表面的微生物和食品内部酶的作用，使食品的色、香、味和营养价值降低，如果存放过久将使食品腐败，以致完全不能食用，这种变化就是食品的变质。由此可见，引起食品腐败变质的主要原因是微生物作用和酶的催化作用，这些作用的强弱均与水分活度和温度等具有密切的关系，一般而言，水分活度减小、温度降低均使这两种作用减弱。因此，食品贮藏保鲜就是通过一定的技术手段，降低食品的水分活度和温度，以削弱微生物和酶的作用，从而阻止或延缓食品腐败变质的工艺过程。

（一）水分活度

1. 对微生物繁殖的影响

任何微生物的生长与繁殖都与它周围水分的活度有关，水分活度 a_w 愈高，微生物就愈容易生长与繁殖，a_w 越小则微生物利用的水分也越少。食品贮藏中所涉及的微生物主要有细菌、霉菌和酵母菌。

微生物生长繁殖活动与水分活度之间的依赖关系随微生物种类而异。各种微生物都有其生长繁殖最旺盛的水分活度，水分活度下降，它们的生长率也下降。水分活度可以下降到微生物停止生长的水平，因此，各种微生物都有其保持自身生长所需水分活度的最低值。图 4-1 示出了部分微生物繁殖与水分活度的关系，其中括号内的数字表示微生物繁殖所需水分活度的最低值。

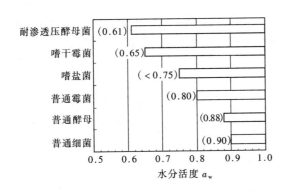

图 4-1　水分活度与微生物繁殖的关系[1]

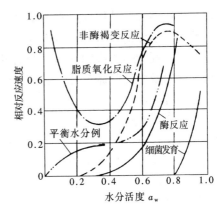

图 4-2　水分活度与食品生化反应速率的关系[1]

绝大多数新鲜食品的 a_w 值都在 0.95 以上，所以各种微生物都会导致新鲜食品的腐败。从图 4-1 中可以看出，细菌生长所需的最低水分活度值最高，当 a_w 降至 0.90 以下时，就不会发生细菌性腐败，但是有些微生物在 $a_w<0.80$ 甚至 $a_w<0.65$ 也能繁殖，嗜干霉菌就是如此。

2. 对酶活性的影响

食品腐败变质的原因除由微生物引起外，还由酶的活性引起。酶是食品内部生化反应的催化剂，其生化反应速率与酶的活性有关，还与酶的浓度、酶作用对象的浓度有关。水分活度降低，酶的活性也降低。

图 4-2 示出了水分活度与（取决于酶活性的）食品生化反应速率之间的关系。一般而言，随着水分活度的降低，酶活性、细菌繁殖、非酶褐变反应等速率均会降低。

3. 对非酶褐变的影响

引起食品变质的化学反应大部分是由于酶的作用，但也存在有非酶褐变反应。例如，糖类中的各种羟基与氨基酸或蛋白质中的氨基发生链式反应，产生粉红或淡红颜色，最后产生不可溶的褐色聚合物，即为非酶褐变反应（或称为"美拉德反应"）。非酶褐变与水分活度有很大关系，参见图 4-2，褐变在食品干燥与干藏中容易出现，同时在湿食品中也有发生。湿食品容易出现非酶褐变的最适水分活度为 0.60～0.80，果蔬制品为 0.67～0.75，干乳制品约为 0.70。由于食品存在着成分差异，即使是同类食品，因加工工艺不同，引起褐变的最适水分活度也有所不同。

4. 对脂质氧化反应的影响

水分活度影响着食品内的脂质氧化反应速度。水分对食品氧化酸败的影响与其他微生物活动（如非酶褐变反应、酶反应）明显不同，如图 4-2 所示。水分活度很低的含有不饱和脂肪酸的食品放在空气中极容易遭受氧化酸败，当水分活度增加到 0.30～0.50 时，脂肪自动氧化的速率和量才减少，此后，随着水分活度的增加，氧化速率迅速提高，直到水分活度达到中湿状态（0.70～0.80）以上，脂肪氧化反应才进入稳定状态或有所减弱。

5. 对维生素的影响

目前，关于水分活度对食品中维生素的影响研究主要是针对维生素 C 进行的。研究表明：在低水分活度环境中，维生素 C 比较稳定，随着水分活度的增加，维生素 C 的降解速度迅速增加；其他维生素随水分活度也有同样的变化规律。

此外，水分活度对食品质构（包括变形、硬度、脆性、口感等）也有一定的影响，在食品干燥过程中需要特别关注，否则将容易引起蛋白质变性，变性的蛋白质不能完全吸收水分，淀粉及多数胶体也发生变化，使其亲水性下降，导致口味、口感的降低。

（二）温度

1. 对微生物繁殖的影响

动物性食品是微生物生长繁殖的最好材料，而植物性食品只有在受到物理损伤或处于衰老阶段时才易被微生物所利用。由于微生物能分泌各种酶类物质，使食品中的蛋白质、脂肪等营养成分发生水解，并产生硫化氢、氨等难闻气味和有毒物质，使食品失去食用价值。

细菌的发育与温度范围[1] 　　　　　　　　　　　　　　表 4-1

细菌类型	最低温度（℃）	最适温度（℃）	最高温度（℃）
嗜冷菌	<0～5	12～18	20
适冷菌	<0～5	20～30	35
嗜温菌	10	30～40	45
嗜热菌	40	55～65	>80

根据微生物对温度的耐受程度不同，可将其分为嗜冷菌、适冷菌、嗜温菌和嗜热菌，各类细菌生长发育的温度范围见表 4-1。温度对微生物的生长繁殖影响很大，温度越低，

他们的生长与繁殖速率也越低（参见图4-3、图4-4），当他们处于最低生长温度时，其新陈代谢活动已减弱到极低程度，并出现部分休眠状态。

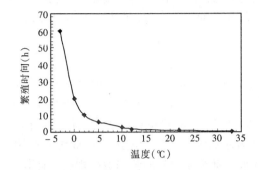

图4-3 不同温度下微生物的繁殖时间[1]

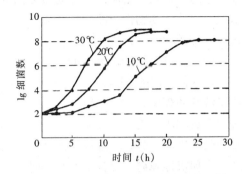

图4-4 温度对微生物繁殖数量的影响[1]

2. 对酶活性的影响

食品中很多反应都是在酶的催化下进行的，这些酶中有些是食品中固有的，有些是微生物生长繁殖中分泌出来的。温度对酶活性影响很大，高温可导致酶的活性丧失。通常用温度系数 Q_{10} 来衡量温度对酶活性的影响程度：

$$Q_{10} = K_2/K_1 \tag{4-4}$$

式中 K_1——温度为 $t_1℃$ 时酶活性所导致的化学反应率；

K_2——温度为 $t_2 = (t_1+10)℃$ 时酶活性所导致的化学反应率。

一般而言，在 0~40℃ 范围内，随温度的升高，酶的活性增强，温度系数 $Q_{10} = 1~2$；在 40~50℃（一般不会超过 60℃）时达到最强；当温度进一步升高时，酶蛋白质发生变性，其活性急剧下降，如图4-5所示。

酶的活性在低温环境中受到严重抑制，例如当温度降至 −12℃ 与 −30℃ 时，脂肪酶的活性分别降为 40℃ 时的 1% 与 0.1%。低温处理虽然会使酶的活性下降，但不会完全丧失。温度降低到 −18℃ 才能比较有效地抑制酶的活性，因此，商业上一般采用 −18℃ 作为贮藏温度，实践证明，多数食品在数周至数月内是安全可行的。值得注意的是，冷冻冷藏食品中酶活性并没消失，当食品温度回升或解冻后，酶的活性会重新恢复，甚至较降温前的活性还高，从而加速食品的变质。

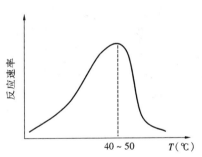

图4-5 温度对酶活性的影响

3. 对食品物料的影响

低温对食品物料的影响因物料种类不同而不尽相同。食品物料主要分为两大类：1）植物性食品物料，主要是指新鲜果蔬；2）动物性食品物料，包括水产品、家禽与牲畜肉类、蛋乳制品。

（1）温度对动物性食品的影响

对于动物性食品物料而言，屠宰后的个体其呼吸作用已经停止，不再具有正常的生命活动，是无生命体，对外界微生物的侵蚀失去抗御能力。虽然在动物肌体内还有生化反应进行，但死后动物体内的生化反应主要是一系列的降解反应，肌体出现僵直、软化成熟、自溶和酸败等现象，其中的蛋白质等营养物质发生一定程度的降解。达到"成熟"的肉继续放置则会进入自溶阶段，此时肌体内的蛋白质等发生进一步的分解，腐败微生物也大量繁殖。因此，动物性食品的贮藏应尽量延缓动物体死后的变化过程，降低温度可以减弱生物体内酶的活性，延缓自身生化反应过程，并减少微生物的繁殖。

（2）温度对植物性食品的影响

1）呼吸作用　采收后的果蔬等植物性食品仍然是生命活体，呼吸作用是维持其生命代谢特有的现象。与前章所述生长过程中植物的呼吸作用相同，植物性食品的呼吸作用也分为有氧呼吸和无氧呼吸[1,4]。一般而言，无氧呼吸所释放的热量远小于有氧呼吸，但无氧呼吸产生的乙醇、乙醛等物质在保鲜果蔬中过多地积累，将对细胞组织造成毒害作用，产生生理机能障碍。无论是有氧呼吸还是无氧呼吸，都会使食品的营养成分损失，而且呼吸放出的热量与有毒物质将进一步加速食品变质。

植物性食品的呼吸作用决定了果蔬个体仍具有一定的"免疫"功能，对外界微生物的侵害有抗御能力，因而具有一定的耐藏性，但其在采收后到成熟期的时间长短与其呼吸作用和乙烯催熟作用有关。植物性食品个体的呼吸强度不仅与温度、空气中的氧气、二氧化碳含量有关，还与食品的类别、品种、成熟度、部位以及伤害程度有关。

一般情况下，温度降低会使植物性食品个体的呼吸强度（呼吸强度大小也常用公式（4-4）所示的温度系数 Q_{10} 来衡量，多数果蔬的温度系数 $Q_{10}=2\sim3$）降低、新陈代谢速度放慢，植物个体内存贮物质的消耗速度也会减慢，使其贮藏期延长，因此低温具有保存植物性食品新鲜状态的作用。但必须注意的是，贮藏温度必须以不破坏植物正常的呼吸作用为前提，温度过低，植物个体便会由于生理失调而产生低温冷害（Chill injury），使植物个体正常的生命活动难以维持，活态植物性食品的免疫功能受到破坏和削弱。

2）蒸发作用　新鲜果蔬等植物性食品由于呼吸作用和环境条件（温度、相对湿度、风速、包装等）的影响，逐渐蒸发失水的现象就是蒸发作用。蒸发作用主要包括呼吸作用造成的失水和因果蔬表面水蒸气分压大于所处环境湿空气的水蒸气分压，使得果蔬的水分源源不断蒸发造成大量的失水。蒸发作用将造成食品的品质降低和质量损耗（干耗）。

因饱和水蒸气分压差引起果蔬表面水分蒸发造成的失水量，可由下式计算[4]：

$$m=\beta M（p_{g}-p_{s}）\qquad(4-5)$$

式中　m——果蔬单位时间的失水量，kg/s；

β——蒸发系数，1/（s·Pa）；

M——果蔬的质量，kg；

p_{g}——果蔬表面的水蒸气分压，Pa；

p_{s}——果蔬周围湿空气的水蒸气分压，Pa。

从抑制植物性食品的呼吸作用和蒸发作用上看，在低温下贮存植物性食品的基本原则是：既降低植物个体的呼吸作用等新陈代谢活动，又维持其基本的生命活动，使植物性食品处于一种低水平的生命代谢状态。通常贮藏温度选择在接近冰点但又不致使植物个体发生冻死现象的温度。

（三）相对湿度

食品贮藏环境的相对湿度和空气成分也对食品保鲜效果具有一定的影响[5]，特别是对植物性食品的影响不可忽视。

一般而言，提高空气的相对湿度可降低植物性食品的蒸发作用，以减少食品的干耗（动物性食品也是如此），但降低相对湿度有利于抑制植物性食品的呼吸作用。因食品的种类不同，受相对湿度的影响也不尽相同，如大白菜、韭菜、柑橘采后需要晾晒，轻微的失水有利于抑制其呼吸强度；大蒜、洋葱在低湿度下休眠，能延缓发芽；香蕉在低于80%的相对湿度条件下不能正常后熟，有利于延长贮藏期。

（四）空气成分

对于食品贮藏环境的空气成分而言，主要关注的是O_2、CO_2和C_2H_4（乙烯），他们对动物性食品的影响较小，但却是影响植物性食品（包括切花，切花 cut flowers 通常是指从植物体上剪切下来的花朵、花枝、叶片等的总称）贮藏性的重要因素[10]。

以碳水化合物为主要成分的植物性食品和切花在贮运过程中，有氧呼吸时的呼吸熵$RQ=1.0$，无氧呼吸时$RQ=\infty$。无论是有氧呼吸，还是无氧呼吸，必然导致贮运环境的CO_2浓度越来越高，O_2浓度越来越低，且O_2浓度越低，无氧呼吸作用越剧烈，最终导致植物性食品CO_2中毒，使之丧失商业价值，造成巨大浪费，因此维持适宜的O_2与CO_2浓度，是实现植物性食品和切花长期贮运的有效途径。

（1）O_2：O_2是生物活体维持呼吸作用的必要条件，降低环境空气中的O_2浓度可抑制呼吸作用，当O_2浓度低于10%时，呼吸强度明显减弱，有利于保鲜贮藏；但O_2浓度小于2%时会产生无氧呼吸，对于保鲜贮藏不利。对于大多数果蔬、切花保鲜来说，O_2浓度取2%～5%比较合适，有些热带、亚热带水果就要求O_2浓度为5%～9%。

（2）CO_2：提高CO_2浓度也可降低呼吸强度，其作用比O_2更为明显，但CO_2浓度过高，也会产生无氧呼吸。对于大多数果蔬、切花保鲜的CO_2的浓度为1%～5%。

在果蔬和切花贮藏保鲜中，如能控制O_2和CO_2两种气体的适当比例，比单独控制O_2和CO_2的含量对抑制其呼吸强度效果更好，气调贮藏就是基于这一原理发展起来的。

（3）C_2H_4：乙烯（C_2H_4）是果蔬、切花在成熟过程中的一种自然代谢物，是一种催化激素，它对果蔬、切花的贮藏性具有明显的影响：1）促进呼吸作用；2）促进成熟（催熟）；3）促进老化；4）形成水果等果梗部的离层（脱粒）；5）促进叶绿素分解；6）他感作用（本身不产生乙烯的果蔬放置在有乙烯的环境会感应乙烯）和自感作用（果蔬本身会产生乙烯）。

乙烯浓度越高，将增强果蔬、切花的呼吸作用，加速成熟（标志着果实已经完成了生长过程进入成熟阶段，其特征是达到食用时的生理状态）和衰老（是植物发育的最后阶段，是采后各种生理生化变化完成后，导致细胞崩溃最后腐烂变质，其特征是C_2H_4产量达到最高峰）过程，不利于贮藏保鲜。

此外，pH值对食品贮藏保鲜也有一定的影响。特别是微生物对培养基（食品原料）的pH值的反应非常灵敏，各种微生物在各自最适的pH值环境中能够正常生长和繁殖[6]。大多数细菌在中性或弱碱性环境中较适宜，霉菌和酵母菌则在弱酸性环境中最为适宜。若其培养基的碱性与酸性过大，常常能影响微生物对营养物质的正常摄取，故在食品贮藏中，可以在微生物的培养基中加入某些化学药品，改变其pH值，可致微生物立即死亡。

三、食品的贮藏方法及其保鲜原理

上述分析表明，引起食品腐败变质的主要原因是微生物作用和酶的催化作用，由于这些作用的强弱与食品的水分活度、贮藏温度以及 pH 值等因素密切相关，因此，食品保鲜就是要为食品提供适宜的贮藏条件，以抑制微生物的生长繁殖、降低酶的活性、延缓自身生化反应过程，从而实现食品的长期保存。

食品保鲜贮藏就是要选择合理的食品贮藏温度 T、降低其水分活度 α_w、加入适量的添加剂改变微生物培养基的 pH 值。此外，利用高温加热和利用 X 射线、γ 射线、电子射线等照射食品，以及用微波处理食品等措施都可以起到杀虫、杀菌、消毒、防霉等功效，其本质是减少食品贮藏时微生物的初始数量 n。

各种食品的保鲜贮藏方法均有其特定的贮藏原理，表 4-2 汇总了目前食品的主要贮藏方法及其保鲜原理。

食品的主要贮藏方法和保鲜原理　　　　　　　　　　　　　　　表 4-2

贮藏方法	食品保鲜原理				
	贮藏方法的简要描述	物理量变化			
		T	α_w	pH	n
低温贮藏	通过对食品进行冷却或冻结处理，以降低微生物、酶的活性，降低生化反应速度或呼吸作用，降低水分活度，从而延长食品贮藏时间。如果对植物性食品贮藏环境的相对湿度和空气成分进行控制，将进一步改善其贮藏效果	降低	降低	变化	—
干燥	是在自然条件或人工控制条件下使固形食品中水分蒸发的过程。通过降低水分活度，以抑制微生物和酶活性。有自然干燥、热风干燥、真空干燥等方法	需要控制	降低	变化	—
浓缩与结晶	从溶液食品中除去水分的操作过程，也即稀溶液转变为浓溶液的过程；进一步脱水使溶质以固态形式分离出来的过程就是结晶	需要控制	降低	变化	—
腌渍	将食盐或糖、酒精等渗入食品组织内，抢夺了食品中的自由水，使之成为结合水，降低其水分活度，提高渗透压，或通过微生物的正常发酵改变食品的 pH 值，以防止食品腐败变质，提高其感观品质	不定	降低	改变	减少
烟熏	利用木材燃烧产生的烟气熏制食品。熏蒸处理不仅能使肉类食品产生独特风味，并且还能在食品表面形成一层薄膜，防止水分和油脂外溢，起到杀菌和抗氧化作用	升高	降低	—	减少
发酵	在有氧或缺氧条件下使糖类或近似糖类物质分解，是食品贮藏的重要方式之一	需要控制	降低	改变	减少
辐射处理	利用射线照射食品，引起食品及食品中的微生物、昆虫等发生一系列的物理、化学反应，使生命物质的新陈代谢、生长发育受到抑制或破坏，达到改进食品质量、延长保存时间之目的	—	—	—	减少
微波处理	利用微波的热效应原理，使微生物吸收微波而快速升温，导致其蛋白质变性而死亡，或细胞膜破裂、失去生理功能	升高	降低	—	减少
化学处理	在食品生产、加工和保存过程中，为实现某种目的而在食品中加入某种化学物质（即食品添加剂）。其中，防腐剂是食品添加剂的重要类别之一，其作用是抑制、延缓、防止微生物在食品中生长繁殖	—	—	改变	减少

在上述贮藏方法中，低温贮藏（冷冻冷藏）是目前广泛采用且较合理、高效的食品贮藏方法。研究表明，其他贮藏方法（如熏蒸与腌制）的关键也依赖于低温，其低温贮运技术的确立是决定这些方法前途的重要课题[7]。

第二节 食品的低温贮藏环境

低温贮藏是食品保鲜的重要途径。在选择食品的贮藏温度范围时，必须遵循两大原则：（1）根据食品的种类、性质和贮藏期的要求，选择合理的贮藏温度，确保食品品质；（2）尽可能提高贮藏温度，以节约能源、降低食品贮藏的运行成本。

一、低温贮藏温度带及食品冷藏工艺

（一）低温贮藏温度带

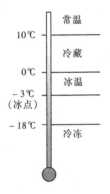

图 4-6 低温贮藏的温度带[8]

在食品冷藏技术中，通常将食品的贮藏温度分为三个区，即三种不同的温度带（如图 4-6 所示），在不同温度带贮藏食品的名称也有所区别[8]。即：

（1）冷藏温度带：一般为 0～10℃，上限一般不超过 15℃，新鲜果蔬宜贮藏在该温度带，果蔬等植物性食品并非贮藏温度越低越好，当温度过低时，会引起生理病害，造成过早衰老与死亡。对于短期贮藏的动物性食品而言，也采用该温度带，如：冷却肉的品温一般为 4℃，冷却鱼一般为 0℃。

（2）冷冻温度带：≤−18℃。冻结食品的品温在 −12℃ 以下是普通冻结，在 −18℃ 以下为深温冻结。一般而言，动物性食品的温度越低，品质保持越好，贮藏时间越长。多脂鱼保存在 −30℃、金枪鱼保存在 −40℃ 以下才能保持其独特风味。

（3）冰温带：无论是动物性食品还是植物性食品，由于其肌体内均含有糖、蛋白质、醇类、无机盐等不冻液物质，使其冰点（freezing point，又称为冻结点）下降至 0℃ 以下，因此将 0℃ 以下至食品冰点以上的温度区间称为冰温带[9]，表 4-3 示出了部分食品纯物质的冰点，可见食品的冰点因食品种类存在较大的差别[8]。当在食品中加入添加剂（如盐、糖等）时，食品的冰点将会下降，冰温带得以扩大，故这种食品添加剂又称为"冰点调节剂"。

部分食品的冰点[8]　　　　　　　　　　　　　　　　表 4-3

名　称	冰　点	名　称	冰　点
生菜	−0.4℃	番茄	−0.9℃
菜花	−1.1℃	洋梨	−1～−2℃
橙子	−2.2℃	柿子	−2.1℃
柠檬	−2.2℃	香蕉	−3.4℃
牛肉	−0.6～−1.7℃	鱼肉	−0.6～−2℃
牛奶	−0.5℃	蛋白	−0.45℃
蛋黄	−0.65℃	奶酪	−8.3℃
洋白菜	−1.3～−2℃	奶油	−2.2℃

（二）食品冷藏工艺

食品冷藏工艺主要包括食品冷却、冻结、冷藏和解冻，根据上述过程中食品所发生的物理、化学和生化变化，确定应采用的最适加工与贮藏方法。

1. 冷却

冷却又称为预冷，是冷藏的必要前处理，是将食品的温度降低到高于冰点以上的指定温度的过程。冷却的终了温度位于冷藏温度带内，即一般为 0～10℃。食品的冷却方法、适用对象以及冷却原理与特点参见表 4-4、表 4-5。

食品的冷却方法与适用对象[10]　　　　　　　表 4-4

冷却方法	肉	禽	蛋	鱼	水果	蔬菜
真空冷却					适用	适用
差压冷却	适用	适用	适用		适用	适用
通风冷却	适用	适用	适用		适用	适用
冷水冷却		适用		适用	适用	适用
碎冰冷却		适用		适用	适用	适用

食品主要冷却方法的特点比较[10]　　　　　　　表 4-5

冷却方法	冷却原理	采用设备	特　点
真空冷却	水在低压沸腾时大量吸热	真空槽＋真空泵＋制冷机	冷却速度快（一般为 20～30min），保鲜度高
通风冷却	冷却间内空气强制对流	冷却间配置有风机	冷却速度慢，约 12h
差压冷却	－5～10℃冷风以 0.3～0.5m/s 速度流经食品，压降为 2～4kPa	冷却间内配置差压预冷装置，有效控制气流流经食品	能耗小，食品干耗较大，库房利用率偏低
冷水冷却	以 0～3℃冷水为冷媒	喷水式冷却设备居多	冷却速度较快，无干耗

2. 冻结与速冻

将食品的温度降至冰点以下，使食品中的大部分水转变为冰的过程称为食品的冻结。冻结终了温度国际上推荐为 －18℃以下，冻结食品中微生物的生命活动及酶的生化作用受到抑制，水分活度下降，因此可长期贮藏。

根据冻结速度（freezing velocity）的快慢，将食品冻结分为冻结和速冻两类，冻结后的食品分别称为冷冻食品和速冻食品。目前通用的区分冷冻和速冻的方法有两种[1]：

（1）用食品热中心降温速率表示

食品的热中心是指降温过程中食品内部温度最高的点，对于成分均匀且几何形状规则的食品，热中心就是其几何中心。

速冻就是指食品在 －35～－40℃的环境中，在 30min 内快速通过 －1～－5℃的最大冰结晶生成带，在 40min 内将食品 95％以上的水分冻结成冰，最终使食品中心温度降至 －18℃以下的过程。当度过最大冰结晶生成带的时间大于 30min 时则为冷冻。随着冻结食品种类增多和对冻结食品质量要求的提高，人们发现该方法对保证有些食品的质量并不可靠。由于有些食品的最大冰结晶生成带可延伸至 －10～－15℃，且该方法未反映食品的形态、几何尺寸和包装情况等因素，因此建议采用冰峰推移速率来描述冻结速度。

（2）用冰峰推移速率表示

20世纪70年代，国际制冷学会以德国学者普朗克的研究为基础，提出了以冰峰推移速率为基准的食品冻结速率定义式：

$$V_t = L/t \tag{4-6}$$

式中　V_t——食品的冻结速度，m/h；

L——食品表面与热中心之间的最短距离，m；

t——食品表面到达0℃至热中心到达比冰点低5℃或10℃（冰峰）所需的时间，h。

普朗克以−5℃作为冰峰，测量从食品表面向内部移动的速率。并按冻结速率高低将冻结分成三类：$V_t \geqslant 0.001 \sim 0.01$m/h为慢速冻结，$V_t \geqslant 0.01 \sim 0.05$m/h为中速冻结，$V_t \geqslant 0.05 \sim 0.2$m/h为快速冻结（即速冻）。慢速与中速冻结统称为冻结，将快速冻结简称为速冻。

在食品的（慢速与中速）冻结过程中，细胞外的水分首先结晶，造成细胞外溶液浓度增大，细胞内的水分则不断渗透到细胞外并继续凝固，最后在细胞外空间形成较大的冰晶。细胞受冰晶挤压产生变形或破裂，破坏了食品的结构组织，解冻后汁液流失多，不能保持食品原有的外观和鲜度，质量明显下降。

速冻食品在快速冻结过程中，能以最短的时间通过最大结晶区，在食品组织中形成均匀分布的细小结晶，对组织结构破坏程度大大降低，解冻后的食品基本能保持原有的色、香、味。所以，速冻技术已为提高食品质量的发展方向指明了道路。然而，速冻食品在贮存和运输过程中，由于温度波动、贮藏温度过高等原因，细小的冰晶也会不断长大，直到破坏食品的组织结构，这是速冻食品在贮运过程中特别需要注意的问题。

表4-6列出了目前主要冻结方法的原理、设备及其特点。

主要冻结方法的特点比较[10]　　　　　　　　　　　　　　　　　　表4-6

冻结方法	冻结原理	采用设备	特　点
接触式冻结	典型的接触式冻结装置是平板式冻结装置，上、下平板紧压食品，制冷剂在平板内蒸发	平板冻结装置	间歇式冻结，传热系数K高，当接触压力为7～30kPa时，K可达93～120W/（$m^2 \cdot K$）
鼓风式冻结	提高风速v_a，加速冻结。风速$v_a=6$m/s时的冻结速度V_t是$v_a=1$m/s时的4.32倍（冻品为7.5cm厚的板状食品）	钢带连续式冻结装置 螺旋式冻结装置 气流上下冲击式冻结装置	连续式冻结，冻结速度$V_t = 0.5 \sim 3$cm/h，属中速冻结
流态化冻结	高速气流自下而上流动，食品处于悬浮状态，实现快速冻结	带式流态化冻结装置	连续式冻结，$V_t = 5 \sim 10$cm/h，属快速冻结
液化气体喷淋冻结	直接用液化气体喷淋冻结	液氮喷淋冻结装置	连续式冻结，$V_t = 10 \sim 100$cm/h，属快速冻结

注：表中的冻结速度V_t是指以−10℃为冰峰的冻结速度。

3. 冷藏

（1）冷藏：是维持食品冷却或冻结最终温度的条件下，将食品进行不同期限的低温贮藏。根据冷却或冻结的最终温度不同，冷藏常分为冷却物冷藏（简称冷藏，将预冷后的食品放置在冷藏温度带环境中贮藏）和冻结物冷藏（简称冻藏，将冻结后的食品贮存于冷冻温度带环境中）两类，随着冷藏技术的发展，冰温贮藏也得到快速发展。

（2）冰温贮藏：将预冷后的新鲜食品贮存在冰温带，可以维持其细胞的活体状态，让鱼蟹类处于活体的冬眠状态。冰温贮藏是既能保存其原有的色、香、味和口感，又有显著的节能效果，目前广泛地应用于水产、肉食、果蔬、发酵食品的贮藏中[8]。冰温技术是山根昭美博士在20世纪70年代提出的，实验研究表明，在冰温区域内贮藏松叶蟹，150天后全部存活，这一研究成果标志着冰温技术的诞生[9]，对食品贮藏具有划时代的意义。

此外，与冰温贮藏相似的还有微冻冷藏，主要是将水产品放置在−3℃的空气或盐水中的保存方法[10]。由于在略低于冰点以下的微冻状态下保存，鱼体内部水分发生冻结，对微生物的抑制作用尤为显著，使鱼体能在较长时间内保持其鲜度而不发生腐败变质，贮藏期比冰温贮藏法延长1.5～2倍。

表4-7列出了各种冷藏方式的温度要求以及所适用的食品类型。

食品所适用的冷藏方式及其温度要求[10] 表4-7

冷藏方法	温度范围（℃）	主要适用的食品
冷却物冷藏	＞0	蛋品、果蔬、花卉、动物性食品（短期贮藏）
冰温冷藏	0～冰点	水产品、肉类、禽类、酱菜、果蔬
微冻冷藏	−3	水产品
冻结物冷藏	−18～−28	肉类、禽类、水产品、冰激凌
超低温冷藏	−30以下	金枪鱼等名贵鱼类

4. 解冻

解冻是冻结的逆过程，是将冻结或速冻食品中的冰结晶融化还原为水，恢复冻结前新鲜状态的过程。由于解冻过程中食品仍需通过最大冰结晶生成带，如果不快速经过此温度带，融化后的冰晶又会重新生成粗大冰晶，致使细胞破裂，汁液流失，降低食品品质，因此解冻亦希望快速通过最大冰结晶生成带。解冻介质的温度不宜过高，一般不超过10～15℃。作为食品加工原料的冻结品，通常只需对食品升温至半冻结状态（热中心温度为−5℃）即可。食品解冻的方法有空气解冻法、水解冻法、电解冻法及其这些方法的联合解冻法等。

二、食品的低温贮藏环境

各种食品均有自己最适的贮藏环境条件，这些条件主要包括：空气的温度、相对湿度以及空气成分。贮藏期限越长，对其贮藏条件的要求也越严格。对于无呼吸作用的动物性食品，则主要考虑食品的温、湿度条件；对于一般要求的植物性食品，除考虑温、湿度条件外，还需考虑通风换气问题，以便于维持其最低的生命活动需求；对于要求严格的果蔬产品，尚需采用气调贮藏技术，以控制其贮藏环境的空气成分（包括氧气、二氧化碳以及乙烯浓度等)。

下面将给出部分食品的最适贮藏环境参数。

1. 食品的冷藏环境

表 4-8～表 4-13 列出了部分植物性、动物性食品及其相关制品在不同贮藏期限条件下的冷藏与冻藏环境参数(摘自文献[10,11])。

蔬菜的冷藏环境及贮藏期 表 4-8

食品名称	贮藏温度(℃)	相对湿度(%)	贮藏期	食品名称	贮藏温度(℃)	相对湿度(%)	贮藏期
芦荟	0～2	95～100	2～3 周	生菜	0～1	95～100	2～3 周
蚕豆(未成熟)	4～7	95	7～10 天	蘑菇	0	95	3～4 天
甜菜(茎)	0	98～100	10～14 天	洋葱	0	95～100	3～4 周
甘蓝(成熟)	0	98～100	5～6 月	欧芹	0	95～100	1～2 月
胡萝卜(成熟)	0	98～100	7～9 月	豌豆(绿)	0	95～98	1～2 周
芹菜	0	98～100	2～3 月	南瓜	10～13	50～75	2～3 月
甜玉米	0	95～98	4～8 天	植物种子	0～10	50～65	10～12 月
黄瓜	10～13	95	10～14 天	菠菜	0	95～98	10～14 天
茄子	8～12	90～95	7～10 天	番茄(成熟坚硬)	8～10	90～95	4～7 天
大蒜(干)	0	65～70	6～7 月	山药	16	70～80	3～6 月
韭葱	0	95～100	2～3 月				

水果的冷藏环境及贮藏期 表 4-9

食品名称	贮藏温度(℃)	相对湿度(%)	贮藏期	食品名称	贮藏温度(℃)	相对湿度(%)	贮藏期
苹果	−1～4	90～95	3～8 月	荔枝	1.5	90～95	3～5 周
杏	−0.5～0	90～95	1～3 周	橄榄	5～10	85～90	4～6 周
香蕉	13～14	85～90		橙	0～1	85～90	8～12 周
哈密瓜	2～5	95	5～15 天	桃	−0.5～0	90～95	2～4 周
樱桃(甜)	−1～−0.5	90～95	2～3 周	梨	−1.5～−0.5	90～95	2～7 月
椰子	0～1.5	80～85	1～2 月	柿	−1	90	3～4 月
冻结水果	−24～−18	90～95	18～24 月	菠萝(熟)	7	85～90	2～4 周
柚子	15	85～90	6～8 周	石榴	5	90～95	2～3 月
葡萄(北美种)	−0.5～0	85	2～8 周	李	−0.5～0	90～95	2～5 周
柠檬	11～13	85～90	1～4 月	草莓	0	90～95	5～7 天
枇杷	0	90	3 周	橘子	4	90～95	2～4 周
芒果	13	85～90	2～3 周	西瓜	4～10	90	2～3 周

鱼贝类食品的冷藏环境及贮藏期　　　　表 4-10

食品名称	贮藏温度（℃）	相对湿度（%）	贮藏期	食品名称	贮藏温度（℃）	相对湿度（%）	贮藏期
鳕鱼（白）	0～1	95～100	10 天	冻鱼	−30～−20	90～95	6～12 月
比目鱼	−0.5～1	95～100	18 天	干贝	0～1	95～100	12 天
鲑鱼	−0.5～1	95～100	18 天	小虾	−0.5～1	95～100	12～14 天
鲭鱼	0～1	95～100	6～8 天	牡蛎（带壳）	5～10	95～100	5 天
金枪鱼	0～2	95～100	14 天	冻贝类	−35～−20	90～95	3～8 月

畜、禽肉食类食品的冷藏环境及贮藏期　　　　表 4-11

食品名称	贮藏温度（℃）	相对湿度（%）	贮藏期	食品名称	贮藏温度（℃）	相对湿度（%）	贮藏期
牛肉（鲜）	−2～1	88～95	1 周	熏肉（中等肥度）	3～5	80～85	2～3 周
牛肉（60%瘦肉）	0～4	85～90	1～3 周	腊肠（熏）	0	85	1～3 周
牛肉（精选牛腰）	0～1	85	1～3 周	羊肉（鲜）	−2～1	85～90	3～4 周
牛肉（精选肥牛）	0～1	85	1～3 周	羊肉（精选瘦肉）	0	85	5～12 天
牛肉干	10～15	15	6～8 周	羊腿（83%瘦肉）	0	85	5～12 天
冻牛肉	−20	90～95	6～12 月	冻羊肉	−20	90～95	8～12 月
猪肉（鲜）	0～1	85～90	3～7 天	兔肉（鲜）	0～1	90～95	1～5 天
猪肉（47%瘦肉）	0～1	85～90	3～5 天	鸡、火鸡、鸭肉（鲜）	−2～0	95～100	1～4 周
猪肉（里脊）	0～1	85	3～5 天	冻禽肉	−20	90～95	12 月
冻猪肉	−20	90～95	4～8 月				

奶、蛋、糖制品的冷藏环境及贮藏期　　　　表 4-12

食品名称	贮藏温度（℃）	相对湿度（%）	贮藏期	食品名称	贮藏温度（℃）	相对湿度（%）	贮藏期
黄油	0	75～85	2～4 周	蛋（带壳）	−1.5～0	80～90	5～6 月
黄油（冻）	−23	70～85	12～20 月	蛋（冷却）	10～13	70～75	2～3 周
干酪（长期贮藏）	0～1	65	12 月	整蛋（冻）	−20		1 年以上
干酪（短期贮藏）	4	65	6 月	蛋黄与蛋白（冻）	1.5～4	低	6～12 月
冰激凌	−30～−25	90～95	3～23 月	蛋黄（固态）	1.5～4	低	6～12 月
牛奶（液态灭菌）	4～6		7 天	牛奶巧克力	−20～1	40	6～12 月
牛奶（生）	0～4		2 天	花生酥	−20～1	40	1.5～6 月
牛奶（脱脂）	7～21	低	16 月	软糖	−20～1	65	5～12 月
牛奶（浓缩有糖）	4		15 月	蜜饯	−20～1	65	3～9 月

其他制品的冷藏环境及贮藏期　　　　　　　表 4-13

食品名称	贮藏温度（℃）	相对湿度（%）	贮藏期	食品名称	贮藏温度（℃）	相对湿度（%）	贮藏期
啤酒(瓶装)	1.5～4	65 以下	3～6 周	蔬菜油	21		1 年以上
叫可粉	0～4	50～70	1 年以上	人造黄油	1.5	60～70	1 年以上
罐装食品	0～15	70 以下	1 年	橙汁	−1·1.5		3～6 月
咖啡(生)	1.5～3	80～85	2～4 月	烟草(捆装)	2～4	70～85	1～2 年
蜂蜜	10		1 年以上	香烟	2～8	50～55	6 月
啤酒花	−2～0	50～60	数月	雪茄	2～10	60～65	2 月
猪油(无防腐剂)	7	90～95	4～8 月	毛皮	1～4	75	数年

2. 果蔬的气调贮藏环境

气调贮藏是通过控制贮藏环境中的气体成分和适当的贮藏温度，进行果蔬贮藏的技术措施。气调贮藏包括 CA（Controlled atmosphere storage）贮藏和 MA（Modified atmosphere storage）贮藏两种方式，前者是将 O_2 和 CO_2 严格控制在一定指标范围内；而后者对 O_2 和 CO_2 的浓度控制范围要宽一些。一般而言，气调贮藏主要是指 CA 贮藏。

温度、相对湿度、O_2 和 CO_2 浓度是气调贮藏过程中的四个主要技术参数，称之为气调环境参数，它们之间并非独立，而是相互关联、相互制约的。温度是果蔬呼吸代谢过程中最为重要的影响因素，任何贮藏都以适宜的温度为基础条件，只有在适宜的温度条件下，辅助以适宜的气体组分，才能使果蔬取得最佳的贮藏效果。此外，贮藏环境的相对湿度也会对贮藏效果产生一定的影响。在 CA 贮藏中，空气的温度、相对湿度、O_2 与 CO_2 浓度共同作用于果蔬，产生综合的保鲜效果，只有结合果蔬、切花的实际情况，经过反复研究才能得出最佳的保鲜贮藏环境参数。因此，CA 贮藏的温、湿度范围并非与表 4-8、表 4-9 中的数据严格一致。

表 4-14 给出了部分果蔬 CA 贮藏保鲜的环境条件。

部分果蔬的 CA 贮藏条件[12]　　　　　　　表 4-14

果蔬名称	温度（℃）	相对湿度（%）	O_2 含量（%）	CO_2 含量（%）	贮藏期（天）
苹果	0	90～95	3	2～3	150
梨	0	85～95	4～5	3～4	100
樱桃	0～2	90～95	1～3	10	28
桃	−1～0	90～95	2	2～3	42
李子	0	90～95	3	3	14～42
柑橘	3～5	87～90	15	0	21～42
哈密瓜	3～4	80	3	1	120
香蕉	13～14	95	4～5	5～8	21～28
草莓	0	95～100	10	5～10	28
胡萝卜	1	85～90	3	5～7	300
花椒菜	0	92～95	2～3	0～3	40～60
芹菜	1	95	3	5～7	90
黄瓜	14	90～93	5	5	15～20
马铃薯	3	85～90	3～5	2～3	240

续表

果蔬名称	温度（℃）	相对湿度（%）	O_2含量（%）	CO_2含量（%）	贮藏期（天）
生菜	1	95	3	5～7	10
香菜	1	95	3	5～7	90
西红柿	12	90	4～8	0～4	60
蒜薹	0	85～90	3～5	2～5	30～40
菜花	0	95	2～4	8	60～90
豌豆荚	0	95～100	10	3	21
大蒜	0	85～90	2～4	5～8	300～360
番茄	6～8	—	3～10	5～9	35
山药	3～5	90～95	4～7	2～4	240～300

第三节 食品冷藏链

"冷藏链"又称"冷链"，它是指在低温环境下对易腐食品等进行生产、贮藏、运输和销售的物流管理系统。它以食品的冷藏工艺学为基础，以制冷技术为手段，以加工、贮运、供销全过程为对象，以最大限度地保证产品质量、减少产品损耗的一项系统工程。冷链技术的应用对于保证食品品质具有非常关键的作用，和消费者的饮食、生命安全息息相关。

冷藏链是一种在低温条件下的物流系统，因此，需要对所涉及的生产、贮藏、运输、销售各环节的经济性和技术性问题进行综合、协调考虑。本节以食品冷藏链为例进行分析。

一、冷藏链与冷链物流

根据食品在各冷链环节中的温度不同，可划分为冷藏、冰温和冷冻三类冷藏链。贮运环境温度位于冷藏温度带（通常为0～10℃）时称为冷藏链；位于冰温带（冰点～0℃）时称为冰温链；处于冷冻温度带（≤-18℃）时即为冷冻链。无论是冷藏链、冷冻链，还是冰温链，在行业中统称为"冷链"。

1. 冷藏链环节及其设备

冷链是一个跨行业、多部门有机合作的技术领域，图4-7表示出了食品的流通时序及

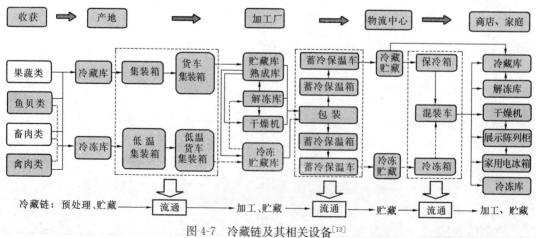

图4-7　冷藏链及其相关设备[13]

其关联设备。可见，食品从产地到消费者之间的过程如同一根环环相扣的链条，通过低温环境有机结合起来，保证了食品的品质和安全。

从图中可以看出，食品冷藏链由低温加工、低温贮藏、低温运输（流通）和低温销售四个方面构成。

① 低温加工：包括食品的冷却与预冷、冻结与速冻、冻结干燥、解冻等在低温环境下的食品加工过程，主要涉及冷却、冻结等装置。

② 低温贮藏：包括食品的冷藏、冻藏、冰温贮藏、果蔬的气调贮藏，主要涉及各类商用冷藏库和冷藏柜以及家用电冰箱、电冰柜等。

③ 低温运输：包括产地到工厂、工厂到物流中心、物流中心到商店、商店到家庭之间的低温流通过程，主要涉及冷藏列车、冷藏汽车、冷藏船、冷藏集装箱以及商场到家庭或产地直接到家庭的低温宅配冷藏箱（Cooling Roll Box[14]）、保温袋等。

④ 低温销售：包括冷藏食品的批发和零售，涉及物流中心的各类冷藏库、兼有贮藏与销售功能的冷藏陈列柜、冷藏柜等。

2. 冷链物流及其设备

从图 4-7 可以看出，食品的流通环节贯穿于整个冷藏链系统中，是连接具有时空差异的各固定站点（产地、加工厂、物流中心、店铺、家庭）之间的重要链条，是实现冷链必不可少的环节，这些环节可以总称为"冷链物流"。

冷链物流设备是移动式（流动）冷藏设备，它与低温贮藏、加工、销售设备等固定式冷藏设备存在两个主要区别：（1）移动过程的外界环境参数变化很大（可能在全世界范围内变化），必须保证在移动过程中向食品源源不断地提供冷源，防止食品温度波动，以保证被运输货物的品质；（2）必须具有防震、便于装卸的功能，以保证冷藏设备的使用寿命。因此，解决冷链物流设备的重点在于解决移动过程中的冷源（或冷源动力）的供给以及设备的可靠性问题。目前冷链物流技术在发达国家已经得到良好的发展，但在国内才刚刚起步，因此，发展和完善冷链物流技术是我国今后相当长时间内冷链技术发展的重点。

冷链物流技术是将食品等易腐物品，通过冷藏手段和特殊运输工具，在特定的运输条件下从一个地点迅速、完好地运送到另一地点的专门技术。它涉及冷链物流设备的开发、冷链物流管理、食品品质与安全技术法规等领域。

在物流过程中需根据物流距离和食品品质要求，选择不同的冷源类型、装载设备和相应的运输工具。冷链物流设备种类很多，主要分为机械式连续冷源和蓄冷式间歇冷源两大类，机械式冷源普遍采用机械压缩式制冷装置进行制冷，而蓄冷式冷源主要包括冰、冰盐溶液、高分子聚合物水溶液等固液相变蓄冷剂，以及干冰、液氮等一次性使用的相变材料。综合文献［15～17］的研究结果，可以总结出各种冷源设备的性能和特点，如表 4-15 所示。

冷链物流的冷源设备及其性能特点　　　　　　　　　　　　　　表 4-15

冷源类型	机械式连续冷源	蓄冷式间歇冷源	
		蓄冷剂蓄冷	冰或干冰、液氮蓄冷
冷源动力与制冷方式	与汽车共用发动机、柴油（或汽油）发电机、蓄电池；主要采用机械压缩式或半导体制冷设备	在出发前利用机械式制冷方式对蓄冷剂进行蓄冷	在出发前利用机械式制冷方式制取冰、干冰和液氮（相变温度：冰 0℃，干冰 −78.5℃，液氮 −196℃）

续表

冷源类型		机械式连续冷源	蓄冷式间歇冷源	
			蓄冷剂蓄冷	冰或干冰、液氮蓄冷
贮运温度与制冷能力		最低温度：约为-20℃ 制冷能力：由车体大小而定，一般为1~12kW	贮运温度：取决于蓄冷剂的融解温度 制冷能力：取决于蓄冷剂的用量、面积和相变温度	贮运温度：采用冰时为0℃以上，干冰可达-20℃以下，采用液氮时则更低 制冷能力：取决于蓄冷介质的使用量
温度调节		采用温度控制器，调节范围：-20~+15℃	蓄冷剂相变温度	难以控制
承载效率		承载效率低	承载效率比机械式高	冷却剂占据承载空间，使承载效率降低
预冷或冻结时间		对装载设备的预冷时间取决于制冷装置的容量，相对较短	蓄冷剂冻结时间长；对装载设备的预冷时间较长	冷却剂制备时间长，对装载设备的预冷时间与冷却剂种类有关
设备费		通常设备费用较高	比机械式连续冷源便宜	设备费较便宜
使用费		燃料费、修理费较高	利用夜间低谷电力，可移峰填谷，使用费较低	冷却剂（冰或干冰）的费用较高
其他		使用时噪声较大	无噪声或噪声较小（有通风机时）	无噪声
运输工具与装载设备	冷藏列车	机冷车	冷板车	冰冷车（用冰蓄冷）
	冷藏船	冷藏货舱 轮船+冷冻集装箱	—	—
	冷藏车	机械式冷藏车	蓄冷式冷藏车	加冰冷藏车
	冷藏集装箱	冷冻集装箱 （-28~+26℃）	保温集装箱（采用蓄冷剂）	保温集装箱（采用干冰）
	飞机	—	—	预冷+干冰（-18~5℃）
	普通货车	低温宅配冷藏箱	保温箱+蓄冷剂	保温箱+冷却剂
运输对象		鲜鱼、鲜肉、冷冻食品、水果、蔬菜、切花、胶片、药品等易腐、易坏物品		

二、冷藏链管理系统

1. 食品品质的评价指标

冷冻冷藏所达到的温度是过去评价食品品质的唯一指标。在食品冷藏链管理过程中，国际上非常重视食品安全和食品质量两大原则，强调食品的加工和包装环节，强调货物的存储时间、温度及其温度范围，目前已出现了"3P（product-process-package）"、"3T（time-temperature-tolerance）"、"3C（care-clean-cool）"、"3Q（quantity-quality-quick）"、"5M（means-machine-methods-management-market）"等多种评价指标[18,19]。

这里以"3T"指标为例来说明食品品质指标在冷链物流过程中的作用。"3T"是指

"时间-温度-品质耐性"，表示相对于品质的允许时间与温度的程度，用以衡量在冷藏链中食品的品质变化，并可根据不同环节及条件下冷藏食品品质的下降情况，确定食品在整个冷藏链中的贮藏期限。

当食品在温度 T_i 条件下的品质保持时间为 D_i 天（从图4-8中查阅），则将单位时间（如：天）内食品的品质下降率 d_i 称为食品的品质耐性。

$$d_i = 1/D_i \qquad (4\text{-}7)$$

如果食品在不同温度 T_i 条件下的停留时间分别为 t_i 天，各环节的品质变化率 A_i 为

$$A_i = d_i \cdot t_i = t_i/D_i \qquad (4\text{-}8)$$

因此，食品的最终品质变化率 A 为

$$A = \Sigma A_i \qquad (4\text{-}9)$$

当 $A \leqslant 1$ 时，说明食品在允许的贮藏期内；当 $A > 1$ 时，则表明食品已超出贮藏期，其品质已经超出允许限度。图4-9给出了某食品冷藏链的"3T"线图，表4-16示

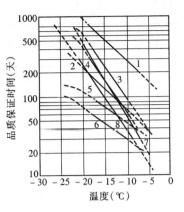

图 4-8　食品温度
与品质保持期限[6]

1—鸡肉（包装良好）；2—鸡肉（包装不良）；3—牛肉；4—猪肉；5—鱼肉（少脂肪）；6—鱼肉（多脂肪）；7—豌豆；8—菠菜

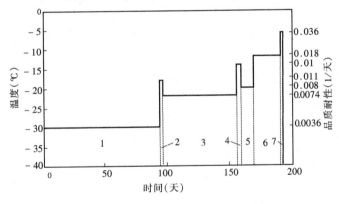

图 4-9　食品冷藏链的"3T"线图[4]

出了某食品在该"3T"线图条件下各环节的品质耐性以及最终的品质保存效果。计算结果表明，食品的最终品质变化率 $A > 1$，说明应需进一步缩短生产商、批发商、零售商处的冻结贮存时间，或降低批发商和零售商冷藏库库温，或减少中间流通环节，方可保存食品的品质。

食品冷藏链环节及其品质耐性[4]　　　　　　　　　　　　　表 4-16

序　号	冷藏链环节	温度（℃）	时间（天）	品质耐性 d_i	品质变化率 A_i
1	生产商的冻结贮藏	−30	95	0.0036	0.344
2	生产商到批发商之间的冷冻运输	−18	2	0.011	0.022
3	批发商的冻结贮藏	−22	60	0.074	0.444
4	批发商到零售商之间的冷冻运输	−14	3	0.016	0.048

续表

序　号	冷藏链环节	温度 (℃)	时间 (天)	品质耐性 d_i	品质变化率 A_i
5	零售商的冻结贮藏	-20	10	0.008	0.080
6	零售商的冻结销售	-12	21	0.018	0.378
7	零售商到消费者之间的搬运过程	-6	1	0.036	0.036
合　　计			192		$A=1.352>1.0$

2. 食品品质跟踪设备

随着科技的发展和消费者对低温食品高质量的要求，人们更为关注食品在冷链物流过程中的鲜度、风味和营养成分损失等品质变化情况，然而这些因素难以直接用量化指标进行评价，转而以考察食品的温度变化历程，来间接地评价食品的品质。目前国际上常用CTI、CTTI和TTI三种温度指示器来评价食品的温度历程，各温度指示器的意义参见表4-17。

食品冷藏链的温度指示器及其意义[20]　　　　　　表4-17

温度指示器	意　　义
CTI（Critical Temperature Indicator，临界温度指示器）	只给出一个温度值和一个时间值，即表明陈列食品温度是否高于或低于设定的临界温度，并指示出食品已经高于或低于临界温度的时间，如果时间过长则会引起食品品质或安全性的改变
CTTI（Critical Temperature/Time Indicator，临界温度/时间积分器）	用于指示食品在陈列期间高于临界温度的累积时间温度历程，适用于超过临界温度以上以一定速率发生的变质反应，可转化为相应食品在临界温度条件下的陈列时间
TTI（Time-Temperature Indicator，时间—温度指示器）	显示出连续的温度变化过程，同时在测量中TTI对全部时间—温度历程进行积分，并可指示销售过程中的"有效平均温度"，从理论上讲，这个温度是与食品持续变质反应相关联

基于上述原理，目前国际上已开发出上述各类温度指示器，并开始应用于生鲜食品、冷冻食品的冷链物流管理系统中。温度指示器在食品生产过程就对食品温度进行检测，然后跟随食品的流动过程，在食品的贮藏、发货、保存、运输、销售整个冷藏链环节中流动，以追踪食品的流通过程，已成为一种保证食品安全（例如：防止食物中毒等现象的发生）的重要工具。

此外，为追踪动物性食品的鲜度变化，科学家们在充分研究食品腐败机理的基础上，提出了鲜度的测量方法[21,22]，据此已开发出鱼肉、鸡肉的鲜度传感器产品[22]，对食品冷藏链的动态管理起到重要作用。

3. 冷藏链管理系统

冷藏链管理技术不仅包括对冷链物流的管理过程，还应该包含低温生产、低温贮藏和低温销售过程的系统化管理的科学，是融冷藏链技术、物流技术、信息技术以及管理科学的交叉科学。随着现代物流理论以及冷藏链技术的不断发展，数字化冷链物流系统必将在中国逐步建立起来。

数字化冷链物流管理系统包括冷链过程各个环节、食品品质（温度或鲜度）跟踪设备以及调度指挥中心构成，以实现冷链物流过程中"物流"、"信息流"的数字化监控与管理。其基本框架如图 4-10 所示。

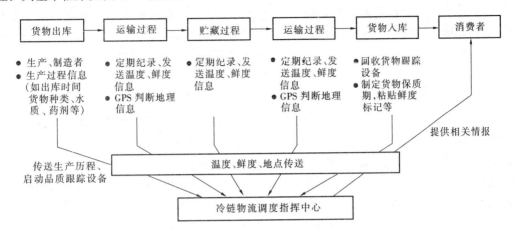

图 4-10 数字化冷链物流管理系统概念图

在食品运载工具（火车、汽车等）上所配置的食品品质跟踪设备包含货物温度、鲜度检测、贮存装置和信息发送、接收装置，以无线通信和互联网等技术手段实现运输工具与调度指挥中心之间的通信；调度指挥中心对收集到的食品品质、地点等信息进行储存、分析和加工，以明确食品的品质变化过程，指令运输人员进行必要的技术处理，向货物业主发送、反馈货物的品质和运输信息。

如果食品品质跟踪设备从食品的流通源（产地）就开始记录其品质信息（包括养殖、加工信息），则可进一步保障食品安全，使食品源头的品质监控与物流过程的品质管理有机结合，为公共食品安全保障体系的建立创造条件。

三、冷藏链与食品安全

食品安全是当今世界极为注目的问题。公共食品安全保障体系不仅要杜绝食品源头的安全隐患发生，更要预防食品流通过程中食品的腐败变质。前者需要政策、法规的保证，后者需要冷藏链技术的支撑，二者是确保食品安全不可或缺的两个方面。

我国政府非常重视食品安全问题，强调建立公共食品安全保障体系，提出了"中国食品安全战略"以及建立"从农田、饲养场直到餐桌"的全程食品安全运输管理体系的理念。但目前在食品（包括生物医药制品）的实际流通环节中尚存在着极为严重的问题需要解决。为确保食品安全，需从冷藏链各个环节入手，解决以下几个关键技术问题，以创造食品的贮运环境，推进我国食品（包括药品）冷藏链的技术进步。

（1）建立冷藏链安全管理技术体系：确立冷链物流品质管理方法；建立食品冷链物流的安全标准体系和应急反应机制；建立符合中国国情并与国际接轨的食品安全法律保障体系；开发食品的品质（温度和鲜度）跟踪装置，以记录食品的原料来源（包括出库时间、货物种类、水质、药剂、饲料等）信息，检测、记录与传送从原料到产品的生产、贮藏、流通、销售全过程的温度和鲜度变化，为用户提供食品的全程品质信息。

（2）建立安全生产技术体系：建立与完善食品安全生产法规体系，规范行业生产工艺；研究速冻工艺、开发高效速冻装置，提高速冻食品品质，防止食品在贮运过程中出现腐败变质；研究果蔬的预冷工艺，开发预冷装置，减少食品损耗、降低腐败变质率；开发其他相关食品加工设备。

（3）建立安全贮藏技术体系：建立与完善食品安全贮藏法规体系；研究制冷系统特性，提高温度、湿度、气体成分的控制精度，严格保证食品的贮运技术要求；研究自动化冷库的管理工艺，避免食品长期"呆滞"现象的发生，以缩短食品的贮藏周期，提高食品品质。

（4）建立安全流通技术体系：建立食品的全程安全运输管理法规体系；开展相变蓄冷材料的基础理论研究，研发适合于不同温区的、热物理性能优越且无毒、无味、泄漏后无污染的环保型相变蓄冷材料，以适应冷冻链（低于-18℃）、冰温链（$-5\sim0$℃）和冷藏链（$0\sim10$℃）的保冷运输品质和安全需求；研发机械式冷源和蓄冷式冷源的食品贮运设备，包括蓄冷充冷型蓄冷袋、蓄冷箱、集装箱、冷藏车和冷藏列车等，为确保食品的品质和安全提供重要的技术保障；建立基于无线通信和"大数据"的区域与全球性物流管理信息系统，以保证冷链的连续性和"物流"、"信息流"的畅通。

主 要 符 号 表

符号	符号意义,单位	符号	符号意义,单位
A	食品的品质变化率	Q_{10}	温度系数
d	食品的品质耐性,1/天	T	温度,℃
f_w	食品物料中水蒸气的逸度,Pa	t	时间,s,h,天
$f_w{}^*$	食品物料与纯水平衡时的水蒸气逸度,Pa	V_t	冻结速度,m/s,m/h
L	食品表面与热中心之间的最短距离,m	α_w	食品的水分活度
M	质量,kg	β	蒸发系数,1/(s·Pa)
m	单位时间的失水量,kg/s	γ_w	水的逸度系数
p_w	食品物料中水分的蒸气压,Pa	φ	湿空气的相对湿度,%
$p_w{}^*$	纯水的饱和蒸气压,Pa		

参 考 文 献

[1] 华泽钊,李云飞,刘宝林.食品冷冻冷藏原理与设备[M].北京:机械工业出版社,1999.

[2] 高福成.食品的干燥及其设备[M].北京:中国食品出版社,1987.

[3] 入沢武夫.凍結しない冷凍食品[J].冷凍空調技術,1983,(5):43-51.

[4] 曾庆孝.食品加工与保藏原理[M].北京:化学工业出版社,2002.

[5] 孙企达.真空冷却气调保鲜技术及应用[M].北京:化学工业出版社,2004.

[6] 冯志哲,张伟民,沈月新,等.食品冷冻工艺学[M].上海:上海科学技术出版社,1984.

[7] 日本食品流通系统协会,中日食品流通开发委员会　译.食品流通技术指南[M].北京:中国商业出版社,1992.

[8] 石文星,邵双全,李先庭,等.冰温技术在食品贮藏中的应用[J].食品工业科技,2002,23(4):64-

66.

[9]　日本冰温研究所. 冰温[C]. （日）株式会社冰温研究所東京事务所，1991：7-12.

[10]　全国勘察设计注册工程师公用设备专业管理委员会秘书处. 全国勘察设计公用设备工程师暖通空调专业考试复习教材(第三版)[M]. 北京：中国建筑工业出版社，2015.

[11]　ASHRAE Handbook. Refrigeration，R10. Commodity Storage Requirements[M]，2002.

[12]　刘信，周小强. 果蔬气调库的设计[J]. 低温与特气，2004，(22)：28-31.

[13]　邵双全，石文星，李先庭，等. 食品冷藏链技术的应用现状与前景分析[J]. 食品工业科技，2001，22(6)：84-88.

[14]　Kikuo Izawa. Cooling Roll Box for Refrigerated Parcel Delivery Services[J]. Refrigeration，2004，79(919)：34-36. (in Japanese).

[15]　谢如鹤，罗荣武，徐磊，等. 对我国发展隔热车的可行性分析[J]. 铁道学报，2002，24(2)：7-11.

[16]　黄成铭. 试论我国铁路冷藏运输的发展[J]. 铁道货运，1995，(2)：7-10

[17]　谢如鹤，唐秋生. 国外食品冷藏供应链发展概况[J]. 物流技术，2002，(6)：43-46

[18]　Bernard Commere. Controlling the cold chain to ensure the food hygiene and quality[N]. Bulletin of the IIR 2003.

[19]　宋姚臻，吕金虎，王健敏. 我国食品冷藏保鲜链发展状况及方向初探[J]. 仲恺农业技术学院学报，1999，12(3)：66-70

[20]　Taoukis P S，Bin Fu，Labuza T P. Time-temperature indicators Food Technology，1991，45(10)：70-82

[21]　Toshiyuki Tamura. Food Temperature Management System. Refrigeration[J]. 2004，79(919)：43-46. (in Japanese)

[22]　周家春. 食品工业新技术[M]. 北京：化学工业出版社，2005.

第五章 工业生产与实验检测环境

工业生产与实验检测环境是为工业生产和实验检测过程提供需要的空气温度、湿度、速度、洁净度、空气组分、气压、日照等参数保证。不同的工业生产工艺、不同的实验检测对象由于环境中某一个或几个环境参数的不同对工艺生产影响巨大，所以需要严格保证。工业生产与实验检测环境与人居舒适性环境相比，有以下不同之处：

（1）不同的工业生产和实验检测环境根据不同生产工艺要求，对某一个或几个环境参数有严格的要求，而对其他参数要求不高或只需满足工作人员舒适性要求即可；

（2）工业生产和实验检测环境的参数精度要求一般高于人居舒适性环境，且随着科学技术和工业生产技术的发展，对工业生产和实验检测环境的要求越来越高；

（3）工业生产环境中许多工艺设备在运行时会产生大量的余热、余湿、粉尘和有害气体，如不加控制，将危及工作人员的身体健康，也会影响正常的生产过程。

本章将分别对恒温恒湿环境、洁净环境、环境模拟实验室和生物安全实验室等工业生产和实验检测环境中环境参数对工艺的影响以及对环境参数的要求进行分析。

第一节 恒温恒湿环境

恒温恒湿环境被广泛应用于工业生产、产品检测、数据中心机房等场合。如在纺织品、纸张的质检、商检和科研中，需要恒温恒湿实验室；在精密机械加工、纺织工业等工业生产中，需要保持生产车间的恒温恒湿。

一、恒温恒湿实验室

恒温恒湿实验室通过某些专用设备和技术方法，使实验室内空气的温湿度符合产品和样件测试的标准要求。恒温恒湿实验室广泛应用于纺织、纸张、包装、烟草、精密加工等生产企业及其质检、商检、科研等部门，是生产企业产品质量检验与控制、流通领域商品质量检验和科研领域性能测定的基础设施。

按照相关标准规定，纺织品、纺织原料、纸张、纸品和纸箱等商品的品质物理项目的检验必须在标准大气条件下进行。如 ISO 139—2005《纺织品－调湿和试验用的标准温湿度》和《纺织品 调湿和试验用标准大气》GB 6529—2008 标准给出了检验纺织品和纺织原料的标准大气[1]，ISO 187—1990《纸浆、纸和纸板－温湿度处理和实验的标准大气及其控制程序与试验温湿度处理的步骤》和《纸、纸板和纸浆试样处理和试验的标准大气条件》GB 10739—2002 给出了纸张、纸品和纸箱类商品检验的标准大气[2]。由于纺织品和纸张具有很强的吸湿性，空气相对湿度的变化对纤维和纸张性能指标的测定结果影响很大，所以用于纺织品和纸张检测的恒温恒湿实验室温度允许波动范围相对较大，而对相对湿度的精度要求相对较高。

对于精密加工用恒温恒湿实验室，为了避免被加工工件在加工和计量时因温度变化产生胀缩，一般需严格规定室内的基准温度，并制定了温度变化的偏差范围，而对于空气相对湿度的要求就没有纺织品检测的精度要求严格。如某一国家级超精密加工实验室，要求温度为 $20\pm0.2℃$，而相对湿度则为 $45\%\pm5\%$[3]。

二、精密机械加工

机械加工中在各种热源（摩擦热、切削热、环境温度、热辐射等）的作用下，机床、刀具、被加工工件等会因温度发生变化而产生热变形，从而影响工件与刀具间的相对位移，造成加工误差，进而影响零件的加工精度。如钢材的线膨胀系数为 $1.2\times10^{-5}/℃$，对于长度为 100mm 的钢件，当温度上升 1℃ 时将伸长 $1.2\mu m$。温度变化除了直接影响工件的伸缩外，对机床设备精度也有影响。在精密机械加工中，对工件的加工精度及精度的稳定性提出了更高的要求。据有关资料统计，在精密加工中，由于热变形引起的加工误差占加工总误差的 $40\%\sim70\%$[4]，因此在高精度精密加工中，为了避免工件因温度变化产生胀缩，一般严格规定环境的基准温度，并制定了温度变化的偏差范围，$20\pm0.1℃$ 和 $20\pm0.01℃$ 的恒温加工已经出现。

另外，为了避免工件由于湿度过大引起表面锈蚀，一般也要规定环境的相对湿度。部分精密加工的室内空气参数要求见表 5-1。

精密加工的室内空气参数要求[5]　　　　表 5-1

加工类型	空气温度基数及其允许波动范围（℃）		空气相对湿度范围（%）
	夏季	冬季	
Ⅰ级坐标镗床、大型高精度分度涡轮滚齿机、量具半精研及手工研磨等	20±1	20±1	40～65
Ⅱ级坐标镗床、精密丝杠车床、精密轴承装配、分析天平	23±1	17±1	40～65
精密轴承精加工	16～27		40～65
高精度外圆磨床、高精度平面磨床	16～24		40～65
高精度刻线机（机械刻划法）	20±0.1～20±0.2		40～65
高精度刻线机（光电瞄准并联机械刻划法）	18～22		40～65

三、纺织工业

1. 纺织厂余热和余湿

纺织厂车间的得热除了通过围护结构传热、太阳辐射、照明、人体散热外，工艺设备的散热占有很大比例，尤其是细纱车间和织造车间。由于细纱机和织布机布置紧密，电动机散热量很大，所以即使在冬季细纱车间和织造车间中仍有大量余热，需要送冷风进行降温。另外，像浆纱车间和印染车间的烘干设备均属于高温设备，通过设备壁面也会向车间散发大量热量。

在当回潮率较高的纤维进入相对湿度较低的车间时，会散发出湿量；浆纱机液槽与染色机液槽均向车间散发水分。

2. 纺织厂尘毒产生及其控制标准

棉花、羊毛、丝、麻、化纤等原料在开松梳理成为单纤维时，其中的尘杂和被击断的短纤维被分离出来，一部分通过机器的缝隙泄漏出来，称为一次尘化气流；这些尘杂直径较大，沉降速度快，所以只会造成局部地点污染。在棉卷、棉条和粗纱条被引导时，一些未被缠绕的纤维飘逸出来，或者机件与纱线通过摩擦振动产生的粉尘被分离出来，这些粉尘直径较小，沉降速度很小，随车间空气流动漂浮于空气中，称为二次尘化气流，它会造成整个车间污染。

长时间飘浮在空气中的粉尘容易被吸入人体内，而其中粒径小于 $5\mu m$ 的尘粒能深入肺部，引起各种尘肺病，对人体危害最大。吸入过多棉尘会引起棉尘病，即会感到胸闷或咳嗽，严重的会造成持久性的呼吸气量减退，影响工作能力。并且空气中的棉尘、飞花也会影响到纺织品的质量。此外，棉尘达到一定浓度时，可能会发生爆炸（棉尘爆炸浓度下限为 $25.2mg/m^3$），尤其是亚麻粉尘，由于其纤维的长链分子短，羟基多，和氧化合更易发生爆炸（亚麻粉尘爆炸浓度下限为 $16.7mg/m^3$）。所以必须对纺织车间中的尘杂进行控制。我国规定新建的棉纺织厂各车间最高允许含尘浓度为 $2.5mg/m^3$；毛纺织厂除选毛、开毛车间外其他车间的最高允许含尘浓度与纺织厂相同；麻纺织厂除苎麻纺织厂最高允许含尘浓度可以较高外（但不得超过 $10mg/m^3$），其他麻纺织厂的拣麻、软麻、梳麻三个车间的最高允许含尘浓度为 $5mg/m^3$，其他车间为 $3mg/m^{3[6]}$。

在印染工艺和化纤工艺中还会产生各种有害气体。如人造丝厂（黏胶纤维）的黄化车间（用二硫化碳使碱素纤维溶解成黄色黏液的车间）则有二硫化碳气体产生，它不但有毒，而且与空气混合后还易着火、爆炸。所以也要对车间中的有害气体进行控制，如对于二硫化碳，车间中的最高允许浓度为 $10\ mg/m^3$。

3. 空气温湿度对纤维性能的影响

温度对纺织纤维的影响：当空气温度升高，则纤维被加热，因而纤维分子间结合力减小，故纤维强力降低，延伸性增加，柔软性亦增加。对于棉纤维，因其表面有棉腊，而棉腊在 $18.3℃$ 时开始软化，故温度高时由于棉腊软化会使棉纤维更为柔软。但温度超过 $27℃$ 时，棉腊开始融化发黏，纤维将粘绕皮辊影响生产。另外，空气温度升高，纤维导电性有所提高，且在相同的相对湿度情况下，回潮率下降。空气温度降低，纤维性能反之。

相对湿度对纺织纤维的影响：相对湿度对纤维的影响要视纤维分子中是否含有亲水性基团而定。对于有亲水性基团的纤维（如棉、毛、丝、麻等天然纤维，或天然纤维素制成的粘胶纤维等），随着空气相对湿度增大，水分子被吸入纤维内部，使纤维膨化，纤维分子间距离增大，故纤维的柔软性、延伸性均增加，回潮率、摩擦系数与导电性亦增加。对于无亲水性基团（涤纶、氯纶、丙纶）或较少亲水性基团（维纶、锦纶、腈纶），由于绝缘性能良好，则在纺织工艺过程中极易产生静电，通常需要在纤维表面增加抗静电油剂。空气中的湿度大小通过抗静电油剂对纤维导电性能与回潮率有影响，对纤维其他性能影响较小。至于强力方面，对于天然植物纤维，由于水分子被纤维吸入非结晶区，使分子整列度改善，所以强力随相对湿度有所增加；而其他纤维，当相对湿度增加时，水分子进入纤维内部，使纤维分子间距离增大，故强力降低。图 5-1 表示了五种常见纤维在不同相对湿度下强力的变化情况。

由此可知，空气的温湿度和纤维的性能（如强力、伸长度、导电性、柔软性、回潮率、摩擦系数）之间有着密切的关系，尤其相对湿度影响更甚。

4. 纺织工艺对空气温湿度要求

根据纺织纤维不同，纺织工艺可分为棉纺织、混纺织、毛纺织、绢纺织、麻纺织、针织等，不同纺织工艺对车间温湿度要求有差异；在某一种纺织工艺中各个不同车间，由于纺织设备对纤维的加工情况不同，要求纤维的回潮率不同，各个纺织工序要求的空气温湿度亦不同。

如对于棉纺织厂细纱车间，如果相对湿度太大，纱线与钢丝圈之间以及钢丝圈与钢

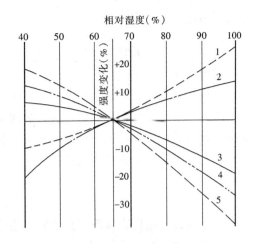

图 5-1　常见纤维在不同相对湿度下的强力变化[7]
1—亚麻；2—棉；3—锦纶；
4—羊毛和蚕丝；5—粘胶纤维

领间的摩擦力增加，断头率增高，罗拉皮圈表面附着飞花，造成条干不匀；同时，皮辊发黏，缠结皮辊现象增多，影响生产；故细纱车间相对湿度通常比其前一工序粗纱车间小，使棉纱纤维内湿外干，内湿造成材料柔软、易加工、易导电，外干造成摩擦力及黏着力减小。但是相对湿度也不能太小，否则飞花多，纤维易产生静电，棉纱强力下降，造成短头增多。所以细纱车间空气的相对湿度要求在 55％～60％ 范围内。

表 5-2 列出了冬季和夏季棉纺织厂各车间温湿度控制范围。

棉纺织厂各主要车间温湿度控制范围[7]

表 5-2

车　间	冬　季		夏　季	
	温度（℃）	相对湿度（％）	温度（℃）	相对湿度（％）
清棉	18～20	55～60	31～33	55～60
梳棉	20～25	55～60	31～33	55～60
精梳	22～24	60～65	28～30	60～65
并粗	22～24	60～65	30～32	60～65
细纱	24～27	55～60	30～32	55～60
并捻	18～26	65～75	30～32	65～75
络筒	20～22	60～70	29～32	65～75
浆纱	20～25	≤75	≤36	≤75
穿筘	18～22	60～70	29～32	65～75
织布	22～24	68～78	≤32	68～80
整理	18～22	55～65	29～32	60～65

第二节　洁　净　环　境

在大规模和超大规模集成电路生产、制药工业、医院洁净手术室、宇航工业等场合，除了室内温度和湿度有一定要求外，更重要的是要求保证室内空气的洁净度。

一、电子工业

在电子工业中，尤其是大规模和超大规模集成电路生产环境，对空气洁净度有严格的要求，这些洁净生产车间属于工业洁净室。

在大规模和超大规模集成电路的生产中，生产环境的洁净度已成为影响产品质量的一个重要因素。生产环境中的尘粒可能对集成电路造成缺陷，这种缺陷大致分为三种：一是对集成电路表面污染，在工艺处理中存留在芯片表面；二是尘粒进入基片内部，达到一定浓度后使大规模集成电路成为次品；三是造成图形缺陷，概率最高的工序包括腐蚀在内的照相制版工艺，一般认为尘粒的粒径必须小到所用最小图形尺寸的 $1/5 \sim 1/10$，才有把握避开影响。

近年来，世界范围内微电子技术发展迅速，集成电路每二、三年时间更新一代，集成度越来越高，加工的芯片面积越来越大，加工的线越来越细，加工的次数越来越多，因此对生产环境受控尘粒的粒径要求越来越小，对环境洁净度的要求越来越高。表 5-3 为超大规模集成电路对生产环境的要求。

超大规模集成电路对生产环境的参数要求[8]　　　　　　　　　表 5-3

集成度 主要参数		64K	256K	1M	4M	16M	64M
最小线宽（μm）		2.5	2	1.2	0.8	0.5～0.6	0.35～0.4
控制粒径（μm）		0.25	0.2	0.12	0.08	0.05	0.035
控制温度（℃）		21±1 ～25±1	21±0.5 ～25±0.5	21±0.1 ～25±0.1	21±0.1 ～25±0.1	21±0.05 ～25±0.05	21±0.05 ～25±0.05
控制相对湿度（%）		30±5 ～45±5	30±5 ～45±5	30±2 ～45±2	30±2 ～45±2	30±1 ～45±1	30±1 ～45±1
洁净度	工作区（级）			1	1	0.1～1	0.1～1
	通道区（级）			100	10	10	10
	维护区（级）			1000	100～1000	100	100
	地下技术夹层（级）			$10^4 \sim 10^5$	$10^4 \sim 10^5$	$10^4 \sim 10^5$	
机械振动	建筑物（μm）	1	0.3	0.2	0.1	0.1	0.1
	设备（μm）				0.01	0.01	0.01
表面污染（硅片 ϕ10cm）沉积≥$0.1\mu m$ 粒子（个/日）				29	2.9		

超大规模集成电路生产环境的化学污染源很多，表 5-4 列举了一些化学污染源。这些化学污染源对集成电路的质量有一定影响，如在光刻、干腐蚀、钝化、有机清洗、干燥等工艺中的 CO_2、CH_4、CCL_4、$CCLF_3$、CF_4、树脂、显像液等物质中存在的碳原子会引起集成电路漏电或膜接触差，在光刻、清洗工艺中的不锈钢、钢、镀铬材料、含杂质药液中的 Fe、Cr 原子会引起集成电路漏电和缩短寿命。所以对超大规模集成电路生产环境化学污染指标的要求也越来越严格，表 5-5 列出了超大规模集成电路对化学污染的控制要求。

化 学 污 染 源[9]　　　　　　　　　　　　表 5-4

化学污染源	污 染 物 质
室外空气	NO_x、SO_x、Na、Cl
HEPA、ULPA（玻璃丝滤料）	B
人	NH_3、丙酮、Na、Cl
洁净服、化妆品	有机物
软塑料、HEPA、ULPA	DOP
油漆	金属离子、甲苯、二甲苯
混凝土	NH_3、Ca
密封剂	硅氧烷
防静电材料（墙、地板、设备）	PH_3、PF_3、PF_6、R_3P、Na、NO_2、Ca、Fe、K、CO
工艺用溶剂	NH_4、三甲基硅醇

超大规模集成电路对化学污染控制要求[9]　　　　　　表 5-5

年　　份	1995	1997～1998	1999～2001	2003～2004	2006～2007	2009～2010
DRAM 集成度	64M	256M	1G	4G	16G	64G
线宽(μm)	0.35	0.25	0.18～0.15	0.13	0.10	0.07
圆片直径(mm)	200	200	300	300	400～450	400～450
被控粒子尺寸(μm)	0.12	0.08	0.06	0.04	0.03	0.02
粒子数(栅清洗)(个/ m^2)	1400	950	500	250	200	150
重金属(Fe)(原子/ cm^2)	5×10^{10}	2.5×10^{10}	1×10^{10}	5×10^9	2.5×10^9	$<2.5\times10^9$
有机物(C)(原子/ cm^2)	1×10^{14}	5×10^{13}	3×10^{13}	1×10^{13}	5×10^{12}	3×10^{12}

二、制药工业

药品是一种特殊的商品，其质量的好坏直接关系着每一个人的健康和生命安全，而医药工业室内环境是医药产品质量保证体系中非常重要的环节之一，属于生物洁净室的一种。

1. 制药工业中的余热、余湿和有害气体的产生

药品的生产过程，很大一部分是化学过程，其中有化学反应、提取和合成等，因此在生产和加工过程中，常伴有余热、余湿和有害气体的产生。如在原辅料与精洗瓶的烘干、配料罐的加热、药品的高温灭菌及一些化学反应等过程中就有热量散发或产生；水针、大输液的配制、洗瓶和灌装等过程中有余湿产生，在提取后的脱液中有乙醇等有害气体产生，此外，在生产过程中还有药粉尘的产生。这些都将对制药车间环境和药品质量有很大影响。

2. 制药工业对净化的要求

药品的种类很多，对净化的要求也不同。如对于注射剂制取，要防止微粒和细菌进入。因为当一定数量和粒径的微粒通过注射剂进入动物血液循环系统时，将会引起各种有害症状。例如静脉血液中如果含有 $7～12\mu m$ 的细微颗粒，会引起热源反应、抗原性和致癌反应，造成肺动脉炎、血管栓塞、异物肉芽肿及动脉高血压症。在一些注射剂如粉针剂抗菌素的制作过程中，细菌的接种与选种仍需要接触空气，但要求不得受微生物的污染，

所以需要室内环境的净化[10]。

为保证口服药的质量，除不允许存在致病菌和活螨外，对于杂菌与霉菌的总数我国也作了规定：每克西药片剂、粉剂、胶丸、冲剂中，杂菌不得超过 1000 个，霉菌不得超过 100 个；每升糖浆合剂、水剂等液体剂，霉菌和杂菌不得超过 100 个。

国际上早在 1969 年就由世界卫生组织颁布了具有国际性的《药品生产和质量管理规范》（Good Manufacture Practice，简称 GMP），在这之后世界主要国家和地区相继制定了自己的 GMP。在 1985 年，由中国医药工业公司发布了我国的 GMP 以及《GMP 实施指南（1985）》，又称《85 版指南》，卫生部也于 1988 年颁布了国家 GMP。1992 年中国医药工业公司与中国化学制药工业协会对《85 版指南》进行了大量的修改，出版了《GMP 实施指南（1992）》（简称《92 版指南》），同年卫生部也发布了《92 版 GMP》，对空气净化的设施提出了详尽而又具体的要求，并且对空气温度、相对湿度、含尘浓度和含菌浓度（活微生物）都有非常严格的要求。制药工业中抗菌素制造车间室内空气温湿度要求见表 5-6，不同洁净等级的制药工业厂房的洁净要求见表 5-7。

抗菌素制造车间室内温湿度要求[5]　　　　　　　表 5-6

工作类别	空气温度（℃）		空气相对湿度（%）	备 注
	夏季	冬季		
抗菌素无菌分装车间青霉素、链霉素分装，菌落实验，无菌鉴定，无菌衣更衣室等房间	≤22（盖瓶塞的工艺操作） ≤25（罐装等发热量较大情况）	20	≤55	要求工作人员夏季穿两套无菌工作服，冬季无菌工作服内不能穿毛衣等内衣，所以房间空气温度主要是满足人的舒适要求
针剂及大输液车间调配、罐装等属于半无菌操作的房间	25	18	≤65	穿一件无菌工作服
青霉素片剂车间	一般	一般	≤55	

制药工业洁净厂房空气洁净等级[11]　　　　　　　表 5-7

洁净等级	尘粒数（个/m³）		活微生物数（个/m³）	
	≥0.5μm	≥5μm	沉降菌	浮游菌
100 级	≤3500	0	≤1	≤5
10000 级	≤350000	≤2000	≤3	≤100
100000 级	≤3500，000	≤20000	≤10	≤500

三、医院洁净手术室

手术后感染引起的伤残和所需费用给病人和社会造成了极大影响，研究表明绝大部分术后感染均可溯源于手术时刻，与手术室内的细菌浓度尤其是手术创口附近的细菌浓度过高有关，而室内细菌浓度与室内空气的洁净程度有关。表 5-8 给出了空气中的细菌与术后感染率的关系，从表 5-8 可以看出，随着空气中细菌个数的增加，术后感染率也随之提高。

空气中的细菌与术后感染率关系[12]　　　　表5-8

个/ft³	感染率（%）	项目调查	个/ft³	感染率（%）	项目调查
0.10	0.00	17	1.60	1.52	2
0.10	1.25	2	2.50	3.70	11
0.10	1.40	12	2.50	6.30	10
0.20	3.10	12	3.50	2.90	8
0.48	0.60	1	3.90	0.00	17
0.60	2.40	1	6.50	8.90	8
0.88	0.70	18	8.10	7.70	8
1.46	2.50	1	12.40	10.70	8

　　长期的应用实践证明，洁净技术对于降低感染率有明显的作用。例如1991～1994年，北京医院骨科在采用空气洁净系统情况下完成的1140例无菌手术，无一例感染，而此前感染率为3%～4%；2000年，我国广州某医院成立洁净手术部之前，无菌手术切口感染率为0.2%，成立洁净手术部之后，手术切口感染率为0.1%。

　　手术室采用生物洁净室对降低术后感染率起到重要作用。美国外科学会手术环境委员会和国家研究总署对近代医院手术室的浮游菌作了规定，如表5-9所示。

美国外科学会的医院手术室洁净标准[12]　　　　表5-9

级　别	浮游菌个数（个/m³）	使用场所	级　别	浮游菌个数（个/m³）	使用场所
Ⅰ级	<35	清洁手术（人工脏器移植）	Ⅲ级	<700	一般手术
Ⅱ级	<175	准清洁手术			

四、宇航工业

　　如果地球上任何微生物通过宇航飞行器带入宇宙或其他星球，将会造成交叉污染，破坏对有机物起源的研究，或者使宇宙空间的生态平衡发生不利的变化。所以要求在制造宇航飞行器时对微生物的污染进行严格的控制，宇航飞行器的环境属于生物洁净室的一种。

　　美国国家航空和宇宙航行局（NASA）为了对制造宇航飞行器时的微生物污染进行严格控制，制定了NASA-NHB5340生物洁净室标准（见表5-10），除了对空气中的浮游尘粒严格控制外，对于在空气中浮游生物粒子及其沉降量也分别作出了规定。

美国国家航空和宇宙航行局 NASA-NHB5340.2 标准　　　　表5-10

级　别	微　粒		生物微粒	
	≥0.5μm	≥5μm	浮游菌	沉降菌
	个/L	个/L	个/L	个/（m²·周）
100级	3.5	—	0.0035	12900
10000级	350	2.3	0.0157	64600
100000级	3500	25	0.0884	323000

第三节　环境模拟实验室

一、概述

环境模拟实验室是用人工方法模拟一种或多种产品工作时的环境或组合环境，用以检测产品工作时的性能，为研制开发新产品或产品检测提供实验检测手段。目前，环境模拟实验室不仅用于检验机械和电气设备的性能，而且发展到人和动物的实验，通常用来检测人的防护设备和服装、高空和空间程序训练、人的生理和心理效应等。

环境模拟实验室主要用于如下实验：

（1）产品性能实验：在一定的温度和湿度等空气参数情况下产品的性能测试。

（2）温度实验：包括产品在高、低温环境中的实验，以及温度冲击实验，即产品承受快速高、低温温度循环，用于检验产品反复承受膨胀和收缩的性能。

（3）湿热实验：即产品在高温高湿下进行性能检测，有的要求在变温恒湿条件下检验产品性能，检验产品上有凝结水或结冰后的性能。

（4）盐雾实验：产品放在高湿的盐雾环境中进行实验，以检测产品及其部件耐腐蚀情况。

（5）霉菌实验：模拟设备上霉菌的生长条件，以便研究潮湿气候防止霉菌的措施。

（6）多种气候实验：包括温度、湿度、太阳辐射、路面辐射、风速、大气压、沙尘、雨、雪等，如对于汽车的实车环境模拟实验。

（7）高空及太空实验：飞机机载设备和导弹、火箭、宇航飞行器的设备实验。

（8）组合环境实验：产品在两个或两个以上环境条件下同时实验，如低温低压实验。

利用环境模拟实验室进行实验时，要求环境模拟实验室具有以下特点：

（1）实验可不受自然环境和时间、地点的限制，可以根据工作进度安排实验日程，并随时进行观测和分析。

（2）可以再现产品要求的任意环境条件，进行重复实验，提高实验的可比性。

（3）节省时间、人力和经费，实验效率高。

（4）可以创造精度高、调节范围宽、动态响应快（快速调节到设定目标值）的实验环境。

（5）安全性高。

为了使环境模拟实验室具有上述特点，故在建立时必须明确被测产品的实际工作环境，为环境实验装置的建立提出条件和要求，同时必须保证装置具有可靠性、节能性、高运行率、易操作性、安全性、耐久性和可调节性等。

二、实验检测的环境条件

具体的环境条件随被测试产品而不同。一般地，除了人工环境学涉及的空气温度、湿度、风速、空气压力、气体成分等空气参数外，还可能实现模拟自然的环境条件（包括：太阳辐射、路面辐射、降雨和降雪等）。表5-11列出了一般情况下实验检测的环境条件。

实验检测的环境条件[13]　　　　表 5-11

项　目	环境条件	项　目	环境条件
温度 　控制精度 　分布精度	$-60\sim150℃$ $\pm0.5℃$ $\pm2℃$	太阳辐射 　分布精度	$0\sim1.4kW/(m^2\cdot℃)$ （试样表面温度：$0\sim100℃$） $\pm0.116kW$
相对湿度 　控制精度 　分布精度	$30\%\sim90\%$ $\pm2\%$ $\pm10\%$	路面辐射 　路面温度 　分布精度	环境温度+（$0\sim40℃$） $\pm5℃$
大气压力	$1.33\times10^{-6}\sim1.0666\times10^5$	降雨	$10\sim300$ mm/h
风速（回流型风洞） 　控制精度 　分布精度	$0\sim70$m/s ±1m/s ±3m/s （边界层除外）	降雪	$5\sim20$ mm/h

1. 温度

对于像汽车实车环境模拟实验这样的大型环境实验装置，为了提高实验效率，往往分别建立高温专用和低温专用实验装置。高温实验室的温度变化范围一般为$-10\sim+50℃$，低温实验室的温度变化范围一般为$-50\sim+20℃$。对飞机材料的强度和耐久性等进行实验的装置，温度变化范围在$-60\sim+150℃$，温度变化率为$10℃/min$。在宇宙往返机的开发研究中，在高真空下，温度变化范围在$-170\sim+1800℃$之间，要求在几分钟内达到所需要的温度。

2. 相对湿度

湿度条件一般是在$10℃$以上的温度域中达到$30\%\sim90\%$的相对湿度，但是在热泵空调机组的结霜实验以及汽车前车窗玻璃的结霜实验等实验中要求冰点温度附近的高湿度。

低湿度条件在高温下容易达到。而且对实验产品而言，比起低温低湿条件，高温高湿条件是更加严酷的环境条件，因此，极少提出低温低湿的要求。

3. 大气压力

在进行汽车高海拔行驶实验以及飞机、火箭等飞行器的性能实验时，须把气压调节到所对应高度处的气压。

图 5-2 表示不同海拔高度处的平均气压。由图可知，对汽车进行海拔 5000m 实验时，实验压力应为 0.533×10^5 Pa（400mmHg）。而进行宇航飞行器研究时，由于是以大气层外作为研究对象，因此需要高真空实验环境，最低气压可达到 1.33×10^{-6} Pa（10^{-8}mmHg）。

4. 风速

在对诸如汽车、飞机、火箭等进行实验时，在实验室内采用风洞将等效于同等运行速度的气流作用在被试产品上以再现实际的运行状态。在风洞内设置金属网格进行整流，以保证从风洞出来的气流是均匀的。

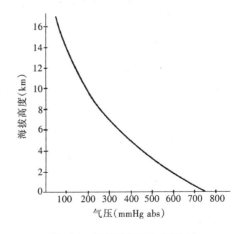

图 5-2　海拔高度与气压关系

风洞根据实验中的气流速度，大致分为超音速风洞、跨音速风洞和低速风洞三类。超音速风洞和跨音速风洞是在数百立方米体积的贮气罐中存贮高压空气，再将这些气体流经特殊喷管制造出高速气流，超音速风洞和跨音速风洞一般不进行温度和湿度控制。在低速风洞中，采用风机产生气流，由于需要进行像汽车在行驶时空调器和发动机等部件的性能实验，所以要求对温度和湿度等参数进行控制。

5. 其他环境条件

在特殊条件下，实验室还需能够模拟空气成分的变化，有时还需能够模拟自然环境或自然现象，如太阳辐射、路面辐射、降雨和降雪等，其参数要求如表 5-11 所示。

三、典型环境模拟实验室

环境模拟实验室的种类很多，本书仅以汽车空调环境模拟实验室和建筑环境模拟实验室为代表介绍环境模拟实验室的基本情况。

1. 全天候汽车空调环境模拟实验室

车辆在交通、工农业生产、军事和国防方面具有重要作用，尤其是各种军用车辆需要有很强的适应性。而检验车辆是否具备这种适应能力，就必须创造出各种各样的环境条件，模拟实际车辆的使用条件。此处以全天候汽车空调环境模拟实验室为例介绍车辆的环境模拟实验室，其他类型的车辆环境模拟实验室可参考有关书籍。

全天候汽车空调环境模拟实验室是创造汽车空调要求的各种空气环境和模拟汽车运行条件的实验设备，它除了要满足要求的被测车辆外部环境的空气温度、相对湿度、风速、气压以外，还应具有模拟不同车速行驶、太阳辐射、雨量等功能（见图 5-3）。

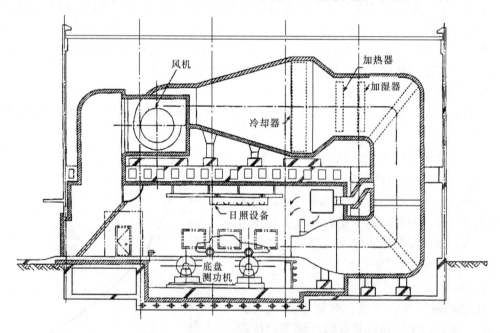

图 5-3　全天候汽车空调环境模拟实验室[13]

采用模拟风速（车速）的鼓风系统和模拟汽车运行条件的装有转鼓的底盘测功机相结合来模拟实际汽车行驶。鼓风系统的出风口面积应大于汽车的迎风面积，风速可以在 0～

150km/h 范围内变化。

需要注意的是：汽车急速实验时风速应低于 0.5m/s，并且此时仍需维持实验室内空气的温、湿度。实验时要求出风口离汽车的前缘 0.5~1m 左右的距离，可考虑选择转鼓能够移动的底盘测功机。

由于要排出汽车废气，所以要对实验室内补充新风，新风量的大小与被试车辆的排量有关。5L 排量以下的汽车，新风量取 2000m³/h 即可满足要求。

车窗玻璃对全光谱光线和红外线的透光率不同，例如 1000W/m² 辐射强度的太阳光通过 4mm 厚彩色玻璃后的辐射强度为 539W/m²，全光谱光线透过量为 546W/m²，而红外线的透过量只有 32W/m²。可见全光谱光线接近太阳光的效果，而采用红外线模拟的效果则有很大偏差，所以对于比较精密环境模拟实验室的日照系统，应采用全光谱光线。

实验室的环境要求参见表 5-12。

全天候汽车空调环境模拟实验室环境要求[13] 表 5-12

项　　目	参　数　范　围	精　度　要　求
温度	$-40\sim50℃$	控制精度±1℃ 分布精度±2℃
相对湿度		控制精度±3% 分布精度±7%
太阳辐射量	$0\sim1.16kW/m^2$（条件：温度≥20℃）	控制精度±0.0232 kW/m² 分布精度±0.116kW/m²
路面辐射		控制精度±1℃ 分布精度±5℃
风速	$0\sim150km/h$	控制精度±1m/s 分布精度±3m/s
急速时风速	0.5m/s 以下	室内负载取车辆的急速负载
加热速率 冷却速率	0~50℃ 120min 20~-30℃ 180min	实验室负载设为空载

2. 建筑环境模拟实验装置

适应不同地域条件以及季节变化的新型节能住宅不断出现，墙体、内部装修等方面也不断开发出新的建筑材料，对这些材料的隔热效果、结露透湿等性能进行评价乃至对使用这些材料建成的住宅进行综合评价，都需要环境模拟实验装置。这里介绍具有代表性的三室型热实验室和大型环境模拟实验室。

（1）三室型热实验室

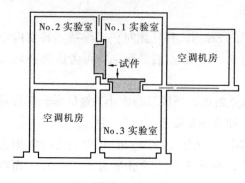

图 5-4 三室型热实验室

如图 5-4 所示，三室型热实验室由三个实验室组成，用来测量通过墙体材料、窗户、顶棚、地板等建筑构件的传热，以及进行这些构件的结露实验。墙体、窗框、封闭隔热玻璃等竖向材料放置在 1 号和 2 号实验室共用隔墙的开口部分，地板、顶棚、屋顶等水平材料放置在 1 号和 3 号实验室共用隔墙的开口部分，以保证这些构件的放置位置接近于实际施工情况。进行测量时要保证试件两侧的实验室分别具有表 5-13 的环境条件。

三室型热实验室环境条件[13]　　　　表 5-13

		性　能		精　度		条　件
No.1 实验室	温度	使用范围	−10～40℃	控制精度	±0.2℃	高低温实验室间的最大温度差为 30℃；内部负荷为 0 时，在距壁面 500mm 以外的同一平面测量，比较平均值
		分布精度范围	5～30℃	分布精度	±0.7℃	
	湿度		90% / 2℃DP / 50% / 5℃ / 30℃	控制精度	±2%	湿度控制为 2℃ DP（露点温度）以上；分布条件与温度一项相同
				分布精度	±3%	
No.2 No.3 实验室	温度	使用范围	0～50℃	控制精度	±0.2℃	高低温室间的温度差最大 30℃；分布条件与 No.1 实验室相同
		分布精度范围	10～35℃	分布精度	±0.7℃	
	湿度		80% / 2℃DP / 40% / 10℃ / 35℃	控制精度	±2%	湿度控制为 2℃ DP 以上，29.5℃ DP 以下；分布条件与 No.1 实验室相同
				分布精度	±3%	

（2）大型环境模拟实验室

大型环境模拟实验室模拟实验对象所在地域的气象条件，以开发出适应该地域的住宅。大型环境模拟实验室可以对住宅的整体应用情况进行实验研究，测量住宅整体热传递、空调气流组织、供冷供暖系统能耗量，完成无法通过单体实验进行评价的构件结合部（例如外壁和屋顶的结合部）的性能。

大型环境模拟实验室布置见图 5-5。在大型环境模拟实验室内建造实物住宅，在该住宅内部根据实际生活进行空气调节，而实物住宅外的环境则可通过环境模拟实验室模拟被研究地域任意季节中一天（昼夜）的室外空气温度、湿度、太阳辐射。在这个实验室内可对住宅进行如下的性能测试和评价：1）隔热性能；2）节能效果；3）换气性能；4）围护结构的热桥；5）防结露性能；6）防冻性能；7）变形和老化；8）防水性能；9）雨水槽排水能力；10）抗风性能。

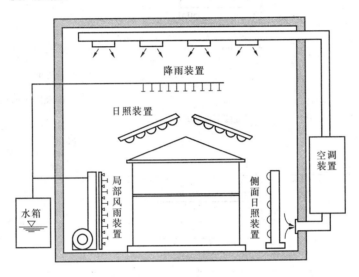

图 5-5　大型环境模拟实验室[13]

表 5-14 为一典型大型环境模拟实验室可以模拟的气象条件，包括季节变化。

大型环境模拟实验室的环境条件[13]　　　　　　　　　　　　　　　　表 5-14

		性　能	参数精度与范围		条　件
温度	使用范围	−20～50℃	控制精度	<露点温度 <±1℃	过渡季和冬季（室外湿球温度低于13.5℃）尽量接近−20℃。此时，内部负荷小于50%。
	分布精度范围	−10～40℃	分布精度	<±2℃	无负荷时同一平面的分布。 在距壁面1m以外的同一平面进行测量，比较平均值
湿度		80%　　　28℃DP 4℃DP 30% 10℃　　40℃ （室内处于干燥状态）	控制精度	<±5%	湿度控制：将露点温度（DP）控制在4℃以上，28℃以下；分布条件与温度一项相同
			分布精度	<±7%	

续表

性　　能	参数精度与范围	条　　件
温度变化	在 0～40℃温度范围内，温度变化速率<5℃/h。	降温过程中无日光照射和室内照明
日光照射设　备	813W/m²　　　　　81.3W/m²　　5℃　　　　50℃	照射距离：1m 日照装置面积：2m×3m（高） 灯具：红外线灯 精度：±15%（中心点位置）
降雨设备	40～300mm/h （温湿度不控制）	降雨量：3m³ 流量：手动设定 雨水补给时间：约90min 雨水温度：不控制 降雨面积：6m×5m×2（两套降雨设备） 降雨时，空调停机
内部负荷	1392W　　　696W　　−20℃　−10℃　　50℃	模型房屋的全负荷

第四节　生物安全实验室

所谓生物安全，是指人们对于由动物、植物、微生物等生物体给人类健康和自然环境可能造成不安全的防范。生物安全防护技术主要分为实验室生物安全防护技术和大规模生产的生物安全防护技术，其中对于实验室生物安全防护技术有以下三方面的要求：

（1）防止实验室操作人员在污染环境中接触有害物质；

（2）设法封闭生物危害材料的影响范围，确保实验室内其他环境的安全；

（3）尽量减少危害材料向周围环境的意外排放所造成的后果。

生物安全实验室（Biosafety Laboratory）是具有一级隔离设施、可实现二级隔离的生物实验室。所谓一级隔离，即一级屏障，是指操作对象和操作者之间的隔离，通过生物安全柜、正压防护服等防护设施来实现。所谓二级隔离，也称二级屏障，是生物安全实验室和外部环境的隔离，防止实验室以外的人被传染。二级隔离是通过建筑技术，如气密的建筑结构、房间分隔布置、通风空调和空气净化系统、污染空气及污染物的过滤除菌和消毒灭菌直至无害排放，达到防止有害生物颗粒从实验室散发到外部环境的目的。二级隔离有两种模式，如图 5-6 和图 5-7 所示。

生物安全实验室的分级，一般套用美国国立卫生研究院的 P1、P2、P3 和 P4 四个生物安全分级（见表 5-15）。

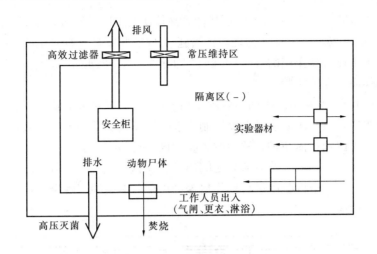

图 5-6 二级隔离模式（一）[14]

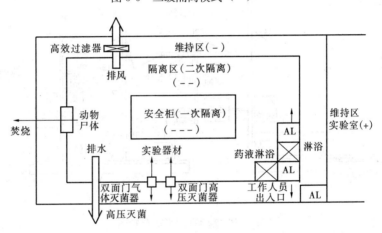

图 5-7 二级隔离模式（二）[14]

（＋）—常压；（－）、（－－）、（－－－）—负压程度；AL—气闸或缓冲室

生物安全实验室分级[14]

表 5-15

分 级	病 源	一级隔离	二级隔离
P1	不会经常引发健康成人疾病	不要求	开放实验台、洗手池
P2	人类病源菌、因皮肤伤口、吸入、黏膜暴露而发生危险	Ⅰ级、Ⅱ级生物安全柜、实验服、手套，若需要则采用面部保护措施	P1 加：高压灭菌锅
P3	内源性和外源性病源，可通过气溶胶传播，能导致严重后果或生命危险	Ⅱ级生物安全柜、保护性实验服、手套，若需要则采用呼吸保护措施	P2 加：（1）和进入走廊隔开；（2）双门进入；（3）排出的空气不循环；（4）实验室内负压
P4	对生命有高度危险的危险性病源或外源性病源，致命、通过气溶胶而导致实验室感染，或未知传播风险的有关病源	Ⅲ级生物安全柜或Ⅰ级、Ⅱ级生物安全柜加全身供应空气的正压防护服	P3 加：（1）单独建筑或隔离区域；（2）有供气系统、排气系统、真空系统、消毒系统；（3）其他有关要求

从表 5-15 可以看出，安全防护级别从低到高依次为 P1、P2、P3 和 P4。P1 为普通实验室，从 P2 开始就要求有一定的物理防护措施，P3 实验室是具有防止危险病原体泄漏到周围环境和保护工作人员作用的 3 级物理防护实验室，P4 实验室主要是为控制对人类极端危险的病原体而建立的实验室。

图 5-8 是一个 P3 实验室的平面布置图（核心部分），主要由实验室、准备间、缓冲更衣间及洗刷间组成，核心区表明了压差控制要求。操作人员从外更间进入，经内更间和缓冲间，穿上防护服佩戴个体防护装置后进入实验区。实验完成后，在消毒间将用过的防护服送进灭菌柜灭菌，经淋浴，然后从外更间离开实验区。实验材料由传递窗进入实验室，按操作规程在特定的安全设备内进行操作培养和贮藏，实验的固液废弃物收集后经相应的灭菌屏障移出实验区。

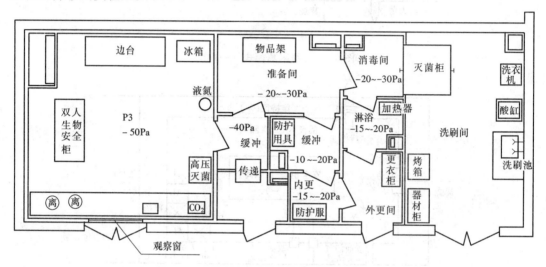

图 5-8 P3 实验室的平面布置图[15]

P3 实验室的主实验室和辅助用房对室内空气温度和湿度，尤其是对空气洁净度、空气压力等有严格的要求。P3 实验室的主实验室各项技术指标见表 5-16，P3 实验室的辅助用房主要技术指标见表 5-17。

P3 实验室主实验室各项技术指标[14]	表 5-16
参　数	技术指标
洁净度级别	ISO7～8
换气次数（次/h）	全新风：10～15
与由室内向外方向上相邻相通房间的压差（Pa）	−15～−25
温度（℃）	20～26
相对湿度（%）	30～60

注：1. P3 实验室的主实验室相对于大气的最小负压不得小于−30Pa；

　　2. 对于饲养动物的 P3 实验室主实验室，其相对于大气的最小负压不得小于−50Pa；

　　3. ISO 14644 所规定的 7 级相当于原 FS-209E 的 10,000 级，8 级相当于 100,000 级。

P3 实验室辅助用房各项技术指标[14]　　　　　　　　　　　　　　表 5-17

房间名称	洁净度级别	换气次数（次/h）	与由室内向外方向上相邻相通房间的压差（Pa）	温度（℃）	相对湿度（%）
主实验室缓冲室	7～8	全新风，12～15	−10～−15	18～27	30～65
内走廊	7　8	全新风，12～15	−10～−15	18～27	30～65
准备间	7～8	全新风，12～15	−10～−15	18～27	30～70
内更衣间	8	全新风，10～15	−10	20～26	—
外更衣间	8～9	全新风，8～10	−5	20～26	—
隔离走廊（外走廊）	8	全新风，10～15	−10	18～27	30～65
药浴室，化学淋浴室	—	全新风，3～4	−10	23～28	—
洗刷间	—	全新风，3～4	−5	20～27	—

注：1. 表中"—"表示不作要求；

　　2. ISO 14644 所规定的 9 级相当于原 FS-209E 的 1，000 000 级。

在 P3 实验室的一级隔离中，生物安全柜是必不可少的设备。生物安全柜分为Ⅰ级、Ⅱ级和Ⅲ级，P3 实验室一般采用Ⅱ级生物安全柜。生物安全柜排风必须与实验室排风系统密闭连接，排风须经过排风高效过滤器过滤后排出，并保证生物安全柜内空气压力低于所在房间的空气压力。

空调净化系统在 P3 实验室二级隔离中至关重要。空调净化系统始终处于运转状态，受外界的影响比较大。而且，一旦一级隔离失败，空调净化系统能在第一时间保护操作人员并防止有害气溶胶泄漏出实验区。P3 实验室气流示意图见图 5-9。

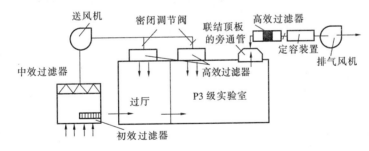

图 5-9　P3 实验室气流示意图[16]

为了保证空调净化系统的二级隔离作用，对空调净化系统有如下要求：

（1）要保证 P3 实验室的病原体不发生外泄，保证室内相对于室外为负压状态，考虑控制房间压差，始终保持正确的气流方向；

（2）对于从实验室内排出的气体须经高效过滤器过滤后再向大气中排放。为了保护气体排放高效过滤器的使用寿命并保证实验室内的洁净度，要求送风采用初效、中效和高效三级过滤方式；

（3）提供正确的温、湿度控制，满足工艺或舒适度要求；

（4）提供适当的换气次数；

（5）排风必须与送风连锁，排风先于送风开启，后于送风关闭；

（6）排风系统应一用一备，确保室内负压。

参 考 文 献

[1] 纺织工业标准化研究所. GB/T 6529—2008. 纺织品 调湿和试验用标准大气[S]. 中国标准出版社，2009.

[2] 轻工部造纸研究所. GB/T 10739—2002. 纸、纸板和纸浆试样处理和试验的标准大气条件[S]. 中国标准出版社，2004.

[3] 邹月琴，许钟麟，郎四维. 恒温恒湿、净化空调技术及其建筑节能技术研究综述[J]. 建筑科学，1996，(2)：45-52.

[4] 赵志修 主编. 机制制造工艺学[M]. 北京：机械工业出版社，1989.

[5] 电子工业部第十设计研究院 主编. 空气调节设计手册[M]. 北京：中国建筑工业出版社，1995.

[6] 戴元熙，甘长德. 纺织工厂通风与除尘[M]. 上海：中国纺织大学出版社，1994.

[7] 郁履方，戴元熙. 纺织厂空气调节[M]. 北京：纺织工业出版社，1990.

[8] 张利群. 超大规模集成电路的生产环境和送风方式[J]. 洁净与空调技术，1997，(2)：13-21

[9] 王唯国. 超大规模集成电路生产环境化学污染及控制[J]. 洁净与空调技术，2000，(1)：20-23

[10] 陈宪，关慧英. 谈医药工业空调设计中的某些特殊性[J]. 太原理工大学学报，1998，29(5)：529-532

[11] 中华人民共和国卫生部. 药品生产质量管理规范(2010 年修订)[S]. 2010.

[12] 朱颖心 主编. 建筑环境学(第三版)[M]. 北京：中国建筑工业出版社，2010.

[13] 日本冷凍協会 编. 冷凍空調便覧(第 6 版) 冷凍空調応用編[M]. 日本冷凍協会，1976.

[14] 涂光备，等. 医院建筑空调净化与设备[M]. 北京：中国建筑工业出版社，2005

[15] 程华. 生物安全防护技术在 P3 实验室设计中的应用[J]. 医药工程设计杂志，2003，24(6)：14-18

[16] 向群，王燕祖. P3 实验室的概念设计[J]. 洁净与空调技术，1995，(3)：18-21

第二篇 / 人工环境的影响因素

对象空间的人工环境既受到外部空间环境的影响，也受内部使用情况的影响。

外部空间与对象空间之间的对流、导热和辐射会影响对象空间的温度，二者之间的组分传递会影响对象空间的湿度、污染气体和悬浮颗粒物浓度以及空气成分；相互的空气渗透或泄漏既会影响对象空间的温度和湿度，同时也会影响污染气体和悬浮颗粒物浓度、大气压力，有时甚至会改变空气的成分。这些可能影响对象空间的外部环境因素通常称为外扰。

对象空间中的热、湿、污染气体和悬浮颗粒物的产生和消耗情况也会影响对象空间内空气的温度、湿度、气体成分、污染气体和悬浮颗粒物浓度，有时甚至会影响空气压力。这些可能影响对象空间参数变化的内部因素通常称为内扰。

本篇共分三章，主要介绍影响对象空间空气参数的内、外扰及其影响途径。其中，第六章介绍影响对象空间人工环境的外扰，第七章介绍围护结构的热、湿、组分传递规律与气密性，第八章介绍对象空间的内扰。

第六章 广 义 气 象

扰量是指妨碍对象空间室内空气环境参数维持恒定值的因素，对于某一特定的对象空间，只要存在扰量，就存在着人工环境负荷。通常，扰量有内扰和外扰之分。存在于对象空间外部、通过围护结构作用于对象空间的扰量，称之为外扰，如建筑环境中的室外空气温度、太阳辐射、渗透空气等都属于外扰。而内扰则是指存在于对象空间内部、直接在室内造成人工环境负荷的因素，如对象空间内的人员、设备和照明灯具等的散热、散湿以及散发的污染物等。外扰通常与气象条件密切相关，而内扰则与对象空间的使用情况相关。本章在介绍传统气象参数的基础上，引出人工环境的广义气象参数概念，并对广义气象参数下外扰的周期性特征进行分析。

第一节 传统气象参数

在传统的空调系统中，影响对象空间室内热湿状况的室外气象参数有空气温度、湿度、太阳辐射强度、风速、风向等[1]，通常起主要作用的参数为空气的温度、湿度及水平面太阳辐射强度。而室外气象参数是一个逐时变化的随机值，具有任意性和不确定性，其变化过程是一个不可逆的随机过程。但从总的变化趋势来看，这种变化过程又呈现出显著的周期性，主要表现在两个方面：一是气象参数日变化的周期性，二是气象参数季节性变化的周期性。因此，为了预测和模拟对象空间空调系统的动态性能和全年能耗，以及对象空间空调系统的瞬时最大负荷（即设计负荷），需要选用具有代表性的气象参数。

空调系统的负荷计算一般有两种情况，一种是计算长周期（最冷季、最热季或全年）的负荷特性；另一种则是计算瞬态最大负荷或设计负荷。根据空调系统负荷的计算要求不同，通常选用不同的气象参数构成方法。

长周期负荷计算是分析和预测对象空间空调系统动态性能和全年能耗的基础，而瞬态最大负荷的计算是确定对象空间空调系统设备选型的依据。在长周期负荷计算中，一般选择典型年（标准年）的气象参数作为其计算的依据，也有文献提出采用典型气象年或典型代表年的气象参数来计算和预测空调系统的长周期负荷[2]。所谓的典型气象年是由一系列逐时空气温度、湿度、风速及太阳辐射等气象数据组成的数据年[3]，具有如下特征：1）其太阳辐射、空气温度与风速等气象数据发生频率分布与过去多年的长期分布相似；2）其气象参数与过去多年的参数具有相似的日参数标准连续性；3）其气象参数与过去多年的参数具有不同参数间的关联相似性。目前最为常见的典型气象年的计算方法是由Hall等人最先提出的经验法[3]，它利用Filkenstein-Schafer（FS）统计法[4]从过去多年的气象数据中计算选择出12个典型月气象数据组成典型气象年。而典型代表年气象参数的选取则相对简单得多，它是依据过去多年的气象数据选出具有代表性的一整年数据作为典型代表年气象参数。这种选择方法虽然简单，但所选取的气象参数中有的月份很具有代表性，而有的月份偏差较大。

在实际工程设计中，通常需要提供一个较为准确的负荷计算结果作为对象空间空调系统设备选型的依据，因此需要计算系统的瞬时最大空调负荷，即设计负荷。瞬时最大空调负荷计算所采用的室外气象参数虽然也是在分析多年室外气象条件的概率统计规律基础上得出，但因其计算的目的不同，所采用的气象参数选择方法也不尽相同，在实际应用中一般采用保证率法来选择气象参数。

根据对象空间空调系统负荷计算的目的不同有多种不同的气象参数选择方法，在本节中主要介绍常用的典型年气象参数及保证率法气象参数的确定方法。

一、"典型年"气象参数

由于气象参数的随机性，根据各年的实测气象参数进行对象空间空调系统的负荷计算，其结果常有较大的差异，并且在实际应用中实测气象参数也不具有代表性和通用性，不能代表长期气候变化的平均变化规律。因此，为对对象空间空调系统的长期能耗作出正确的预测，需选取一个具有长期代表性的"典型年"气象参数来作为负荷计算的依据。

"典型年"气象参数是在统计分析当地多年（一般为 10 年）各月的气象参数实测值的变化规律之后，在统计年各月（如 10 年×12 个月）样本中选出不同年份的各月代表，然后将来自不同年份的月份气象参数组合起来构成"典型年"（或"标准年"）[5]，即"典型年"是由"平均月"构成。在分析各气象参数与空调负荷的相关性后，认为室外空气干球温度、含湿量和辐射总量三者是影响对象空间空调负荷的主要因素，因此以该三个参数作为选择典型年气象参数的主要依据。

在确定上述影响空调负荷的三因素后，按三因素某年某月的均值都接近 10 年该月平均值的原则来选择在月负荷平均值意义下的"平均月"所在的年份。选择方法是：首先统计出近 10 年中各年各月上述三因素的平均值 $x_{i,y,m}$（$i = 1,2,3$，分别代表干球温度、湿度和日射总量，y 代表年份，m 代表月份），然后计算 10 年各月各因素的平均值 $X_{i,m}$，即：

$$X_{i,m} = \frac{\sum\limits_{y=1}^{10} x_{i,y,m}}{10} \tag{6-1}$$

在得到 10 年平均值后，就可分别计算出该三参数 10 年各月的标准偏差：

$$\sigma_{i,m} = \sqrt{\frac{\sum\limits_{y=1}^{10} (x_{i,y,m} - X_{i,m})^2}{10}} \tag{6-2}$$

因此，对于某月份 m，凡某年的实际气象参数能同时满足以下条件者（即与 10 年平均值的偏差不超出 $\pm\sigma$）：

$$x_{i,y,m} \in X_{i,m} \pm \sigma_{i,m} \tag{6-3}$$

则可认为该年的该月有条件作为"平均月"，如有若干个年份的 m 月气象参数均满足上述条件式（6-3），此时需从中选取一个作为平均 m 月。选取的原则是分别计算它们的 D_m 值，并以具有最小 D_m 值的月作为"平均月"。D_m 值的计算式为：

$$D_m = \sum_{i=1}^{3} k_i (x_{i,y,m} - X_{i,m}) \tag{6-4}$$

式中 k_i 为加权系数，在不同地区该加权系数具有不同的数值，如对日本东京可采用的加权系数为：$k_1=1$，$k_2=0.563$，k_3 值如表 6-1 所示。

日本东京 k_3 值[6] 表 6-1

月	1	2	3	4	5	6	7	8	9	10	11	12
$k_3 \times 10^{-4}$	22.5	21.2	16.6	13.4	11.9	11.6	11.7	12.5	14.7	19.2	24.0	27.0

根据上述方法可分别选定 1~12 月的"平均月"，并由选定的"平均月"气象参数构成"典型年"的气象参数。在"平均月"确定之后，可用该月的实际逐时气象参数来计算该月的逐时负荷。

二、保证率法气象参数的选取

(一) 冬季室外气象参数的确定

冬季计算对象空间最大瞬时热负荷时，在进行采暖的对象空间内，围护结构的热阻决定了围护结构内表面温度和对象空间的采暖负荷。对于常规的建筑采暖系统而言，冬季采暖运行时对象空间内部与室外的平均温差比室外温度的日波动值大，因此，在连续采暖运行时，围护结构的传热可按稳态传热考虑。在采暖瞬时最大热负荷的计算中，室外计算气象参数（主要为室外空气干球温度）直接决定了采暖负荷的大小，而室外计算温度的确定是以气象数据统计为基础，并以日平均温度为依据。GB 50736—2012，采暖室外计算温度是根据近 20 年气象资料进行统计，并采用平均每年不保证时间为 5 天来确定，即在 20 年的气象统计数据中，有 $5 \times 20 = 100$ 个日平均温度低于该计算值。而对于冬季采用空调系统供热而言，冬季空调室外计算温度则采用历年平均不保证 1 天的日平均温度。而湿度则取历年最冷月（一般为一月）室外空气相对湿度的平均值作为室外空气的计算相对湿度。以北京为例，平均不保证 5 天的室外计算温度为 $-9℃$，历年一月平均相对湿度为 41%。

(二) 夏季空调室外气象参数的确定

在计算通过围护结构传入对象空间内部或由对象空间内部传至室外的热量及通风换气时空气的热湿处理负荷时，都要以室外空气计算参数为依据。这些参数包括室外空气的干球温度、相对湿度（或湿球温度）。

室外空气计算参数的取值，直接影响室内空气状态及设备的投资。若夏季取很多年才出现一次而且持续时间很短的当地室外最高干、湿球温度作为空调计算干湿球温度，会因设备庞大而形成投资浪费。因此，在设计中室外气象参数的选取应按照全年大多数时间里能满足对象空间内部参数的要求确定。

1. 夏季空调室外计算干、湿球温度

在我国《民用建筑供暖通风与空气调节设计规范》GB 50736—2012 中规定的空调室外计算气象参数为：舒适性空调夏季室外计算干球温度采用历年平均不保证 50 小时的干球温度；夏季空调室外计算湿球温度采用历年平均不保证 50 小时的湿球温度。当对象空间的要求不同时，可采用不同的不保证小时数。

2. 夏季空调室外计算日平均温度和逐时温度

在夏季计算经围护结构传入对象空间室内的热量时，应按不稳定传热过程进行计算，因此，必须确定设计日的室外日平均温度和逐时温度。在老版规范 GBJ 19—87 中：夏季空调室外计算日平均温度采用历年平均不保证 5 天的日平均温度。考虑到室外逐时空气温度受日照影响呈周期性的变化，夏季空调室外计算日逐时温度可用傅立叶级数展开表示为正弦（或余弦）函数的形式，即在 τ 时刻室外空气温度表示为：

$$t_{\mathrm{w}}(\tau) = t_{\mathrm{w,p}} + \sum_{n=1}^{m} A_n \cos(\omega_n \tau - \varphi_n) \tag{6-5}$$

式中　$t_{\mathrm{w,p}}$——设计日室外空气的平均温度，℃；

　　　A_n——第 n 阶室外气温变化的波幅；

　　　ω_n——第 n 阶室外气温变化的频率，$\omega_n = 360n/T$（T 一般取 24h），°/h；

　　　τ——时刻，h

　　　φ_n——第 n 阶室外气温变化的初相角，°。

在工程应用中可按一阶简谐波近似计算 $t_{\mathrm{w}}(\tau)$，并给定气温峰值出现在 15：00，则式 (6-5) 可简化为[7]：

$$t_{\mathrm{w}}(\tau) = t_{\mathrm{w,p}} + (t_{\mathrm{w,max}} - t_{\mathrm{w,p}}) \cos(15\tau - 225) \tag{6-6}$$

式中　$(t_{\mathrm{w,max}} - t_{\mathrm{w,p}})$——设计日室外气温波动波幅，℃；

$(15\tau - 225)$ 的单位为 °。

设计日室外空气的日平均值 $t_{\mathrm{w,p}}$ 可根据空调冷负荷计算室外设计温度表[7]查取。

在新版《民用建筑供暖通风与空气调节设计规范》GB 50736—2012 中指出夏季空气调节室外计算逐时温度可按下式确定：

$$t_{\mathrm{sh}} = t_{\mathrm{wp}} + \beta \Delta t_{\mathrm{r}} \tag{6-7}$$

式中　t_{sh}——室外计算逐时温度，℃；

　　　t_{wp}——夏季空气调节室外计算日平均温度，℃；

　　　β——室外温度逐时变化系数，见表 6-2；

　　　Δt_{r}——夏季室外计算平均日较差，

$$\Delta t_{\mathrm{r}} = \frac{t_{\mathrm{wg}} - t_{\mathrm{wp}}}{0.52} \tag{6-8}$$

式中　t_{wg}——夏季空气调节室外计算干球温度，℃。

室外温度逐时变化系数　　　　　　　　　　　　　　　　　　表 6-2

时刻	1	2	3	4	5	6
β	−0.35	−0.38	−0.42	−0.45	−0.47	−0.41
时刻	7	8	9	10	11	12
β	−0.28	−0.12	0.03	0.16	0.29	0.4
时刻	13	14	15	16	17	18
β	0.48	0.52	0.51	0.43	0.39	0.28
时刻	19	20	21	22	23	24
β	0.14	0	−0.1	−0.07	−0.23	−0.26

第二节　广 义 气 象 参 数

上一节主要介绍了对象空间处于固定位置且其直接与室外环境相联系情况下的传统气

象参数的构成方法，而在实际应用中，我们所研究和控制的对象空间通常不仅仅只是局限于上述位置固定且与室外环境直接联系的情况，在很多人工环境控制系统中，如航天飞行器、潜艇、地下人防工事及具有移动特性的载体，影响对象空间内部热湿环境的外扰已不单单是传统气象参数条件下的室外空气温度、湿度及太阳辐射强度等。此外，传统的气象参数主要考虑的是热湿环境，没有考虑污染物。因此，为分析对象空间内部的人工环境，必须采用广义的气象参数作为外扰计算的依据。所谓广义气象参数是基于传统气象参数的概念，对于特定的人工环境控制系统，根据对象空间所处环境的不同，采用类似传统气象参数构成方法所构成的影响对象空间人工环境参数的各种外部扰量的总称，它涵盖了传统气象参数的所有内容，并应增加污染物的内容。

对于特定的人工环境系统而言，根据其与传统气象参数之间的关系，可将影响其内部环境参数的广义气象参数分为三种情况：

（1）广义气象参数与传统气象参数无关；

（2）广义气象参数与传统气象参数相关，但关系甚小；

（3）广义气象参数是由传统气象参数或与其他相关参数综合作用构成。

对应以上三种广义气象参数情况，下面通过举例的形式进行具体的说明。

一、与传统气象参数无关联的广义气象参数

与传统气象参数无关联的广义参数是指在构成影响对象空间环境参数的各外部扰量中，作为其外扰形式的气象参数已完全脱离于传统气象参数的范畴。根据对象空间所处环境的特点，需采用其他的气象参数元素或采用新的气象参数构成方法所组成的广义气象参数来描述影响对象空间内部人工环境参数的外部影响因素。

对于具有上述特点的广义气象参数，比较典型的应用场合有航天飞行器人工环境系统（或生命保障系统）。在飞行器的太空飞行中，飞行器内部环境参数的控制具有举足轻重的作用，特别是在载人航天飞行器中，直接关系到飞行器的飞行安全和舱载人员的生命安全。在飞行器的飞行过程中，其飞行轨道已脱离生命自然存在的地球表面环境，在飞行器的舱内人工环境系统中，影响其舱内环境参数的外部扰量主要来自于太空环境，如太空温度、太空辐射及太阳辐射，其中包括紫外辐射和粒子流等。因此，对于这类人工环境系统，其广义气象参数已不再是传统气象参数中的室外空气温度、湿度等参数，而是针对太空环境中的太空温度、太空辐射和太阳辐射等参数。

二、与传统气象参数小关联的广义气象参数

与传统气象参数小关联的广义气象参数是指影响对象空间环境参数的各外部扰量受传统气象参数的影响，与传统气象参数之间具有一定的内在联系，但二者的关联度相对较小，也即是说，影响对象空间的广义气象参数在一定程度上受传统气象参数的影响。

对于这类与传统气象参数具有小关联度的广义气象参数，其应用场合有潜航潜艇及自然条件下地下人防工程等的人工环境系统。在潜航的潜艇中，影响潜艇舱内热湿环境参数的外部扰量主要为通过潜艇舱壁与外界海水之间的传热量，因此，对于该人工环境系统，其广义气象参数则主要为潜艇外侧的海水温度，而受该地区传统气象参数，如空气温度、湿度、太阳辐射强度等因素的直接影响较小。但在构成影响潜艇内环境的广义气象参数

中，潜艇外侧海水的温度在一定程度上受该海域的当地气象参数及洋流的影响，所以对于潜航中的潜艇其广义气象参数（海水温度）与传统气象参数之间是具有一定的关联度的。而在自然条件下的地下人防工程中，影响洞内热湿环境的外扰主要为洞体岩层与洞内空气之间的传热和传湿，如果将温度渗透厚度范围内的洞体岩层作为其外围护结构，那么影响其内部热环境的外部扰量（即广义气象参数之一）为洞体岩层的远边界温度。对于深埋地下工事，此远边界温度也即为洞体岩层的初始温度（或岩层的未扰动温度）。而岩层的初始温度受当地周期性的年空气温度波的影响，一般接近于当地空气的年平均温度，因此，作为该类人工环境系统的广义气象参数与传统气象参数是具有关联性的。

三、由传统气象参数综合构成的广义气象参数

对于具有移动特性的地面或低空环境中的对象空间，如运行的火车、汽车、飞机等，由于其移动过程中对象空间的载体空间位置发生快速的改变，根据其移动路线所跨区域的气象特点，在载体移动过程中影响其内部环境参数的外部沿线气象参数如温度、湿度及太阳辐射等参数可能发生极大的变化。同时由于载体的移动特性，其外扰与载体所处空间位置有很大的关系，并且其广义气象参数随时间有显著的变化。

对于这类具有移动特性载体的对象空间，构成其外部扰量的广义气象参数与载体移动全程所经区域的传统气象参数密切相关，因此，其广义气象参数的构成需综合考虑沿程各区域的气象参数，并采用新的气象参数构成方法。当然，对于在本区域内移动的载体，其广义气象参数与传统气象参数相同。

第三节 外扰的周期性特征

对应不同功能和特点的对象空间，其外扰的周期性特征差异较大，对应广义气象参数的构成方法也有显著差异。对于位置固定的对象空间（如建筑），外扰的作用周期通常为1天；但对很多对象空间（如火车、汽车、飞机、轮船等）而言，其所处的空间位置是时刻变化的，随地理位置的变化，对象空间的室外气象参数（即外扰）也处于不断变化之中，并且通常按一定的班次周期性往返运行。对于这类具有移动特性、周期性运行的人工环境系统，其外扰所呈现的周期性变化特征将明显不同于1天为周期的外扰变化特征。在进行不同类型的人工环境系统设计时，首先需要准确量化真实外扰的典型周期性特征。

对于移动特性尤其明显的对象空间，其外扰的典型周期性特征及对应的广义气象参数可根据对象空间在运行周期内的多年室外气象数据进行统计，并考虑一定时段的不保证率确定。例如，某汽车每天8：00从A地到达B地又从B地返回A地，返回到A地的时间为次日16：00，行程周期为32h，那么将以8：00～次日16：00这一时段作为其外扰的作用周期。而外扰典型周期的室外气象参数则是根据汽车往返运行于A地与B地行程中的多年车体外逐时气象数据的统计结果，并在考虑一定数量不保证时段的基础上确定的。以下通过一个实例对一典型对象空间的外扰周期性特征进行分析介绍。

【例6-1】在京广线运行的由北京西开往广州方向的T29次特快列车，在沿线各站停靠时间及各段运行时速如表6-3所示。试确定该次列车在周期性外扰下的广义气象参数。

T29 次特快列车沿线停靠站点时刻及运行区段时速　　表 6-3

站点	进站时刻	出站时刻	里程（km）	时速（km/h）
北京西	—	13：28	0	102
保定	14：54	14：56	146	102
郑州	19：50	19：56	689	111
武昌	01：04	01：12	1225	104
长沙	04：30	04：36	1587	110
郴州	08：00	08：06	1920	98
韶关	09：41	09：45	2073	97
广州	11：56	—	2294	101

【解】 对于本次列车的人工环境系统而言，由于该列车每天由 13：28 由北京西发车开往广州，到达广州时间为次日 11：56，运行时间为 22.5h。因此，可以确定该次列车的运行周期为列车的单向运行时间，即为 13：28 至次日 11：56，时长 22.5h。

在该运行周期下，广义气象参数主要为列车沿线的室外温度、湿度及太阳辐射强度等气象参数。在列车的运行过程中，车外的气象参数不仅随季节和时间发生变化，而且也随运行区间发生显著的变化。因此，在确定列车在典型外扰周期特征下的广义气象参数时，我们以列车沿程各区域的典型设计日的气象参数为基础，并认为列车车外气象参数是近似连续变化的，则可将车外沿线的气象参数表示为一个连续函数形式。

对于车外逐时气温，可以利用式（6-6）或式（6-7）将车外沿线的温度表示为如下的连续温度场形式：

$$t_w(\tau,x) = t_{w,p}(\tau,x) + [t_{w,max}(\tau,x) - t_{w,p}(\tau,x)]\cos(15\tau - 225) \qquad (6-9)$$

其中，$t_{w,p}(\tau,x)$——列车在 τ 时刻处于 x 区域的设计日室外空气平均温度，℃；

$t_{w,max}(\tau,x)$——列车在 τ 时刻处于 x 区域的设计日室外最高温度，℃。

由于在列车的正常运行中，列车所处的位置与运行时刻之间具有明确的对应关系，因此可以利用列车运行时刻来确定列车当前所处的位置，并可消去式（6-9）中的空间变量 x，由此得到式（6-9）的简化形式：

$$t_w(\tau) = t_{w,p}(\tau) + [t_{w,max}(\tau) - t_{w,p}(\tau)]\cos(15\tau - 225) \qquad (6-10)$$

因此，根据表 6-4 所示的列车各时刻所处位置（区域）设计日气象参数，可以得到在典型外扰周期特征下车外的逐时空气温度，如图 6-1 所示。

列车沿线各主要区域设计日气象参数　　表 6-4

站点	北京	保定①	郑州	武昌	长沙	郴州②	韶关	广州
$t_{w,max}$（℃）	33.6	35.2	35.0	35.3	36.5	36.5	35.3	34.2
$t_{w,p}$（℃）	29.1	30.1	30.1	32.2	32.1	32.2	31.1	30.6
时段	13：00～14：00	15：00～19：00	20：00～24：00	1：00～3：00	4：00～7：00	8：00～9：00	10：00～11：00	12：00～

注：①取石家庄气象参数；②取常宁气象参数。

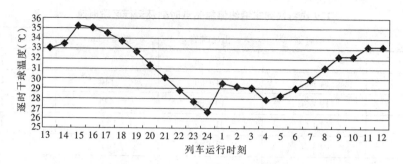

图 6-1 典型设计周期下列车沿线的逐时车外空气温度

而在典型外扰周期特征下列车沿线车外的逐时湿球温度可由文献[9]表达为如下的连续函数的形式：

$$t_s(\tau,x) = t_{s,x}(\tau,x) + \frac{2B(\tau,x)}{S \cdot B_o} \cdot [t_{w,\max}(\tau,x) - t_{w,p}(\tau,x)]\cos(15\tau - 135) \quad (6\text{-}11)$$

式中 $t_{s,x}(\tau,x)$ ——τ 时刻位于 x 区域夏季空调室外计算湿球温度，℃；

B_o ——标准大气压，即 101.325kPa；

$B(\tau,x)$ ——τ 时刻位于 x 区域的大气压，kPa；

S ——修正值，$S=5$。

因此，利用式(6-11)可以得到该次列车在典型外扰周期特征下车外空气湿球温度的逐时分布如图 6-2 所示。

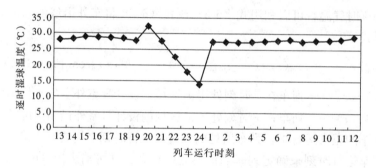

图 6-2 典型设计周期下列车沿线车外空气逐时湿球温度

应用同样的广义气象参数构成方法，也可以得到在典型外扰周期特征下列车沿线的其他逐时气象参数，如太阳辐射强度、风速和风向等，在该例中不再赘述。

由于目前缺乏具有移动特性的人工环境在典型外扰周期性特征下的室外气象参数方面的研究成果，设计时通常是参照设计规范中的规定，如在确定这类对象空间外部气象参数时，考虑其流动性、易地性的特点，一般采用对象空间所处地区内夏季温湿度较高或冬季温湿度较低的室外计算参数，也即采用对象空间所处的最不利室外计算参数[8]，这样无疑会增大人工环境系统的设备容量，使得人工环境系统长期处于部分负荷下运行，造成设备资源的浪费。

此外，目前的气象参数没有提供污染物的情况，应在今后的广义气象参数中补充污染物的参数。

主 要 符 号 表

符 号	符号意义，单位	符 号	符号意义，单位
A	波幅	Δt_w	日较差，℃
B	大气压，Pa	a_τ	模比系数
k	加权系数	σ	标准偏差
t	摄氏温度，℃	τ	时间，h
X	10 年各月平均值	φ	初相角，rad
x	各年各月平均值	ω	频率，rad/h

主要注角符号

m—月；max—最大；n—n 阶；p—平均；s—湿球；w—室外；x—x 区域；y—年。

参 考 文 献

［1］ 彦启森，赵庆珠. 建筑热过程［M］. 北京：中国建筑工业出版社，1986.

［2］ 杨洪兴，吕琳，娄承芝，张晴原. 典型气象年和典型代表年的选择及其对建筑能耗的影响［J］. 暖通空调，2005，35(1)：130-133.

［3］ Hall I J，Prairie R R，Anderson H E，et al. Generation of typical meteorological years for 26 Sol-met stations［J］. ASHRAE Trans. 1979，85 (2)：507-517.

［4］ Filkenstein J M，Schafer R E. Improved goodness to fit tests［J］. Biometrical. 1971，58：641-645.

［5］ 朱春建，袁锋. 空调能耗分析用简明气象参数的构成研究［J］. 节能技术，2005，23(2)：143-145.

［6］ 陈沛霖，曹叔维，国建雄. 空气调节负荷计算理论与方法［M］. 上海：同济大学出版社，1987.

［7］ 赵荣义，范存养，钱以明. 空气调节［J］. 北京：中国建筑工业出版社，2009.

［8］ 徐湘波，胡益雄. 建筑物及汽车空调负荷［M］. 长沙：国防科技大学出版社，1997.

［9］ 丁力行，郭卉，包劲松，李新宇. 列车空调动态负荷研究［J］. 铁道学报，2001，23(6)：110～113.

第七章　围护结构与气密性

第一节　广义围护结构

为了创造满足要求的人工环境，就需要将该环境与外部大环境分开，我们就将人工环境和室外环境分开的围护物称为广义围护结构。根据人工环境的研究范畴，广义围护结构包括地上建筑围护结构、地下建筑围护结构、运输工具围护结构等。一般"围护结构"概念都是针对地上建筑，所以我们这里采用"广义围护结构"以示区别。

对于地上建筑，围护结构是指建筑物及房间各面的围护物。围护结构分为透明和非透明两种类型，非透明围护结构包括墙、屋面、地板、顶棚等；透明围护结构包括窗户、天窗、阳台门、玻璃隔断等。按是否与室外空气直接接触，围护结构又可以分为外围护结构和内围护结构。在不特别加以指明的情况下，围护结构通常是指外围护结构，包括外墙、屋面、窗户、阳台门、外门，以及不采暖楼梯间的隔墙和户门等。

对于地下建筑，围护结构是指地下建筑各面的围护物，只有非透明围护物，包括墙、地板、顶棚等。墙和地板与土壤岩石相邻，而顶棚可能与土壤岩石相邻（如深埋地下建筑），也可能与地上建筑室内相邻（如附建式浅埋地下建筑）。

对于运输工具，围护结构是指形成车厢的车体，包括玻璃窗和非透明车身结构两部分。与建筑围护结构不同，运输工具围护结构随着运输工具在移动。

地上建筑围护结构、地下建筑围护结构和运输工具围护结构的特点见表7-1。

不同围护结构特点　　　　　　　　　　　　　　　　　　表 7-1

	围护结构种类		
	地上建筑	地下建筑	运输工具
太阳辐射影响	有影响	无影响	影响很大
风速影响	有影响	无影响	有影响
保温性	大	很大	较小
蓄热和热惰性	大	很大	较小
湿传递	较小	较大	很小
热桥损失	较少	较少	较大
位　置	固定	固定	移动

第二节　透明围护结构的传热

在人工环境围护物构件中，透明围护结构主要是玻璃窗。玻璃窗的传热主要由通过窗户的传热量和透过玻璃窗的太阳辐射两部分构成，下面分别叙述。

一、通过玻璃窗的传热量

由于室内外温差的存在，热量必然会通过玻璃窗在室内和室外之间传递。

虽然玻璃本身有热容，会和墙体一样有延迟衰减作用，但由于玻璃很薄，导热系数较大，因此其热惰性很小，所以通过玻璃窗的传热常常可以近似按稳态传热考虑。通过窗户的传热量可用以下表达式进行计算：

$$Q = KA[t_{out}(\tau) - t_{in}(\tau)] \tag{7-1}$$

式中　　K——窗户的总传热系数，W/（$m^2 \cdot ℃$）；

　　　　A——窗户的传热面积，m^2；

　$t_{out}(\tau)$——室外温度，℃；

　$t_{in}(\tau)$——室内温度，℃。

二、透过玻璃窗的太阳辐射得热

太阳光射到玻璃窗表面后，一部分被反射，不会成为房间的得热；一部分直接透过玻璃进入房间，成为房间的得热；剩下的部分则被玻璃吸收，如图 7-1 所示。玻璃的温度由于吸收太阳辐射能而升高，其中一部分以对流和辐射的形式传入室内，剩下的部分同样以对流和辐射的形式散发到室外。

目前，关于计算被玻璃吸收后又传入室内的热量有两种方法。一种以室外空气综合温度的形式考虑到玻璃板壁传热中，另一种方法则将其作为太阳辐射透过玻璃的一部分计入太阳透射得热中，这里主要说明第二种计算方法。

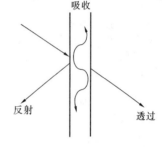

图 7-1　照射到窗玻璃上的太阳辐射

透过单位玻璃面积的太阳辐射得热量为：

$$HG_\gamma = I_{Di}\gamma_{Di} + I_{dif}\gamma_{dif} \tag{7-2}$$

因为玻璃吸收太阳辐射而造成的房间得热为：

$$HG_a = \frac{R_{out}}{R_{out} + R_{in}}(I_{Di}a_{Di} + I_{dif}a_{dif}) \tag{7-3}$$

式中　　I——太阳辐射强度，W/m^2；

　　　　γ——玻璃的透过率；

　　　　a——玻璃的吸收率；

　　　　R——玻璃表面换热热阻，（$m^2 \cdot ℃$）/W。

下标含义如下：

　Di——入射角为 i 的直射辐射；

　dif——散射辐射；

　　i——入射角；

　out——外表面；

　in——内表面。

玻璃的种类繁多，厚度也不同，故通过单位面积玻璃窗的太阳得热量也不同。为了简化计算，常以某种类型和厚度的玻璃作为标准透光材料，取其无遮挡时的太阳得热量作为标准太阳得热量，以 SHG（Standard solar Heat Gain）表示。计算其他类型和厚度的玻璃得热量时，只需对标准值进行修正。

目前，我国和美、日均采用 3mm 普通窗玻璃为标准材料，但是各国制作的普通玻璃中的材质成分也有所不同，玻璃中氧化铁的含量高则吸收红外线热辐射高，也就是说透过的太阳辐射热就较低。当玻璃中含铁量超过 0.5％时，玻璃便具有吸热作用，可以阻止热量传入室内。我国生产的玻璃含铁较多，法向入射时透过率为 0.8，反射率为 0.074，吸收率为 0.126，而美、日的玻璃法向入射时的透过率在 0.86 以上。

由式（7-2）和（7-3）可得入射角为 i 时的标准玻璃的太阳得热量为[1,2]：

$$
\begin{aligned}
SHG &= (I_{Di}\gamma_{Di} + I_{dif}\gamma_{dif}) + \frac{R_{out}}{R_{out} + R_{in}}(I_{Di}a_{Di} + I_{dif}a_{dif}) \\
&= I_{Di}\left(\gamma_{Di} + \frac{R_{out}}{R_{out} + R_{in}}a_{Di}\right) + I_{dif}\left(\gamma_{dif} + \frac{R_{out}}{R_{out} + R_{in}}a_{dif}\right) \\
&= I_{Di}g_{Di} + I_{dif}g_{dif} \\
&= SHG_{Di} + SHG_{dif}
\end{aligned}
\tag{7-4}
$$

式中　g——标准太阳得热率，其他符号和下标含义同式（7-2）和（7-3）。

三、遮阳设施对玻璃窗得热的影响

遮阳设备分内遮阳和外遮阳，因设置位置不同对玻璃窗的遮阳作用也是不同的。外遮阳可反射部分辐射，吸收部分辐射，透过部分辐射，只有透过的部分才会达到窗玻璃外表面，有可能变为室内得热。而内遮阳吸收和透过的部分均变成了室内得热，只是对得热的峰值有所延迟和衰减。

如前所述，对标准得热量进行修正得到透过玻璃窗的实际太阳得热量，修正方法包括玻璃本身的遮挡系数 C_s 和遮阳设施的遮阳系数 C_n。由于前面提到的内外遮阳设施的作用不同，外遮阳的遮阳系数要小于内遮阳的。因此，透过玻璃窗的实际太阳得热量 HG_s 可表示为：

$$
HG_s = (SHG_{Di}X_s + SHG_{dif})C_sC_nX_{glass}A_{window}
\tag{7-5}
$$

式中　X_s——阳光实际照射面积比；

　　　X_{glass}——玻璃窗的有效面积系数，单层木窗为 0.7，双层木窗为 0.6，单层钢窗为 0.85，双层钢窗为 0.75；

　　　A_{window}——窗面积，m^2。

表 7-2 给出了一些常见遮阳设施的遮阳系数 C_n。

遮阳设施的遮阳系数 C_n 表 7-2

内遮阳类型	布　帘			活动百叶
颜色	浅色	中间色	深色	中间色
C_n	0.5	0.6	0.65	0.6

第三节　非透明围护结构的非稳态传热

非透明围护结构的传热按地上建筑围护结构、地下建筑围护结构和运输工具围护结构三种类型分别介绍。

一、地上建筑围护结构

（一）热传导

通过墙体、屋顶等非透明围护结构传入室内的热量主要为室外空气与围护结构外表面之间对流换热和太阳辐射通过非透明围护结构导热传入热量这两部分（见图 7-2）。一般墙体、屋顶等建筑构件的传热过程可简化为非均质平板壁的一维非稳态导热，存在以下热平衡方程式：

$$\frac{\partial t}{\partial \tau} = a(x) \frac{\partial^2 t}{\partial x^2} + \frac{\partial a(x)}{\partial x} \cdot \frac{\partial t}{\partial x} \tag{7-6}$$

定义 $x=0$ 为围护结构的外表面，而 $x=\delta$ 为围护结构的内表面，考虑太阳辐射、长波辐射和围护结构内外侧空气温差作用等，可以给出上述热平衡方程的边界条件：

$$-\lambda(x) \frac{\partial t}{\partial x}\bigg|_{x=0} = \alpha_{\text{out}}[t_{\text{out}}(\tau) - t(0,\tau)] + Q_{\text{sr}} + Q_{\text{long} - \text{out}} \tag{7-7}$$

$$-\lambda(x) \frac{\partial t}{\partial x}\bigg|_{x=\delta} = \alpha_{\text{in}}[t(\delta,\tau) - t_{\text{in}}(\tau)] + Q_{\text{long}} - Q_{\text{short}} \tag{7-8}$$

式中　　$a(x)$——墙体的导温系数，m^2/s；

　　　　τ——时间，s；

　　　　δ——墙体厚度，m；

　　$t(x,\tau)$——墙体中各点的温度，℃；

$t_{\text{in}}(\tau)$，$t_{\text{out}}(\tau)$——围护结构内、外侧的空气温度，℃；

　　　　$\lambda(x)$——墙体的导热系数，$\text{W}/(\text{m} \cdot ℃)$；

　α_{in}，α_{out}——围护结构内、外表面对流换热系数，$\text{W}/(\text{m}^2 \cdot ℃)$；

　　　　Q_{sr}——围护结构外表面接受的太阳辐射量，W/m^2；

　$Q_{\text{long} - \text{out}}$——围护结构外表面接受的长波辐射量，$\text{W}/\text{m}^2$；

Q_{long}，Q_{short}——围护结构内表面接受的长、短波辐射量，W/m^2。

房间内各表面温差不大时通常可忽略内表面间的长波辐射，但是，若存在较大温差，内表面间长波辐射表达式如下：

$$Q_{\text{long}} = \sigma \sum_{j=1}^{m} x_{ij} \varepsilon_{ij}[T_i^4(\tau) - T_j^4(\tau)] \tag{7-9}$$

式中　x_{ij}——研究对象第 i 个围护结构内表面与第 j 个内表面之间的角系数；

　　ε_{ij}——研究对象第 i 个围护结构内表面与第 j 个内表面之间的系统黑度；

$T_i(\tau)$——第 i 个内表面的温度，K；

$T_j(\tau)$——第 j 个内表面的温度，K。

太阳辐射的作用求解很复杂，因此可以用室外空气综合温度来代替围护结构外侧空气温度计算围护结构外表面传热量。

房间内表面存在辐射热交换，因此其表面温度是导热、对流、辐射和蓄热的综合作用结果，若各时刻各围护结构内表面和房间空气温度已知，则可求出通过围护结构的传热量，但实际情况中围护结构内表面温度和室内空气温度间存在耦合关系，导致求解过程相当复杂，通常采用数值求解的方法。

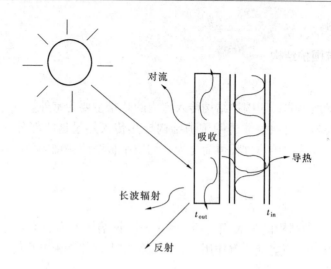

图 7-2　太阳辐射在墙体上形成的传热过程

（二）通过非透明围护结构的得热[2]

若改变室内扰动，虽然室外条件和室内空气温度未改变，但实际通过围护结构传入室内的热量却因为内表面温度的变化而变化，因此研究通过非透明围护结构得热时需要将室外条件和室内扰动的作用分开来分析。

将式(7-8)的边界条件中的长波辐射部分线性化，得到下式：

$$-\lambda(x)\left.\frac{\partial t}{\partial x}\right|_{x=\delta} = \alpha_{in}\left[t(\delta,\tau) - t_{in}(\tau)\right] + \sum_{j=1}^{m} \alpha_r\left[t(\delta,\tau) - t_j\right] - Q_{short} \qquad (7\text{-}10)$$

利用线性方程的叠加原理，将墙体导热分为两部分进行求解，一部分是室外气象条件和室内空气温度决定的围护结构的温度分布和通过围护结构的得热，另一部分是房间内表面和短波辐射内扰的围护结构温升、蓄热和传热量。

作上述处理后，式(7-6)、(7-7)和(7-10)可表示为：

$$\frac{\partial t_1}{\partial \tau} + \frac{\partial t_2}{\partial \tau} = a(x)\frac{\partial^2 t_1}{\partial x^2} + a(x)\frac{\partial^2 t_2}{\partial x^2} + \frac{\partial a(x)}{\partial x}\cdot\frac{\partial t_1}{\partial x} + \frac{\partial a(x)}{\partial x}\cdot\frac{\partial t_2}{\partial x} \qquad (7\text{-}11)$$

$$-\lambda(x)\left.\frac{\partial t_1}{\partial x}\right|_{x=0} - \lambda(x)\left.\frac{\partial t_2}{\partial x}\right|_{x=0} = \alpha_{out}\left[t_{out}(\tau) - t_1(0,\tau) - t_2(0,\tau)\right] + Q_{solar} + Q_{long-out}$$

$$\qquad (7\text{-}12)$$

$$-\lambda(x)\left.\frac{\partial t_1}{\partial x}\right|_{x=\delta} - \lambda(x)\left.\frac{\partial t_2}{\partial x}\right|_{x=\delta} = \alpha_{in}\left[t_1(\delta,\tau) + t_2(\delta,\tau) - t_{in}(\tau)\right]$$

$$+ \sum_{j=1}^{m}\alpha_r\left[t_1(\delta,\tau) + t_2(\delta,\tau) - t_j\right] - Q_{short} \qquad (7\text{-}13)$$

式中　t_1——由室外气象条件和室内空气温度决定的围护结构的内部温度，℃；

　　　t_2——由于落在围护结构内表面的室内辐射内扰造成的围护结构内部温度的增量，℃。

忽略房间内部长、短波辐射时，式(7-11)、(7-12)和(7-13)变化为：

$$\frac{\partial t_1}{\partial \tau} = a(x)\frac{\partial^2 t_1}{\partial x^2} + \frac{\partial a(x)}{\partial x}\cdot\frac{\partial t_1}{\partial x} \qquad (7\text{-}14)$$

$$-\lambda(x)\left.\frac{\partial t_1}{\partial x}\right|_{x=0} = \alpha_{\text{out}}\left[t_{\text{out}}(\tau) - t_1(0,\tau)\right] + Q_{\text{sr}} + Q_{\text{long-out}} \tag{7-15}$$

$$-\lambda(x)\left.\frac{\partial t_1}{\partial x}\right|_{x=\delta} = \alpha_{\text{in}}\left[t_1(\delta,\tau) - t_{\text{in}}(\tau)\right] \tag{7-16}$$

通过式（7-14）、（7-15）和（7-16）可求得由于围护结构在室外气象条件和室内空气温度作用下传热过程决定的围护结构的温度分布 t_1，而此时围护结构内表面与室内空气的换热量可看作围护结构单纯在室外气象条件和室内空气温度作用下传热过程导致的围护结构得热 $HG_{\text{w}}(\tau)$：

$$HG_{\text{w}}(\tau) = \alpha_{\text{in}}\left[t_1(\delta,\tau) - t_{\text{in}}(\tau)\right] \tag{7-17}$$

而由于落在围护结构内表面的长、短波辐射内扰造成的围护结构温度的增量 t_2 可以通过下式求得：

$$\frac{\partial t_2}{\partial \tau} = a(x)\frac{\partial^2 t_2}{\partial x^2} + \frac{\partial a(x)}{\partial x} \cdot \frac{\partial t_2}{\partial x} \tag{7-18}$$

$$-\lambda(x)\left.\frac{\partial t_2}{\partial x}\right|_{x=0} = \alpha_{\text{out}}t_2(0,\tau) \tag{7-19}$$

$$-\lambda(x)\left.\frac{\partial t_2}{\partial x}\right|_{x=\delta} = \alpha_{\text{in}}t_2(\delta,\tau) + \sum_{j=1}^{m}\alpha_{\text{r}}\left[t_1(\delta,\tau) + t_2(\delta,\tau) - t_j\right] - Q_{\text{short}} \tag{7-20}$$

通过式（7-18）、（7-19）和（7-20）可求围护结构实际温度分布与室外条件和室内气温造成的围护结构温度分布的差值，即考虑房间内辐射扰动造成的差值。实际传到围护结构内表面的热量与围护结构在室外条件和室内气温作用下传热过程造成的围护结构得热的差值可表示为：

$$\Delta Q_{\text{w}} = Q_{\text{env}} - HG_{\text{w}}(\tau) = \alpha_{\text{in}}t_2(\delta,\tau) + \sum_{j=1}^{m}\alpha_{\text{r}}\left[t_1(\delta,\tau) + t_2(\delta,\tau) - t_j\right] - Q_{\text{short}} \tag{7-21}$$

式中　Q_{env}——通过非透明围护结构实际传入室内的热量，W/m^2。

为方便表述，将 ΔQ_{w} 称作内表面辐射导致的传热量差值。若内表面无短波辐射，此差值则全部由内表面长波辐射造成。

二、地下建筑围护结构

地下建筑不受太阳辐射影响，且地下建筑围护结构及其相邻的土壤岩层是一个很大的蓄热体，使得通过地下建筑围护结构的传热与地上建筑有很大区别。地下建筑可分深埋地下建筑和浅埋地下建筑两类。

（一）深埋地下建筑

当地下建筑覆盖层厚度大于 6～7m 时，地表面温度年周期性变化对地下建筑围护结构传热的影响可忽略，成为深埋地下建筑，此时围护结构的传热主要受洞室内的空气温度变化的影响。

地下建筑围护结构及附近岩体可以处理为半无限大物体，地下建筑内在空气温度周期性变化条件下，半无限大物体表面的热流也必然周期性地从表面导入或导出。对于具有周期性变化的第三类边界条件的壁体的传热定解问题，可用以下方程描述[8]：

$$\frac{\partial t}{\partial \tau} = a \frac{\partial^2 t}{\partial x^2} \tag{7-22}$$

$$t = A\cos\frac{2\pi}{T}\tau \tag{7-23}$$

应用分离变量法进行求解，得到：

$$t(x,\tau) = \phi A_f e^{-\frac{\sqrt{\pi}}{\sqrt{a\tau}}x} \cos\left(\frac{2\pi}{T}\tau - x\frac{\sqrt{\pi}}{\sqrt{a\tau}} - \psi\right) \tag{7-24}$$

$$q_{w,\tau} = -\lambda\frac{\partial t}{\partial \tau}\bigg|_{w,\tau} = \lambda\phi A_f\frac{\sqrt{2\pi}}{\sqrt{aT}}\cos\left(\frac{2\pi}{T}\tau - \psi + \frac{\pi}{4}\right) \tag{7-25}$$

式中

$$\phi = \frac{1}{\sqrt{1 + 2\frac{\lambda}{\alpha}\cdot\frac{\sqrt{\pi}}{\sqrt{aT}} + 2\left(\frac{\lambda}{\alpha}\right)^2\frac{\sqrt{\pi}}{\sqrt{aT}}}}$$

$$\psi = \arctan\left(\frac{1}{1 + \frac{\alpha}{\lambda}\frac{\sqrt{aT}}{\sqrt{\pi}}}\right) < \frac{\pi}{4}$$

　　深埋地下建筑围护结构的传热量主要受室内空气温度变化的影响，且传热量 Q 主要由室内空气年平均温度作用下的稳定传热量 Q_p 和室内空气年波幅作用下的波动传热量 Q_b 两部分组成：

$$Q = Q_p + Q_b \tag{7-26}$$

$$Q_p = A_n\alpha(t_{ny} - t_{dy})\left[1 - f(Fo,Bi)\right]m \tag{7-27}$$

$$Q_b = A_n(\Delta t_{ny}\lambda m/r_0)f(\zeta,\eta)\cos(\omega\tau + \theta) \tag{7-28}$$

式中　　A_n——室内表面积，m^2；

　　　　α——室内壁与室内空气的对流换热系数，$W/(m^2 \cdot ℃)$；

　　　　a——岩体导温系数，m^2/s；

　　　　t_{ny}——室内年平均温度，℃；

　　　　t_{dy}——岩体温度，℃；

$f(Fo,Bi)$——稳定传热计算参数，根据准数 $Fo = \frac{a\tau}{r_0^2}$ 和 $Bi = \frac{\alpha r_0}{\lambda}$ 值，查表7-3；

　　　　m——壁面传热修正系数，衬砌结构 m 为1，对于离壁式衬砌结构和衬套结构，当建筑物周围为岩石时，m 为0.72，为土壤时，m 为0.86；

　　　　r_0——当量半径，m；

　　　Δt_{ny}——室内空气年波幅，℃；

　　　　λ——岩体导热系数，$W/(m \cdot ℃)$；

$f(\zeta,\eta)$——波动传热计算参数；

　　　　ω——温度年波动频率，$\omega = 0.000717$；

　　　　θ——壁面热流超前角度，°。

系数 $f\,(Fo,\,Bi)$[3] 表7-3

Bi ＼ Fo	0.03	0.04	0.06	0.08	0.10	0.20	0.30	0.40	0.60	0.80	1.00
0.3							0.219	0.233	0.255	0.271	0.284
0.4				0.149	0.160	0.196	0.220	0.237	0.264	0.283	0.298
0.5	0.106	0.118	0.137	0.153	0.165	0.208	0.235	0.256	0.285	0.307	0.325
0.6	0.109	0.123	0.145	0.163	0.177	0.226	0.258	0.279	0.312	0.336	0.354
0.7	0.115	0.131	0.157	0.177	0.193	0.247	0.280	0.304	0.339	0.364	0.384
0.8	0.124	0.142	0.170	0.192	0.210	0.269	0.303	0.330	0.367	0.393	0.413
0.9	0.134	0.153	0.184	0.208	0.227	0.290	0.327	0.354	0.393	0.420	0.440
1.0	0.145	0.166	0.199	0.224	0.244	0.310	0.350	0.378	0.417	0.445	0.446
1.2	0.166	0.190	0.228	0.256	0.279	0.350	0.392	0.422	0.462	0.469	0.511
1.4	0.189	0.215	0.256	0.287	0.312	0.387	0.431	0.461	0.502	0.530	0.551
1.6	0.211	0.239	0.283	0.316	0.342	0.422	0.465	0.496	0.537	0.565	0.585
1.8	0.232	0.262	0.308	0.343	0.370	0.452	0.497	0.527	0.568	0.595	0.614
2.0	0.252	0.284	0.332	0.369	0.397	0.480	0.525	0.555	0.595	0.621	0.640
2.5	0.299	0.334	0.386	0.425	0.455	0.540	0.584	0.613	0.651	0.675	0.693
3.0	0.342	0.379	0.433	0.473	0.504	0.589	0.631	0.659	0.694	0.716	0.732
3.5	0.381	0.419	0.475	0.515	0.546	0.629	0.669	0.695	0.727	0.748	0.763
4.0	0.417	0.455	0.511	0.551	0.582	0.662	0.701	0.725	0.755	0.774	0.787
4.5	0.449	0.488	0.543	0.583	0.612	0.690	0.727	0.749	0.777	0.795	0.807
5.0	0.478	0.517	0.572	0.616	0.639	0.714	0.748	0.770	0.796	0.813	0.824
6.0	0.531	0.568	0.620	0.657	0.684	0.753	0.784	0.803	0.826	0.840	0.850
7.0	0.574	0.609	0.659	0.693	0.719	0.782	0.810	0.827	0.848	0.860	0.869
8.0	0.611	0.645	0.692	0.724	0.747	0.806	0.831	0.847	0.865	0.876	0.884
9.0	0.643	0.675	0.719	0.749	0.711	0.825	0.848	0.862	0.879	0.889	0.896
10.0	0.670	0.701	0.742	0.770	0.790	0.841	0.862	0.875	0.890	0.899	0.905
12.0	0.714	0.742	0.779	0.803	0.821	0.865	0.883	0.894	0.907	0.915	0.921
14.0	0.749	0.783	0.807	0.829	0.844	0.882	0.899	0.908	0.918	0.927	0.931

　　对于室内温度为恒定的深埋地下建筑，$Q_b=0$，即围护结构的传热量 Q 仅为室内空气年平均温度作用下的稳定传热量 Q_p。

　　（二）浅埋地下建筑

　　浅埋地下建筑围护结构的传热，除受室内空气温度变化的影响，还受地表温度年周期性变化的影响，也以年为周期性变化。

　　浅埋地下建筑的构造形式有单建式和附建式两种，如图 7-3 所示。

　　对于室内温度恒定的单建式浅埋地下建筑，通过围护结构的传热量 Q，等于室内空气年平均温度 t_{ny} 与年平均地温 t_{dy} 之差引起的传热量，及其地表面温度年周期性变化引起的传热量 Q_s 之和：

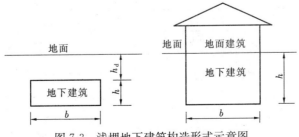

图 7-3　浅埋地下建筑构造形式示意图

$$Q = (t_{ny} - t_{dy})N + Q_s \tag{7-29}$$

$$N = 2\alpha l(h+b)(1-T_{pb}) \tag{7-30}$$

$$Q_s = \pm \alpha l \Delta t_{ny}(b\Theta_{db1} + 2h_y\Theta_{db2}) \tag{7-31}$$

式中　N——壁面年平均传热计算参数，W/℃；

　　　l——建筑物长度，m；

　　　b——建筑物宽度，m；

　　　h——建筑物高度，m；

　　　T_{pb}——年平均温度参数，按下式计算：

$$T_{pb} = \frac{K_p Bi}{1 + K_p Bi}$$

　　　K_p——参数，根据参数 $H = (0.5h + h_d)/r_o$，查图 7-4；

　　　h_d——覆盖层厚度，m；

　　　r_o——当量半径，m，$r_o = (h+b)/\pi$；

　　　Q_s——地表面温度年周期性波动引起的壁面传热量，W。由壁面向室内放热时，Q_s 为负值；由室内向壁面传热时，Q_s 为正值；

Θ_{db1}，Θ_{db2}——年周期性波动温度参数，根据基岩（和土壤）的 λ 和 a 值及覆盖层厚度 h_d，查表 7-4 和表 7-5；

　　　h_y——围护结构侧壁面传热面积计算参数，当 $(6-h_d) \geqslant h$ 时，$h_y = h$；当 $(6-h) < h$ 时，$h_y = 6 - h_d$。

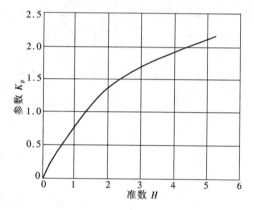

图 7-4　参数 K_p 与 H 值的关系[4]

Θ_{db1} 值[4]　　　　　　　　　　　　　　表 7-4

λ [W/(m·℃)]	a (m²/h)	覆盖层厚度 h_d (m)					
		1	2	3	4	5	6
1.16	0.0010	0.1250	0.0540	0.0175	−0.0020	−0.0040	−0.0060
	0.0016	0.1260	0.0623	0.0311	0.0109	0.0025	−0.0059
	0.0020	0.1380	0.0621	0.0368	0.0171	0.0070	−0.0030
	0.0025	0.1550	0.0660	0.0390	0.0227	0.0128	0.0028
1.51	0.0010	0.1570	0.0687	0.0222	−0.0030	−0.0054	−0.0077
	0.0016	0.1580	0.0792	0.0389	0.0138	0.0031	−0.0076
	0.0020	0.1610	0.0793	0.0488	0.0218	0.0089	−0.0039
	0.0025	0.1850	0.0865	0.0530	0.0286	0.0145	0.0004
1.74	0.0010	0.1760	0.0775	0.0252	−0.0033	−0.0060	−0.0088
	0.0016	0.1780	0.0900	0.0451	0.0160	0.0037	−0.0086
	0.0020	0.1800	0.0900	0.0537	0.0250	0.0103	−0.0045
	0.0025	0.1970	0.0950	0.0570	0.0330	0.0145	−0.0041

Θ_{db2} 值[4]　　　　　　　　　　　　　　　　　　表 7-5

λ [kcal/(m·h·℃)]	a (m²/h)	覆盖层厚度 h_d (m)					
		1	2	3	4	5	6
1.16	0.0010	0.0215	0.0055	0.0006	−0.0043	−0.0055	−0.0066
	0.0016	0.0260	0.0114	0.0052	−0.0011	−0.0046	−0.0080
	0.0020	0.0283	0.0139	0.0078	0.0016	−0.0023	−0.0062
	0.0025	0.0304	0.0164	0.0108	0.0051	0.0011	−0.0030
1.51	0.0010	0.0263	0.0068	0.0005	−0.0058	−0.0071	−0.0084
	0.0016	0.0324	0.0144	0.0059	−0.0026	−0.0018	−0.0010
	0.0020	0.0351	0.0174	0.0078	−0.0019	−0.0048	−0.0077
	0.0025	0.0378	0.0207	0.0135	0.0062	0.0013	−0.0036
1.74	0.0010	0.0294	0.0077	0.0006	−0.0065	−0.0080	−0.0094
	0.0016	0.0362	0.0163	0.0075	−0.0017	−0.0064	−0.0110
	0.0020	0.0395	0.0198	0.0088	−0.0022	−0.0055	−0.0088
	0.0025	0.0425	0.0235	0.0151	0.0067	0.0013	−0.0041

　　对于室内温度恒定的附建式浅埋地下建筑，通过围护结构的传热量 Q，除了 t_{ny} 与 t_{dy} 之差引起的传热量和地表面温度年周期性变化引起的传热量 Q_s，还要加上地面建筑与地下建筑室内温差引起的通过楼板传热的热量。

三、运输工具围护结构

　　运输工具的种类很多，围护结构的类型也很多。本书仅以汽车为例介绍运输工具围护结构传热的计算方法。

　　汽车是一种重要的交通工具，为了给乘客提供舒适的车内环境，许多汽车都配置了人工环境系统，这需要对汽车围护结构的传热进行分析。

　　汽车有多种车型，结构复杂，又加之汽车不同于普通建筑的运动特性，导致影响围护结构传热的随机因素增多。参考普通建筑围护结构传热的计算方法，目前研究车体传热情况也有稳态传热方法、准稳态传热方法和非稳态传热方法。图 7-5 为采用这三种方法对某

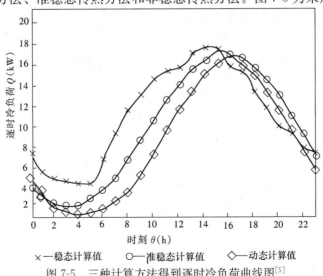

图 7-5　三种计算方法得到逐时冷负荷曲线图[5]

一车型分析得到的逐时冷负荷，稳态传热方法、准稳态传热方法和非稳态传热方法三种计算方法得出的冷负荷最大值分别为：17.097kW、16.630kW、16.492kW，出现的时刻分别在 14：00、15：00 和 16：00 时[5]。与普通建筑相比，车体结构蓄热系数小，延迟和衰减都不是很明显，因此可以采用稳态传热方法进行分析。

汽车车厢不透明车身部分有着较复杂的多层结构，计算中需要将这种结构用数种多层壁的模型来代替，车体典型的多层壁和单层壁模型如图 7-6 所示。

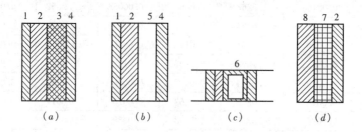

图 7-6　车体典型的模型图[6]

(a) 模型 A　带保温层的多层壁；(b) 模型 B　不带保温层的多层壁；

(c) 模型 C　骨架部分；(d) 模型 D　地板

1—装饰层；2—胶合板；3—保温层；4—铁皮；5—空气层；

6—回形框架；7—木地板；8—塑料地毯

对于上述各车体模型，假设各层材料的材质均匀，热流由外表面法向一维传递至内表面，则多层模型传热系数 K 有下面的表达式：

$$K = \frac{1}{R_{in} + \sum_{i=1}^{n} R_i + R_{out}} = \frac{1}{\dfrac{1}{\alpha_{in}} + \sum_{i=1}^{n} \dfrac{\delta_i}{\lambda_i} + \dfrac{1}{\alpha_{out}}} \tag{7-32}$$

式中　R_{in}，R_{out}，R_i——车内、外表面对流换热热阻、各层导热热阻，（m² · ℃）/W；

α_{in}，α_{out}——车体内、外侧对流换热系数，W/（m² · ℃）；

δ_i——第 i 层的厚度，m；

λ_i——第 i 层的热导率，W/（m · ℃）。

车厢内空调区域风速在 0.25～0.5m/s 时，车内壁对流换热系数 α_{in} 的值较小，可由下式求得：

$$\alpha_{in} = \begin{cases} 3.49 + 0.093\Delta t_b, \Delta t_b < 5℃ \\ b\Delta t_b^{0.25}, \Delta t_b > 5℃ \end{cases} \tag{7-33}$$

式中　Δt_b——车体内表面与车内空气温差，℃；

b——与车内空气流动和温差有关的系数，自然循环时 $b = 2.67～3.26$。

当车厢内风速在 0.5～3.0m/s 时，α_{in} 可在 8.7～29W/（m² · ℃）之间取值。

车体外表面与空气之间的对流传热系数 α_{out} 随汽车行驶速度、风速、风向等变化。由于汽车行驶时速度变化很大，车体外表面流场很不稳定，导致准确计算 α_{out} 十分的困难，

一般将 α_{out} 整理成车体外表面流速 u 的经验公式：

$$\alpha_{out} = 1.163(4 + 12\sqrt{u}) \quad (7\text{-}34)$$

除上面介绍的单层或多层均匀壁传热模型外，车体壁局部结构中可能具有方向不对称传热的"热桥传热"，如图 7-7 所示[7]。热桥中，热流按圆弧线分布，圆弧线的圆心位于骨架构件离外表面最远处（图中 B 点），圆弧线长度等于半径 ρ 的 1/4 圆周，$\rho=0\sim 2h/\pi$。

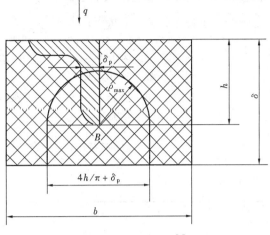

图 7-7　热桥传热[7]

热桥传热中含金属骨架的隔热结构的当量热导率由下式计算：

$$\lambda_e = \frac{4\lambda\delta N}{\pi b}\ln\frac{1}{1-\dfrac{h}{\delta}} + \frac{\lambda N A_J}{1-\dfrac{h}{\delta}} + \frac{\delta}{A_g}\left(b - A_J N - \frac{4hN}{\pi}\right) \qquad (7\text{-}35)$$

式中　λ——隔热材料的热导率，W/（m・℃）；

　　　δ——整个隔热结构的厚度，m；

　　　A_J——金属筋板的横截面面积，m^2；

　　　N——隔热结构中金属板的数目；

　　　A_g——隔热材料的横截面面积，m^2。

设多层壁传热模型中各区的传热系数为 K_i，传热面积为 A_i，则车体总传热系数为：

$$K = \sum_{i=1}^{n}\frac{K_i A_i}{A} \qquad (7\text{-}36)$$

式中　A——车体围护结构总面积，m^2。

第四节　非透明围护结构的传湿

当室内外空气的水蒸气含量不等，即围护结构两侧空气的水蒸气分压力不相等时，水蒸气将从分压力高的一侧通过围护结构向分压力低的一侧转移。

围护结构的湿传递过程比热传递过程要复杂得多，这里只分析稳态情况。即室内外空气的水蒸气分压力不随时间发生变化；不考虑围护结构内部的液态水分转移，也不考虑热湿传递过程的相互耦合。在稳定条件下，单位时间内通过单位面积围护结构传入室内的水蒸气量与两侧水蒸气分压力差成正比，与水分渗透过程中受到的围护结构阻力成反比，即：

$$m = \frac{(P_{out} - P_{in})}{R_v} \quad [\text{kg}/（m^2・s）] \qquad (7\text{-}37)$$

式中　P_{out}——室外空气中的水蒸气分压力，Pa；

　　　P_{in}——室内空气中的水蒸气分压力，Pa；

　　　R_v——围护结构的总蒸汽渗透阻，（Pa・m^2・s）/kg。

围护结构的总蒸汽渗透阻按照下式确定：

$$R_v = \frac{1}{\beta_{in}} + \sum \frac{\delta_i}{\lambda_{vi}} + \frac{1}{\beta_a} + \frac{1}{\beta_{out}} \tag{7-38}$$

式中　β_{in}、β_{out}、β_a——分别是围护结构内表面、外表面和墙体中封闭空气间层的散湿系数，s/m，见表 7-6；

λ_{vi}——第 i 层材料的蒸汽渗透系数，s，可参阅表 7-7；

δ_i——第 i 层材料的厚度，m。

围护结构表面和空气层的散湿系数[8]　　　　　　　　表 7-6

条　件	散湿系数×10^8 (s/m)	条　件	散湿系数×10^8 (s/m)
室外垂直表面	10.42	空气层厚度 10mm	1.88
室内垂直表面	3.48	空气层厚度 20mm	0.94
水平面湿流向上	4.17	空气层厚度 30mm	0.21
水平面湿流向下	2.92	水平空气层	0.13①/0.73②

注：①水平空气层湿流向上；②水平空气层湿流向下。

材料的蒸汽渗透系数 λ_v，单位为 kg·m/（N·s）或 s[8]　　　　　表 7-7

材　料	密　度 (kg/m³)	$\lambda_v \times 10^{12}$	材　料	密　度 (kg/m³)	$\lambda_v \times 10^{12}$
钢筋混凝土		0.83	花岗岩或大理石		0.21
陶粒混凝土	1800	2.50	胶合板		0.63
陶粒混凝土	600	7.29	木纤维板与刨花板	≥800	3.33
珍珠岩混凝土	1200	4.17	泡沫聚苯乙烯		1.25
珍珠岩混凝土	600	8.33	泡沫塑料		6.25
加气混凝土与泡沫混凝土	1000	3.13	水泥砂浆硅酸盐砖/普通黏土砖		2.92
加气混凝土与泡沫混凝土	400	6.25	珍珠岩水泥板		0.21
水泥砂浆		2.50	石棉水泥板		0.83
石灰砂浆		3.33	石油沥青		0.21
石膏板		2.71	多层聚氯乙烯布		0.04

由于围护结构两侧空气的水蒸气分压力不同，在围护结构内部也会形成一定水蒸气分压力分布。在稳定状态下，第 n 层材料层外表面的水蒸气分压力 P_n 为：

$$P_n = P_{in} - \frac{P_{in} - P_{out}}{R_v}\left(\frac{1}{\beta_{in}} + \sum_{i=1}^{n} \frac{\delta_i}{\lambda_{vi}}\right) \tag{7-39}$$

如果围护结构设计不当，水蒸气会在表面或内部材料的孔隙中冷凝成水珠或冻结为冰。表面凝水将有碍室内卫生，还可以直接影响生产和房间使用。内部凝水会使保温材料受潮，导热系数增大，保温能力降低。此外，由于内部凝水的交替冻融作用，保温材料可能遭到破坏。所以要采用以下步骤判断围护结构内部是否出现凝水：

根据室内外温度和相对湿度确定水蒸气分压力 P_{in} 和 P_{out}，然后根据式（7-39）计算出围护结构各层的水蒸气分压力，并作出水蒸气分压力"P"线。

根据室内外空气温度，确定出围护结构各层温度，并作出相应的最大水蒸气分压力"P_b"线。

如果"P"线与"P_b"线不相交（图7-8a），则围护结构内部不凝结；如果"P"线与"P_b"线相交（图7-8b），则围护结构内部发生凝结，这时需要设置蒸汽隔层或其他结构措施。

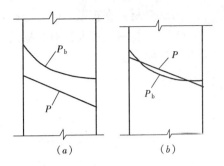

图 7-8 判断围护结构内部凝结
(a) 无内部凝结；(b) 有内部凝结

第五节　气体通过围护结构的传递

对于一般围护结构，不考虑气体在其内部的传递。但是在一些特定情况下，如研究围护结构的装饰材料对室内空气品质的影响，以及自发式气调库的选择型透气薄膜对库内气体成分的影响，就需要分析气体通过围护结构的传递过程。

一、围护结构中挥发性有机物散发[9]

实际房间内可能含有多种建筑装饰材料，它们会散发不同的挥发性有机物，对人体健康造成影响。为了保证良好的室内人工环境，需要对挥发性有机物在建筑装饰材料中的传递规律进行分析。

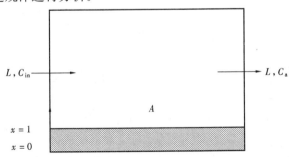

图 7-9　装饰材料挥发性有机物模型示意图

图7-9为围护结构中装饰材料挥发性有机物模型示意图,模型假定：

（1）材料组成均匀，挥发性有机物初始时刻在材料内部浓度相同；

（2）材料内为沿表面法向的一维扩散传质；

（3）材料扩散系数为常数且与浓度无关；

（4）空气与固体界面挥发性有机物浓度服从亨利定律；

（5）材料与围护结构接触的一面没有质量传递；

（6）房间主流区空气中挥发性有机物浓度均匀。

则装饰材料内挥发性有机物的浓度方程如下：

$$\frac{\partial C_m}{\partial \tau} = D_m \frac{\partial^2 C_m}{\partial x^2} \qquad (7-40)$$

式中　C_m——材料内挥发性有机物的浓度，kg/m^3；

τ——时间，s；

x——材料在扩散方向的坐标，m；

D_m——材料内挥发性有机物的扩散系数，m^2/s。

边界条件：

$$x = 0, \frac{\partial C_m}{\partial x} = 0 \tag{7-41}$$

$$x = l, -D_m \frac{\partial C_m}{\partial x} = \kappa \left(\frac{C_m}{K_b} - C_a \right) \tag{7-42}$$

式中 κ——材料表面处的对流传质系数，m/s；

C_a——房间内挥发性有机物的浓度，kg/m^3；

K_b——材料与空气界面处的挥发性有机物平衡常数。

初始条件：

$$\tau = 0, C_m = C_{m,0} \tag{7-43}$$

式中 $C_{m,0}$——材料内的初始浓度，kg/m^3。

房间内主流区挥发性有机物的浓度方程

$$V \frac{\partial C_a}{\partial \tau} = L(C_{in} - C_a) - \sum_{i=1}^{n} \kappa_i \left(\frac{C_{m,i}}{K_{b,i}} - C_a \right) \tag{7-44}$$

式中 V——房间的体积，m^3；

L——通风量，m^3/s；

C_{in}——进入房间的挥发性有机物浓度，kg/m^3。

初始条件：

$$\tau = 0, C_a = C_{a,0} \tag{7-45}$$

式中 $C_{a,0}$——房间内挥发性有机物的初始浓度，kg/m^3。

上述方程是封闭的，因此材料内和房间空气中挥发性有机物浓度可以通过数值计算方法求得。

二、气体通过薄膜的传递

自发式气调利用果蔬自身的呼吸方式加上在气调库围护结构上设置选择性透气的高分子膜，使贮藏空间达到所需要的气体组成，以降低果蔬的呼吸代谢水平，延长储藏时间。

根据果蔬种类、品种、贮藏温度和贮藏阶段不同，有不同的气体浓度指标。如苹果气调时一般需要的气体浓度成分为 O_2 含量 3％，CO_2 含量为 5％，与正常空气成分（O_2 的含量为 20.9％，CO_2 的含量为 0.03％）相比，O_2 浓度大大降低，CO_2 浓度显著提高。而果蔬的呼吸是一个不断消耗 O_2 而产生 CO_2 的过程，在一个密闭果蔬贮藏空间中，随着果蔬的呼吸作用，O_2 浓度不断降低，CO_2 浓度不断增大，理论上 O_2 可以耗尽，而 CO_2 浓度可以高至 20.9％。所以为了保持所需要的气体成分，就需要排出一定量 CO_2，并补充一定量的 O_2。采用选择性透气的硅橡胶薄膜，配合适宜的补充室外空气的方法，就可以很好地达到这个目的。

硅橡胶薄膜是一种孔径小于 20Å 的非多孔致密膜，其透气机理不是宏观的微孔透过，而是一个吸附、融解、扩散、脱附的渗透过程。由于不同气体的分子大小、构型和极性等不同，被硅橡胶吸附的情况和在其中的溶解度、扩散速度不同，因此在硅橡胶中的透过率也不同。如 $0.08\sim0.10mm$ 的压延硅膜，对 CO_2 的透过率为 $3.98mol/(m^2 \cdot h \cdot bar)$，对 O_2 的透过率为

0.528 mol/（m² • h • bar）。

图 7-10 为设置在气调库围护结构上的硅膜透气模型示意图。此时，由于气调库内的 CO_2 浓度大于库外浓度，所以 CO_2 通过硅膜从库内向库外渗透；同样地，由于气调库外的 O_2 浓度大于库内浓度，所以 O_2 通过硅膜从库外向库内渗透。这样由于气调库内外 CO_2 和 O_2 分压力差作用，CO_2 和 O_2 通过硅膜的透气量 m_{CO_2} 和 m_{O_2} 分别为[10]：

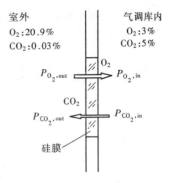

$$m_{CO_2} = A\xi_{CO_2}(P_{CO_2,in} - P_{CO_2,out}) \quad (mol/h) \quad (7-46)$$

$$m_{O_2} = A\xi_{O_2}(P_{O_2,out} - P_{O_2,in}) \quad (mol/h) \quad (7-47)$$

图 7-10 硅膜透气模型示意图[10]

式中　　　　A——硅膜面积，m²；

ξ_{CO_2}——硅膜对 CO_2 的透过率，mol/（m² • h • bar）；

ξ_{O_2}——硅膜对 O_2 的透过率，mol/（m² • h • bar）；

$P_{CO_2,in}$，$P_{CO_2,out}$——库内和库外 CO_2 的分压力，bar；

$P_{O_2,in}$，$P_{O_2,out}$——库内和库外 O_2 的分压力，bar。

第六节　对象空间的气密性

对象空间的气密性是指对象空间的密闭性能。密闭性能的好坏直接影响室内的热湿环境、污染物浓度分布及其内部压力的维持等。对于密闭空间，其不气密是由于围护结构（或壳体）存在裂缝或孔隙等结构性缺陷，在内外压差的作用下，使密闭空间与外界环境之间发生空气泄漏；对于可开启的封闭空间，其不气密则主要是由于可开启门、窗及围护结构的缝隙或孔隙在内外压差作用下空气泄漏或渗透造成。

在本节中将主要介绍密闭空间空气的泄漏及空间密闭性对几种典型人工环境的影响。

一、空气的泄漏

对于密闭空间，空气的泄漏主要是在内外压力差作用下通过围护结构体的缝隙和孔隙形成。对于具有一定压力（正压或负压）的密闭空间，由于空气的泄漏必然造成室内压力状态的变化。为分析密闭空间空气泄漏对室内压力的影响，以如图 7-11 所示的某一密闭容器在负压状态下的空气泄漏过程为基础进行分析。

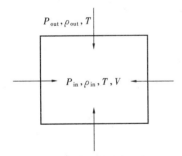

图 7-11　密闭空间空气泄漏分析模型

图中，P_{in}、P_{out} 分别为密闭空间的内外压力，且 $P_{out} > P_{in}$；ρ_{in}、ρ_{out} 分别为内外空气的密度；T 为内外空气温度（K）；V 为密闭空间的容积。同时假定在空气通过密闭空间缝隙和孔隙泄漏的过程中，空气的泄漏面积不随压力变化。因此，在该状况下通过密闭空间缝隙泄漏进入密闭空间的空气质量流量为[11]：

$$m = k \cdot \rho_{in} \cdot (P_{out} - P_{in}) \quad (7-48)$$

式中　k——密闭空间的漏气系数，是反映密闭空间漏气孔隙情况的特征值。

此时，密闭空间内空气的密度为：

$$\rho_{in} = \rho_{in,0} + \frac{1}{V} \int_0^\tau m \cdot dt \qquad (7\text{-}49)$$

密闭空间内空气密度与压力的关系为：

$$P_{in} = \rho_{in} \cdot R \cdot T \qquad (7\text{-}50)$$

式中　$\rho_{in,0}$——密闭空间空气的初始密度，kg/m^3；

　　　　τ——空气泄漏时间，s；

　　　　R——气体常数，$R=287J/(kg \cdot K)$。

因此由式(7-48)～(7-50)得出密闭空间在空气泄漏过程中的压力变化特征方程为：

$$\frac{dP_{in}}{d\tau} = \frac{k}{V} \cdot P_{in} \cdot (P_{out} - P_{in}) \qquad (7\text{-}51)$$

由此可确定在空气泄漏过程中密闭空间内的压力变化情况为：

$$P_{in}(\tau) = P_{out} - \frac{P_{out}}{1 + \dfrac{P_{in,0}}{P_{out} - P_{in,0}} \cdot \exp\left(\dfrac{k}{V} \cdot P_{out} \cdot \tau\right)} \qquad (7\text{-}52)$$

式中　$P_{in,0}$——密闭室内的初始压力，Pa。

图 7-12 为某密闭空间在负压状态下空气泄漏造成室内压力变化的曲线图，由图可知，随着空气泄漏时间的延长，密闭室内的空气压力将近似以指数形式回升，最终将达到与室外空气压力平衡的状态。

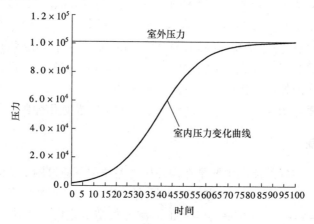

图 7-12　空气泄漏情况下密闭空间压力变化曲线

对于密闭空间及容器，常采用非气密性指标来衡量其气密程度。文献［11］中定义了密闭空间的非气密性指标为：

$$\xi = \frac{k}{V} \qquad (7\text{-}53)$$

它是一个与密闭空间漏气孔隙状况有关的参数，只取决于密闭空间的物理结构特性。因此，在引入密闭空间非气密性指标 ξ 后，式（7-52）可表示为：

$$P_{in}(\tau) = P_{out} - \frac{P_{out}}{1 + \dfrac{P_{in,0}}{P_{out} - P_{in,0}} \cdot \exp(\xi \cdot P_{out} \cdot \tau)} \qquad (7\text{-}54)$$

由式（7-54）分析可知，当 $\xi=0$ 时，$P_{in}(\tau) = P_{in,0}$，即密闭空间的压力值始终保持

不变，密闭室的气密性完好；而当 $\xi \to \infty$ 时，$P_{in}(\tau) \to P_{out}$，密闭室不能维持室内外的压力差，表明该密闭室完全不气密。

为了量化衡量密闭室的气密程度，可通过压力维持检测方法检测密闭室内空气压力随时间的变化规律，通过对密闭室内空气压力值的测定由式（7-54）便可确定密闭室的非气密性指标为：

$$\xi = \frac{1}{P_{out} \cdot \tau} \ln \frac{P_{out} - P_{in,0}}{P_{in,0}} \cdot \left(\frac{P_{out}}{P_{out} - P_{in}} - 1 \right) \tag{7-55}$$

密闭室非气密性指标的提出，为密闭空间及容器的气密性能评价提供一个量化尺度。

二、典型人工环境的气密性

气密性的好坏是影响对象空间内外环境之间热、湿及污染物交换、压力扩散的主要因素，在不同的人工环境中，对象空间的气密性对室内环境的维持及对象空间的功能产生重要的影响。在高速列车、储粮仓库、气调保鲜储藏库等典型人工环境系统中，对象空间的气密性对室内环境的维持与控制及其功能的实现发挥着主导作用。

（一）高速列车的气密性

列车的气密性是指列车在完成整备状态和关闭列车与外界相通的所有开孔后，车内压力相对车外压力变化的密封性能。对于普通列车（时速小于 160km/h），车体的气密性好坏将直接影响车体的传热系数和车厢的保温性能；对于准高速列车，车体的气密性能不仅影响车体传热系数的变化，气密性差还会导致车外空气灰尘的侵入；而对于高速列车，车体的气密性能的优劣将严重影响车厢内压力的波动和车内人员的舒适性水平。

在列车的高速行驶过程中，当列车交会或高速通过隧道时，车体周围空气的流速和压力都会发生急剧的变化而形成空气压力波。如列车高速进入隧道时，列车前端的空气压力突然升高，产生压缩波。随着列车逐步进入隧道，列车受到的空气阻力也逐步增大，使列车前端空气压力持续上升，直至列车全部进入隧道。当列车尾部进入隧道时，尾端空气压力下降，产生膨胀波，并向隧道出口方向传播，到达列车前端时，一部分以压缩波形式反射回来，另一部分仍以膨胀波的形式继续向隧道出口方向传递。通过连续的压力波反射，在车体外部产生强大的压力波动[12,13]。对于气密性不好的车体，车外空气的压力波将通过车体缝隙进入车内。而当列车驶离隧道时，车外空气压力减至大气压，由于列车速度较高，通过隧道的空气压力变化短暂而迅速，这种迅速变化的压力波会冲击车内人员耳膜和身体，造成耳鸣、耳痛和身体压痛感觉，使人难以接受。特别是列车在隧道内高速交会时，形成的压力波更为激烈。图 7-13 为一列运行时速 200km 的列车和一列运行时速 250km 的列车在长 2065m 的隧道中交会时车体外空气压力波的实测情况[14]，由图可见在车体外空气的压力波动最大值达到 5kPa 左右，这对气密性不好的列车室内人工环境将会产生显著的不适感。

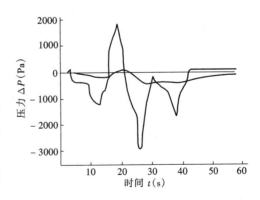

图 7-13　高速列车在隧道中的交会压力波[14]

为解决或减轻车外压力波动对车内人工环境的负面影响，最有效的方法是提高车体的气密性。目前，日本、德国、英国等国家在高速列车的气密性方面进行了大量的研究工作，这些研究工作主要包括：高速列车气密性的变化特性；车内压力变化对人员舒适性的影响；高速列车的气密性标准等。

（二）储粮仓库气密性

在粮食的储存过程中，仓库的气密性能直接影响仓库内粮食的温度、水分控制、粮食的虫菌杀害与抑制及粮食的陈化速率等，从而影响粮食的储存质量及存储时间。

1. 仓库气密性对气控储粮的影响

气控储粮是人为地控制粮堆中的气体成分，达到杀虫、抑菌和延缓粮食陈化目的的一种储粮措施。生产实践表明，当粮堆中氧气浓度下降至 2％以下或二氧化碳浓度上升到 30％～50％后，密闭一段时间后，能杀死害虫并在一定程度上抑制微生物的生长[15]。目前我国所采用的气控技术主要是自然缺氧和在自然缺氧基础上形成的颇具中国特色的"双低"（即在粮堆密闭情况下，低氧、低剂量磷化氢综合储藏技术的简称）和"三低"（即综合利用低氧、低药量和低温技术达到抑霉、杀虫、延缓粮质变化的储藏技术）储粮。因此，为达到杀虫抑菌效果，进行气控储粮的仓库必须具有一定的气密性，以维持仓库内气体的有效浓度，并将气体有效浓度维持一定时间，从而达到粮食的安全储存。

2. 仓库气密性对粮食熏蒸效果的影响

对粮食储存仓库熏蒸效果的好坏直接关系到储粮的安全。在熏蒸过程中，无论采用何种熏蒸方法或熏蒸剂，都要求仓库具有一定的气密性。如仓库的气密性差，毒气会在未达到要求的密闭时间前就大量泄漏，使害虫不能在毒气有效浓度下暴露足够时间，导致熏蒸杀虫不彻底，引发害虫对熏蒸剂的抗药性。对于我国目前最广泛使用的熏蒸剂—磷化氢，在一定范围内提高仓库的气密性比增加磷化氢的浓度对杀虫效果更为有效[16]。这是因为在气密性不好的仓库中，盲目提高磷化氢浓度，使磷化氢浓度在投药后短时间内急剧上升，会使害虫出现保护性昏迷，不再吸入毒气，待害虫苏醒后，库内磷化氢气体外泄使其浓度降低处于害虫的非致死浓度，导致熏蒸后仍有活虫存在。另一方面，由于害虫的卵和蛹对磷化氢的抵抗能力较强，若不能在卵或蛹孵化成幼虫或成虫后仍保持仓内磷化氢的有效浓度，熏蒸时即使将幼虫和成虫杀死，熏蒸过后仍会有新的活虫出现。由于仓房气密性较差，使得在有些仓房不得不在害虫未完全杀死的情况下进行多次重复熏蒸，甚至对同一批粮食在 1 年内进行多次熏蒸，其结果不但增加了粮食中药剂的残留量，而且导致害虫抗药性的增强，同时造成熏蒸剂对环境的污染，增大防化人员的劳动强度和熏蒸费用。因此，对于漏气严重的仓库，熏蒸之前一定要采用科学的方法提高其气密性，以确保熏蒸杀虫的效果。

3. 仓库气密性对粮食含水量的影响

粮食含水量的高低对粮食储存安全的影响很大，在密闭情况下，符合水分安全标准的粮食长期储存都是稳定、安全的。而对于气密性较差的仓库，由于室外潮湿的大气进入仓库，与粮堆进行热湿交换，使粮食的含水量不断发生变化，当粮食的含水量超过安全储存含水量值后，将会使粮食变质、发霉、甚至腐烂。库内粮食含水量的变化直接受仓库气密性好坏的影响，当仓库气密性较好时，室外大气中的水汽不易进入粮堆，粮食的含水量变化幅度和速率较小；而当仓库气密性较差时，仓内外空气交换频繁，室外空气中的水汽很容易进入粮堆，导致粮食含水量快速升高，影响粮食的储存安全。

（三）气调保鲜储藏库的气密性

气调保鲜是在冷藏的基础上同时控制储存环境及密闭空间的气体成分，从而达到抑制果蔬等储藏品的呼吸强度，延长其储存保鲜期的一种储藏方式。对于气调保鲜储藏库，气调介质的选择及保持储藏库较好的气密性是保证气调工况的关键。

气调介质是指在人工允（降）指定气体或果蔬在自然呼吸条件下产生出不同于周围大气环境的低浓度氧气和高浓度二氧化碳的空气成分。大气中空气成分为氧21%、氮78%、二氧化碳0.03%，称为正常介质。在气调库中，气调空间氧气含量越高，果蔬的呼吸强度越大，反之则越小；较高体积分数的二氧化碳有抑制果蔬呼吸、延缓果胶物质分解和叶绿素降解的作用，并能有效抑制微生物的生长，但过高也会对果蔬造成生理危害。而在气调环境中要达到抑制果蔬呼吸作用，效果最好的气调介质为含氧气3%～5%，含二氧化碳5%以下、氮气90%～97%，这种气调介质称为"次常介质"[17]。由于在气调环境中，次常介质与正常介质之间气体体积分数存在较大的差异，因此，为达到果蔬的有效保鲜存储，一方面控制库内的温湿度，而更重要的是保持气调库的气密性，最大限度地减小外界环境大气对气调库的渗透与泄漏，以维持库内气调介质成分的稳定性。气密性良好的气调库，不仅可以延长果蔬的保鲜期，而且可以降低气调库内制氮和脱氧的电耗。

密闭空间的气密性控制与维持不仅体现在上述各种人工环境中，在生命保障系统，如载人航天器、潜艇等密闭空间中，对空间的气密性则有更高的要求，密闭空间气密性的好坏直接决定了密闭空间内人员的生命安全及载体运行的安全可靠性。在该类密闭空间中，一旦发生泄漏，将会导致灾难性的安全事故，如1971年6月30日，（苏）联盟11号飞船的3名航天员在返回地面时，因返回舱发生泄漏使航天员在回到地面时已窒息身亡；1986年1月28日，"挑战者号"也因气密性失效而发生泄漏爆炸，使7名航天员遇难[18]。

第七节　非密闭空间的空气渗透

由于在人工环境的对象空间中很难保持空间的完全气密性，在热压与风压的作用下，室内外空气必然会通过围护结构的缝隙、门窗等流动通道进行空气的自然渗透，从而对室内人工环境造成影响。空气的自然渗透包括室外空气的渗入和室内空气的渗出两个方面，通常，空气的渗入与渗出过程是同时发生的。

一、空气自然渗透的形成机理

空气的自然渗透是指由于室内外存在压力差，导致室外空气通过门窗缝隙和外围护结构上的小孔或洞口进入室内的现象，也即所谓的非人为组织的通风（无组织通风）。形成空气自然渗透的动力为室内外压差，室内外压差一般为热压和风压所致，它是决定空气自然渗透量的最主要因素。

在夏季时，由于室内外空气温差较小，热压作用较弱，风压是造成空气自然渗透的主要动力。此时，造成空气自然渗透的风压主要来源于两个方面，一是由于室内人工环境系统送风与排风造成室内的正压或负压；另一方面则是由于在围护结构的迎风面上因风力作用产生增压，在围护结构一侧表面出现过余静压，而在围护结构的背风面上形成负压，造成静压偏低。因此，在风力的作用下便形成室内外压差。

在冬季如室内设有采暖时，室内外存在较大的温差，热压形成的"烟囱效应"会强化空气的自然渗透，即由于空气密度差的存在，室外冷空气会从对象空间的下部开口进入，室内空气从空间的上部开口流出。特别是对于高大空间，热压作用形成的空气自然渗透作用更为显著。同时，与夏季情形相同，风压作用也是冬季造成室内外空气自然渗透的主要驱动力之一。因此，对于某一对象空间，在冬季室内外之间的空气自然渗透是在风压与热压联合作用下造成的。

二、围护结构的空气渗透性

对象空间的人工环境在很大程度上取决于外围护结构和内围护结构的空气渗透性。在大多数情况下，由于技术经济原因，围护结构要达到完全密封是不可能的，在很多情况下也是没有必要的。因此，围护结构的空气渗透是难以避免的，它将直接影响对象空间的热湿环境和室内的空气状况。

对于密闭空间，空气的渗透强度取决于围护结构两侧面的压差及其对空气的渗透特性。在工程计算中常采用空气渗透系数 I [kg/($m^2 \cdot s \cdot Pa$)] 来表示围护结构的空气渗透特性。空气渗透系数 I 等于当压差为 1Pa 时，在单位时间内通过单位面积围护结构的空气质量。对于大多数围护结构构件，空气的渗透量 j [kg/($m^2 \cdot s$)] 与压差 ΔP 之间具有如下关系[19]：

$$j = s \cdot \Delta P^{1/n} \tag{7-56}$$

式中　s——围护结构的空气传导系数，kg/($m^2 \cdot s \cdot Pa^{1/n}$)；

n——指数，$n=1\sim2$，对建筑物，在可能具有的压差范围内，取 $n=1.5$ 来计算围护结构的渗透量已具有足够的精度。

三、自然渗透条件下围护结构的传热

在由大尺寸构件组成的现代建筑中，围护结构的空气渗透性严重影响室内的热状况、热损失及通过各围护结构的传热。空气渗透性对不同围护结构构件传热的影响是各不相同的，如在供暖季节，对具有最小空气渗透阻力的窗户，空气渗透的结果是增加其热损失；而对于实体和接缝处的空气渗透基本上是使围护结构的内表面温度降低[19]。本节中我们主要讨论在平面多孔围护结构中存在空气自然渗透情况下的传热过程。

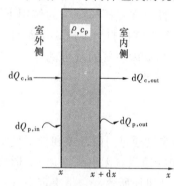

图 7-14　带空气渗透的围护结构导热示意图

在平面多孔围护结构中，由于空气的自然渗透及空气在围护结构空隙流动过程中的热迁移作用，使得围护结构表面的温度场和换热情况与在没有空气渗透时相比将发生显著的改变。在平面多孔围护结构中，由于围护结构空气的渗透量通常不大（一般为 $10m^3$/($m^2 \cdot h$) 左右[19]），空气在围护结构的气孔和毛细管中的移动是缓慢的。因此，可以认为空气在围护结构截面中的温度与围护结构固体材料的温度相等。现取如图 7-14 所示厚度为 dx、空气渗透强度为 j[kg/($m^2 \cdot s$)]的单

元体来研究具有空气渗透的平面多孔围护结构的一维传热过程。

对于被研究单元体，在 $d\tau$ 时间内的能量平衡关系为：

导热传入热量：

$$dQ_{c,in} = q_{c,x} \cdot d\tau \tag{7-57}$$

导热传出热量：

$$dQ_{c,out} = q_{c,x+dx} \cdot d\tau = \left(q_{c,x} + \frac{\partial q_{c,x}}{\partial x}dx \right)d\tau \tag{7-58}$$

空气渗透传入热量：

$$dQ_{p,in} = j \cdot c_{air} \cdot t \mid_{x} \cdot d\tau \tag{7-59}$$

空气渗透传出热量：

$$dQ_{p,out} = j \cdot c_{air} \cdot t \mid_{x+\Delta x} \cdot d\tau = j \cdot c_{air} \cdot \left(t \mid_{x} + \frac{\partial t}{\partial x}dx \right)d\tau \tag{7-60}$$

因此，单元体的总能量平衡为：

$$(\rho c)_p \frac{\partial t}{\partial \tau} \cdot dxd\tau = dQ_{c,in} + dQ_{p,in} - dQ_{c,out} - dQ_{p,out} \tag{7-61}$$

$$q_{c,x} = -\lambda_p \frac{\partial t}{\partial x} \tag{7-62}$$

即：

$$(\rho c)_p \frac{\partial t}{\partial \tau} = \lambda_p \frac{\partial^2 t}{\partial x^2} - j \cdot c_{air} \cdot \frac{\partial t}{\partial x} \tag{7-63}$$

对于稳定过程而言，式（7-63）即为：

$$\lambda_p \frac{d^2 t}{dx^2} - j \cdot c_{air} \cdot \frac{dt}{dx} = 0 \tag{7-64}$$

方程（7-64）的通解为：

$$t = C_1 + \frac{C_2 \cdot \lambda_p}{j \cdot c_{air}} \exp\left(\frac{j \cdot c_{air}}{\lambda_p} \cdot x \right) \tag{7-65}$$

因此，在给定围护结构内外层边界条件：围护结构的内壁面温度 $t(x=\delta)=t_{in}$，外壁面温度 $t(x=0)=t_{out}$，便可得到具有空气渗透的平面多孔围护结构温度场分布为：

$$t = t_{out} + (t_{in} - t_{out}) \cdot \frac{\exp\left(\frac{j \cdot c_{air}}{\lambda_p} \cdot x \right) - 1}{\exp\left(\frac{j \cdot c_{air}}{\lambda_p} \cdot \delta \right) - 1} \tag{7-66}$$

通过围护结构截面的热流为：

$$q = -\lambda_p \frac{\partial t}{\partial x} = -j \cdot c_{air} \cdot \frac{\exp\left(\frac{j \cdot c_{air}}{\lambda_p} \cdot x \right)}{\exp\left(\frac{j \cdot c_{air}}{\lambda_p} \cdot \delta \right) - 1} \cdot (t_{in} - t_{out}) \tag{7-67}$$

由式（7-67）可以得出结论，当围护结构具有空气渗透时，在围护结构的内表面（$x=\delta$）上的热流值最大，随着逐渐靠近外表面，热流值逐渐减小，这是由于加热通过围护结构渗透的室外空气时的热再生而产生的。

为衡量围护结构空气渗透对传热过程影响的大小，定义多孔冷却系数 ε 为具有空气渗透时进入围护结构的热流与无空气渗透时的热流之比，即：

$$\varepsilon = \frac{j \cdot c_{air} \cdot \dfrac{\exp\left(\dfrac{j \cdot c_{air} \cdot \delta}{\lambda_p}\right)}{\exp\left(\dfrac{j \cdot c_{air} \cdot \delta}{\lambda_p}\right) - 1} \cdot (t_{in} - t_{out})}{\lambda_p \dfrac{(t_{in} - t_{out})}{\delta}} = \frac{\chi \cdot \exp(\chi)}{\exp(\chi) - 1} \tag{7-68}$$

式中　$\chi = j \cdot c_{air} \cdot \delta / \lambda_p$ 为相对渗透放热系数，用以表征渗透空气的热容与围护结构传热系数之比。

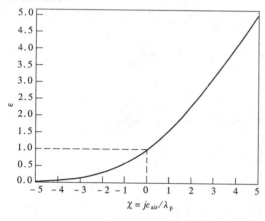

图 7-15　不同渗透状况的相对热耗

以采暖季为例，当围护结构具有空气渗入及渗出时，多孔冷却系数与相对渗透放热系数之间的关系如图 7-15 所示。由曲线看出，随着空气渗入量的增加，多孔冷却系数急剧增大；一般而言，当 $\chi > 4$ 时，热损失实际上可仅用空气的热迁移来计算[19]。在大量空气通过多孔围护结构渗入时，因围护结构传递的热量几乎完全用来加热室外空气，因此围护结构实际上无热损失存在。在渗出情况下，当 $\chi < -4$ 时，由于室内外之间的温差而产生的热传递损失已不存在。当室内采用通风时，若利用多孔外围护结构的通风以替代通常的具有预热室外空气的通风，则有可能显著减小耗热量。

第八节　围护结构节能技术

通过围护结构的传热是建筑负荷的主要来源之一，现有大量的研究针对围护结构提出了节能技术。

一、透明围护结构

透光围护结构热阻较小，且能直接透过太阳辐射，因此得热往往较高。然而，由于采光及美观等优势，玻璃围护结构在新建建筑中采用得越来越多，尤其是民用建筑，成为空调能耗大幅增长的主要原因之一。

国内外众多学者针对降低玻璃围护结构得热开展了很多研究，主要包括提升玻璃自身性能和优化玻璃围护结构形式两个方面。对于玻璃本身，目前已经发展出了众多技术来改进其传热和遮阳性能，比如热反射玻璃、低辐射率（low-E）玻璃、中空玻璃和充气玻璃等。Manz 等[20]甚至研究出了传热系数低于 0.2 W/(m² · K) 的三层真空玻璃。不过，虽然现有的多层中空、真空玻璃技术可以提高隔热效果，但是其成本不菲，长时间使用的可靠性也不高。尤其在冬季，透光围护结构依然是围护结构散热最大的来源之一。对于太阳辐射，目前主要依靠镀膜技术来提高玻璃围护结构的遮阳效果。但镀膜十分昂贵、生产周期长，而且较好的遮阳效果虽可减少夏季辐射量，却也减少了冬季有利的太阳辐射。也有学者对电致变色玻璃等技术进行了研究，但其加工制造更为复杂，远未接近实际推广应用的标准。近年来不少学者对玻璃围护结构的构造形式也提出了一些改进思路，双层玻璃幕墙技术是研究和应用最广的一大类技术。学者们主要从三个方面对其展开了研究，包括传热机理揭示[21]、设计参数优化[22]、经济性和全生命周期评价。随着性能的完善，双层玻璃幕墙已经显示出了较大的节能潜力，Chan 等[23]和 Cetiner 等[24]的研究都表明其节能率在 20％以上。

　　近几年，有学者提出了将水和玻璃围护结构结合的做法以进一步提高其节能性。Chen 和 Lee[25]研究了向玻璃面板喷淋水的效果，即利用蒸发冷却来降低玻璃的温度，结果表明窗户的传热系数可降至 $1W/(m^2 \cdot K)$。Chow 和 Li[26]提出了在双层中空玻璃的夹层内通水带走热量的做法，该系统不仅可以减少玻璃的传热，而且还可以利用太阳能来加热水。不过，由于水解有效吸收太阳辐射，且水温随着循环的进行将逐渐升高，因此节能效果有待进一步提升。Shen 和 Li[27]提出了在双层皮幕墙内布置冷却水管降低围护结构夏季传热的做法，如图 7-16 所示，遮阳百叶的龙骨内布置了水管，通过旋转机构，百叶的角度也可以调节。这一做法主要考虑到透明围护结构处的在夏季温度往往较高，尤其是在太阳辐射下，遮阳百叶的温度甚至可以高达 60℃。此时，通过自然冷源（如冷却塔、地埋管、水源换热器等）制取的冷却水即可有效带走这部分高温热量、减少其向室内的传热。相对于通风冷却的双层皮幕墙，水和百叶或玻璃间的换热系数远大于风和百叶或玻璃间的换热系数，因此这些水和玻璃围护结构结合的系统效果更为理想。此外，在冬季，由于室内外温差较大，透明围护结构的隔热性又一般，因此散热显著。此时若可通过热泵或者自然途径（如太阳能、地埋管）获取低温水，通入玻璃围护结构，则也可大幅降低散热。研究表明，在室外 0℃，室内 20℃的典型情况下，用热泵高效制取 12℃的水通入双层皮幕墙，即可降低 78％的玻璃散热热负荷，相对燃气锅炉供暖的节能率达到 30％。但水和玻璃的结合方式，以及其在不同场合和不同气象条件下的运用模式和运行效果还有待进一步研究。

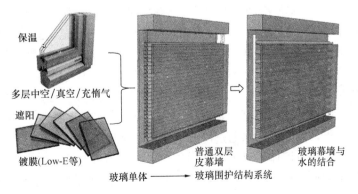

图 7-16　透光围护结构节能技术

二、非透明围护结构

墙体和屋顶，由于其面积较大，也是空调负荷的重要组成部分之一。增加墙体保温性能是较为传统的节能途径，目前外墙保温和空心砖等措施已经在国内得到了广泛的应用。不过，一味地增加外墙保温性能，除了带来了造价高、笨重、防火等问题外，也抑制了室内的散热。如在过渡季及夏季夜间，过好的保温性能会降低房间的自然冷却效果，导致大部分室内发热量只得通过空调排出，如图 7-17 所示。

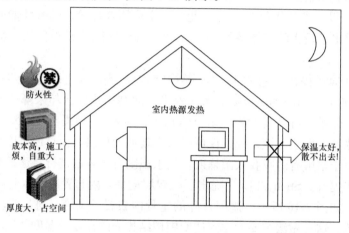

图 7-17 现有外墙保温技术瓶颈

因此，国内外研究学者对墙体节能的新技术展开了探索，包括相变蓄能、通风墙体、被动蒸发冷却等。在相变蓄能方面，Zhang 等[28]提出了理想节能建筑围护结构概念，即通过改善建筑围护结构的蓄热和隔热性能对室外温度波动产生合适的衰减和延迟作用，使得不用采暖和空调即可使室温处于舒适温度区。通风墙体是另一类有效的墙体节能措施，即在外墙内设置空气通道，在夏季可以通入空调系统排风、地道风和夜间凉风等来减少墙体传热、降低墙体温度。被动蒸发降温技术则充分利用了水的潜热，通过往外墙喷淋水，来降低墙体外表面温度以减少传热量。这些墙体节能技术已经提出了多年，也得到了一定的应用，不过它们也存在着一些缺陷。如相变蓄能造价较高、力学性能和阻燃性较差、可靠性不高，在冬季的应用效果有限；通风墙体结构复杂、墙体厚度大大增加，冷空气的来源也不易获得，在夏季应用的效果很有限；被动蒸发冷却技术则需要特殊的多孔调湿材料覆层，并辅以墙面喷淋系统，不仅影响美观，而且容易破损，初投资和运行维护费用均较大，冬季也无法使用。

为了更好地降低围护结构传热，有学者[29]也研究了在墙体和屋顶内布置水管通水的做法。类似于透明围护结构，同样考虑到墙体和屋顶的夏季温度较高，可以直接利用自然环境的低品位能源降低传热负荷。如图 7-18 所示，通过冷却塔、地埋管或水源换热器等制取冷却水，通入围护结构，即可大幅减少传热。Shen 和 Li[30]研究了该结构在北京、上海和广州的应用效果，其中冷却水通过冷却塔制取。结果表明，在北京，埋管后的传热量甚至出现了负值，意味着墙体不仅不朝室内传热，反而还可以从室内吸收热量，这主要得益于北京的湿球温度比较低。在上海和广州，埋管后的传热量较传统墙体均降低了 60%以上。在冬季，非透明围护结构内存在着较大的温度梯度，温度介于室温和室外温度之间。此时埋管围护结构也可以发挥作用。即通过太阳能集热器或者热泵高效制取不高于室温的水，通入墙体或屋顶的换热水管内，减少散热。当然这一做法有待进一步的实验研究来检验实际效果。

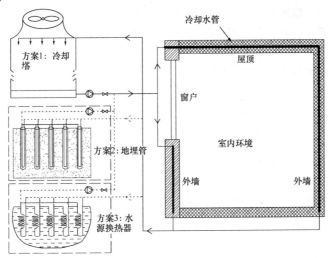

图 7-18　利用自然环境低品位能源降低围护结构传热

主 要 符 号 表

符号	符号意义，单位	符号	符号意义，单位
A	面积，m^2	r	半径，m
a	吸收率；导温系数，m^2/s；	T	绝对温度，K
Bi	毕渥数，$Bi=\alpha r_0/\lambda$	t	摄氏温度，℃
b	宽度，m	Δt	温差，℃
C	有机物浓度，kg/m^3	u	风速，m/s
C_n	遮阳系数	V	体积，m^3
D_m	扩散系数，m^2/s	X	面积比；面积系数
Fo	傅立叶数，$a\tau/r_0^2$	x	角系数；坐标，m
g	标准太阳得热率	SHG	标准玻璃太阳得热量，W
h	高度，m	α	对流换热系数，$W/(m^2 \cdot ℃)$
HG	太阳辐射得热，W	β	散湿系数，s/m
I	太阳辐射强度，W/m^2	γ	透射率
K	传热系数，$W/(m^2 \cdot ℃)$	θ	壁面热流超前角度，°
K_b	平衡常数	ξ	透过率，$mol/(m^2 \cdot h \cdot bar)$
L	通风量，m^3/s	δ	厚度，m
m	透气量，mol/h	ε	黑度
N	壁面年平均传热计算参数，W/℃	λ	导热系数，$W/(m \cdot ℃)$
P	压力，Pa	σ	辐射常数，$W/(m^2 \cdot ℃)$
Q	得热量，辐射量，W/m^2	ρ	半径，m
ΔQ	传热量差值，J 或 kJ	τ	透过率；时间，s
R	表面换热热阻，$(m^2 \cdot ℃)/W$	ω	温度年波动频率
R_v	蒸汽渗透阻，$(Pa \cdot m^2 \cdot s)/kg$	κ	对流传质系数，m/s

主要注角符号：

dif－散射；dy－岩体；env－围护结构；$glass$－玻璃；i－指示值；in－室内；j－指示值；n－内表面；ny－室内年平均；s－实际；Di－直射；$window$－窗；$long$－长波；$short$－短波；out－室外；sr－太阳辐射。

参 考 文 献

[1] 彦启森，赵庆珠．建筑热过程［M］．北京：中国建筑工业出版社，1986.

[2] 朱颖心等．建筑环境学［M］．北京：中国建筑工业出版社，2004.

[3] 刘红敏，谷波．地下建筑围护结构蓄热特性分析［J］．人民长江，2002，33（7）：49-51.

[4] 《地下建筑暖通空调设计手册》编写组．地下建筑暖通空调设计手册［M］．北京：中国建筑工业出版社，1983.

[5] 吴双．汽车空调车身热负荷计算方法分析与比较［J］．汽车空调，2003，2：16-22.

[6] 阙雄才，陈江平．汽车空调实用技术［M］．北京：机械工业出版社，2003.

[7] 廖耀发．建筑物理［M］．武汉：武汉大学出版社，2003.

[8] 吴曙球．建筑物理［M］．天津：天津科学技术出版社，1997.

[9] 成通宝．室内空气品质控制研究［D］．北京：清华大学，2003.

[10] 侯东明．自发式气调装置物理基础的研究［D］．北京：清华大学，1988.

[11] 汤黄华．飞机静压系统气密性的等效检验［J］．洪都科技，1995，4：9-15.

[12] 毛军，薛琳，谭忠盛．新型高速列车隧道空气动力学模型实验系统［J］．北方交通大学学报，2003，27（4）：6-10.

[13] 苏晓峰，程建峰，韩增盛．高速列车气密性研究综述［J］．铁道车辆，2004，42（5）：16-20.

[14] 徐威．高速列车气密性与人体安全标准研究［J］．铁道车辆，1995，33（10）：32-34.

[15] 舒在习．论仓房气密性对储粮安全的影响［J］．粮食储藏，2001，5：33-35.

[16] 赵英杰，张来林，田书普，江永嘉．浅谈筒仓的熏蒸方法及对筒仓气密性要求［J］．粮食储藏，1997，4：3-8.

[17] 代会君．果蔬气调储藏库气密性探讨［J］．机具装备，2003，12：32-33.

[18] 毕龙生．震惊世界的航天器泄漏事故－航天器防漏检漏技术专题研究之一［J］．研究与探讨，1997，4：20-21.

[19] B. H. 巴格斯罗夫斯基 著，单寄平译．建筑热物理学［M］．北京：中国建筑工业出版社，1988.

[20] Manz H, Brunner S, Wullschleger L. Triple vacuum glazing：Heat transfer and basic mechanical design constraints［J］. Solar Energy, 2006, 80（12）：1632-1642.

[21] Saelens D, Roels S, Hens H. Strategies to improve the energy performance of multiple-skin facades ［J］. Building and Environment, 2008, 43（4）：638-650.

[22] Poirazis H, Blomsterberg Å, Wall M. Energy simulations for glazed office buildings in Sweden［J］. Energy and Buildings, 2008, 40（7）：1161-1170.

[23] Chan A L S, Chow T T, Fong K F, et al. Investigation on energy performance of double skin façade in Hong Kong［J］. Energy and Buildings, 2009, 41（11）：1135-1142.

[24] Cetiner I, Özkan E. An approach for the evaluation of energy and cost efficiency of glass façades ［J］. Energy and Buildings, 2005, 37（6）：673-684.

[25] Chen H, Lee S. Estimation of heat-transfer characteristics on the hot surface of glass pane with down-flowing water film［J］. Building and Environment, 2010, 45：2089-2099.

[26] Chow T, Li C. Liquid-filled solar glazing design for buoyant water-flow［J］. Building and Environment, 2013, 60：45-55.

[27] Shen C, Li X. Solar heat gain reduction of double glazing window with cooling pipes embedded in venetian blinds by utilizing natural cooling［J］. Energy and Buildings, 2016, 112：173-183.

[28] Zhang Y, Lin K, Zhang Q, et al. Ideal thermophysical properties for freecooling（or heating）

buildings with constant thermal physical property material ［J］. Energy and Buildings，2006，38 (10)：1164-1170.

［29］　朱求源，徐新华，高佳佳. 内嵌管式围护结构传热分析 ［J］. 制冷技术，2012 (03)：1-5.

［30］　Shen C，Li X，Wu W. Thermal performance of active pipe-embedded building envelope in different regions and orientations ［C］. 7th International Conference of SuDBE，UK，2015.

第八章 内 扰

第一节 室内常见的热源与湿源

室内热源和湿源是影响对象空间人工环境的两种主要内扰形式，包括室内设备、照明、人员和动植物等的产热与产湿。

一、室内常见的热源

在对象空间的人工环境中，室内常见的热源与湿源主要来源于如下几个方面：

（一）室内设备和照明

室内设备可分为电动设备、加热设备和燃烧设备。加热设备一旦将热量散入室内便全部成为室内空气的得热；而电动设备所消耗的能量中只有部分转化为热量散入室内形成室内的热量来源，大部分能量则转化为机械能做功，如该部分机械能消耗在室内，则这部分能量最终会转化为室内的得热；燃烧设备（如室内炊具等）是通过高温加热、燃烧的方式将蕴含于固体、液体或气体燃料中的化学能转化为热能进行加热、烹调等，这部分化学能视其使用情况不同，会部分或全部转化为室内空气的得热来源。对于各种设备的散热量的计算方法可参见文献 [1]。

另外室内照明设备将电能转化为热能释放于室内空气中，也是室内的主要热量来源之一。

（二）室内人员散热

在人员较为密集的室内环境中，室内人员的散热是对象空间室内空气环境的主要热源之一。人体散发的热量有显热和潜热两种形式，显热主要是通过人体表面以对流和辐射及肺部的呼吸从人体内散发出来；而潜热则是通过人体表面的蒸发、扩散及呼吸向对象空间散发水蒸气，以水蒸气携带潜热的形式散发出来。人体的散热量主要取决于性别、年龄、活动程度和环境温度等，在同样的活动强度下，人体的散热量在一定温度范围内可以近似看作是常数，但在不同的环境空气温度下，人体向环境散热量中显热和潜热的比例是随着环境空气温度而变化的，环境空气温度越高，人体的显热散热量就越少，潜热散热量越多。当环境空气温度达到或超过人体体温时，人体向外界的散热形式就全部变成了蒸发潜热散热。表 8-1 是我国成年男子在不同环境温度和不同活动强度条件下向外界显热与潜热散发量分配。

（三）室内动植物的散热

在动物饲养与试验室及植物栽培过程中，为研究环境参数对动植物生长、发育过程的影响，必须通过空调的手段创造和维持动植物所需的热环境。因此，对于动植物所在空间环境，动植物在正常生长、发育等过程中的产热便构成了室内空间的一个主要散热来源之一。

成年男子在不同环境温度条件下的显热、潜热散发量分配[1]　　　　　表 8-1

活动强度	散热散湿	环境温度（℃）										
		20	21	22	23	24	25	26	27	28	29	30
静 坐	显热（W）	84	81	78	74	71	67	63	58	53	48	43
	潜热（W）	26	27	30	34	37	41	45	50	55	60	65
	散湿（g/h）	38	40	45	50	56	61	68	75	82	90	97
极轻劳动	显热（W）	90	85	79	75	70	65	61	57	51	45	41
	潜热（W）	47	51	56	59	64	69	73	77	83	89	93
	散湿（g/h）	69	76	83	89	96	102	109	115	123	132	139
轻度劳动	显热（W）	93	87	81	76	70	64	58	51	47	40	35
	潜热（W）	90	94	100	106	112	117	123	130	135	142	147
	散湿（g/h）	134	140	150	158	167	175	184	194	203	212	220
中等劳动	显热（W）	117	112	104	97	88	83	74	67	61	52	45
	潜热（W）	118	123	131	138	147	152	161	168	174	183	190
	散湿（g/h）	175	184	196	207	219	227	240	250	260	273	283
重度劳动	显热（W）	169	163	157	151	145	140	134	128	122	116	110
	潜热（W）	238	244	250	256	262	267	273	279	285	291	297
	散湿（g/h）	356	365	373	382	391	400	408	417	425	434	443

对此，国内外学者对动植物的散热与散湿进行了大量研究，如 Besch 等在温度为 24℃、相对湿度为 50％的环境下通过直接测量笼养成熟动物的平均产热量 ATHG（average total heat gain），并整理为基础代谢量 M（参见式（3-4））的倍数关系，即：

$$ATHG = bM \tag{8-1}$$

其中各种不同动物的 b 分别为：大鼠的 $b=1.95$，兔 $b=2.66$，贝格狗 $b=1.98$，牛 $b=2.85$，猪 $b=2.41$，鸡 $b=1.91$[2]。ASHRAE 给出了各种实验动物的产热量数据，如表 8-2 所示，并提出可用下式来概算实验动物的平均产热量 ATHG（W/只动物）[3]：

$$ATHG = 2.5M \tag{8-2}$$

而对于植物，其散热过程是伴随其细胞分裂、水分的蒸腾及光合作用等过程发生的复杂的化学、物理过程。植物的散热量受植物种类、周围的热湿环境及光照强度等多种因素的综合影响，在此将不作详细的论述。

实验动物的产热量[3]　　　　　表 8-2

动 物	体重（kg）	基础代谢	产热量（W/只）		
			显热	潜热	全热
小 鼠	0.021	0.19	0.33	0.16	0.49
仓 鼠	0.118	0.70	1.18	0.58	1.76
大 鼠	0.281	1.36	2.28	1.12	3.40
豚 鼠	0.41	1.79	2.99	1.47	4.46
兔	2.46	6.86	11.49	5.66	17.15

续表

动 物	体重（kg）	基础代谢	产热量（W/只）		
			显热	潜热	全热
猫	3.00	7.97	13.35	6.58	19.93
灵长类	5.45	12.47	20.88	10.28	31.16
狗	10.3	20.11	30.71	16.53	47.24
狗	22.7	36.36	67.6	36.39	103.99
山 羊	36	51.39	86.08	42.40	128.48
绵 羊	45	60.69	101.66	50.07	151.73
猪	68	82.65	108.70	85.56	194.26
鸡	1.82	5.47	3.78	6.42	10.20

二、室内常见的湿源

（一）室内开放湿表面散湿

置于室内的开放湿表面或地面积水地表面，水分通过吸收室内空气的显热量而蒸发，湿表面散湿量的大小与室内环境温度、湿表面水温及散湿表面面积有关。在常压下，暴露在室内空气中的开放湿表面或水面的散湿量可按下式计算[3]：

$$W = 1000\beta(P_{sat} - P_{air})F\frac{B_0}{B} \qquad (8-3)$$

式中 P_{sat}——水表面温度下的饱和空气的水蒸气分压力，Pa；

P_{air}——空气中的水蒸气分压力，Pa；

F——水表面蒸发面积，m^2；

B_0——标准大气压力，101325 Pa；

B——当地实际大气压力，Pa；

β——蒸发系数，kg/（N·s），$\beta = \beta_0 + 3.63 \times 10^{-8}u$。$\beta_0$ 是不同水温下的扩散系数，kg/（N·s），见表8-3；

u——风速，m/s。

不同水温下的扩散系数[3]   表8-3

水温（℃）	<30	40	50	60	70	80	90	100
$\beta_0 \times 10^8$	4.5	5.8	6.9	7.7	8.8	9.6	10.6	12.5

（二）室内人员散湿

人体的散湿主要通过呼吸、出汗、人体表面的蒸发与扩散向环境散发水蒸气，人体的散湿量与人体的代谢率有关，不同性别、年龄人员在不同的环境及不同活动强度下其散湿量是不相同的。在人员活动强度一定的条件下，环境温度越高，人体的散湿量也越大；并且在相同的环境温度下，人体的散湿量随活动强度的增大而增加。表8-1列出了我国成年男子在不同环境温度条件和不同活动强度条件下向外界的散湿量。

除上述各常见的湿源外，室内常见湿源还包括工艺过程和工艺设备的散湿以及民用建筑的家用电器、厨房设施、食品、体育与娱乐设施的散湿等，其相关散湿量的计算可根据具体的工艺过程而定。此外，在室内人工环境系统中，室内动物（如试验动物）及植物（如盆景、花卉等）的散湿量也是一个重要的室内产湿来源，试验动物的散湿量（kg/s）可根据表 8-3 所列潜热按下式计算：

$$W = \frac{Q_1}{r} \tag{8-4}$$

式中　　Q_1——动物的潜热发热量，W；

　　　　r——水蒸气的汽化潜热，近似取 2501×10^3 J/kg。

第二节　室内常见污染源

室内空气污染物的种类繁多，来源复杂。对于从事人工环境工程的工作者来说，掌握室内各种空气污染物及颗粒污染物的特点及其来源是控制好室内空气环境的重要前提。

一、室内常见空气污染源

室内空气污染主要包括物理性污染、化学性污染、生物性污染和放射性污染，在本书中主要关注人工环境系统中的前三种空气污染源，通过归纳分类如下：

（一）室内各种燃烧或加热的副产物

燃烧或加热的副产物主要指各种燃料、烟草、垃圾等的燃烧以及烹调油的加热产生的 CO、NO_2、SO_2、可吸入颗粒物、甲醛、多环芳烃等。这些燃烧产物和烹调油烟，都是经过高温反应而产生。

（二）建筑物构件、建筑装饰材料和室内家具

近年来，我国居民小区、写字楼、宾馆，以及其他公共设施建设飞速发展，在建筑物内由于大量使用含有有害物质的装饰材料和建筑材料，使得室内装饰装修和建筑材料释放的有害物成为当前室内空气污染的主要原因。这些建筑材料和装饰材料所释放出来的甲醛和挥发性有机化合物（VOCs）、氨、氡及其子体等对室内空气造成了严重的污染。

（三）家用化学用品

家用化学用品主要包括洗涤剂、杀虫剂、芳香剂、化妆品、粘合剂、清洗剂、地毯洗洁剂及地板蜡等。这些化学用品由于在原材料本身成分中含有某些有害物质或在生产过程中加入了某些挥发性有机物质，使得生产出来的成品化学品中也含有这些物质，在这些化学用品在室内使用过程中，有害物质从化学用品中释放出来，污染室内空气，成为室内空气污染的主要原因之一。部分家用化学用品的典型污染物如表 8-4 所示。

部分家用化学用品产生的空气污染物[4]　　　　　　　　　　表 8-4

家用化学用品	典 型 污 染 物
洗涤剂	芳香族化合物及其衍生物（如甲苯、对二甲苯等）；有机卤化物；醇类；酮类（如丙酮、甲基乙酮等）；醛类、酯类；醚类
杀虫剂	脂肪族化合物（如煤油）；芳香族化合物（如二甲苯）；有机卤化物（如氯丹、对二氯本等）；酮类（如甲基异丁酮）；有机磷（硫）化物
芳香剂	醇类（如丙二醇，异丙醇）；酮类（如丙酮）；醛类（如甲醛、乙醛）；酯类；醚类（如乙醚、丙醚）
化妆品	芳香族化合物（如甲苯、二甲苯）；醇类（如甲醇、乙醇）；重金属微粒（如汞、砷、镉）

（四）现代办公设备

随着科学技术的进步，现代办公设备越来越普及，复印机、图像机、打印机、计算机、摄像设备等逐渐进入室内办公环境中，在这些办公设备使用过程中释放出大量有毒污染物，对室内空气环境造成了严重的污染，部分办公设备产生的空气污染物如表 8-5 所示。

现代办公设备产生的空气污染物[1]

表 8-5

办公设备	典 型 污 染 物
复印机	氯代联苯、环己烷、邻苯二甲酸二丁酯、甲醛
计算机	臭氧、苯酚、甲醛、二甲苯、乙苯、2－丁酮、乙酸－2－甲基丙基酰酸盐、己内酰胺、电磁辐射
复印机　打印机	臭氧、墨粉、甲醇、乙醇、1，1，1－三氯乙烷、三氯乙烷
电子照相印刷机	氨、碳黑、臭氧、苯、甲苯、乙苯、苯甲醚、异丁烯酸、异丙醇、甲基异丁烯酸、壬醛、苯乙烯、1，1，1－三氯乙烷

（五）建筑物的通风空调设备及系统

运行管理及设计不善的通风空调设备及系统也是造成室内空气污染的来源之一。如空调系统新风采集口受到污染；空气系统过滤器失效，导致室内空气污染；气流组织不合理导致污染物在局部死角滞留、积累形成室内污染；空调系统冷却水、冷凝水中可能存在的军团菌而导致的空气微生物污染等。

（六）室内人员的新陈代谢

室内人员自身通过呼吸道、皮肤、汗腺、大小便等向外界排出大量空气污染物，包括 CO_2、氨类化合物、硫化氢等内源性化学污染物。此外，呼出气体中可能还含有 CO、甲醇、乙醇、苯、甲苯、苯胺、二硫化碳、二甲胺、乙醚、氯仿、砷化氢等数十种有害气态物质。人体尿中的有毒物质有 229 种，汗液中有 151 种，通过皮肤排出的有 271 种。英国环境部 1995 年报告中公布 5700 万英国人每年通过排汗和呼吸向大气释放 2500～14000t 氨（NH_3），即每人每日平均排放 120～670mg 氨，并且大约有 80％排放在室内[5]。

此外，人体感染的致病微生物，如流感病毒、结核杆菌、链环菌等也会通过咳嗽、打喷嚏、谈话等喷出，污染室内空气。

（七）室内生物性污染

室内空气中的生物性污染源可分为两类：（1）非致病性腐生微生物：包括芽孢杆菌属、无色杆菌属、细球菌属、防线菌、酵母菌等；（2）来自人体的病原微生物：包括结核杆菌、白喉杆菌、溶血性链球菌、金黄色葡萄球菌、脑膜炎球菌、感冒和麻疹病毒。

室内空气生物性污染因子的来源具有多样性，主要来源于患有呼吸道疾病的病人、动物以及床褥、地毯中孳生的尘螨，厨房的餐具、厨具以及卫生间的浴缸、面盘和便具的细菌和真菌等生物性变态反应原。同时由于建筑物的密闭，使室内小气候更加稳定，温度更适宜，湿度更湿润，通风极差，这种密闭环境很容易促使生物性有机物在微生物作用下产生很多有害气体，如常见的有 CO_2、NH_3、H_2S 等。

二、室内常见颗粒污染源

室内环境中的颗粒物从来源上可以分为两大类，即室外颗粒物和室内发生源，两者共同作用决定了室内空气中颗粒物的浓度和组成。室外颗粒物主要通过门窗等维护结构缝隙的渗透、人工环境系统的新风以及人员带入室内。室内颗粒污染源主要有吸烟、做饭、采暖等燃烧过程、装饰材料和家具的表面散发、空调系统和一些办公设备的使用、人员的呼吸、咳嗽等生理活动及人员活动引起的二次悬浮等[6]。

（一）燃烧过程

大量的研究表明，火炉、烤箱、壁炉的使用以及吸烟、熏香等燃烧过程是室内颗粒物最主要的来源。据统计，世界上约50%的污染主要来自取暖或做饭用的燃料，在发展中国家这个比例更是高达90%[7]。

1. 燃料的燃烧

我国主要的民用燃料为煤和木材，这些燃料不完全燃烧时会产生大量的多环芳香烃（Polycyclic Aromatic Hydrocarbon，PAHs）分布在颗粒物中，当室内通风条件不好时，这些含有大量PAHs的煤烟颗粒物就会严重污染室内空气环境，对人体健康造成难以估量的影响。在PAHs中其主要致癌物质为：苯并（a）芘、苯并（a）蒽（BaA）、苯并荧蒽、茚并（1，2，3-cd）芘，以及二苯并（ah）蒽等。表8-6和表8-7列出了几种类型的煤和木材在燃烧过程中产生颗粒相PAH的数据。

煤燃烧时所散发的颗粒相 PAHs[8]　　　　　　　　　　　　　　表 8-6

编号	种类	无烟煤 (μg/kg 原煤)	烟煤 (mg/kg 原煤)	河北煤 (μg/g 烟尘)	内蒙古煤 (μg/g 烟尘)	山西煤 (μg/g 烟尘)
1	苯并（a）蒽	0.081	6.096	295.0	274.2	173.0
2	苯并（b，k）荧蒽	2.273	6.942	150.8	124.8	165.5
3	苯并（a）芘	0.190	2.458	185.8	158.5	210.1
4	二苯并（ah）蒽	0.657	3.161	53.4	43.9	61.0
5	茚并（1，2，3-cd）芘	0.922	1.461	86.1	53.2	95.7

木材燃烧时所散发的颗粒相 PAHs[8]　　　　　　　　　　　　　表 8-7

| 编号 | 种类 | 马尾松 | | 桉树 (mg/kg) | 松木 (mg/kg) | 橡木 (mg/kg) |
		快烧 (μg/kg)	慢烧 (μg/kg)			
1	BaA	19.25	37.87	0.56	1.2	0.21
2	BbkF	118.68	498.53	0.62	1.46	0.47
3	BaP	108.05	349.73	0.30	0.71	0.23
4	DbahA	50.94	73.49	—	—	0.012
5	IncdP	271.26	377.79	0.17	0.52	0.047

2. 烹饪

由文献[9]研究表明，烹饪过程每分钟可产生可吸入颗粒物（PM_{10}）4.1 ± 1.6mg，其中$PM_{2.5}$的数量为1.7 ± 0.6mg，所占比例约为40%。而在燃气炉的使用过程中，粒径

为 $0.01\sim0.1\mu m$ 的颗粒源计数强度最大，约为 2.0×10^{14} 个/h，随着粒径的增大，源强度依次递减，粒径为 $1\sim2.5\mu m$ 的颗粒源强度只有约 10^{10} 个/h。在燃气炉所产生的颗粒物中，90%以上都属于超细颗粒（$PM_{0.1}$），颗粒的峰值粒径为 $0.06\mu m$ [10]。

文献[11]针对厨房内的颗粒污染情况进行了调查，发现烹饪过程可以使得室内的微小颗粒物的数量浓度增加约五倍，对质量浓度的影响更大；同时对包括比萨制作、油炸、烧烤、微波炉和烤箱的使用等在内的各种不同类型的烹饪行为实测表明，油炸和烧烤这两类烹饪行为所导致的颗粒污染最为严重。

3. 吸烟

近年来，经过调查发现，在办公类环境中，香烟烟尘在颗粒物浓度中所占的比重很大，约为50%～80%，会议室和休息中更是高达80%～90%[12]。

Brauer 等人研究表明，香烟在燃烧过程中平均每分钟可产生细小颗粒 $1.67mg$ [13]，其中 $PM_{2.5}$ 的计重发生率为 $0.99mg/min$，$1\mu m$ 以下颗粒的计数发生率为 1.92×10^{11} 个/min[11]；$0.3\sim0.5\mu m$ 的计数发生率为 4.0×10^{10} 个/支，$0.5\sim1\mu m$ 和 $1\sim5\mu m$ 之间的颗粒发生率分别为 2.1×10^{10} 和 2.1×10^{9} 个/支[12]。在一支香烟的燃烧周期内，平均 1 支香烟燃烧可释放 PM_{10} 颗粒物 $22\pm8mg$，其中粒径为 $PM_{2.5}$ 的颗粒物约占 2/3，为 $14\pm4mg$ [9]。

4. 熏香

熏香在居住环境中的使用已有数百年的历史，但直到最近人们才开始关注其对于室内环境质量的影响。研究表明，熏香在燃烧过程中会产生多种污染物，特别是多环芳香烃、碳氧化物和颗粒物[14]，并且不同类型熏香的颗粒发生率差异很大。文献[15]对香港包括传统型、芬芳型和教堂专用熏香在内的十种熏香进行了研究，发现 $PM_{2.5}$ 和 PM_{10} 的计重发生率的变化范围分别是 $9.8\sim2160mg/h$ 和 $10.8\sim2537mg/h$，并且两种环保型熏香产生的污染物并未显著减少，文献[16]也通过对 23 种熏香的测试证实了这种差异的存在，测试表明 $PM_{2.5}$ 的发生率的变动范围为 $7\sim202mg/h$，并且颗粒的粒径主要集中在 $0.26\sim0.65\mu m$ 的范围内。

（二）人员活动

人员活动也与室内颗粒物质的产生和传播密切相关。人的生理活动，如皮肤代谢、咳嗽、鼻涕、吐痰以及谈话都可能产生颗粒物质；人的家务劳动，如清洁、除尘等也会增加室内的颗粒物含量。Austen 指出，人体是重要的颗粒发生源，静止时 $0.3\mu m$ 以上的颗粒发生率为 10^{5} 个/min，完成起立、坐下等动作时为 2.5×10^{6} 个/min，步行时产生的颗粒数将大大增加[17]。在室内从事家务活动，例如清洁除尘、折叠衣物等，也会引起颗粒的二次悬浮，并且主要对 $2.5\sim10\mu m$ 的颗粒浓度造成影响[18]。人员活动产生颗粒的强度取决于室内的人数、活动类型、活动强度以及地面特性。

（三）设备发生

办公设备的使用是工作环境中重要的颗粒物来源之一。在现代办公设备中，复印机和激光打印机被认为是最主要的两类颗粒发生源[19]，其颗粒发生机制主要是碳粒从硒鼓到纸面传送过程中的损失。文献[20]针对常见的干式复印机进行了小室实验，发现复印机在使用状态和通电闲置状态下均会产生颗粒物，并且颗粒的发生率与复印速率和复印方式（单面/双面）有关，平均每页产生 PM_{10} 的量为 $1.6\sim2.5\mu g$，连续工作时，颗粒发生率为 $1.5\sim3.0mg/h$。Sundell 和 Hetes 等人通过调研发现，办公建筑内普遍存在的病态建筑综合症和复印机的使用密切相关[19]。

第三节 内扰的周期性特征

影响对象空间的内扰（即热源、湿源和污染源）中，部分内扰可认为在一段时间内产生稳定的影响，但也有很多内扰呈现很强的周期性特征。为实现人工环境系统负荷的准确计算和系统的优化设计，准确把握内扰的周期性变化特征尤为重要。由于人员活动与多种内扰的产生与变化密切相关，如人体本身就是重要的潜热和显热的散发源，而人员在室内的工作与活动又会引起室内设备、照明等的产热与产湿，此外，室内多种污染物的散发与人员活动有关。本节主要以人员的周期性变化规律为例，说明内扰的周期性特征。

根据建筑空间的功能不同，人员的空间分布情况会随时间呈现一定的变化规律。以某医院的门诊大厅为例[21]（图 8-1），人员数量在一天内呈现双峰状变化，分别在上午 9 时 30 分和下午 3 时左右达到峰值；从每周工作日的平均人数来看，医院内各建筑空间周一

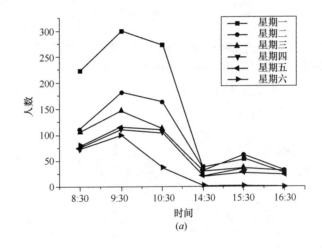

(a)

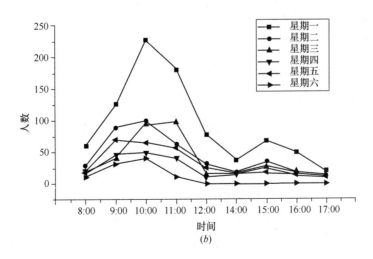

(b)

图 8-1 大厅挂号收费处人数逐时变化

（a）夏天；（b）冬天

医院大厅的人数较多,之后随时间递减;从不同季节来看,冬季上午的人员峰值会有所延后,而下午的峰值会提前。

在办公建筑中,人员的聚集规律与工作的时间点契合较好。图 8-2 为 ASHRAE 90.1-2004[22] 推荐的模拟用办公建筑人员密度的函数,可以看出该函数以一周为周期,工作日人数明显多于周六和周日。

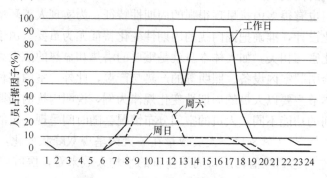

图 8-2 办公建筑人员占据因子[22]

而在以超市为主要代表的生活设施内,周末的人数明显高于工作日,图 8-3 为某超市的人流情况统计结果[23],可以看出,进入超市的人流量较为稳定,在临近关闭时间时人流量快速下降;周六的人流量在 15 时和 19 时左右分别达到最高点,而在工作日,客流情况则比较平稳。

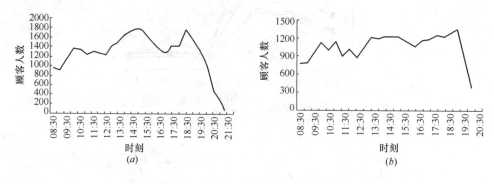

图 8-3 某超市 7 月中旬客流量分布
(a) 周六;(b) 某工作日

从医院、办公建筑和超市的人员分布数据可以看出,民用建筑内的人员分布具有显著的规律性,多数情况下呈现以一周为周期的变化特征,由此,引起人员总发热量、与人员行为相关的设备发热量、污染物散发量等参数,也将对应呈现以周为周期的内扰变化特征。在对人工环境系统进行负荷计算和机组选型时,应充分考虑上述特征。

除建筑内人员密度的周期性变化外,在很多功能性建筑,如实验空间内,当设备作为测试对象时,其开启状态与本身发热强度将按照特定的实验计划呈现周期性变化,由此导致这些设备的发热特征将按照实际使用要求而呈现特定的周期性变化规律。

第四节　内、外扰共同作用的周期特征

建筑空间的内扰和外扰均对对象空间内的空气参数产生影响，因此，均需要通过人工环境系统进行控制。由于内扰和外扰的规律和特点不同，在设计人工环境系统时需要综合考虑两者共同作用下的系统特性，选择合适的周期尺度进行扰动特征分析，从而提高设计准确性。

合适的扰动周期的选择对于最大负荷点确定、系统容量选取、系统运行和控制均具有重要影响。前文第六章第三节和本章第三节分别对外扰和内扰的周期性特征进行了阐述，对于一般的人工环境而言，外扰和内扰的特征周期并不相同，此时，应选取内、外扰周期的最小公倍数作为综合的扰动周期，进行扰动特征的分析。图 8-4 给出了内扰和外扰共同作用的周期性特征示意图，将外扰的变化函数表示为 $f(x)$，周期为 20h，内扰的变化函数表示为 $g(x)$，周期为 8h。假设内、外扰的作用可直接叠加，则共同作用的扰动曲线如图 8-4（c）所示，其综合扰动周期为 40h。

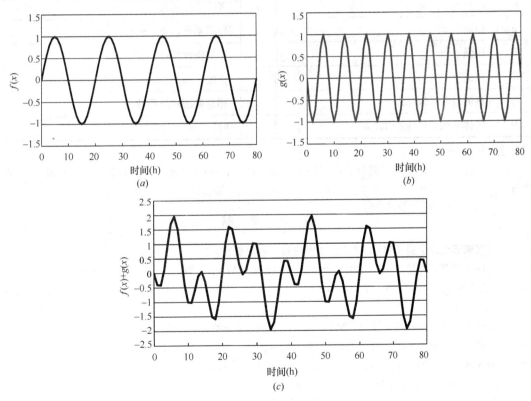

图 8-4　外扰、内扰共同作用的周期性
（a）外扰；（b）内扰；（c）内、外扰共同作用

当然，如果影响对象空间的外扰和内扰均以一日（24h）为周期，则内、外扰共同作用的周期即为一般常用的典型日周期。

主 要 符 号 表

符号	符号意义，单位	符号	符号意义，单位
B	大气压，Pa	s	空气传导系数，kg/(m²·s·Pa^{2/3})
b	倍数	T	热力学温度，K
C	常数	t	摄氏温度，℃
c	比热，J/(kg·℃)	u	风速，m/s
F	面积，m²	V	体积，m³
I	空气渗透系数，kg/(m²·s·Pa)	W	传湿量，kg/(m²·s)
j	空气渗透量，kg/(m²·s)	β	蒸发系数，kg/(N·s)
k	漏气系数，m⁵/(N·s)	δ	围护结构厚度，m
M	基础代谢量，W/m²	Δ	差值
m	质量流量，kg/s	ε	多孔冷却系数
n	指数	λ	导热系数，W/(m·℃)
P	压强，Pa	ξ	非气密性指标，m²/(N·s)
Q	热流量，W	ρ	密度，kg/m³
q	热流通量，W/m²	χ	相对渗透放热系数
R	气体常数，J/(kg·K)	τ	时间，s

主要注脚符号：

0—初始；air—空气；c—传导；i—第 i 层；in—内部；out—外部；p—材料；sat—饱和；v—水蒸气。

参 考 文 献

[1] 空气调节设计手册 [M]. 北京：中国建筑工业出版社，1995.

[2] 山内忠平著，沈德余 译. 实验动物的环境与管理 [M]. 上海：上海科学普及出版社，1989.

[3] ASHRAE Handbook, Fundamentals, F10. Environmental Control for Animals and Plants [M], 2005.

[4] 朱乐天. 室内空气污染控制 [M]. 北京：化学工业出版社，2003.

[5] 贾衡. 人与建筑环境 [M]. 北京：北京工业大学出版社，2001.

[6] Morawska L, Zhang J. Combustion sources of particles：1. Health relevance and source signatures [J]. Chemosphere. 2002，49：1045-1058.

[7] Naether L P, Smith K R, Leaderer B P. Carbon Monoxide as a tracer for assessing exposures to particulate matter in wood and gas cookstove households of Highland Guatemala [J]. Environmental Science and Technology. 2001，35：575-581.

[8] 张颖. 室内可吸入颗粒物的健康危害评价方法研究及应用 [D]. 北京：清华大学，2005.

[9] Wallace L. Indoor Particles：A Review [J]. Air & Waste Manage Assoc. 1996，46：98-126.

[10] Wallace L, Emmerich S and Howard-Reed C. Source strengths of ultrafine and fine particles due to cooking with a gas stove [J]. Environ. Sci. Technol. 2004，38：2304-2311.

[11]   He C, Morawska L, Hitchins J, Gilbert D. Contribution from indoor sources to particle number and mass concentrations in residential houses [J]. Atmospheric Environment. 2004, 38: 3405-3415.

[12]   何德林等编译. 空气净化技术手册 [M]. 北京: 电子工业出版社, 1985.

[13]   Brauer M, Hirtle R, Long B, Ott W. Assessment of indoor fine aerosol contributions from environmental tobacco smoke and cooking with a portable nephelometer [J]. Journal of Exposure analysis and Environmental Epidemiology. 2000, 10: 136-144.

[14]   Koo L C, Matsushita H, Shimizu H, Mori T, Tominaga S. Sources of PAHs in the indoor air of Hong Kong homes [C]. Proceedings of the International Conference on Priorities for Indoor Research and Action, Switzerland, 1991. Indoor Environment 1: 53.

[15]   Lee S H, Wang B. Characteristics of emissions of air pollutants from burning of incense in a large environmental chamber [J]. Atmospheric Environment. 2004, 38: 941-951.

[16]   Jetter J J, Guo ZS, McBrian J A, Flynn M R. Characterization of emissions from burning incense [J]. Science of the Total Environment. 2002, 295: 51-67.

[17]   Austen P R. Contamination Index [R]. AACC, 1965.

[18]   Long C M, Suh H H, and Koutrakis P. Characterization of indoor particle sources using continuous mass and size monitors [J]. Air & Waste Manage. Assoc. 2000, 50: 1236-1250.

[19]   Hetes R, Moore M, Northeim C and Leovic K W. Office equipment: design, indoor air emissions and pollution prevention opportunities [R], North Carolina, US environmental protection agency (Report EPA-600/ R-95-045), 1995.

[20]   Brown S K, Assessment of pollutant emissions from dry-process photocopiers [J], Indoor Air. 1999, 9: 259-267.

[21]   陈敏. 我国综合医院人流量预测模型的研究 [D]. 重庆: 重庆大学, 2012.

[22]   Standard A. Standard 90.1-2004. Energy standard for buildings except low-rise residential buildings [S], 2004.

[23]   赵加宁, 武丽霞, 王昭俊, 方修睦. 大型超市客流量的调查与分析 [J]. 暖通空调, 2004, 34 (6): 53-56.

第三篇　人工环境的营造方法

　　尽管人工环境的种类很多，但人工环境的营造方法却具有共同特征，主要包括整体保障法和局域保障法。人工环境的营造就是利用整体保障和/或局域保障法将整个或局部对象空间内空气的压力、气体成分（包括 O_2、N_2、CO_2 以及气体污染物浓度）、悬浮颗粒物浓度、温度、湿度和风速等所有或部分参数控制在需求范围内。

　　本书所研究的对象空间包括密闭空间和非密闭空间，在营造两类空间所需环境时，悬浮颗粒物浓度、温度、湿度和风速的控制方法基本相同；而空气压力和气体成分的控制方法则有所不同，对于密闭空间主要采取加入或去除空气中部分组分的方式来控制，而对于非密闭空间则主要是利用大气环境中的新鲜空气。

　　本篇将分两章阐述人工环境的营造方法：第九章主要介绍对象空间内空气成分的制备与空气处理方法，包括对象空间内主要空气成分 O_2 和 N_2 的制取、CO_2 的去除、气体污染物的净化、悬浮颗粒物浓度控制以及温、湿度的控制方法，其目的是为对象空间的空气环境营造提供基础条件和技术途径；第十章主要介绍保障对象空间内空气参数的基本原理和具体措施，为人工环境的营造提供技术方法。

第九章　空气成分的制备与处理

　　包围在地球表面的空气层称为大气，大约有 1000km 厚，其中距地面 59km 以内的通常称为空气。空气是由自然界生态再生循环形成的一种混合气体，其组分可分为恒定的和可变的两部分。恒定部分是氧、氮和惰性气体；而可变部分主要有二氧化碳、臭氧、水蒸气以及一些气体污染物和悬浮颗粒物，他们在不同的地区和场合均有一定的变化[1]。

　　人工环境所研究的对象空间包括密闭空间和非密闭空间，不同的对象空间对空气的压力、气体成分（包括 N_2、O_2、CO_2 及气体污染物浓度）、悬浮颗粒物浓度和温、湿度等有不同要求，因此必须对其进行控制。实际上，空气压力控制的实质也是控制对象空间内空气各组分的分子数量，往往与气体成分控制密切相关；湿度控制则是对空气中的水蒸气分压进行控制。因此，从广义上看，对空气的压力、气体成分（包括 N_2、O_2、CO_2 及气体污染物）、悬浮颗粒物浓度、空气湿度以及与湿度关联性极强的温度的控制均可归于对空气成分的控制。

　　一般而言，空气成分控制可由两条途径实现：一是制备空气成分，然后在设定投入点投放到对象空间的空气中；二是对空气进行处理来调节空气参数，可以调节单个参数，也可以综合调节多个参数。

　　本章将讲述人工环境对象空间内空气成分控制的基本原理、作为空气主要组分源 O_2 和 N_2 的制取方法、CO_2 和气体污染物的去除以及悬浮颗粒物的控制方法，最后介绍空气的温、湿度控制方法。

第一节　空气成分控制的基本原理

　　空气是一种由 N_2、O_2、CO_2、Ar、各种污染气体以及水蒸气等多种成分组成的混合气体。空气及其主要组成成分（简称：组分）的物理化学性质参见表 9-1。各种组分在人工环境中具有不同的特性和功能。O_2 是维持人体和动物新陈代谢的必要条件，其分压大小直接影响其生存与健康；CO_2 是人体和动物新陈代谢的产物，同时又是植物光合作用合成有机物的原料；N_2 是一种化学性质非常稳定的气体，是调节大气压力、O_2 浓度以及维持气压平衡的重要成分；水蒸气在空气中虽然含量（分压力）较小，但所蕴含的潜热却很大，对人体、动物的热舒适性影响很大。

空气及其主要气体组分的物理化学性质[2]　　　　　　　　　　表 9-1

名　称	空　气	O_2	N_2	Ar
相对分子量	28.96	32	28.02	39.94
气体常数〔kJ/（kg·K）〕	0.5183	0.25988	0.29675	0.2085
标准状态下的密度（kg/m³）	1.293	1.430	1.252	1.785
在空气中的体积浓度（%）	100	20.95	78.09	0.93
在空气中的质量浓度（%）	100	23.51	75.51	1.28

续表

名　　称	空　气	O_2	N_2	Ar
101.3kPa 状态下的沸点（℃）、（K）	−194.1～−191.3 (79.6～81.86)	−182.82 (90.34)	−196 (77.16)	−185.71 (87.45)
101.3kPa 状态下的熔点（℃）、（K）	—	−218.25 (54.91)	−210 (63.16)	−189 (84.16)
1L 液态气化为 0℃、101.3kPa 状态下的气体体积（L）	675	800	643	780
15℃、101.3kPa 状态下 1 m³ 气体液化为液体体积（L）	1.379	1.15	1.421	1.166

一、分压定律

常压空气可以认为是理想气体。根据道尔顿分压定律，理想混合气体的总压力 p 等于组成该混合气体的各组分气体的分压力 p_i 之和。每种气体都处于各分压力作用之下，构成空气的各种组分都具有与混合气体（空气）相同的体积和温度。即

$$p = \sum_{i=1}^{n} p_i \tag{9-1}$$

自然界中常压下的空气总压力为当地的大气压力 B，故式（9-1）可写成：

$$B = \sum_{i=1}^{n} p_i \tag{9-2}$$

而在人工环境领域，通常将一些人造密闭空间（如载人航天器和潜艇等）内的空气称为舱内大气，将舱内大气压力称为"大气总压"[3,4]，用 p 表示。密闭空间的大气总压同样遵循式（9-1）所述的分压定律。

二、空气成分控制的基本原理

空气成分控制的基本原理，就是利用道尔顿分压定律，改变（提高或降低）一种或几种空气组分的分压力，以改变相应组分在空气（混合气体）中的（体积或质量）浓度。

在人工环境领域，空气成分控制包含两方面内容：（1）采取一定的技术手段提供或制取被调控组分的"源"或"汇"；（2）在对象空间内设置需求组分"源"，通过加入高浓度的需求组分，利用稀释原理以提高对象空间内需求组分的分压（或浓度），或在对象空间内设置能够吸收有害组分的"汇"，利用物理或化学方法，除去对象空间内的有害组分，从而降低有害组分的分压（或浓度）。

常用的空气组分"源"有 N_2 源、O_2 源、H_2O 源。例如，在载人航天器中通常采用携带上天的压缩 N_2 和 O_2 作为氮源和氧源，也可采用各种氧化物和过氧化物（如 NaO_2、Li_2CO_3、$LiClO_4$ 等）作为氧源；为调节空气湿度，常采用喷水雾、喷蒸汽来实现，其水雾和水蒸气就是水（或水蒸气）源。而有害气体的"汇"大多因气体成分不同而异。例如，用活性炭吸附 VOCs、用 LiOH 吸收 CO_2、用盐溶液（或冷却盘管）除湿、用过滤器和静电除尘装置除去空气中的悬浮颗粒物等，其活性炭、LiOH、盐溶液（或冷却盘管）、过滤器和静电除尘装置等就是各对应成分的"汇"。

第二节　氧气与氮气制取

瑞典药剂师 C. W. Scheele 于 1771 年 6 月在加热二氧化锰和硫酸时发现了 O_2（这比英

国化学家 J. Priestley 还要早一年，C. W. Scheele 在 1772 年与苏格兰科学家 D. Rutherford 同时发现了 N_2[5]）。O_2 在常温常压下为无色、无味、透明的气体，在标准大气压下冷却至 $-183℃$，就变成天蓝色、透明而且易于流动的液体，当将液态氧继续冷却至 $-218℃$ 时，将形成蓝色的固态晶体。O_2 是人类以及其他生物进行生命活动的重要物质，同时也是重要的化工原料，广泛应用于环控生保系统、医疗保健和冶金工业、化学工业以及其他工业领域。

为获得各种用途的 O_2，就需要把氧从它的混合物（如：人气）或化合物（如：各种氧化物和过氧化物）中提取出来。因此，O_2 的制取有物理方法和化学方法两大类，即称为物理制氧和化学制氧。物理制氧的原料是大气，主要采用深冷法、变压吸附法和膜分离法等空气分离技术；而化学制氧则采用化学反应来实现，其原料是含有氧原子的化合物。

N_2 是空气的主要成分，由于其化学性质极其稳定，难以用化学方法进行制取，目前的制取方法主要是空气分离，空气分离制氧的过程同时也是制氮的过程。

一、空气分离制氧与制氮

空气分离法制氧与氮就是采用一定的技术措施将 O_2、N_2 从空气（混合物）中分离出来的方法，主要包括深冷法（低温精馏法）、变压吸附法和膜分离法。采用这些物理方法制备的 O_2 和 N_2，通过管道输送至需求地点，或用容器将其液态或气态储存起来作为人工环境空气成分控制的氧源和氮源。

关于空气分离技术已有大量的专著进行论述[2,5,6]，表 9-2 只给出三种方法的基本原理与特点供读者参考。

三种空气分离法制氧、制氮的比较 表 9-2

项　目	深冷法（低温精馏法）	变压吸附法	膜　分　离　法
原理	液化后根据各组分沸点差进行蒸馏分离	根据吸附剂对特定气体进行吸附和解吸	根据有机聚合膜对特定气体的渗透选择性
技术成熟度	技术成熟	技术革新中	技术开发
装置规模	大规模（$>1000m^3/h$）	中小规模（$1\sim1000m^3/h$）	（超）小规模（$1\sim100m^3/h$）
产品气浓度（O_2）	高纯度（$>99\%$）	中等纯度（$90\%\sim99\%$）	低纯度（$25\%\sim50\%$，富氧空气）
产品气浓度（N_2）	高纯度（$>99\%$）	中等纯度（$95\%\sim99\%$）	高纯度（$>99\%$）
产品形态	液态、气态	气态	气态
能耗[$kW/(m^3\cdot h)$]（按 30% O_2 浓度换算）	$0.04\sim0.08$	$0.05\sim0.15$	$0.06\sim0.12$
其他特点	适用于大规模生产、产品气为干气	可无人运行、吸附剂寿命 10 年以上、有噪声、产品气为干气	简单连续过程、装置及操作简单、可无人运行、无噪声、清洁、产品气为干气

另外，在有些工艺过程中需要制取低氧空气，此时可以采用燃烧碳氢化合物的方法消耗空气中过多的 O_2，从而提高对象空间中的氮气浓度，这就是"碳氢化合物燃烧制氮法"。该方法在气调贮藏中常用，其基本原理是：以铂作为催化剂在空气环境中燃烧甲烷或丙烷，减少空气中的含氧量，从而制取 N_2 浓度较高的空气[7]，其反应方程式为

$$CH_4 + 2O_2 \xrightarrow{\text{催化剂}} CO_2 + 2H_2O + Q \tag{9-3}$$

$$C_3H_8 + 5O_2 \xrightarrow{\text{催化剂}} 3CO_2 + 4H_2O + Q \tag{9-4}$$

从反应式可知，$1m^3$ 的丙烷可消耗 $5m^3$ 的 O_2，燃烧后 O_2 减少得到纯度较高的 N_2，但又产生了 CO_2 和水，并放出热量，燃烧温度高达 $500 \sim 800℃$，因此获得的 N_2 必须经过冷却装置降温和脱除 CO_2 后才能进入气调储藏库。

二、化学制氧

化学制氧是采用化学反应来实现，主要包括超氧化物、氯酸钠氧烛、水电解制氧等方法。化学制氧在人工环境领域的对象空间空气成分控制中起着重要作用，故下面将对此进行较为详细地介绍。

（一）超氧化物制氧

氧原子具有一种本身会彼此链接起来的特殊本领，这种现象称为氧原子的自链现象。氧原子自链可以构成不同的负电性离子，如过氧离子 O_2^{2-}、超氧离子 O_2^- 和臭氧离子 O_3^-。这些离子与具有最小电离能、易失去电子形成正电性离子的元素（碱金属和碱土金属）结合，形成过氧化物、超氧化物和臭氧化物[8]。在制氧技术中，一般采用超氧化物和过氧化物。

过氧化物是一种很活泼的氧化剂，氧化能力胜过元素氟、高锰酸钾等强氧化剂，在处理、储存和使用超氧化物时要特别小心，不能与木材、纸、布等可燃物接触，以免引起燃烧与爆炸。超氧化物的氧化能力比过氧化物还强。

超（过）氧化物在水蒸气存在的条件下与 CO_2 反应生成 O_2 常作为空气再生的方法，由于同时可以消耗一定量的 CO_2，故制取 O_2 的过程即为空气的再生过程。目前常用的碱金属超氧化物主要是超氧化钠（NaO_2）和超氧化钾（KO_2）。

在常温（$20 \sim 50℃$）条件下，超氧化钾和水、CO_2 的主要反应式如下：

$$2KO_2 + H_2O \longrightarrow 2KOH + \frac{3}{2}O_2 + Q \tag{9-5}$$

$$2KOH + CO_2 \longrightarrow K_2CO_3 + H_2O + Q \tag{9-6}$$

$$KOH + CO_2 \longrightarrow KHCO_3 + Q \tag{9-7}$$

式中，Q 代表放热反应。

还有一些水合反应与上述反应相竞争：

$$KOH + mH_2O \longrightarrow KOH \cdot mH_2O + Q \tag{9-8}$$

$$K_2CO_3 + nH_2O \longrightarrow K_2CO_3 \cdot nH_2O + Q \tag{9-9}$$

m 通常为 $3/4$、1、2；n 为 $1/2$、$3/2$。

还有一些其他反应发生，如：

$$K_2CO_3 + H_2O + CO_2 \longrightarrow 2KHCO_3 \tag{9-10}$$

$$KHCO_3 + KOH \longrightarrow K_2CO_3 + H_2O \tag{9-11}$$

$$2KO_2 + 2H_2O \longrightarrow 2KOH + H_2O_2 + O_2 \tag{9-12}$$

$$2H_2O_2 \xrightarrow{\text{催化剂}} 2H_2O + O_2 \tag{9-13}$$

超氧化钠也有类似反应：

$$2NaO_2 + H_2O \longrightarrow 2NaOH + \frac{3}{2}O_2 + Q \tag{9-14}$$

$$2NaOH + CO_2 \longrightarrow Na_2CO_3 + H_2O + Q \tag{9-15}$$

$$2NaO_2 + CO_2 \longrightarrow Na_2CO_3 + \frac{3}{2}O_2 + Q \tag{9-16}$$

$$Na_2CO_3 + H_2O （汽） \longrightarrow Na_2CO_3 \cdot H_2O + Q \tag{9-17}$$

在不同的 CO_2 浓度、温度和湿度条件下，超氧化物所进行的反应就会不同。这里以超氧化钾为例来进行说明[8]。

1. CO_2 浓度的影响

由反应式（9-5）和（9-6）可知，常温下 KO_2 和 CO_2 反应生成 K_2CO_3。白色 K_2CO_3 覆盖层包围在未起反应的黄色的 KO_2 外，高浓度 CO_2 虽可以穿越 K_2CO_3 覆盖层与 KO_2 发生反应，而低浓度 CO_2 则难以扩散到 KO_2 内层，将降低制氧量。

2. 湿度的影响

KO_2 与水反应将放出 O_2 并形成 KOH，见反应式（9-5），反应过程中形成的 KOH 进而吸收 CO_2，有可能发生（9-6）或（9-7）两种反应。由反应式（9-5）和（9-6）可以看出，参加反应的水和 CO_2 的摩尔数之比为 $1:1$；进行（9-5）和（9-7）式反应时，水和 CO_2 的摩尔数之比为 $1:2$。也就是说，在水和 CO_2 的比例较高的情况下，反应主要形成 K_2CO_3；而水和 CO_2 的比例较低时生成 $KHCO_3$。因此，增加空气的湿度或向超氧化钾药剂上喷洒适量的水，可阻止化学反应向生成 $KHCO_3$ 方向进行，提高产氧量，但同时也减少了对 CO_2 的吸收，故宜在 CO_2 浓度较低时进行。

在湿度增大的情况下，反应式（9-8）和（9-9）这些水合反应也将不同程度地出现，生成较多的氢氧化物和碳酸盐的水合物，由于它们含有一定的结晶水，将提高反应物的比容积，增加了影响反应过程的扩散阻力，从而降低了对 CO_2 的吸收效率。

3. 温度的影响

反应式（9-5）在常温下进行很快，温度越高，放氧的速度也越快。因此，在高温、高湿条件下，欲降低 O_2 的浓度，需采取降温、除湿措施。然而，在低温（$-10 \sim 10℃$）条件下，超氧化钾 KO_2 与水、CO_2 的反应放出的 O_2 量将大大减少，并生成过氧化钾 K_2O_2，K_2O_2 继续强烈地吸收水蒸气，形成结晶水合物及其溶液。即

$$2KO_2 + xH_2O \longrightarrow K_2O_2 \cdot nH_2O + O_2 + （x-n）H_2O \tag{9-18}$$

因此，超氧化钾与水的低温反应生成了过氧化钾水合物，使得有 $1/3$ 的氧不能释放出来。结晶水合物又可与 CO_2 反应，形成过氧碳酸钾。

$$K_2O_2 \cdot nH_2O + 2CO_2 \longrightarrow K_2C_2O_6 + nH_2O \tag{9-19}$$

超氧化物的低温反应与高温反应不同，它因扩散阻力的增大和区域过热造成反应进行得不完全，其最终产物是多种成分：过氧碳酸盐、过氧化物结晶水合物、碳酸盐、碳酸氢盐、氢氧化物和超氧化物。不管是氢氧化物的水合物还是过氧化物的水合物，其结晶水量

增高都会提高反应物的比容积，增大了决定整个反应过程速率的扩散阻力，导致超氧化物吸收含水蒸气的 CO_2 后发生膨胀与糊状现象，致使 CO_2 的吸收效率降低、产氧量减少。

（二）氧烛制氧

氧烛是以氯酸盐为主要原料，添加少量作为燃料的金属粉，以及催化剂（如抑氯剂）和胶粘剂，均匀混合后加压成形的固体制氧原料，与蜡烛的燃烧现象相似，因其燃烧分解过程沿着烛体逐层进行，故被命名为氧烛。氯酸盐的一些基本特性见表 9-3。

碱金属氯酸盐的理化常数[9]　　　　　　表 9-3

化学名称	分子式	分子量	氧密度（g/L）	熔点（℃）	分解温度（℃）	吸湿性
氯酸锂	$LiClO_3$	90.4	1397	129	270	极吸湿
氯酸钠	$NaClO_3$	106.5	1123	261	478	微吸湿
高氯酸锂	$LiClO_4$	106.4	1445	247	410	—
高氯酸钠	$NaClO_4$	122.5	1300	471	482	—
液　　氧	O_2	32	1140	585	—	—
15.5MPa 压缩氧	O_2	32	172	—	—	—

在表 9-3 所列的碱金属氯酸盐和高氯酸盐中，目前一般采用氯酸锂（$LiClO_3$）作为氧源。其单位体积的含氧量与液氧相差很小，是 15.5MPa 商用压缩氧的 6 倍。而在航天空间站则使用价格昂贵的高氯酸锂（$LiClO_4$）为原料[10]，因含氧密度最大，可以减少占用空间，并减轻发射时的重量负荷。

碱金属的氯酸盐和高氯酸盐都可以由热分解而产生纯净的 O_2。化学反应式如下[8,11]：

$$4MClO_3 \xrightarrow{\Delta} 3MClO_4 + MCl \tag{9-20}$$

$$MClO_4 \xrightarrow{\Delta} MCl + 2O_2 \tag{9-21}$$

$$2MClO_3 \xrightarrow{\Delta} 2MCl + 3O_2 \tag{9-22}$$

式中，M 表示碱金属。在适中的温度条件下按式（9-20）和（9-21）式进行，高温时按式（9-22）式进行，当温度大大超过其分解温度时，也会生成氯的氧化物 ClO_2。如果在分解过程中有水存在，会产生氯气：

$$2MClO_3 \xrightarrow{H_2O} M_2O + Cl_2 + \frac{5}{2}O_2 \tag{9-23}$$

氯酸盐热分解一般都发生在熔点以上，并且随着 O_2 的产生而释放出热量。热分解是逐步进行的：

$$NaClO_3（固体，室温）\xrightarrow{\Delta} NaClO_3（固体，融化温度 261℃）$$
$$\xrightarrow{\Delta} NaClO_3（液体，融化温度 261℃）\xrightarrow{\Delta} NaClO_3（液体，分解温度 478℃）$$
$$\longrightarrow NaCl + \frac{3}{2}O_2 + 热量 \tag{9-24}$$

氧烛是在氯酸盐中加入燃料、抑氯剂和胶粘剂形成的固体制氧原料。其燃料、抑氯剂和胶粘剂在氧烛中具有重要作用[8]。

（1）燃料：虽然氯酸盐的热分解反应是放热反应，但其反应所释放的热量远远不能满足燃烧氧烛的热量损失。为维持氧烛的燃烧，必须加入一定量的燃料，希望用最小量的燃料消耗获得最多的热量，以保证最大的产氧量，一般使用的燃料有镁、铁、铝、硼、锰等可燃性粉末。通过点燃可燃性物质，释放大量的热，从而使氧烛能自动地不断燃烧下去。如镁粉燃烧时，生成 MgO，并放出大量的热：

$$2Mg+O_2 \longrightarrow 2MgO+24.65kJ/g \tag{9-25}$$

在氧烛中，燃料比例一般为 $4\%\sim6\%$，燃料太少，氧烛不能持续燃烧，引燃后短时间就会熄灭；燃料分布不匀也会影响氧烛的燃烧速度，发生时快时慢现象。选用燃料主要考虑其易燃性和燃烧值大小。

（2）抑氯剂：氧烛燃烧时如果存在水分或燃烧温度过高，会产生 Cl_2 和 ClO_2 等有毒气体，必须进行清除。通常在氧烛的组分中加入碱性氧化物进行吸收，同时考虑到氧烛的含氧量，一般采用过氧化物（如过氧化钡、过氧化锂）作为抑氯剂，其抑氯原理如下：

$$BaO_2+Cl_2 \longrightarrow BaCl_2+O_2 \tag{9-26}$$

抑氯剂除抑氯作用外，还起到提高反应速率、提供热量和 O_2 的作用。抑氯剂在氧烛中的含量一般为 $2\%\sim5\%$。

（3）胶粘剂：氧烛燃烧时会达到很高的温度，使氧烛呈熔融状态，为保证氧烛结构的完整，维持燃烧时熔块与未燃部分的连结，需要一定数量的胶粘剂。胶粘剂采用石棉、玻璃纤维和钢毛等无机纤维材料，一般占氧烛重量的 $4\%\sim7\%$，胶粘剂比例过低容易出现断裂现象，比例过高会降低含氧量，同时因纤维蓬松的关系而使氧烛密度降低。

产氧量和杂质气体含量是评价氧烛性能和氧烛技术水平的两个重要指标。到目前为止，产氧量的提高主要有两条途径[8]：（1）使用含氧量高的氯酸盐，提高烛体中的氧密度，如"和平号"空间站使用的氧烛是以高氯酸锂为原料；（2）通过寻找催化剂，降低氯酸盐分解温度，从而减少烛体中燃料的使用量，提高氯酸盐的含量。

降低杂质气体含量是氧烛制氧技术的一个难点，目前的主要方法仍为提高原料纯度和加入抑氯剂，但仍不能完全避免微量有害气体的产生。为此，必须将氧烛产生的 O_2 通过化学过滤器，利用化学吸附[12,13]，消除有害气体。

由于氯酸钠反应的特点及工艺技术要求，现有氧烛配方存在三个问题：（1）大型氧烛的产氧过程难以控制，造成浪费严重；（2）燃料燃烧消耗部分制取的 O_2，降低了产氧量；（3）制氧过程中产生大量烟雾和多种有害气体，导致过滤器材结构复杂、消耗大。文献[9]针对氯酸钠氧烛中燃料燃烧法的缺陷，提出利用微波场对制氧剂快速均匀地内外加热，诱导催化剂有效催化氯酸钠产生 O_2 的微波诱导催化法氧烛制氧技术。由于去掉了燃烧过程中的燃料，避免了已制备 O_2 的消耗、有效地抑制了杂质气体的产生；更为重要的是，可以通过调节微波能量的加载和卸载控制氧烛制氧过程的产氧量，从理论上解决了氧烛产氧过程不可控的难题。

（三）电解制氧

电解制氧的典型方法是对含氧化合物（如 CO_2、水）进行电解[3]，使之释放出 O_2。

1. 电解二氧化碳制氧

CO_2 直接电解制氧的方法可以省去密闭空间环控生保系统中的 CO_2 还原装置，简化了氧再生系统，是一种很有前途的方法。CO_2 的电解方程式为

$$CO_2 \xrightarrow{电解} C+O_2 \tag{9-27}$$

从式（9-27）可以看出，1kg CO_2 电解后产生 0.73kg O_2 和 0.27kg C，这种比例与人体的呼吸商不匹配，因此，为维持密闭空间内人体氧化代谢量的平衡，直接电解 CO_2 制氧的同时还需匹配一部分水电解制氧。

2. 电解水制氧

水电解制氧有两种基本类型，即固态聚合物电解质水电解制氧和静态供水水电解制氧。水电解方程式为

$$2H_2O \xrightarrow{\text{电解}} 2H_2 + O_2 \tag{9-28}$$

从上式可以看出，从 1kg H_2O 中可以产生 0.89kg O_2 和 0.11kg H_2，是一种高密度制氧方式。

（1）固态聚合物电解质水电解制氧

从原理上讲，固态聚合物电解质水电解制氧技术是燃料电池技术的逆应用，其工作原理如图 9-1 所示。固态聚合物电解质是一种氟磺酸型的离子交换膜，当这种聚合物浸满水时具有良好的导电性，是一种良好的离子导体，构成水电解所需的唯一电解质，在聚合物电解质膜两侧设置两个电极，分别构成氧电极（阳极）和氢电极（阴极）。两极上的反应如下：

阳极： $$2H_2O \longrightarrow 4H^+ + 4e^- + O_2 \tag{9-29}$$

阴极： $$4H^+ + 4e^- \longrightarrow 2H_2 \tag{9-30}$$

电解反应是放热反应，需要使用循环水进行散热，同时还需考虑电解质膜两侧的压差控制和气体出口的气液分离问题。

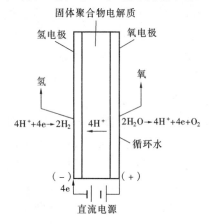

图 9-1 固态聚合物电解质
水电解原理图[3]

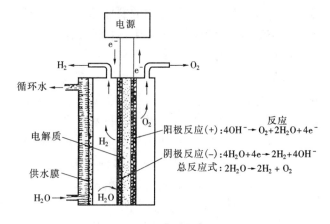

图 9-2 静态供水水电解原理图[3]

（2）静态供水水电解制氧

静态供水水电解制氧也是通过电化学反应实现的，其工作原理如图 9-2 所示。电池芯体包括电极和电解质载体，电解质载体是一种多孔材料构成的芯体组件，含有碱性电解质，如 KOH 等。静态供水电解电池的循环水既用作电解的水源，又用作冷却剂带走电解放热反应产生的废热。供水与电解两部分之间用一透气不透水的薄膜隔开，水蒸气可以透过薄膜进入电池芯体，而水则不能透过。由于水不直接与电极接触，因此相对降低了对水质的要求，可以用废水处理系统的再生水作为水源。在电解过程中，供水腔的水蒸发透过

膜扩散到电解质载体，形成含水碱性电解质溶液（如 KOH 溶液），并在两电极处发生水的电解反应：

阳极：
$$4OH^- \longrightarrow O_2 + 2H_2O + 4e^- \tag{9-31}$$

阴极：
$$4H_2O + 4e^- \longrightarrow 2H_2 + 4OH^- \tag{9-32}$$

工作温度、电流密度和工作压力等都对静态供水电解制氧效率产生影响，为提高效率，除适当提高工作温度外，还可以在电极上使用催化技术，以降低反应阻力。

第三节 二氧化碳去除

CO_2 是植物进行光合作用的原料，适当提高 CO_2 的浓度有利于提高农作物产量；适度提高果蔬贮藏环境中的 CO_2 浓度，可有效抑制果蔬的新陈代谢，延长其贮藏期。然而人体和动物新陈代谢的产物之一是 CO_2，其浓度过高将会对人体和动物的身体健康乃至生命安全造成威胁。因此，在人工环境领域经常需要控制其对象空间的 CO_2 浓度。

CO_2 的去除包括 CO_2 净化（吸收或吸附）和 CO_2 还原两种方法。CO_2 净化是指直接清除空气中的 CO_2，以达到净化空气的目的；而 CO_2 还原则是指将空气中的 CO_2 还原为 O_2 的过程。在上述 O_2 制取方法中，超氧化物制氧和 CO_2 电解制氧的原料就有 CO_2，故这些制氧方法同时也是 CO_2 的去除方法，前者属于 CO_2 净化，后者属于 CO_2 还原。

一、二氧化碳净化

（一）吸收二氧化碳

CO_2 净化技术在半密闭的气调储藏空间和密闭空间的非再生式环控生保系统中常用，比较成熟的方法是以氢氧化物和超氧化物作为吸收 CO_2 的原料（汇），CO_2 与氢氧化物和超氧化物发生化学反应生成无机盐。

1. 氢氧化物吸收二氧化碳

采用无水 LiOH 作为 CO_2 的吸收剂，不仅安全可靠，吸收效率也高[3,8]。无水 LiOH 吸收 CO_2 的反应式为：

$$2LiOH + CO_2 \longrightarrow Li_2CO_3 + H_2O + Q \tag{9-33}$$

上述反应分为两步完成，无水 LiOH 首先吸收被处理气流中的水分，生成 LiOH 的水化物 $LiOH \cdot H_2O$：

$$LiOH + H_2O \longrightarrow LiOH \cdot H_2O \tag{9-34}$$

$LiOH \cdot H_2O$ 再与 CO_2 反应生成 Li_2CO_3 和 H_2O 并放出热量：

$$2LiOH \cdot H_2O + CO_2 \longrightarrow Li_2CO_3 + 3H_2O + Q \tag{9-35}$$

反应放热可使反应中生成的水汽化，又进一步使 LiOH 水化。LiOH 的水化及其水化物吸收 CO_2 反应在同一反应带内进行，水化程度对于 LiOH 反应床的利用率有直接关系。研究表明，室温下空气的相对湿度为 50%～70% 时，反应都能很好地开始和维持。

在气调贮藏中，常采用固体消石灰 $Ca(OH)_2$ 除去库内多余的 CO_2[7]。消石灰和 CO_2 反应后产生 $CaCO_3$ 和 H_2O，其反应式为：

$$Ca(OH)_2 + CO_2 \longrightarrow CaCO_3 + H_2O \tag{9-36}$$

该方法的设备简单，成本低廉，取材容易，曾广泛应用，但其存在容积大，使用麻烦等缺点。

2. 超氧化物吸收二氧化碳

CO_2 的吸收剂还可以采用超氧化物，与 LiOH 不同，超氧化物在吸收 CO_2 的同时还产生 O_2，因此是对象空间的空气再生方法之一，其原理参见"超氧化物制氧"部分。

此外，碳酸钾（K_2CO_3）水溶液也可作为 CO_2 的吸收剂。K_2CO_3 水溶液和 CO_2 发生化学反应，生成 $KHCO_3$，并放出热量。其反应式如下[7]：

$$K_2CO_3 + CO_2 + H_2O \longleftrightarrow 2KHCO_3 + Q \tag{9-37}$$

由于这个反应是可逆反应，故在气调贮藏中采用其调节化学反应的方向，实现 CO_2 的浓度控制。

（二）吸附二氧化碳

分子筛作为 CO_2 的净化剂已在地面人工环境工程（如地下防护工程、气调贮藏等）中广泛应用，也曾在美国的空间实验室、俄罗斯的"和平号"空间站中得到应用。在空间实验室中，利用分子筛吸附床吸收坐舱大气中的 CO_2，并借助于外部真空条件实现 CO_2 真空脱附，解吸后的分子筛吸附床可以重复使用，CO_2 则排放至太空中[3]。故这只是 CO_2 净化材料的再生使用，而 CO_2 并没有被收集起来进入 O_2 的再生流程，故该方法属于 CO_2 吸附技术领域。

此外，作为吸收剂或吸附剂的物质还有活性炭、硅橡胶等[7]。例如，利用活性炭的吸附—脱附特性，可将气调空间中过高浓度的 CO_2 转移到外界空气中去。

二、二氧化碳还原

二氧化碳还原的目的是为了将空气中的 CO_2 转化为 O_2，因此 CO_2 的还原需包括 CO_2 的收集浓缩、还原（为水）、电解水（制氧）三个步骤[3]。

1. ［步骤 1］CO_2 的收集浓缩

收集、浓缩空间内的 CO_2，以此作为制取 H_2O、进而制取 O_2 的原料。按照工作原理，可分为吸收—解吸、电化学和膜扩散三种方法。

（1）固态胺 CO_2 收集浓缩

用固态胺收集和浓缩 CO_2 是通过固态胺对 CO_2 进行吸收和解吸两个过程实现的。固态胺材料是一种弱碱性阴离子交换树脂，是以苯乙烯和二乙烯苯的共聚体为骨架材料制成的直径约为 0.7mm 的颗粒。

固态胺吸收 CO_2 的化学反应分为两步。第一步是固态胺与水反应生成胺的水化物：

$$NH_3 + H_2O \longrightarrow NH_3 \cdot H_2O \tag{9-38}$$

第二步是 CO_2 与胺的水化物反应生成胺的碳酸氢盐：

$$NH_3 \cdot H_2O + CO_2 \longrightarrow NH_3 \cdot H_2CO_3 \tag{9-39}$$

解吸时，需要通过蒸汽加热才能击破胺的碳酸氢盐键，使 CO_2 得以释放，解吸出来的 CO_2 纯度可达 99%。其反应式为：

$$NH_3 \cdot H_2CO_3 + 蒸汽热 \longrightarrow CO_2 + NH_3 + H_2O \tag{9-40}$$

固态胺吸收 CO_2 的容量大小与吸收床的温度、含湿量、吸收床深度、进口气体流速和 CO_2 浓度有关，影响解吸过程的主要因素是解吸蒸汽量。

（2）电化学 CO_2 收集浓缩

电化学 CO_2 收集浓缩技术是电化学法的一种形式，其主要装置是由若干电化学电池单元构成的电池组。电池单元两极之间有一层内含水解碳酸铯的多孔基体。含有 CO_2 的空气通入电池组的阴极产生如下电化学反应：

$$O_2 + 2H_2O + 4e^- \longrightarrow 4OH^- \tag{9-41}$$

$$2CO_2 + 4OH^- \longrightarrow 2H_2O + 2CO_3^{2-} \tag{9-42}$$

在阴极形成的 CO_3^{2-} 取代 OH^- 作为载流子向阳极迁移，阳极处的反应为

$$2H_2 + 4OH^- \longrightarrow 4H_2O + 4e^- \tag{9-43}$$

$$2H_2O + 2CO_3^{2-} \longrightarrow 2CO_2 + 4OH^- \tag{9-44}$$

系统的总反应式为

$$2CO_2 + O_2 + 2H_2 \longrightarrow 2CO_2 + 2H_2O + 4e^- \tag{9-45}$$

由以上反应可知，CO_2 在电池阴极与 OH^- 反应生成 H_2O 和 CO_3^{2-}，实现了 CO_2 的吸收；在电池的阳极，CO_2 从溶液中析出实现了 CO_2 的收集与浓缩。该反应过程伴随有氢、氧电化学反应，相当于燃料电池原理，反应过程生成水和电能，并产生热量。

使用 KOH 碱性化学吸收剂是电化学收集浓缩 CO_2 的又一方法。在一个由吸收器、电解槽、解吸器、风机和泵组成的装置中，CO_2 被 KOH 溶液吸附，生成 K_2CO_3 和 H_2O，K_2CO_3 在电解槽内电解成 K^+ 和 CO_3^{2-} 离子，并在阳极区构成 $KHCO_3$ 进入解吸器，$KHCO_3$ 是一种不稳定化合物，在解吸器中被分解，析出 CO_2，实现 CO_2 的收集与浓缩。

（3）膜扩散 CO_2 收集浓缩

利用对 CO_2 有高度可渗透性的透气薄膜，在压差作用下进行气体扩散，只是有选择性地允许 CO_2 通过薄膜，从而实现 CO_2 的收集浓缩。该项技术的关键是寻找性能优良的 CO_2 通渗透膜，是一项具有发展前景的方法。

2. ［步骤 2］将 CO_2 还原为 H_2O

CO_2 还原技术目前主要用于航天器中，与水电解制氧系统相配合，反应按照产物的不同可以分为：Bosch CO_2 还原系统（BCRs）、Sabatier CO_2 还原系统（SCRS）和改进 Sabatier CO_2 还原系统（ACRS）。

（1）Bosch CO_2 还原系统

Bosch 反应是 CO_2 的加 H_2 反应，其最终产物是碳和水，并放出热量，即

$$CO_2 + 2H_2 \xrightarrow{\text{催化剂}} C + 2H_2O + Q \tag{9-46}$$

Bosch 反应的优点是能完全回收二氧化碳。该反应的催化剂有铁、钴、镍、钌铁合金等，但因反应所生成的碳末沉积在催化剂上很难去除，并使催化剂逐渐失去活性，故需频繁更换催化剂，且系统的重量与体积较大，工作时耗电量大，启动时间也较长，故 Bosch 反应器尚未得到工程化应用。

（2）Sabatier CO_2 还原系统

Sabatier 反应是 CO_2 加 H_2 的甲烷化反应，在催化剂作用下，产生甲烷和水蒸气并放出热量。Sabatier 反应式如下：

$$CO_2 + 4H_2 \xrightarrow{\text{催化剂}} CH_4 + 2H_2O + Q \tag{9-47}$$

Sabatier 反应的催化剂一般采用直径为 $2\sim 3mm$ 的活性铝矾土（$r\text{-}Al_2O_3$）颗粒为载体，加入 20% 的钌作为活性组分。催化剂的品质对反应的 CO_2 转化率和反应启动温度有

直接的影响。Sabatier 反应克服了 Bosch 反应的缺点，但因其是一个不充分的还原反应，使得部分 CO_2 损失于甲烷之中。

（3）改进 Sabatier CO_2 还原系统

改进 Sabatier 反应是在 Sabatier 反应之后加上一级成碳反应，对甲烷进行裂解，其反应如下：

$$CO_2+4H_2 \xrightarrow{\text{催化剂}} CH_4+2H_2O+Q, \quad CH_4 \xrightarrow{\text{催化剂}} C+2H_2 \tag{9-48}$$

改进 Sabatier 反应综合了 Sabatier 与 Bosch 的优点，不仅可完全回收 CO_2，而且提高了还原反应速度，缩短了启动时间。

3. ［步骤 3］电解水

CO_2 还原为 O_2 的最后一个步骤是电解水制氧，该内容已在前面"电解制氧"部分进行了介绍，故此处不再重复。

第四节　气体污染物的净化

在地面上的非密闭空间（如住宅建筑、工业建筑等）和潜艇、载人航天器等密闭空间内，均存在各种微量的物理、化学、生物和放射污染物，这些污染物的存在形式可分为两大类：一类是气体或蒸气（即气体污染物），另一类是气溶胶（即悬浮颗粒物）。

控制对象空间内的污染物浓度可通过源头治理、通新风稀释和合理组织气流以及空气净化三种方式来实现[14]。从源头治理室内污染物，是治理室内空气污染的根本之法；在地面建筑中，可以通过向室内提供含氧量较高且污染物浓度较低的室外空气（新风）来补充 O_2 和稀释室内污染物，当室外污染物浓度也很高时，则需要采用空气净化方法；而对于潜艇、载人航天器等密闭空间，由于没有可资利用的室外新风，故只能采用空气净化方法。

除去（净化）空气中的气体污染物是保障人工环境的重要内容，主要有吸附法、吸收法、催化转化法、燃烧法、低温等离子体法、光催化方法等多种净化方法。下面对几种主要方法予以简要介绍[4]。

一、吸附法净化

吸附对于室内 VOCs 和其他气体污染物是一种比较有效而又简单的净化方法。目前比较常用的吸附剂主要是活性炭、硅胶、分子筛、活性氧化铝等，其应用范围如表 9-4 所示。

吸附可以分为物理吸附和化学吸附两类。

（1）物理吸附：由于吸附质和吸附剂之间的范德华力而使吸附质聚集到吸附剂表面的一种现象，又称范德华吸附。物理吸附属于一种表面现象，可以是单层吸附，也可以是多层吸附，其主要特征为：

①吸附质和吸附剂之间不发生化学反应；

②对所吸附的气体选择性不强；

③吸附过程快，参与吸附的各相之间瞬间达到平衡；

④吸附过程为低放热反应过程，放热量比相应气体的液化潜热稍大；

⑤吸附剂与吸附质间的吸附力不强，在条件改变时可脱附。

不同吸附剂的应用范围[4]　　　　　　　　　　表 9-4

吸附剂	应用范围（吸附质）
活性炭	苯、甲苯、二甲苯、甲醛、乙醇、乙醚、煤油、汽油、光气、乙酸乙酯、苯乙烯、CS_2、CCl_4、$CHCl_3$、CH_2Cl_2、H_2S、Cl_2、CO、SO_2、NO_x
活性氧化铝	H_2S、SO_2、HF、烃类
硅　　胶	H_2S、SO_2、烃类
分子筛	H_2S、Cl_2、CO、SO_2、NO_x、NH_3、Hg（气）、烃类
褐煤、泥煤	SO_2、SO_3、NO_x、NH_3

（2）化学吸附：是吸附剂表面分子和吸附质表面分子之间伴随有化学反应，或者当吸附剂和吸附质之间的作用力是化学键力时，称为化学吸附，也称为活性吸附。其特点为：

①吸附具有选择性，只能吸附参与化学反应的气体成分；

②化学吸附与化学反应相似，需要一定的活化能，因此吸附速度慢，达到平衡的时间很长；

③化学吸附大多是不可逆的，因为结合物形成后比较稳定，被吸附的物质往往需要很高的温度或降低压力时才能脱附；

④化学吸附也是放热反应，但其吸附热比物理吸附大得多，相当于化学反应热。

物理吸附和化学吸附之间没有严格的界限，更不是各自孤立进行的，往往相伴发生。同一物质在低温下可能是物理吸附，而在较高温度下就可能发生化学吸附。在气体污染物的吸附过程中，常常是两种吸附作用的综合结果，只是在某些特定条件下才以某种吸附过程为主而已。

固体吸附剂对气体污染物的吸附能力（$g_气$/$kg_固$）主要取决于吸附剂与吸附质性质以及吸附平衡温度 T、吸附质平衡压力 p 等因素。

二、吸收法净化

吸收法也分为物理吸收和化学吸收两大类。

（1）物理吸收：是指吸收过程无明显化学反应，单纯是被吸收组分融入液体的过程，如水吸收 HCl，水吸收 CO_2 等。物理吸收是可逆的，降低温度、提高压力有利于吸收的进行；反之则有利于解吸过程。

（2）化学吸收：伴随有明显的化学反应的吸收过程称为化学吸收，如用 NaOH 吸收 SO_2、用酸性溶液吸收 HN_3 等。一般而言，化学吸收的传质系数和吸收推动力大，吸收速度快，为提高吸收效率多采用化学吸收来净化气体污染物。在化学吸收中所发生的化学反应如果不是可逆反应就不能解吸，或解吸出来的不是原吸收质而是反应产物，当反应产物性质稳定时，则可降低液相中的吸收质浓度，有利于吸收。一般说来，化学反应的存在能提高吸收速率，并使吸收的程度趋于完全。

目前常用的化学吸收剂有熟石灰、氢氧化钠、碳酸钠、硫酸铜、氧化铜等。固体吸收剂除单独使用外，还常常以浸渍方法加入活性炭或分子筛，所形成的吸收剂称为浸渍碳，既具有吸附性能，又具有固体化学吸收剂的作用，增加了其应用范围和选择性。

三、催化转化法净化

催化转化法就是利用催化剂（在化学反应中加入的某种物质，它能使化学反应速度发生改变，而物质本身的质量和化学性质并不发生改变）的催化作用，使室内空气中的气体污染物转化成各种无害化合物甚至是有用的副产品，或者是转化成更容易从气流中分离被除去的物质。前一种催化作用直接完成了污染物的净化过程，而后者则是还需要附加吸收或吸附等其他净化工艺，才能实现全部的净化过程。

催化转化法可分为催化氧化和催化还原两大类。

（1）催化氧化：在催化剂的作用下，使空气中的气体污染物与氧化合，生成无毒物质或毒性很小、不易挥发、容易处理的有毒物质的过程，以净化有害气体。如：

$$2AsH_3 + 3O_2 \xrightarrow{\text{氧化铜}} As_2O_3 + 3H_2O \tag{9-49}$$

$$2CO + O_2 \xrightarrow{\text{霍加拉特剂}} 2CO_2 \tag{9-50}$$

$$2H_2 + O_2 \xrightarrow{\text{霍加拉特剂}} 2H_2O \tag{9-51}$$

$$2C_mH_n + (2m + 0.5n)O_2 \xrightarrow{\text{霍加拉特剂}} 2mCO_2 + nH_2O \tag{9-52}$$

（2）催化还原：在催化剂的作用下，使空气中的气体污染物与还原性气体发生反应而转化为无害物质的净化过程。如空气中的 NO_x 在钯、铂催化剂作用下，可与甲烷、氨、氢等进行还原反应，转化为氮气随气流排出。

催化转化过程与吸收、吸附净化法的根本区别是不必再把气体污染物从气流中分离出去，而是将其转化为无害物质，既实现了空气净化又减少了二次污染。

四、燃烧法净化

燃烧法净化是对含有气体污染物的混合气体进行氧化燃烧或高温分解，使其转化为无害物质的方法。有直接燃烧法、热力燃烧法和催化燃烧法。

（1）直接燃烧法：是把空气中的可燃性气体污染物作为燃料直接燃烧，从而达到净化空气的目的。适用于净化浓度较高或燃烧热值较高的可燃性气体污染物。

（2）热力燃烧法：利用辅助燃料燃烧放出的热量将混合气体加热到要求的温度，使可燃性有害组分在高温下分解成无害物质，以净化空气。适用于多种气体的燃烧，能除去有机物及超细颗粒物，但这种方法操作费用高，易发生回火，燃烧不完全会产生恶臭。

（3）催化燃烧法：利用催化剂降低可燃气体的燃烧温度，使之在较低温度下进行无火焰燃烧，将有机气体氧化分解为 CO_2 和 H_2O 的方法。目前，在潜艇中主要采用催化燃烧法净化舱室内的 CO、H_2、碳氢化合物、NO_x 以及酸性气体等气体污染物。

除上述吸附法、吸收法、催化转化法、燃烧法外，还有臭氧与紫外线杀菌、纳米光催化与低温等离子净化等气体污染物的净化方法[14]。

紫外辐照杀菌是常用的空气杀菌方法，在医院已得到广泛使用。紫外光谱分为 UVA（320~400nm）、UVB（280~320nm）和 UVC（100~280nm），其中，波长短的 UVC 杀菌能力较强。值得一提的是紫外灯杀菌需要一定的作用时间，一般细菌在受到紫外灯发出辐射数分钟后才能死亡。

臭氧是已知的最强的氧化剂之一，其强氧化性、高效的消毒和催化作用使其在室内空气净化方面有着积极的贡献。与一般的紫外线消毒相比，臭氧的灭菌能力要强得多，臭氧主要用于灭菌消毒，它可即刻氧化细胞壁，直至穿透细胞壁与其体内的不饱和键化合而杀死细菌。

光催化技术是近年来发展起来，利用光催化反应把有害有机物降解为无害的无机物的空气净化方法。光催化反应的本质是在光电转换中进行氧化还原反应。常见的光催化剂多为金属氧化物或硫化物，如 TiO_2、ZnO、ZnS、CdS 及 PbS 等，在它们的作用下，最终将有机污染气体分解为 CO_2、H_2O、PO_4^{3-}、SO_4^{2-}、NO_2^{3-} 以及卤素离子等无机小分子，进而达到净化空气之目的。

第五节　悬浮颗粒物的浓度控制

控制对象空间内悬浮颗粒物的浓度是保证人体健康、工艺生产要求和仪器仪表精度的重要措施，目前实现悬浮颗粒物浓度控制的主要方法有空气过滤、静电清除和低温等离子体清除悬浮颗粒物等。

一、过滤器清除悬浮颗粒物

（一）悬浮颗粒物的清除机理

过滤器的主要功能是把固态和液态颗粒从气溶胶中分离出来，以控制被处理空气中悬浮颗粒物的数量（或浓度），使之满足工艺要求。过滤器净化空气的工作机理如下[4,14]：

（1）扩散：细微的悬浮颗粒物在空气中随气流运动常伴随着布朗运动，使颗粒物接触过滤介质表面而被阻留的机理称为扩散。在常压下，小于 $0.2\mu m$ 的粒子通常会很明显的偏离它们的流线，这使得扩散成了过滤机理中的重要方面。扩散通常对速度很敏感，低速能够使得粒子有充足的时间偏离流线，因此也使得颗粒更容易被捕获。

（2）拦截：含悬浮颗粒物的空气在流过过滤层中碰到许多过滤介质或曲折孔道而被逐次分散、汇合，此时在介质附近的颗粒物不偏离流线而接触过滤介质表面并被阻留的现象称为拦截。拦截作用和速度的关系不大，对于粒径大于 $0.5\mu m$ 的粒子中途拦截比较有效。

（3）惯性：空气中比较重或者速度比较高的粒子通常有比较大的惯性，在惯性力作用下，颗粒物有保持原来运动方向的倾向，它们通常难于绕过过滤器纤维而和纤维直接接触，从而被捕获。这种作用通常对粒径大于 $0.5\mu m$ 的粒子有效，而且这种作用取决于空气流速和纤维的尺寸。

（4）静电：在电场中流动空气中的悬浮颗粒物若带有一定极性的静电时，便会受到静电力的作用，在静电力和气流阻力的共同作用下，颗粒物产生的沉降过程称为静电沉降。和扩散作用一样，低速有利于静电力捕获粒子。

（5）筛滤：当含有悬浮颗粒物的空气流经过滤介质表面网孔或缝隙时，粒径大于孔网和缝隙的颗粒物被阻留，并使得过滤介质表面网孔和缝隙进一步变小，更小的颗粒物也会因此而被阻留的机理称为筛滤。

（6）凝并：颗粒物的凝并是指细微颗粒物通过不同途径相互接触（不一定是颗粒物自

身的粘附性）而结合成较大粒径的过程。显然，凝并作用并不是一种清除污染物的机理，但它可以使微小的颗粒物凝聚增大，有利于采用各种方法清除悬浮颗粒物。

在上述各种净化悬浮颗粒物的机理中，扩散、拦截和惯性三种机理最为重要。扩散对于小粒子很有效，拦截和惯性对于大于 $0.5\mu m$ 的粒子非常有效，而这两种作用力对于粒径的要求刚好相反，因此对于粒径在 $0.1\sim0.4\mu m$ 之间的粒子来说，过滤器的效率则主要取决于纤维的尺寸和空气速度。

（二）过滤器类型

图 9-3 是几种常见过滤器的示意图，按照过滤效率的高低过滤器可分为粗效过滤器、中效过滤器、高效过滤器，其材质和适用范围如下[4,14]：

（1）粗效过滤器：滤材多为玻璃纤维、人造纤维、金属丝网及粗孔聚氨酯泡沫塑料等，在空气净化系统中，作为初滤部件，保护更高级过滤器。主要用于首次过滤，主要截留 $5\mu m$ 以上的悬浮颗粒物和 $10\mu m$ 以上的沉降性颗粒物以及各种异物，防止其进入系统。

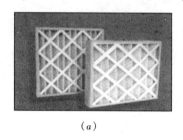 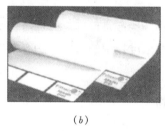 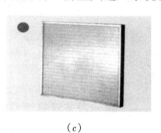

(a) (b) (c)

图 9-3 几种常见过滤器[14]
(a) 粗效过滤器；(b) 中效过滤器；(c) 高效过滤器

（2）中效过滤器：主要滤材为玻璃纤维（比粗效过滤器的玻璃纤维要小）、人造纤维合成的无纺布及中细孔聚乙烯泡沫塑料等。可作为一般空调系统的最后过滤器或高效过滤器的预过滤器，主要用以截留 $1\sim10\mu m$ 的悬浮颗粒物。

（3）高效过滤器：一般滤材均为超细玻璃纤维或合成纤维，加工成纸状，称为滤纸。根据过滤效率的高低，又可分为中高效过滤器、亚高效过滤器和高效过滤器，常用于洁净手术室、制药厂、芯片生产线等洁净空间。中高效过滤器用做一般净化程度的系统的末端过滤器，也可用在高效过滤器前作为中间过滤器，用以截留 $1\sim5\mu m$ 的悬浮颗粒物；亚高效过滤器既可作为洁净室末端过滤器使用，也可做高效过滤器的预过滤器，以截留 $1\mu m$ 以下亚微米级颗粒；高效过滤器是洁净室的末端过滤器，实现 $0.5\mu m$ 级微粒的净化。

（三）过滤器的性能指标

表征过滤器性能的主要指标有过滤效率、压力损失、容尘量以及面速和滤速[15]。

1. 过滤效率

过滤效率是衡量过滤器捕捉颗粒能力的一个性能指标，它是指在额定风量下，过滤器捕捉颗粒浓度与进入过滤器的颗粒浓度之比的百分数，颗粒浓度通常有质量浓度、计数浓度等表示方法，故过滤效率相应为质量效率、计数效率。单级过滤器的效率 η 为：

$$\eta = \frac{n_1 - n_2}{n_1} \times 100\% = (1-p) \times 100\% \tag{9-53}$$

式中 n_1、n_2——分别为过滤器前、后的颗粒浓度；

p——穿透率，$p = n_2/n_1$。

在净化系统中，过滤器经常串联使用，参见图9-4。故对于多级串联过滤器，按照过滤器的效率定义可知第 i 级过滤器出口的颗粒浓度：

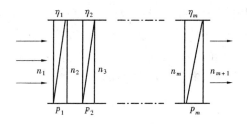

$$n_{i+1} = n_i p_i = n_i (1 \quad \eta_i) \qquad (9\text{-}54)$$

则最后一级（m 级）过滤器出口的颗粒浓度为

图9-4　串联过滤器的过滤效率

$$n_{m+1} = n_1 \prod_{i=1}^{m} p_i = n_1 \prod_{i=1}^{m} (1 - \eta_i) \qquad (9\text{-}55)$$

因此，多级过滤器的总效率 η_t 可表示为

$$\eta_t = \frac{n_1 - n_{m+1}}{n_1} \times 100\% = \left(1 - \prod_{i=1}^{m} (1 - \eta_i)\right) \times 100\% \qquad (9\text{-}56)$$

总穿透率 p_t 即为

$$p_t = \frac{n_{m+1}}{n_1} \times 100\% = \prod_{i=1}^{m} (1 - \eta_i) \times 100\% = 1 - \eta_t \qquad (9\text{-}57)$$

2. 过滤器阻力

过滤器的阻力也称压力降，新过滤器的阻力一般有下列经验公式：

$$\Delta p = A u_0 + B u_0^m \qquad (9\text{-}58)$$

式中　u_0——迎面风速，m/s；

A、B 和 m——分别为根据实验结果确定的拟合系数与指数。

过滤器的阻力还可以表示为滤速（颗粒通过滤料的流速）v 的函数关系，即

$$\Delta p = C v^n \qquad (9\text{-}59)$$

C、n 分别为实验系数和指数，一般而言，$C = 3 \sim 10$，$n = 1 \sim 2$。

过滤器阻力随迎面风速 u_0 或滤速 v 的增大而增大，过滤效率随滤速增大而降低。在额定风量下，新过滤器的阻力称为初阻力，一般高效过滤器的初阻力不大于200Pa，随着过滤面颗粒数量的增加，阻力也随之增加，需要更换时的阻力称为终阻力，通常规定终阻力是初阻力的2倍。

3. 过滤器的容尘量

在额定风量下，过滤器的阻力达到终阻力时，其所容纳的尘粒总质量称为该过滤器的容尘量。由于滤料的性质不同，粒子的组成、形状、粒径、密度、黏滞性及浓度有差别，因此过滤器的容尘量也有较大变化范围。

4. 面速和滤速

反映过滤器通风能力的指标是面速 u_0 和滤速 v。面速（又称迎面风速）是指过滤器迎风断面通过气流的速度 u_0，一般以 m/s 为单位，即

$$u_0 = Q/F \qquad (9\text{-}60)$$

式中　Q——过滤器的通风量，m^3/s；

　　　F——过滤器断面积（即迎风面积），m^2。

滤速是指单位滤料面积上气流通过的速度 v，一般以 cm/s 表示。

$$v = Q/f \tag{9-61}$$

式中　f——是指除去粘接等部分占去的面积后的滤料净面积，m^2；Q 为通风量，cm^3/s。

由于滤料净面积远大于过滤器断面积，故滤速远小于面速。在特定的过滤器结构条件下，同时制约过滤器面积和滤速的是过滤器的风量，故当已知需要过滤的空气量时，需根据所选过滤器的额定风量确定所需过滤器的数量。

二、静电清除颗粒物

（一）工作原理

悬浮颗粒物的静电清除（或静电过滤）是利用电晕放电原理实现的，即在含有颗粒物的气流通过两极之间的电场时，处于电晕范围内的气体因电晕放电而产生大量的正、负离子和自由电子，在电场的作用下，向它们电性相反的电极方向运动，在运动过程中碰撞和粘附颗粒而荷电，荷电的颗粒物在电场力的作用下分别移向电极，并在电极上沉积下来，从而使气体得到净化，排出干净空气。

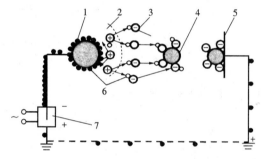

图 9-5　静电除去颗粒物的过程[4]
1—电晕电极；2—电晕区；3—离子；4—粒子；
5—集尘极；6—电子；7—供电装置

由此可知，静电除去颗粒物的过程可分为三个阶段[4]，参见图 9-5。

（1）颗粒物荷电：在电晕电极与集尘极之间施加直流高压电，使放电极发生电晕放电，气体电离生成大量的自由电子和正离子。正离子被电晕电极（假定带负电）吸引而失去电荷。自由电子与随即形成的负离子向集尘极（正极）移动。通过电场空间的颗粒与自由电子、负离子碰撞附着，实现颗粒物粒子荷电。

（2）颗粒物沉降：在库仑力的作用下，荷电粒子被驱往集尘极，到达集尘极表面后放出电荷并沉积。

（3）颗粒物的清除：集尘极表面上的颗粒物沉积到一定厚度后，用机械振动等方法将颗粒物集尘清除。放电极也会附着少量颗粒物，也同时需要清除。

在正电晕情况下，电晕范围外为正离子，故大部分颗粒物荷正电，在电场力作用下，沉积在负极，即沉积在集尘极上；在负电晕情况下，电晕区外为负离子和电子，故大部分颗粒物荷负电，在电场力作用下，沉积在正极，即沉积在集尘极上。故无论是正电晕还是负电晕，大部分颗粒物都是沉积在集尘极上；由于电晕区相对较小，且电场强度大，气体离子和电子的运动速度快，在电晕区内停留的时间很短，故仅有很少颗粒物沉积在电晕电极上。

（二）影响颗粒物净化效率的因素

静电清除悬浮颗粒物的净化效率与电源、电晕性质、电晕电压、电晕电流、电极结构等因素有关[4]。

（1）电源：静电清除悬浮颗粒物是靠颗粒物粒子荷电，并向一定电极方向运动来清除的。因此，电晕电压必须是直流电压，空气中的颗粒物才会向一个方向运动而沉积下来。

（2）电晕性质：电晕有正电晕和负电晕之分。负电晕的电晕电流大于正电晕的电晕电流，负电晕的击穿电压也高于正电晕的击穿电压，故负电晕比正电晕具有更高的颗粒物净化效率，维持正常的电晕电压范围较宽，负电晕也比正电晕稳定。

（3）电晕电流：电晕电流增大时，悬浮颗粒物的荷电机会增多，向集尘极运动的速度也增大，净化效率就高。电晕电流的大小与电极结构、电晕电压高低、电晕性质等因素有关。一般而言，电晕电流的范围是：管式电极为 $0.3\sim0.5mA$，平板电极为 $0.1\sim0.35mA$。

（4）电晕电压：电晕电压应位于临界电压与击穿电压之间，电晕电压升高，电晕电流增大，离子、电子的浓度增大，运动速度增加，致使颗粒物荷电量、荷电速度、漂移速度均提高，因此净化效率提高。

（5）电极结构：电极直径越小电晕电极周围的电场强度越大，电晕电流也越大，但电极直径过小容易折断，故一般为 $2\sim5mm$；电极之间的距离越小，电场强度越大，电晕电流也越大，但极间距太小，其容尘量将减小，故极间距一般取为 $12.5\sim17.5mm$。

电极间的绝缘和负极接地程度也会影响颗粒物的净化效率。电极间的绝缘性能不好，电极间将直接导电而不通过空气，如果负极接地性能不好，使极间电压和电场强度降低，电晕电流急剧下降，导致净化效率急剧降低。

此外，静电清除悬浮颗粒物的净化效率还与被处理空气的微气候参数有关，这些参数包括：空气的温度、湿度、流速、流向以及空气中悬浮颗粒物的浓度、粒径、导电性等。

三、低温等离子体清除颗粒物

低温等离子体被称为物质的第四态，是由气体分子受到外加电场及辐射等能量激发而分解、电离形成的电子、离子、原子（基态或激发态）、分子（激发态或基态）及自由基等组成的集合体。从宏观上看，其正负电荷相等，因而称为等离子体。等离子体中含有自由电子、离子、激发态的原子与分子及自由基等，故具有较高的化学反应活性。

太阳和恒星表面的气层均为等离子体，低温等离子体的"低温"是相对于大约 6000℃的太阳表面而言的。气态分子被能量激发而产生的等离子体的温度只有 $300\sim500K$，故称为低温等离子体，又称为非热等离子体或冷等离子体。

高压脉冲电晕放电与介质阻挡放电产生低温等离子体技术被认为是一种适应性广、经济、简单且效率高的新技术，对于直径小于 $100\mu m$ 的总悬浮颗粒物和直径小于 $10\mu m$ 的可吸入颗粒物（PM_{10}）能产生很好的净化效果。

（一）工作原理

低温等离子体清除颗粒物的基本原理与静电过滤器或静电除尘器相同。在低温等离子体发生区，存在着静电场。可吸入颗粒物随气流通过低温等离子体发生区的电场时，会与放电产生的低温等离子体相互作用，发生一系列物理、化学变化，一方面使高能电子直接打开有毒、有害气体的分子键使其分解；另一方面低能电子和颗粒物作用，使颗粒物粒子荷电。荷电后的可吸入颗粒物就使无规律的布朗运动改变其运动轨迹：在气流方向的截面上作有规则的扩散运动；在气流方向上因电场力的作用而作定向运动。前者使得可吸入颗粒物在气流方向的截面上浓度分布趋于均匀，而后者的结果实现了粒子的收集[4,14]。

（二）低温等离子体净化可吸入颗粒物的效率

1. 单粒径粒子的净化效率

当可吸入颗粒物随污浊空气的气流进入低温等离子体的净化空间后，因电场的作用会立即荷电，荷电后的颗粒物在电场作用下向集尘极迁移并被集尘极吸收。实际上，可吸入颗粒物在进入低温等离子体净化空间时，并非每个粒子都能有效荷电（荷电量达最大量的75%），有效荷电的粒子也并非都能被集尘极吸收。如果认为有效荷电的粒子都被吸收，则净化效率可用荷电效率来反映。

设电晕空间可吸入颗粒物的半径为 r_P，则根据气体分子碰撞机理可以导出半径为 r_P 的可吸入颗粒物的荷电效率（也即净化效率）为[4]：

$$\eta_0 = 1 - \exp\left[-\frac{i}{e}\left(1 - \frac{q}{q_{max}}\right)^2\left(\frac{3\varepsilon_s}{\varepsilon_s + 2}\right)^2 \pi r_P^2 t\right] \tag{9-62}$$

式中 i——集尘极表面的电流密度，A/m^2；

ε_s——可吸入颗粒物的相对介电常数；

t——可吸入颗粒物在净化空间所经过的时间，s；

q——可吸入颗粒物粒子的荷电量，C；

q_{max}——可吸入颗粒物粒子的最大荷电量，C。

2. 单级等离子体净化器的净化效率

可吸入颗粒物的粒径不可能只有一种，而是一个分布，为反映不同粒径的总效率，需考虑不同粒径的粒子浓度。这样包含各种不同粒径粒子的总效率应为各种粒径净化效率的积分，可以表示为[4]

$$\eta = \eta(i, q, \varepsilon_s, r_P, t) \tag{9-63}$$

式中 i、q 取决于电场特性，ε_s、r_P 由可吸入颗粒物的性质决定，t 由气流在净化空间中的流速和净化空间的长度决定。

3. 多级等离子体净化器的净化效率

当单级等离子体净化器的效率不能达到净化精度要求时，可以将几个相同的单级净化器串联起来使用以构成多级等离子体净化器，其总效率取决于单级净化效率 η_1 和级数 n，即

$$\eta_t = \left[1 - \prod_{i=1}^{n}(1 - \eta_1)\right] \times 100\% = \left[1 - (1 - \eta_1)^n\right] \times 100\% \tag{9-64}$$

如果单级净化效率为 73.22%，则采用 4 级净化器就可使 $0 \sim 10 \mu m$ 范围内的颗粒污染物的净化效率达到 99.48%。

第六节　空气的温湿度控制

我们生存在空气环境中。空气中含有一定组分的水蒸气，故"空气"实际上是被水蒸气湿润了的"湿空气"。在人工环境领域，在强调空气中含有水蒸气的特殊场合，有时也将"空气"称为"湿空气"。

在总压（或大气压力）一定的对象空间内，空气的（相对）湿度大小取决于空气中水蒸气含量的多少以及空气温度的高低。水蒸气在空气中的含量虽然很少（每千克干空气中只有几克至几十克），但其微量的水蒸气成分却对空气温度和相对湿度影响显著。因此，本节将对空气中的水蒸气成分控制及与其密切相关的温度控制进行综合分析。

空气的温度和湿度主要受两方面因素的影响：一是对象空间内部人员、设备的产热和产湿，二是对象空间与周围环境之间的热、湿交换过程。受到影响的空气往往会偏离所要

求的热湿状态，故必须对空气进行控制，使其温、湿度达到要求的目标范围内，这就是空气的温、湿度控制。空气的温、湿度控制是保证工作、生活、生产、科学实验等场所具备适宜热湿环境的基本要求。

一、空气的状态参数及焓湿图

（一）空气的状态参数

空气的温度和湿度分别是表征空气的冷热程度和湿润程度的物理量，通常所说的空气温度是指空气的干球温度；空气的湿度用相对湿度和含湿量来描述[15]。空气从一个状态变化到另一个状态一般都伴随有显热变化和（或）潜热变化，由于近似于定压过程，其热量变化通常用焓的变化来度量。此外，湿球温度和露点温度也是空气的两个状态参数。下面对这些状态参数进行简要说明。

1. 干球温度 t

空气的干球温度 t（℃）是由温度计自由地暴露在空气中所测得的温度。它与空气的热力学温度 T（K）的关系为

$$T = 273.15 + t \tag{9-65}$$

2. 相对湿度 φ

相对湿度 φ（$0 \leqslant \varphi \leqslant 1$）反映了空气中水蒸气含量接近饱和的程度，是空气中的水蒸气分压力 p_q 与同一温度下饱和空气中水蒸气分压力 p_{qb} 的比值，即

$$\varphi = \frac{p_q}{p_{qb}} \tag{9-66}$$

3. 含湿量 d

含湿量 d（$kg/kg_干$）定义为 1kg 干空气中所携带的水蒸气质量，即

$$d = \frac{m_q}{m_a} = 0.622 \frac{p_q}{p - p_q} = 0.622 \frac{\varphi p_{qb}}{p - \varphi p_{qb}} \tag{9-67}$$

由于单位为 $kg/kg_干$ 的含湿量 d 的数值较小，故在工程中常采用 $g/kg_干$ 为含湿量的单位。

4. 比焓 h

空气的比焓 h（$kJ/kg_干$）是指含有 1kg 干空气的湿空气的比焓值，等于 1kg 干空气的比焓 h_a 与 d kg 水蒸气的比焓 h_q 之和，即

$$h = h_a + d \cdot h_q \tag{9-68}$$

在常温常压下，水蒸气的定压比热容为 1.86kJ/（kg·℃），0℃饱和水蒸气的焓值为 2501kJ/kg，则湿空气比焓可近似由下式计算

$$h = 1.005t + d（2501 + 1.86t） \tag{9-69}$$

5. 湿球温度 t_w

湿球温度 t_w（℃）是指在定压绝热条件下，空气与水直接接触达到稳定热湿平衡时的绝热饱和温度，也称为热力学湿球温度，一般用湿球温度计所读出的湿球温度近似代替[16]。

6. 露点温度 t_d

露点温度 t_d（℃）是在含湿量 d 不变的条件下将空气定压冷却至饱和状态时的温度，

也可以理解为在含湿量 d 不变的条件下，将湿空气进行降温，当水蒸气开始凝结出水珠时的空气温度。

（二）空气的焓湿图

在人工环境领域，温度和湿度是空气调节过程中紧密关联的两个参数，其状态及其变化过程可在空气焓湿图（h-d 图）中清晰地进行描述。

焓湿图是常用的湿空气性质图，如图 9-6a 所示，其纵坐标为湿空气的比焓 h，横坐标为含湿量 d，两坐标之间的夹角等于或大于 135°，图中包括等温线、等含湿量线（单位：$g/kg_干$）、等焓线、水蒸气分压力线和等相对湿度线五种线簇，一般还会在图中给出热湿比线[15]。

1. 等温线（等 t 线）

由公式（9-69）可知，当湿空气的温度 t 一定时，h 和 d 之间成线性变化关系，不同的 t 对应不同的直线斜率，因而等 t 线是一组互不平行的直线，t 越高则等 t 线斜率越大。

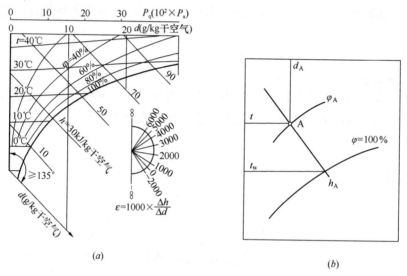

(a)　　　　　　　　　　　(b)

图 9-6　湿空气性质图[15]

(a) 湿空气焓湿图[15]；(b) 已知干、湿球温度确定空气

2. 等含湿量线（等 d 线）

等 d 线是一组平行于纵坐标轴的线簇。湿空气的等 d 线与 $\varphi = 100\%$ 的交点所对应的干球温度即为含湿量为 d 的湿空气的露点温度 t_d。可见，含湿量 d 相同的湿空气具有相同的露点温度。

3. 等焓线（等 h 线）

等 h 线是一组与纵坐标轴成 135° 角的平行线，一般将定压绝热过程近似看作等 h 过程，湿空气沿等 h 线加湿到 $\varphi = 100\%$ 时所对应的干球温度近似等于湿球温度 t_w，因此可以认为 h 相等的湿空气具有相同的湿球温度。

4. 水蒸气分压力线（等 p_q 线）

从（9-67）式可以看出，当总压力 p 一定时，水蒸气分压力 p_q 与 d 近似呈线性关系。

5. 等相对湿度线（等 φ 线）

根据含湿量的计算公式（9-67）式可知，当空气的总压力 p（即空气的大气压力）一定时，可由 d 和 t 确定 φ 值，由此可绘制等 φ 线，其形状为上凸的曲线。当 p 减小时，温度为 t、相对湿度为 φ 的湿空气中的含湿量 d 将增大，因此，在不同大气压力下应采用不同的 h-d 图。

当空气的总压力 p 一定时，湿空气的任何状态可用 t、d、h、φ 等参数表示，其中只有两个参数是独立参数。因此，已知任意两个独立参数即可用 h-d 图上的点来描述湿空气的状态，例如，已知湿空气的干球温度 t 和湿球温度 t_w 可确定湿空气的状态点 A（参见图 9-6b）。

二、几种典型热湿处理过程

焓湿图中的任何一个点表示空气的一个状态。当空气流过某种热湿处理设备时，其状态将发生变化，其变化过程（即空气处理过程）可用 h-d 图上的线段来表示。

空气的热湿处理过程取决于热湿处理设备的类型。下面对图 9-7（a）中几种常见的空气热湿处理过程说明其实现方法。

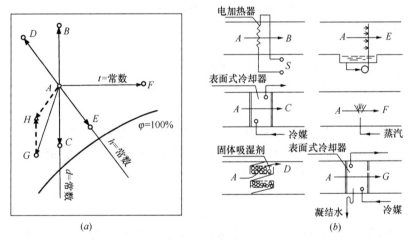

图 9-7　湿空气的典型热湿处理过程
（a）空气处理过程；（b）空气处理设备

（1）$A{\rightarrow}B$ 为等湿加热过程。利用电或热水加热器等表面式加热设备处理湿空气可实现该过程，处理过程中湿空气的 t 升高而 d 不变。

（2）$A{\rightarrow}C$ 为等湿冷却过程。用表面式冷却器处理湿空气可实现该过程，但表面式冷却器的表面温度应不低于湿空气的露点温度，此时湿空气中的水蒸气不会出现凝结现象，在处理过程中湿空气的 d 不变。

（3）$A{\rightarrow}D$ 为等焓除湿过程。通常采用固体吸湿剂（如硅胶、氯化钙等）处理湿空气可实现该过程，空气的 d 减小，t 升高，可近似为等焓减湿过程。

（4）$A{\rightarrow}E$ 为等焓加湿过程。利用喷水室向空气中喷洒循环水（或水温等于空气湿球温度的水），水滴与空气长时间接触，水滴表面的饱和空气层的温度即为湿空气的湿球温度，由于等湿球温度线与等焓线近似重合，故此时湿空气的状态变化过程可近似认为是等焓加湿过程。

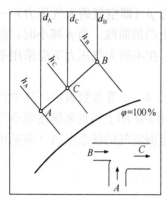

图 9-8 两种状态湿空气的混合

（5）$A \rightarrow F$ 为等温加湿过程。当向空气中喷水蒸气时，空气的含湿量和比焓值均增加，其比焓值增加量为加入水蒸气的全热量，故该过程线与等温线近似平行，可近似视为等温加湿过程。

（6）$A \rightarrow G$ 为冷凝除湿过程。当采用低于空气露点温度的水喷淋空气或用壁面温度低于空气露点温度的换热器冷却空气时，湿空气的温度降低同时伴随着水蒸气凝结，此时，含湿量减少，空气被冷却和干燥。

（7）空气混合过程。空气混合也是常用的空气处理过程，如图 9-8 所示。空气状态分别为 A 和 B（比焓分别为 h_A 和 h_B，含湿量分别为 d_A 与 d_B）、质量分别为 G_A 和 G_B 的两股气流互相混合，混合后的空气状态 C 落在 A、B 两点的连线上，其比焓和含湿量分别为 h_C 和 d_C。由质量和能量守恒可知：

$$G_A h_A + G_B h_B = (G_A + G_B) h_C \tag{9-70}$$

$$G_A d_A + G_B d_B = (G_A + G_B) d_C \tag{9-71}$$

两式可化为：

$$\frac{h_C - h_B}{d_C - d_B} = \frac{h_C - h_A}{d_C - d_A} \tag{9-72}$$

因此，可以通过改变 A、B 的空气状态以及两股气流的质量比率以获得不同 C 状态的湿空气。

工程中常用热湿比线（ε 线）来表示空气从初状态处理到终状态的变化方向，故将热湿比 ε 定义为空气在处理后与处理前的比焓变化与含湿量变化之比。如图 9-8 中状态 A 的气流到达 C 状态的变化方向可用 $\varepsilon_{A \rightarrow C}$ 表示，即

$$\varepsilon_{A \rightarrow C} = \frac{\Delta h_{A \rightarrow C}}{\Delta d_{A \rightarrow C}} = \frac{h_C - h_A}{d_C - d_A} \tag{9-73}$$

热湿比相同的变化方向可以用等 ε 线来表示，为了便于根据对象空间的热湿负荷获得空气的变化方向，通常也在 h-d 图的空白处给出等 ε 线的线族（参见图 9-6 右下角）。

三、空气的温湿度控制方法

对象空间的热负荷和湿负荷是导致温度和湿度偏离需求状态的根本原因，因此可从两个途径来控制空气的温、湿度：一是阻断热源和湿源，或用热汇或湿汇在进入对象空间前将热量或水减少或去除，以减少其进入对象空间的量；二是消除已进入对象空间的热负荷和湿负荷。

消除对象空间的热负荷和湿负荷的方法一般是向对象空间投放一定量的经过处理的空气，并使这部分空气吸收对象空间中的余热 Q 和余湿 W 后正好到达所需的空气温湿度状态。所投放的空气可以全部或部分来自于对象空间或周围环境空气，经过一个或多个处理过程后到达投放状态（即送风状态）。

图 9-7（b）给出的一些设备，可以将图 9-7（a）中的 A 状态的空气处理到不同的投放状态 $B \sim G$，如果投放状态不是这些点，就可以利用这些设备的组合以及图 9-8 所述的

混合过程来获得所需的投放状态。当然，随着空气处理设备的技术进步，目前已出现了超出 $A{\to}B$、$A{\to}C$、……、$A{\to}G$ 这些常规空气处理过程的设备，例如，利用一定浓度的盐溶液喷淋空气，可以将 A 状态的空气直接处理到 H 状态（$A{\to}H$），实现降温除湿[17]，避免了先经过降温除湿（$A{\to}G$）再等湿加热（$G{\to}H$）而造成的冷热抵消和能源浪费问题。

下面以所投放的空气一部分来源于对象空间一部分来源于外界环境为例，分别以两种典型的热、湿负荷情况简要说明空气的温湿度控制方法。

（一）热、湿负荷均为负值

对象空间的热、湿负荷均为负值，即表示需要从对象空间中去热和去湿，所投放的空气必须是温度和湿度均较低的干、冷空气，才能实现对象空间内多余热量和水蒸气的去除。由于一部分空气取自对象空间，而另一部分取自室外环境，两部分空气可以先混合再集中处理，也可以先分别处理后再混合到投放状态（即送风状态）。

图 9-9 所示为热、湿负荷均为负值时两部分空气先混合再处理的典型空气处理过程。取自对象空间的空气（状态点 N）与取自环境的空气（状态点 W）混合得到状态点 C 的空气，对于送风温差（$t_N - t_O$）有严格要求的场合，状态点 C 的空气经表面式冷却器或喷水室处理到空气状态点 L（机器露点，一般位于 $\varphi=90\%\sim95\%$ 线上），再从 L 点再热到 O 点，然后送入对象空间，吸收余热、余湿后达到空气状态点 N；对于送风温差没有严格限制的场合，可用更低温度的水或冷却器将 C 状态的空气处理到机器露点 L' 后直接送入对象空间，而不需要经过再热过程。两种场合的空气处理过程可分别写成：

$$\begin{matrix} W \\ \quad \searrow\ \text{混合}\ \\ N \nearrow \end{matrix} C \xrightarrow{\text{冷却除湿}} L \xrightarrow{\text{再热}} O \leadsto N \quad 或 \quad \begin{matrix} W \\ \quad \searrow\ \text{混合}\ \\ N \nearrow \end{matrix} C \xrightarrow{\text{冷却除湿}} L' \leadsto N$$

图 9-10 所示为热、湿负荷均为负值时两部分空气先分别处理后再混合的典型空气处理过程。取自对象空间的空气（状态点 N）通过表面式冷却器等湿冷却到状态点 M，取自环境的空气（状态点 W）被冷却除湿到状态点 K（可以采用冷凝除湿和溶液除湿等方式实现）；然后通过状态点 K 的空气与状态点 M 的空气按一定的空气质量比混合得到空气状态 O 后，再送入对象空间。该空气处理过程可写成：

$$\begin{matrix} W \xrightarrow{\begin{subarray}{c}\text{冷却除湿}\end{subarray}} K \\ \qquad\qquad\quad \searrow\ \text{混合} \\ N \xrightarrow[\text{等湿冷却}]{} M \nearrow \end{matrix} O \leadsto N$$

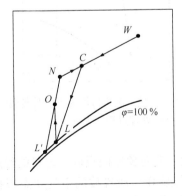

图 9-9　热、湿负荷均为负值时典型的
空气处理过程（无混合再处理）

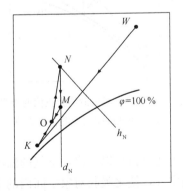

图 9-10　热、湿负荷均为负值时典型
的空气处理过程（先处理再混合）

比较图 9-9 和图 9-10 可以发现，前者降温和除湿是采用相同温度且低于对象空间空气露点的冷源实现的；而后者可以用温度更低的冷水或利用溶液除湿方法来处理空气 W。对于将空气 N 处理至 M 这一过程则只需采用温度更高（高于 N 状态的空气露点温度）的冷水即可实现。获取较高温冷水更为容易，可以采用自然冷源（如地下水等）途径获得，即使采用机械制冷方式其效率也远高于制取低温冷水，因此，后者属于更为经济的空气温、湿度调节方式[17]。

（二）热、湿负荷均为正值

对象空间的热、湿负荷均为正值，即表示需要向对象空间中投入热量和水蒸气，要求投入（送入）空气的温度和含湿量较高。

图 9-11 所示为热、湿负荷均为正值时两部分空气先混合再处理的典型空气处理过程。取自对象空间的空气（状态点 N）与取自环境的空气（状态点 W）混合得到状态点 C 的空气；状态点 C 到达投入状态 O 有两种途径可以实现：（1）状态点 C 的空气经绝热加湿后到达空气状态点 L，然后加热到 O 点；（2）对状态点 C 的空气等温加湿到状态点 E，然后加热到 O 点，最后送入对象空间。上述两个途径的空气处理过程可写成：

$$\begin{matrix} W \\ \diagdown \text{混合} \\ N \diagup \end{matrix} C \xrightarrow{\text{绝热加湿}} L \xrightarrow{\text{加热}} O \rightsquigarrow N \quad \text{或} \quad \begin{matrix} W \\ \diagdown \text{混合} \\ N \diagup \end{matrix} C \xrightarrow{\text{等温加湿}} E \xrightarrow{\text{加热}} O \rightsquigarrow N$$

图 9-12 表示出热、湿负荷均为正值时两部分空气先单独处理再混合的典型空气处理过程。取自对象空间的空气（状态点 N）被加热到状态点 M，取自环境的空气（状态点 W）被加热加湿到投入状态点 K，状态点 M 的空气与状态点 K 的空气混合得到空气状态 O，然后送入对象空间。该空气处理过程可写成：

$$\begin{matrix} W \xrightarrow{\text{加热加湿}} K \\ \diagdown \text{混合} \\ N \xrightarrow{\text{等湿加热}} M \diagup \end{matrix} O \rightsquigarrow N$$

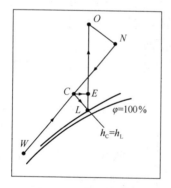

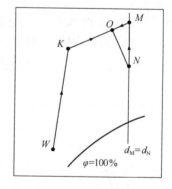

图 9-11 热、湿负荷均为正值时典型的　　图 9-12 热、湿负荷均为正值时典型的
　　空气处理过程（先混合再处理）　　　　　空气处理过程（先处理再混合）

基于上述分析可以看出，空气的温湿度控制就是向对象空间投放一定量的经过热、湿处理后的空气，使之吸收对象空间内的余热 Q 和余湿 W。所投放的空气状态根据其来源（对象空间内的空气和外部环境中的空气）不同，既可以采用集中处理，也可以采用独立控制方式，通过一种或（和）多种空气处理设备以及空气混合等手段，将需投放的空气处理到满足要求的投放状态。

主 要 符 号 表

符号	符号意义，单位	符号	符号意义，单位
B	Langmuir 方程常数；大气压力，Pa	t	温度，℃；时间，s
d	含湿量，$kg/kg_干$	u	风速，m/s
F	面积，m^2	V_h	空压机的理论输气量，m^3/s
f	滤料净面积，m^2	V_s	空压机的实际输气量，m^3/s
h	空气比焓，$kJ/kg_干$	Δp	过滤器的阻力，Pa
n	颗粒浓度，粒/m^3	δ	厚度，m
p	压力，Pa；穿透率	η	过滤器的效率
q	单位质量吸附剂的吸附量（g 吸附质/g 吸附剂）；电荷量，C	ε_s	可吸入颗粒物的相对介电常数
Q	通风量，m^3/s	v	气流速度，m/s
r_P	可吸入颗粒物的半径，m	φ	空气相对湿度

参 考 文 献

[1]　薛殿华 主编. 空气调节 [M]. 北京：清华大学出版社，2000.

[2]　陈志远，陈孝通 编著. 新型制氮技术 [M]. 北京：机械工业出版社，1992.

[3]　戚发轫 主编，朱仁璋，李颐黎 副主编. 载人航天器技术（第 2 版）[M]. 北京：国防工业出版社，2003.

[4]　史德，苏广和，李震 编著. 潜艇舱室空气污染与治理技术 [M]. 北京：国防工业出版社，2005.

[5]　张阳，王湛，纪树兰 编. 富氧技术及其应用 [M]. 北京：化学工业出版社，2005.

[6]　李化治 编著. 制氧技术 [M]. 北京：冶金工业出版社，1997.

[7]　孙企达 编著. 真空冷却气调保鲜技术及应用 [M]. 北京：化学工业出版社，2004

[8]　《潜艇空气再生和分析》编写组 编著. 潜艇空气再生和分析 [M]. 北京：国防工业出版社，1983.

[9]　韩旭. 氯酸盐氧烛及氯酸盐微波诱导制氧研究. [D]. 南京：中国人民解放军理工大学，2003.

[10]　Graf J, Dunlap C, Haas J, et al. Development of a solid chlorate backup oxygen delivery system for the international space station [R]. SAE Technical Paper, 2000.

[11]　Schechter W H, Miller R R. Use of the Chlorate Candle as a Source [J]. Industrial & Engineering Chemistry, 1998，42 (11)：238-253.

[12]　Smith S H, Musick J K, Miller R R. FILTRATION OF SALT SMOKE FROM CHLORATE CANDLE OXYGEN [R]. NAVAL RESEARCH LAB WASHINGTON DC, 1965.

[13]　Schillaci S P. Chlorine gas filtering material suitable for use in a chemical oxygen generator：U. S.

Patent 4，687，640［P］．1987-8-18.

[14]　朱颖心 主编．建筑环境学（第二版）［M］．北京：中国建筑工业出版社，2005.

[15]　赵荣义，范存养，薛殿华 等编．空气调节（第三版）［M］．北京：中国建筑工业出版社，1994.

[16]　沈维道，童钧耕 主编．工程热力学（第四版）［M］．北京：高等教育出版社，2007.

[17]　刘晓华，江亿，张涛 著．温湿度独立控制空调系统（第二版）［M］．北京：中国建筑工业出版社，2013.

第十章　对象空间的空气参数保障方法

上一章介绍了空气成分的制备与处理方法，为对象空间内空气参数的控制提供了基本的"源"和"汇"，本章将讨论如何利用这些"源"和"汇"以保障（或维持）对象空间内空气参数的基本原理和具体措施，为人工环境的营造提供技术方法。

第一节　空气参数的保障原理与分类

对象空间内空气参数的保障（或维持）方法包括整体保障法和局部保障法。

（1）整体保障法：整体保障法是设计针对整个对象空间或整个工作区的送回风气流组织形式，以合理的气流输配路径向对象空间送入污染物（广义污染物，包括热、湿、尘等）含量较低的清洁空气，以稀释或置换对象空间内产生的污染物，使整个空间内的污染物浓度达到工艺要求的方法。

（2）局部保障法：局部保障法是在有害物产生地（即污染源处）直接捕集、处理和排除污染物的方法。根据其保障特点或方式不同，可分为局部排除、局部送风和局部摄取等方法。

在诸如冶金、建材、化工、纺织、造纸等工业生产中，生产设备会在车间局部地点产生大量的余热、余湿、尘杂和有害气体等工业有害物，如不加控制，将危及工作人员的身体健康，也会影响正常的生产过程，在这种情况下采用局部排除法是防止工业有害物污染室内空气的一种经济、有效的方法。

对于一些面积较大、人员较少且位置相对固定的场合，只需要保障人员周围的微环境即可，如采用局部送风法即可保障微环境的参数需求；另外，在局部送风方式下，人员可以根据自己的舒适性要求对送风参数进行调节，实现个性化送风。

除个性化送风外，对象空间微环境的保障还可采用不以空气为传递介质的方式。如：通过辐射方式把大部分热量（或冷量）直接辐射到人体和物体上的局部辐射供暖（或供冷）、对空气水蒸气的局部静态去除、对空气中有害气体的局部静态吸附等，该类局部保障方式可定义为局部摄取法。

整体保障法需要保障全空间的空气参数，局部保障法中的局部送风是保障局部空间的空气参数，故它们需要具有足够容量的、低浓度的清洁空气"源"；而局部保障法中的局部排除和局部摄取是采用局部处理方式保障对象空间内的空气参数，故需要足够容量的"汇"，以保证该"汇"能持续不断地吸收对象空间内的（广义）污染物。

整体保障法和局部保障法不仅适用于空气的热、湿处理，而且也是空气成分控制的重要方法。采用整体保障法和局部送风时，在非密闭空间中可以采用空间外部的新鲜清洁空气作为"源"，可稀释空间中的 CO_2 等污染气体，提高 O_2 浓度，有时还可用凉爽的室外空气作为冷源去除室内产热量；而在密闭空间中则需采取一定技术手段制取可携带的空气

"源"（如压缩空气）或空气的各种组分"源"（如氮源、氧源等）。局部排除和局部摄取法在密闭空间和非密闭空间中都可采用，例如，用活性炭吸附 VOC、用 LiOH 吸收 CO_2、用盐溶液除湿（除去水蒸气）、用过滤器和静电除尘装置除去空气中的悬浮颗粒物等。其中，活性炭、LiOH、盐溶液、过滤器和静电除尘装置等都可以称之为除去（广义）污染物的"汇"。

此外，在一些采用局域保障法的场合，有时还需配置一定的整体保障系统营造背景环境，此时，对象空间的环境保障将通过局部保障法和整体保障法联合实现。由此可见，整体保障法和局部保障法是空气组分控制的两种途径，二者既相互独立，又互为补充。

第二节　整体保障法

整体保障法按照气流组织对对象空间空气参数的保障原理，可分为稀释法和置换法两大类。稀释法是用送入对象空间的空气与空间内原有空气混合，以达到调节对象空间环境参数的目的，其理想状态是保障空间各处参数均匀一致的混合通风；置换法则是避免将送入对象空间的空气与空间内原有空气掺混，而用送入的空气"推出"（即"置换"）室内陈旧空气，从而改善室内环境，置换法的理想状态为完全活塞流。作为通风气流组织的理论基础，本节将首先介绍稀释法的基本理论，再介绍稀释法和置换法的典型气流组织类型。

一、稀释法的基本理论

虽然对象空间（如建筑）的稀释系统形式多样，建筑特点、稀释空气入口（风口）的形式和个数、送风参数千差万别，但是所有情形都可以看成一定数量的送风口对一个体积为 V 的空间送风，空间中有污染源、热源和湿源，同时，又存在一定数量的出风口将空气排出，所有送风口风量的总和等于所有出风口风量的总和，空间内保持质量平衡。对于某些特殊情况，污染源、热源和湿源都可以为 0。

对于具有多送风口、多出风口的对象空间可等价成为单送风口和单出风口的空间[1]。此时，通风量 Q 等于所有送风口风量的总和，等价的送风口和出风口浓度与各风口浓度的关系如下：

$$C_s = (\Sigma Q_i C_{si})/Q \tag{10-1}$$
$$C_e = (\Sigma Q_j C_{ej})/Q \tag{10-2}$$

式中　C_s——等价的送风口浓度，kg/m^3；
　　　C_e——等价的出风口浓度，kg/m^3；
　　　C_{si}——实际系统中第 i 个送风口处的浓度，kg/m^3；
　　　C_{ej}——实际系统中第 j 个出风口处的浓度，kg/m^3。

注意：此处以浓度代表某种空气物理量。在实际应用时，它可以是空气温度、湿度、组分浓度和污染物浓度等，故这是一个广义污染物的概念。

假设一个容积为 V 的空间内存在一个等价的送风口和一个等价的出风口，空气在此空间内均匀混合，设广义污染物散发速率为 $\dot{M}$，在通风前广义污染物浓度为 C_1，经过 t 时间后，空间内广义污染物浓度变为 $C_2(t)$，送风中广义污染物的浓度是 C_s，通风量是 Q，则根据质量守恒可得

$$V \frac{\mathrm{d}C}{\mathrm{d}t} = QC_\mathrm{s} + \dot{M} - QC \qquad (10\text{-}3)$$

初始条件为：$t=0$，$C=C_1$

上述方程的解为：

$$C_2(t) = C_1 \exp\left(-\frac{Q}{V}t\right) + \left(\frac{\dot{M}}{Q} + C_\mathrm{s}\right)\left[1 - \exp\left(-\frac{Q}{V}t\right)\right] \qquad (10\text{-}4)$$

式（10-3）或式（10-4）称为稀释方程。可以看出，被稀释空间内广义污染物浓度按照指数规律增加或者减少，其增减速率取决于 Q/V，该值的大小反映了对象空间的通风变化规律，故将之定义为换气次数：

$$n = Q/V \qquad (10\text{-}5)$$

式中　n——空间的换气次数，即每小时的换气次数，$1/\mathrm{h}$；

　　　Q——通风量，m^3/h。

而 V/Q 则被定义为通风对象空间的名义时间常数：

$$\tau_\mathrm{n} = V/Q \qquad (10\text{-}6)$$

式中　τ_n——空间的名义时间常数，s；

　　　V——空间容积，m^3；

　　　Q——通风量，m^3/s。

从定义式可以看出，空间的换气次数是其名义时间常数的倒数，但需要注意二者的时间单位不同。

当 $t \to \infty$ 时，空间内污染物浓度 C_2 趋于稳定值 $\left(C_\mathrm{s} + \frac{\dot{M}}{Q}\right)$。

为了方便地计算出在规定的时间 t 内，达到要求浓度 C_2 所需的通风换气量，式（10-4）可变形为

$$\frac{QC_1 - \dot{M} - QC_\mathrm{s}}{QC_2 - \dot{M} - QC_\mathrm{s}} = \exp\left(\frac{Q}{V}t\right) \qquad (10\text{-}7)$$

当 $\frac{Q}{V}t \ll 1$ 时，上式近似为

$$\frac{QC_1 - \dot{M} - QC_\mathrm{s}}{QC_2 - \dot{M} - QC_\mathrm{s}} = 1 + \frac{Q}{V}t \qquad (10\text{-}8)$$

由此可得

$$Q = \frac{\dot{M}}{C_2 - C_\mathrm{s}} - \frac{V}{t}\frac{C_2 - C_1}{C_2 - C_\mathrm{s}} \qquad (10\text{-}9)$$

式（10-9）被称为非稳定状态下的全面稀释所需换气量计算式。若将式中的 C_s 看成等价的单送风口浓度，将式（10-1）代入式（10-9），则可写出具有多个送风口时的一般形式

$$Q = \frac{\dot{M} + \sum Q_i C_{si}}{C_2} - \frac{V}{t}\left(1 - \frac{C_1}{C_2}\right) \qquad (10\text{-}10)$$

上述换气次数 n 是衡量对象空间中稀释状况好坏程度的物理量，也就是通过稀释达到的混合程度的重要参数，同时也是估算空间通风量的依据。对于确定功能的对象空间，如

建筑房间，则可通过相关手册查取换气次数的经验值，再根据换气次数和体积估算房间的通风换气量。

对于一个均匀混合的空间，换气次数或名义时间常数就可以反映空间的通风情况。均匀混合是理想的稀释过程，可以理解为在进风口处有一个巨大风机将气体迅速扰动，使其均匀分散到空间各处，均匀混合下房间各处的参数均相等。但是，实际过程是不可能实现均匀混合的，下面将介绍常见的基于稀释原理处理空气的气流组织形式。

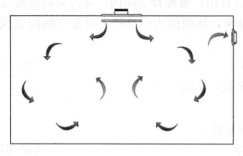

图 10-1　典型混合通风示意图

二、稀释法的典型气流组织

不同的通风气流组织是人工环境学在其历史演进过程中不同阶段的产物。基于稀释原理和对均匀空间环境的追求产生了混合通风，即将空气以一股或多股的形式从工作区外以射流形式送入房间，射入过程中卷吸一定数量的室内空气，随着送风气流的扩散，风速和温差会很快衰减。这种稀释方式尽量使得送入的空气与空间内空气充分混合，故称为混合通风（如图 10-1 所示），是稀释方法最基本的应用。在理想状态下，不考虑风口临近区域，送风气流与室内空气混合充分均匀，可认为室内广义污染物浓度基本相同。让回流区在人的工作区附近，从而可以保证工作区的风速合适、温度比较均匀。

传统的通风空调方式大都采用混合通风，混合通风多为上送风形式。经过处理的空气以较大的速度送入房间内，带动室内空气与之充分混合，使得整个空间温度趋于均匀一致。与此同时，室内的污染物被"稀释"，但是到达工作区的空气已远不如送风口处的那样新鲜。图 10-2 给出了混合通风的原理示意图。在人工环境的控制中，混合通风得到了极其普遍的应用，如普通办公室、会议室、商场、厂房、体育场馆类高大空间等。

图 10-2　混合通风原理示意图[2]

混合通风的送风口形式多种多样，通常按照空间对气流组织的要求和房间内部装饰的要求加以选择。常见的送风口类型主要有：喷口、百叶风口、条缝风口、散流器（方形、圆形和盘形）、旋流风口以及孔板等[3]。图 10-3 为部分常见的送风口形式。

决定空间气流组织的因素主要包括送风口位置、送风口类型、送风量、送风参数等。

(a)

(b)

(c)

图 10-3 混合通风常见的送风口类型

(a) 喷口风口；(b) 条缝风口；(c) 散流器

常见的混合通风气流组织形式如图 10-4 所示。

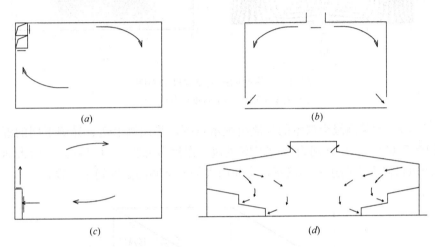

图 10-4 常见混合通风的气流组织形式

(a) 上送上回；(b) 上送下回；(c) 下送下回；(d) 侧送上、下回（体育馆）

图 10-1 和图 10-4 (a) 中所示的典型混合通风为上送上回形式，其特点是可将送排（回）风管道集中于空间的上部。由空间上部送入空气、由下部排出的"上送下回"送风形式（图 10-4b）也是传统的基本方式之一。上送下回气流分布形式的送风气流不直接进入工作区，有较长的与室内空气掺混的距离，能够形成比较均匀的温度场和速度场。实际上，常用的还有下送下回（图 10-4c）、侧送上、下回（图 10-4d）等多种送、回风形式[4,5]。

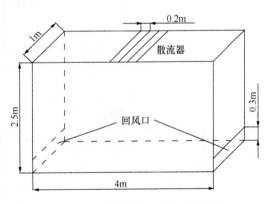

图 10-5 某混合通风房间示意图

图 10-5 为一个混合送风房间的示意图。采用散流器顶送，两个回风口对称分布在房间的下侧。基本计算参数为：送风温度 20℃，含湿量 10g/kg 干空气，室内产热 7.6kW，产湿 0.864g/s。

图 10-6 为该房间风速、温度分布图。从图 10-6 (a) 可以看出其流动情况，送风口以

较大速度出风，房间内的空气被充分搅动、稀释，形成了图 10-6（b）所示的空气温度分布。可以看到，房间内的温度并不是完全一致的，随着气流的扩散，风速和温度都有一定衰减，说明混合通风是应用了稀释原理，但并不是理想情况下的完全均匀混合，只是近似均匀而已。

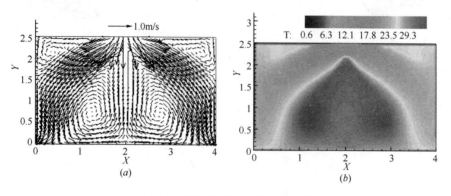

图 10-6　房间的风速及温度分布图
（a）风速分布图；（b）温度分布图（℃）

　　图 10-7（a）为某高级会议室的气流组织示意图，采用侧上送、异侧下回的混合通风方式，图 10-7（b）、（c）分别为该会议室风速、温度分布图。可以看到，较大速度的新鲜空气自送风口侧上方向送入会议室，房间内大部分空间的温度趋于一致。

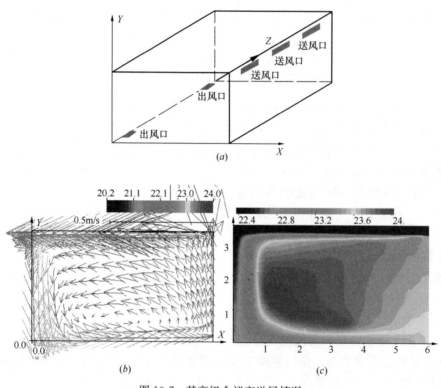

图 10-7　某高级会议室送风情况
（a）送风示意图；（b）风速分布图；（c）温度分布图（℃）

体育场馆等高大空间建筑也多数采用混合通风的形式，如某射击馆 50m 靶比赛时，全空气空调系统和射击位斜上方的风机盘管运行，新风量按设计参数或根据实际人员数量调节。顶部方形散流器送风，东西两端回风，北侧敞开的空间进行自然排风，射击馆的横剖面图见图 10-8。

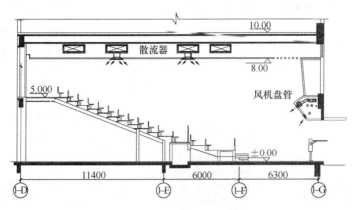

图 10-8　某射击馆横剖面图

混合通风的设计方法比较成熟。一般是基于稀释方程根据通风需要（去除热、湿或污染物的需要）求解通风量，然后依据不同末端的射流特性及其公式，计算人员工作区域或其他有要求的空间区域的空气参数，使之达到要求即可。其具体计算方法请参见相关暖通空调设计手册及相关规范，此处不再赘述。

虽然混合通风的适用范围很广，但是存在一定的缺点。为了消除整个空间的热湿负荷、降低污染物浓度等，混合通风需要对整个空间的污染物进行稀释处理，所以通常采用大风量、高风速送风，送风速度随着风量和负荷的增加而增加。而考虑到人员的舒适性及某些场所的工艺要求，希望室内各处的温差尽量小、风速尽量低；另一方面，室内污染物被稀释的同时，到达工作区的空气已远不如送风口处新鲜。这就使得人们开始着手寻找能解决这些矛盾的通风形式，其中置换法通风就是解决其矛盾的重要方式。

三、置换法的典型气流组织

基于置换法的通风方式可分两类：①一类是热羽流置换通风，即借助室内热源的热羽流形成近似活塞流实现室内空气的置换，这类形式的出口风速低，送风温差小，所以送风量和送风面积较大，它的末端装置体积相对来说也较大，目前通常所说的置换通风往往指这类通风形式；②另一类是单向流置换通风，常用于工艺洁净空间，如单向流洁净室（又称"层流洁净室"）。这类形式的送风量很大，常采用顶送下回或侧送侧回的形式，送风口一般为结合高效过滤器的孔板送风口。

（一）热羽流置换通风

充分混合后的空气很难避免被污染，继混合通风后出现了置换通风方式，它将处理过的空气直接送入到人的工作区（呼吸区），使人率先接触到新鲜空气，从而改善呼吸区的空气品质。置换通风起源于 20 世纪 70 年代的北欧，最初应用于工业建筑，以后逐渐应用到其他领域，是一种相对较新的通风形式。其工作原理是以极低的送风速度（0.25m/s 以下）将新鲜的冷空气由房间底部送入室内，由于送入的空气密度大而沉积在房间底部，形

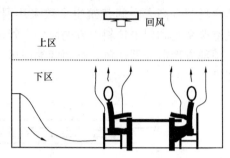

图 10-9　热羽流置换通风原理图

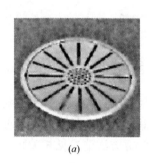

(a)　　　　　　(b)

图 10-10　置换通风常见散流器

(a) 嵌入地板式散流器；(b) 贴壁式散流器

成一个空气湖。当遇到人员、设备等热源时，新鲜空气被加热上升，形成热羽流作为室内空气流动的主导气流，从而将热量和污染物等带至房间上部，脱离人的停留区。回（排）风口设置在房间顶部，热的、污浊的空气从顶部排出，于是，置换通风就在室内形成了低速、温度和污染物浓度分层分布的流场。图 10-9 给出了置换通风的原理示意图。根据置换通风散流器的安装位置不同，可以分为嵌入地板式散流器（图 10-10a）、贴壁式散流器（图 10-10b）等。

置换通风可使人的停留区具有较高的空气品质、热舒适性和通风效率，同时也可以节约建筑能耗。与混合通风稀释整个空间的污染物相比，置换通风稀释的仅仅是工作区所在的局部空间，目标更为明确，手段也更为直接。与传统的混合通风相比，有着本质的区别，二者的比较见表 10-1。

两种通风形式的比较　　　　　　　　　　　表 10-1

	混合通风	热羽流置换通风
目标	全室温湿度均匀	工作区舒适性
动力	流体动力控制	浮力控制
机理	气流强烈掺混	气流扩散浮力提升
措施 1	大温差高风速	小温差低风速
措施 2	上送下回	下侧送上回
措施 3	风口紊流系数大	送风紊流系数小
措施 4	风口掺混性好	风口扩散性好
流态	回流区为紊流区	送风区为层流区
分布	上下均匀	温度/浓度分层
效果 1	消除全室负荷	消除工作区负荷
效果 2	空气品质接近于回风	空气品质接近于送风

影响置换通风系统的热舒适性的因素很多，其中，温度梯度和送风速度是两个关键因素。置换通风系统在垂直方向存在明显的温度梯度。热羽流在上升过程中依靠对流作用加

热周围空气，并伴随着低强度的卷吸作用，在其周围形成稳定的温度分层，使室内温度从送风口到排风口沿高度方向逐渐增加，其温度变化可分为三段，分别是地面温升、头脚温差、上区温升，其中头脚温差对舒适度有很大的影响。ISO 7730—1990 及 ASHRAE 55-1992 规定：1.1m 高度处（坐姿）与地面处的温差小于等于 3℃，或 1.8m 高度处（站立）与地面处的温差小于等于 3℃。据此规定，对于普通办公建筑而言，置换通风的送回风温差一般不超过 7～8℃[6]。

置换通风的送风口一般位于侧墙下部、地板甚至工位下部等位置，从散流器出来的气流在近地面形成一薄层空气层。为避免产生吹风感，必须严格控制送风速度。散流器出口处的空气流速主要取决于送风量、散流器类型[7]，所以置换通风的送风速度约为 0.25m/s 左右，且多用于层高大于 2.4m，室内冷负荷小于 40W/m² 的空调房间[8]，而冷负荷较大的建筑，则需要有其他的辅助空调措施，如增设顶板冷却系统等。

置换通风具有以下优点：①热舒适以及室内空气品质良好；②噪声小；③空间特性与建筑设计兼容性好；④适应性广，灵活性大；⑤能耗低，初投资少，运行费用低。

同时也有一些缺点：①在一些情况下，置换通风要求有较大的送风量；②由于送风温度较高，室内湿度必须得到有效的控制；③污染物密度比空气大或者与热源无关联时，置换通风不适用；④在高热负荷下，置换通风系统需要送冷风，因此置换通风并不适于较暖和的气候；⑤置换通风的性能取决于屋顶高度，不适合于层高较低的空间。

置换通风至今尚未形成公认实用的设计方法，目前比较常用的有美国 Yuan 等人提出的十步设计法[9]，主要是根据建筑空间形式确定是否适用置换通风，然后根据热湿负荷确定送风量、送风温度并校核垂直温差等。

（二）单向流置换通风

对于高洁净度的洁净室而言，为了保证室内颗粒浓度低于限定值，往往需采用大风量顶送或侧送形成竖直方向或水平方向的活塞流（图 10-11），才能达到有效置换室内空气、保证洁净度的目的。

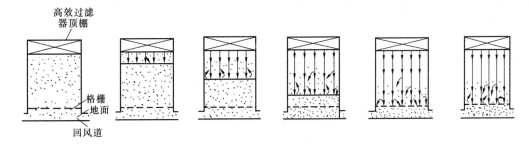

图 10-11 单向流置换通风原理示意图[10]

与热羽流置换通风不同，单向流置换通风需要大风量维持室内的活塞流动形式，在实际应用中常采用垂直单向流洁净和水平单向流洁净两类。其中，垂直单向流洁净室又包括顶送底回、顶送两侧回等形式。图 10-12 为垂直单向流和水平单向流洁净室的典型示例图。

单向流洁净室的特性指标包括：流线平行度、乱流度和下限风速[10]。用流线平行度描述活塞流动流型的保持程度，其确定方法通常为：根据工作区范围，确定流线使得尘粒横向扩散在其中小于一定距离时流线的倾斜角。

乱流度标识了单向流的脉动程度，用式（10-11）来表示。乱流度越小，表示单向流的脉动越小，室内颗粒就越不易扩散。

$$\beta_{\mathrm{u}} = \frac{\sqrt{\dfrac{\sum (u_i - \overline{u})^2}{n}}}{\overline{u}} \tag{10-11}$$

式中　u_i——瞬时速度，m/s；

　　　$\overline{u}$——时平均速度，m/s；

　　　n——测点数。

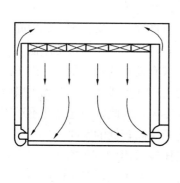
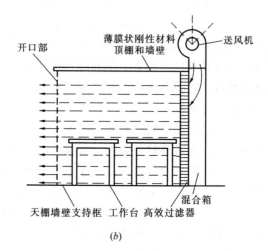

图 10-12　单向流洁净室示意图[10]

(a) 垂直单向流；(b) 水平单向流

下限风速是指保证能有效控制室内污染扩散范围和室内空气自净（全室空气被污染时）的最小风速，与污染源散发尘粒特性（包括人）以及室内流场情况有关。表 10-2 给出了常见情况下的下限风速推荐取值。

建议下限风速值[10]

表 10-2

洁　净　室	下限风速 （m/s）	条　　　件
垂直单向流	0.12	平时无人或很少有人进出，无明显热源
	0.3	无明显热源的一般情况
	≤0.5	有人、有明显热源，如 0.5 仍不行，则宜控制热源尺寸并加以隔热
水平单向流	0.3	平时无人或很少有人进出
	0.35	一般情况
	≤0.5	要求更高或人员进出频繁的情况

属于活塞置换通风的单向流洁净室的设计方法比较成熟，通常根据要求的室内洁净度等级，确定合理的单向流形式（垂直或水平单向流），根据设计手册选取合理的下限风速值，结合洁净室断面面积获得风量。然后选取多级过滤器，采用均匀或不均匀分布计算理

论进行校核[10]。更高级的设计计算可以借助 CFD 方法，计算室内的流动和颗粒浓度分布。

第三节 局 部 保 障 法

局部保障法主要有局部排除、局部送风和局部摄取三种方式，下面将对其分别进行分析。

一、局部排除

局部排除是在热、湿、尘和有害气体产生地点直接进行捕集并排放至室外，以控制有害物在室内的扩散和传播的方法。设计完善的局部排除系统能在不影响生产工艺和操作的情况下，用较小的排风量获得最佳的有害物排除效果，保证室内工作区有害物浓度不超过相关标准要求。下面将对局部排除系统、局部排风罩，尤其是局部排除气体流动规律进行分析。

（一）局部排除系统

局部排除系统根据被排除有害物的性质不同，可分为局部有害物排除和局部热湿排除两类系统。

1. 局部有害物排除系统

局部有害物排除系统如图 10-13 所示，它由以下几部分组成：

（1）局部排风罩

局部排风罩是放置在有害物产生处用于捕集有害物的部件，其性能对局部排风系统的经济技术指标有直接影响。因生产设备不同，其局部排风罩的形式也有多种。

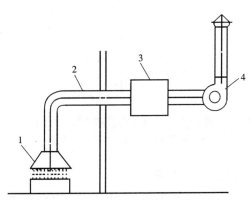

图 10-13　局部有害物排除系统示意图
1—局部排风罩；2—风管；3—净化设备；4—风机

（2）风管

风管的主要功能是把有害物输送到净化设备并排放至室外。管路应力求短、直、内表面光滑，以减小阻力。

（3）净化设备

为防止排出空气中的有害物超过排放标准，必须对其进行净化处理。净化设备分除尘器和有害气体净化装置两类。对于一些有害气体目前尚无经济、有效的净化方法。在不得已情况下，可以不经过净化而直接进行高空排放，此时局部有害物排除系统无净化装置。

（4）风机

风机向整个系统提供动力。因为排放气体中往往含有粉尘，并且有些有害气体具有腐蚀性，所以为防止磨损和腐蚀，一般将风机放在净化设备之后。

2. 局部热湿排除系统

局部热湿排除系统如图 10-14 所示。

与局部有害物排除系统相比，局部热湿排除系统减少了一个净化处理设备，这是因为局部热湿排除系统主要是排除对环境没有污染的余热和余湿，故一般不需要经过特别的净化处理。

（二）局部排风罩[11]

局部排风罩的形式很多，按其作用原理可分为以下几种基本类型。

1. 密闭罩

如图 10-15 所示，它把有害物源全部密闭在罩内，在罩上设有较小的工作孔，以观察罩内工作状态，通过进风口①从罩外吸入空气，罩内污染空气由风机从排风口②排出。它只需较小的排风量就能有效控制工业有害物的扩散，排风罩气流不受周围气流的影响。它的缺点是操作人员不能直接进入罩内操作，有时也难以全面观察到罩内的工作情况。

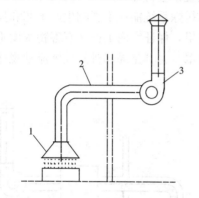

图 10-14　局部热湿排除系统示意图

1—局部排风罩；2—风管；3—风机

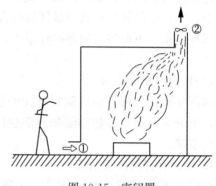

图 10-15　密闭罩

2. 柜式排风罩

柜式排风罩如图 10-16 所示，其结构形式与密闭罩相似，只是罩的一面全部敞开。图 10-16（a）是小型通风柜，操作人员可将手伸入罩内操作，如化学实验室用的通风柜；图 10-16（b）是大型通风柜，操作人员直接进入柜内工作，它适用于喷漆、粉状物料装袋等生产工艺。

3. 外部吸气罩

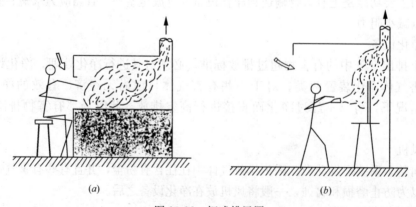

（a）　　　　　　　　　　　　　（b）

图 10-16　柜式排风罩

（a）小型通风柜；（b）大型通风柜

　　由于工艺条件限制，生产设备不能密闭时，可把排风罩设在有害物源附近，依靠风机在罩口造成的抽吸作用，在有害物发散地形成一定的气流运动，把有害物吸入罩内。这类排风罩统称为外部吸气罩，如图10-17所示。当污染气流的运动方向与罩口的吸气方向不一致时，需要较大的排气量。

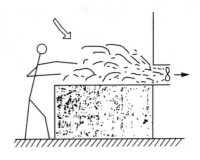

图 10-17　外部吸气罩

　　4. 接受式排风罩

　　有些生产过程或设备本身会产生或诱导一定的气流运动，带动有害物一起运动，如高温热源上部的对流气流及砂轮磨削时抛出的磨屑及大颗粒粉尘所诱导的气流等。对这种情况，应尽可能把排风罩设在污染气流前方，让其直接进入罩内。这类排风罩称为接受罩，如图10-18所示。

　　5. 吹吸式排风罩

　　由于生产条件的限制，有时外部吸气罩距有害物源较远，仅依靠罩口的抽吸作用，难以在有害物源附近形成一定的空气流动，此时可采用如图10-19所示的吹吸式排风罩。它利用射流能量密度高、速度衰减慢的特点，用吹出气流把有害物吹向设在另一侧的吸风口。采用吹吸式通风可使排风量大大减小。在某些情况下，还可以利用吹出气流在有害物源周围形成一道气幕，像密闭罩一样使有害物的扩散控制在较小的范围内，保证局部排风系统获得良好的效果。

图 10-18　接受式排风罩

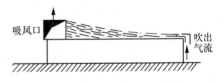

图 10-19　工业槽上的吹吸式排风罩

　　（三）局部排风罩气流分析

　　对于一定形式的排风罩，需明确其气流运动规律，从而确定排风罩的排风量。

　　1. 热量的局部排除

　　局部排除有热量产生的空气时，由于其气流运动是由生产过程中的热源诱导产生的，最常用的是在热源上部设置接受式排风罩，此时接受罩只起接受作用。下面将分析热源上方热射流的运动规律。

　　热源上部的热射流主要有两种形式，一种是设备本身散发的热射流，如炼钢电炉炉顶散发的热烟气，此时热射流必须由实测确定，所以这里不进行讨论；另外一种是高温生产设备表面对流散热引起的热射流，其在热源顶部的热射流量可用下式计算：

$$L_0 = 0.381(QhA_p^2)^{1/3} \tag{10-12}$$

式中 Q——对流散热量，kW；

h——热源的定性尺寸，m。对于垂直面而言，是指垂直面的高度；对于水平圆柱体是指直径；对于水平面是指该平面水平投影的短边长度；

A_p——在热源顶部热射流的横断面积，m^2。对于水平圆柱体是（圆柱体长度）×（直径）；对于水平面是该平面面积；对于垂直面，热气流在沿垂直面上升的过程中厚度不断增大，气流的边界从底部开始与垂直面夹角为5°左右。

对流散热量 Q 可由下式计算：

$$Q = \alpha F \Delta t \tag{10-13}$$

式中 F——热源的对流放热面积，m^2；

Δt——热源表面与周围空气温度差，℃；

α——对流放热系数，W/（$m^2 \cdot$℃）。

其中

$$\alpha = A \Delta t^{1/3} \tag{10-14}$$

式中 A——系数，当为水平散热面时，$A=1.7$；当为垂直散热面时，$A=1.13$。

热射流从热源顶部产生，在上升过程中不断卷入周围空气，横断面积和流量会不断增大。当热射流上升高度 $H < 1.5\sqrt{A_p}$（$H<1m$）时，因上升高度较小，卷入的周围空气量也较小，可以近似认为热射流的横断面积和流量基本不变。

但是，当热射流的上升高度 $H > 1.5\sqrt{A_p}$ 时，流量和横断面积会显著增大。不同上升高度上热射流的流速、断面直径和流量可按下列公式计算（对应图10-20）。

$$v_z = 0.05 Z^{-0.29} Q^{1/3} \tag{10-15}$$

$$d_z = 0.43 Z^{0.88} \tag{10-16}$$

$$L_z = 7.3 \times 10^{-3} Z^{1.47} Q^{1/3} \tag{10-17}$$

$$Z = H + 2B \tag{10-18}$$

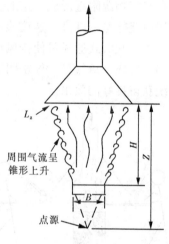

图 10-20 热源上部的接受罩[15]

式中 v_z——计算断面上热射流平均流速，m/s；

d_z——计算断面上热射流直径，m；

L_z——计算断面上热射流流量，m^3/s；

H——热源至计算断面的距离，m；

B——热源水平投影直径或长边尺寸，m。

公式（10-15）～（10-18）是以点热源为基础推导得出的。当热源具有一定尺寸时，必须先用外延法求得假想点源，然后再求出假想点源至计算断面的有效距离 Z（见图10-20）。

2. 尘杂的局部排除

尘杂局部排除是在有尘产生的场合采用的局部排除措施，是在产尘点造成一定的吸气速度，从而把粉尘吸入罩内的方法。不同尘杂在周围气流影响下被捕集所需要的吸气速度不同，所以需要确定尘杂的吸捕速度。为确定排气罩需要多大的排风量才能保证在距罩口一定距离处具有必要的吸捕风速，就必须研究吸气口的气体流动规律。

（1）吸捕速度

吸捕速度（也称控制风速）是指正好克服该尘源散发粉尘的扩散力再加上适当的安全系数的风速。只有当排气罩在该尘源点造成的吸气风速大于吸捕速度时，才能使粉尘吸入到罩内，所以了解尘杂的吸捕速度是设计排气罩的基础。吸捕速度与尘源的性质以及周围气流的状况有关，表 10-3 至表 10-5 给出了吸捕速度的一些经验数值。

按有害物散发条件选择的吸捕速度[12]　　　　　表 10-3

有害物散发条件	举　例	最小吸捕速度（m/s）
以轻微的速度散发到几乎是静止的空气中	蒸汽的蒸发；气体或烟从敞口容器中外逸	0.25～0.5
以较低的速度散发到较平静的空气中	喷漆室内喷漆；间断粉料装袋；焊接台；低速皮带机运输；电镀槽；酸洗	0.5～1.0
以相当大的速度散发到空气运动迅速的区域	高压喷漆；快速装袋或装桶；往皮带机上装料；破碎机破碎；冷落砂机	1.0～2.5
以高速散发到空气运动很迅速的区域	磨床；重破碎机；在岩石表面工作；砂轮机；喷砂；热落砂机	2.5～10

注：表中数值取下限值的场合：①室内气流很小或者对吸捕有利；②污染物含毒性低或者仅是一般的除尘；③间断性生产或产量低；④大型罩——吸入大量气流。表中数值取上限值的场合：①室内气流搅动很大；②含高毒性的污染物；③连续性生产或产量高；④小型罩——仅局部控制。

按周围气流状况及有害气体的危害性选择吸捕速度[12]　　　　　表 10-4

周围气流情况	吸捕速度（m/s）	
	危害性小时	危害性大时
无气流或者容易安装挡板的地方	0.20～0.25	0.25～0.30
中等程度气流的地方	0.25～0.30	0.30～0.35
较强气流的地方或者不安装挡板的地方	0.35～0.40	0.38～0.50
强气流的地方	0.5	
非常强气流的地方	1.0	

按有害物危害性及排气罩形式选择吸捕速度（m/s）[12]　　　　　表 10-5

危害性	圆形罩		侧面方形罩	伞形罩	
	一面开口	两面开口		三面敞开	四面敞开
大	0.38	0.50	0.5	0.63	0.88
中	0.33	0.45	0.38	0.50	0.78
小	0.30	0.38	0.25	0.38	0.63

由于室外空气的流入、人员的走动、机器的运转等因素会使车间内产生干扰气流，从而影响对粉尘的吸捕作用。因此在有干扰气流时，从表 10-3～表 10-5 中选取的吸捕速度应相应增加，其增加值见表 10-6。

干扰气流的影响[12]　　　　　表 10-6

干扰气流的影响	吸捕速度的增加值（m/s）
微弱（0～0.2m/s）	0.2
弱（0.2～0.3m/s）	0.3
一般（0.3～0.4m/s）	0.5
强（0.4～0.6m/s）	1.0

吸捕速度是影响捕尘效果和系统经济性的重要指标。吸捕速度选得过小，粉尘不能吸入罩内，将污染周围空气；选取过大，则必然增大抽气量，随之导致系统负荷及设备容量的增加。

（2）吸气口的气体流动规律

点汇吸气口参见图 10-21（a），由流体力学知识可知，位于自由空间的点汇吸气口的排风量为

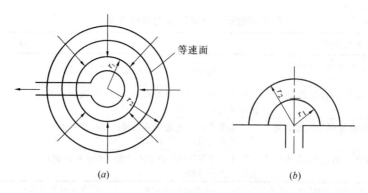

图 10-21 点汇吸气口

（a）自由的吸气口；（b）受限的吸气口

$$L = 4\pi r_1^2 v_1 = 4\pi r_2^2 v_2 \tag{10-19}$$

式中 v_1、v_2——点 1 和点 2 的空气流速，m/s；

r_1、r_2——点 1 和点 2 至吸气口的距离，m。

如果吸气口设在墙上时，参见图 10-21（b），其吸气范围受到限制，此时的排风量为

$$L = 2\pi r_1^2 v_1 = 2\pi r_2^2 v_2 \tag{10-20}$$

从公式（10-19）、（10-20）可以看出，吸气口外某点的空气流速与该点至吸气口距离的平方成反比，而且随吸气口吸气范围的减小而增大。因此，设计罩口时应尽量靠近有害物散发源，并设法减小其吸气范围。

实际上，排风罩的罩口都是有一定面积的，不能看做一个点汇，因此，式（10-19）和（10-20）不能直接应用于外部吸气罩的计算。为了分析实际排气罩气体流动问题，许多学者曾对各种吸气口的气流运动规律进行大量的实验研究。图 10-22 和图 10-23 分别为通

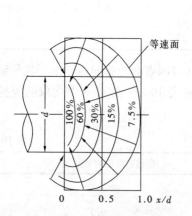

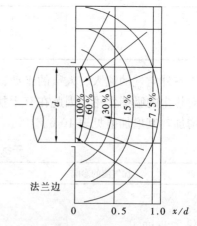

图 10-22 四周无边圆形吸气口的速度分布图[11]　　图 10-23 四周有边圆形吸气口的速度分布图[11]

过试验确定的四周无法兰边和四周有法兰边的圆形吸气口的速度分布图。图中，横坐标是 x/d（x—某一点距吸气口的距离，d—吸气口的直径），等速面的速度用吸气口流速的百分数来表示。

二、局部送风

实际室内环境中，不同的使用者在生理和心理反应、衣着量、活动水平以及对空气温湿度和速度的偏好存在很大的个体差异。传统的室内环境保证系统主要是采用稀释法，这种方法在一个空调区域中创造一个均匀的环境，难以为各局部位置提供不同的室内参数。

常见的稀释法有混合通风和置换通风等。对于混合通风的系统，新风在达到人员呼吸区前就已被室内空气污染，同时，全房间的空气温度都被降低，造成了冷量浪费。对于置换通风，空气分层使得靠近地面区域的空气较洁净，温度也较低。然而，由于人体下半部对空气流动比较敏感，置换通风易造成冷吹风感，且当污染源集中在房间下部时，置换通风反而会恶化室内空气品质。因此，为了实现室内环境的舒适、空气品质和个性化要求，并降低通风系统能耗，出现了局部送风方式。

（一）局部送风系统分类

局部送风又称个性化送风或工位空调，是指将送风口和控制手段布置在人员工作区附近，便于单独和灵活控制的一种空调送风形式。主要应用在改善人体周围局部热环境和空气品质的场合，因使用者能够独立控制其局部微环境，故可以为室内绝大多数使用者提供可接受的环境条件。

根据系统末端风口布置不同，局部送风系统按送风方式的不同，可分为地板局部送风系统、工作台或隔板局部送风系统和顶部局部送风系统[13]。

1. 地板局部送风系统

地板局部送风系统（图 10-24）与传统的地板送风系统的区别在于：后者送风系统的送风口是从整体考虑均匀分布于房间里，而前者送风系统的送风口安装位置在每个人的附近，承担小环境的负荷，个人可调节送风量和送风方向。

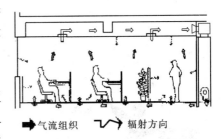

▶ 气流组织　〰 辐射方向

图 10-24　地板局部送风系统[13]

地板局部送风系统供冷时气流从送风口垂直送出，在地板附近容易形成冷热团区；供热时气流从送风口外横向扩展慢慢上升，温度垂直分布良好。但是，如果送风口设计与调节不当，则风速容易过大，在送风口附近容易产生吹风感。

地板局部送风系统换气效率高且污染物容易被上升的气流带走，在节约能源的同时可以保证呼吸区内具有良好的空气品质。

2. 工作台或隔板局部送风系统

图 10-25 为工作台或隔板局部送风系统的结构原理，一般将送风口设置在工作台或隔板上，

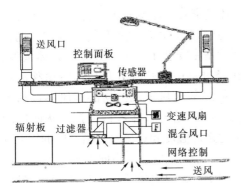

图 10-25　工作台局部送风系统[13]

送风口　控制面板　传感器　变速风扇　混合风口　网络控制　送风　辐射板　过滤器

以易于形成工作区小环境。当需要利用局部送风系统带走房间的全部热负荷时，则每个送风单元所承担的负荷过大，有时容易造成温度和气流分布不均的情况，很难创造舒适的环境。将局部送风和背景空调进行组合应用是一种较为理想的系统，它能较好解决背景区和工作区的气流组织和温度分布的问题，减少吹风感。一些工程中，在集中空调送风基础上增设工作台局部送风空调系统就属于该系统形式。

隔板送风系统通过隔板上的送风口直接把新风送到人体呼吸区域，试验表明，与集中送风方式相比，虽然隔板送风的总新风量减少，但与集中送风方式到达人员呼吸区的新风量却相差不大，而且呼吸区污染物的数量也比集中送风方式减少。因此，从保证呼吸区空气品质和节约能源两方面来看，工作台或隔板局部送风系统比集中送风系统更具优势。

3. 顶部局部送风系统

顶部局部送风系统如图 10-26 所示。它将送风口位置设置在人的头顶附近，从上往下形成工作区环境，可通过控制送风口来调节送风方向和送风量。

（二）热舒适性和室内空气品质分析

1. 热舒适性分析[14]

杨建荣等对工作台局部送风系统的微环境进行了实验研究，图 10-27 是其局部送风性能的测试系统。

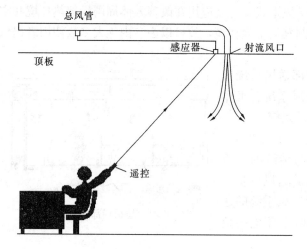

图 10-26　顶部局部送风系统[13]

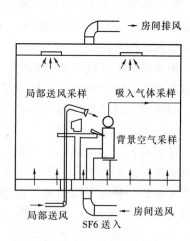

图 10-27　局部送风性能测试系统

局部送风的性能测试在一个环境室中进行，在环境室背景环境的送风道上设有示踪气体（SF_6）的送入口，可以保持环境室内均匀的背景浓度。环境室中安装了一个可呼吸的人体模型。室外新风在经过集中的热湿处理后，由单独的风机送往相应的局部送风末端。局部送风参数通过在送风口前端的管道内采样进行调控，从而实现不同的个性化送风温度和环境室背景温度的组合。

图 10-28 为等温送风时，不同工况下呼吸区的空气流速，图 10-29 为测量所得的气流湍流强度。可以看出该系统中湍流强度比较稳定，但风速可

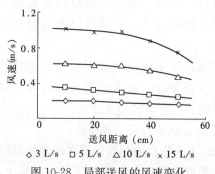

◇ 3 L/s　□ 5 L/s　△ 10 L/s　× 15 L/s

图 10-28　局部送风的风速变化

在较大范围内变化（可通过调高送风量或减小送风距离获得）。

图 10-30 显示出室温 26℃等温送风（送风量 10L/s，送风距离 40cm）时人体模型各个部位散热量相对于不存在局部送风时发生的变化，其身体各部位散热量的变化幅度有所不同。模型头部散热量有较大程度的提高，而在下肢、躯干和上肢等部位，局部吹风的影响较小，因此这些部位的散热量改变幅度不大。从这个结果可以预测，实际使用中局部送风对人体局部热感觉的影响较大，而对全身热感觉的影响有限。当送风量（风速）进一步加大时，换热的强化将能够使局部热感觉得到明显改善。

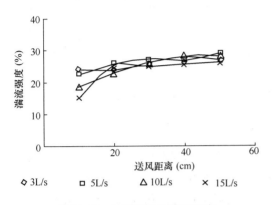

图 10-29　局部送风的湍流强度

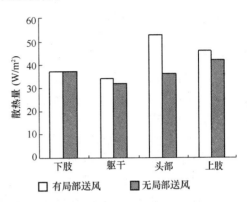

图 10-30　局部送风对模型各部位散热量的影响

实验表明，局部送风系统给使用者提供了对送风量、送风距离和送风角度等进行多种调节手段，具有提高使用者满意度的较大潜力，而且局部吹风能够强化人员局部区域的换热，从而改善局部热环境。

2. 室内空气品质分析[15]

在室内空气品质方面，为了客观了解局部送风对吸入污染物浓度的影响，引入新风吸入效率 ε_p 的概念，其定义如下：

$$\varepsilon_p = \frac{\rho_e - \rho_i}{\rho_e - \rho_s} \tag{10-21}$$

式中 ρ_e 为背景浓度，ρ_s 为局部送风的送入浓度，ρ_i 为使用者吸入空气的浓度。ε_p 表示受试者吸入的空气中直接来自局部送风风口的新风百分比例。

ε_p 越大，受试者直接吸入来自新风口的清洁空气的比例越高，空气品质越好。在混合通风系统中，ε_p 为 0，表示用户吸入的空气全部来自室内已充分混合的背景空气。在局部送风系统送入全新风情况下，该比例越高，表明使用者吸入的空气越清洁。

图 10-31 表示了等温送风（室温 26℃）时，送风距离和送风量对新风吸入效率 ε_p 的影响[15]。从图中可以看出，新风吸入效率 ε_p 随着送风距离的减小和送风量的提高而增大，当送风距离为

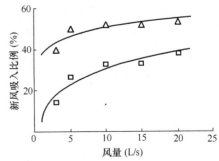

图 10-31　不同送风参数对新风
吸入效率 ε_p 的影响

40cm 和 20cm 时，新风吸入效率最高可分别达到 38％和 55％，说明局部送风系统的人呼吸区的空气品质大大高于混合通风系统。

（三）节能性分析

采用局部送风方式，将新风直接送到人的呼吸区，尽可能减少与周围空气的掺混，可以更有效地提高新风的利用率，改善室内空气品质，因此，可以适当减少新风量，处理新风所需要的能耗会减小。同时，局部送风系统能显著改善局部热环境，室内背景温度可设定成较高值。根据一项对受试者的实验研究结果，采用局部送风方式的参数选用区域为：背景温度 26～30℃，相对湿度 30％～70％[16]。因此，局部送风能够在环境背景温度较高的情况下，显著改善局部的热环境。即便环境温度高达 30℃，仍然可以通过局部送风参数的适当组合，满足使用者的要求。

由于局部送风方式下的背景温度设定值提高，因而冷负荷会大大降低。当室内设定温度从 24℃提高到 30℃时，总的冷负荷最高能够降低 35％～50％，因此局部送风方式是一种节能的空调方式[17,18]。

（四）局部送风的背景环境要求

根据局部送风的特点，目前大多采用局部送风与背景空调系统相结合的个体化空调系统，局部送风承担人体局部区域环境，而背景空调系统承担房间背景环境。

采用局部送风系统，人们会慢慢学会控制他们的局部环境以达到满意的参数要求，特别是他们在工作地点停留相对较长时间的情况下。然而，人们也会离开其工作地点，从事不同活动量的工作，这时就要求一定的背景温度。并且，当回到工作地点，背景温度也会影响他们在工作区的热感觉。

人体附近的空气流动，也是影响人体热舒适的一个重要因素。当室内背景温度较高时，增加空气流动是有益的，而背景温度较低时，则可能导致不舒适的冷吹风感。当背景温度 20℃时，来自前方和下方的气流比来自上方的气流会导致更高的冷吹风感；而当室温较高（26℃）时，即使气流速度高达 0.4m/s，来自前方的气流也很少导致冷吹风感。研究还发现，非等温射流导致的人体上部对流冷却，是从人体带走热量和在较高温度下保证人体可接受热感觉的一种有效途径。在较高温度下，部分人会采用局部通风来冷却身体，或者提高气流速度，或者降低局部送风的温度。

局部通风产生的气流分布还取决于室内空气和局部送风气流的温差。在较高送风温差和较低风速时，送风会很快下降到桌面上，因此送出的新鲜空气不能直接到达人的呼吸区。所以，送风温差不能太大，一般不高于 6℃。

所以，背景环境的确定，需要综合考虑人体在工作区域的舒适性、停留背景环境时间、局部送风温差要求、系统节能性等诸多因素的影响。

三、局部摄取

局部送风着眼于工作区热湿或污染源的去除，局部排除则是直接将热湿或污染源排至室外，而局部摄取则通过热湿交换或污染物吸附等途径间接地处理热湿或污染源。相对于局部送风而言，局部摄取直接针对的是热湿或污染源，往往可以降低处理需求。以热源为例，其附近温度往往较高，此时摄取所用的冷水温度也可大大提高，可提高冷源设备的效率，甚至可以直接利用自然冷源。相对于局部排除，局部摄取充分应用了回风，其适用范围更广。以热源为例，局部排除意味着必须补入新风并进行处理，只有当排风口空气焓值高于室外空气焓值才具有经济性。

局部摄取法包括采用以辐射和对流方式进行冷热量传递的局部热摄取，采用冷冻除湿或吸湿剂进行局部空气除湿的局部湿摄取，以及采用吸附剂对房间有害气体进行局部静态吸附的局部污染物摄取等。

（一）局部热摄取

局部热摄取包含以辐射和对流方式进行冷热量传递的局部辐射热摄取和局部对流热摄取等类型。

1. 局部辐射热摄取

辐射热摄取采用辐射换热机理，是基于长波辐射换热而形成的一种人工环境控制形式。与导热和对流换热机理不同，辐射换热不依靠物体的直接接触进行热量传递，而是物体本身发出辐射线向周围空间辐射能量。因为物体均由带电粒子组成，当带电粒子振动或激动时，能辐射出不同波长的电磁波。波长在 $0.1\sim40\mu m$ 的长波电磁波射到物体上能产生热效应。当两个物体温度不同时，高温物体和低温物体都在不停地发射出电磁波，而高温物体辐射给低温物体的能量大于低温物体辐射给高温物体的能量，结果是高温物体向低温物体传递能量。

辐射热摄取根据向对象空间中供热或供冷可分为辐射供暖和辐射供冷两种方式。辐射供暖/供冷方式并不是新的事物，与目前普遍应用的对流人工环境保证方式一样，它也有着悠久的应用历史。远在公元前，土耳其东部的库尔德人就知道在夏季将溪水引入建筑屋顶下的夹层中，通过冷却屋面而达到降低室内温度的目的；2000 年前的古罗马人、朝鲜人利用烟气加热烟道、地板来对房间进行辐射采暖；从西安半坡村挖掘发现，在新石器时代仰韶时期我国就开始使用火炕，而夏、商、周时期使用供暖火炕则在《古今图书集成》中就有记载；我国商周年代也出现了利用天然冰块作为冷源进行辐射供冷的"空调房间"；汉代就有了利用烟气作为介质进行采暖的辐射采暖设备。在现代空调供暖系统中，辐射供暖系统发展历史较长，20 世纪 60 年代起我国已开始在工业建筑中应用，目前已广泛应用于商用和住宅建筑中[19]。

辐射热摄取根据室内环境控制区域可分为全面辐射热摄取和局部辐射热摄取两种方式。根据辐射传热特性，由于辐射传热主要是依靠辐射方式，具有良好的局部环境保证功能。与室内环境全面保证系统相比，局部辐射热摄取只需根据室内环境要求，保证局部区域环境参数，所以系统的一次投资小，消耗能量小，运行费用少。下面主要介绍局部辐射热摄取，主要包括局部辐射供暖和局部辐射供冷。

（1）局部辐射供暖

1）辐射供暖的特点[20]

辐射供暖主要是依靠辐射的方式把大部分热量直接辐射到人体和物体。室内物体受热后，又对人体进行第二次辐射。与对流供暖相比，辐射供暖具有以下特点：

① 辐射供暖比对流供暖舒适

辐射供暖时，由于人体和物体直接受到辐射热，所以室内地面和设备表面的温度比对流供暖时高，从而对人体进行第二次辐射，尽管人体周围空气温度比对流供暖时的温度低，也会感到舒适。这是因为辐射供暖不是依靠空气作介质来加热周围空气，而是将热量直接送到需要供暖的地方。这样一来衡量供暖效果就不能像对流供暖那样，以室内空气干球温度为指标，或单纯的以辐射强度为衡量标准。在辐射供暖时，人体舒适感是辐射强度与周围空气温度综合作用的结果，这种综合作用的数值称为实感温度。实感温度可用下式计算：

$$T_e = 0.52t_n + 0.48T_s - 22℃ \tag{10-22}$$

式中　T_e——实感温度，℃；

　　　t_n——室内空气干球温度，℃；

　　　T_s——平均辐射温度，℃；

$$T_s = \frac{A_1 t_1 + A_2 t_2 + \cdots + A_m t_m}{A_1 + A_2 + \cdots + A_m} \tag{10-23}$$

式中　A_1、A_2、$\cdots\cdots A_m$——四周维护结构内壁面面积，m^2；

　　　t_1、t_2、$\cdots\cdots t_m$——各相应维护结构室内侧温度，℃。

因此，当达到同样的实感温度时，辐射供暖因具有较高的平均辐射温度和较低的室内空气温度，不仅可以节约热量，而且室内维护结构、室内设备等均具有较高的平均辐射温度，对人体有很好的舒适感。所以采用辐射供暖时室内计算温度比对流供暖低 $2 \sim 3℃$。

② 辐射供暖温度梯度比对流供暖小

对流供暖中空气被加热上升，冷空气下降，在建筑物内产生自然对流，因此在顶棚附近温度升高，而地面温度却很低，高度方向温度不均匀程度随着热源温度和其他因素而变化。一般机械加工车间温度梯度为 $0.5 \sim 1.0℃/m$，但采用辐射供暖时，辐射热直接辐射到车间下部，减少了空气对流，因此车间内的温度梯度小，甚至出现负值。对高大厂房建筑来说，即使屋顶保温性能差，也会因温升小而减少耗热量，且同时可较好满足人体采暖时温度下高上低的需求。

③ 冷风渗透损失小

由于辐射供暖的室内温度较低，特别是高大厂房中辐射板上部的空间温度在高度方向上基本无变化，因此室内外温差较小，热压差也较小。随着温度梯度的减少和空气流动的减弱，相应冷风渗透量也减小，因此热损失降低。

④ 辐射供暖的卫生条件比对流供暖好

辐射供暖主要是以电磁波方式向外传递热量，不产生空气对流，所以不扬尘。辐射供暖对改善劳动条件、保持环境卫生是大有好处的。

⑤ 布置灵活

根据室内环境要求不同，辐射供暖可以灵活布置，既能做全面供暖，也能做局部区域或局部单点的供暖。

2）辐射供暖的分类[21]

辐射供暖根据辐射板表面温度不同可以分为低温辐射供暖、中温辐射供暖和高温辐射供暖三类。

① 低温辐射供暖

辐射板表面温度低于 $80℃$ 时称为低温辐射供暖。此种供暖方式常常把辐射散热面与建筑构件合为一体，根据其位置不同可以分为地板式、顶棚式、墙壁式辐射板，其中地板式低温辐射近年来已在住宅、办公建筑、商业建筑等建筑中得到了越来越多的应用。这种供暖方式在建筑美感与人体舒适感方面都比较好，但建筑物各表面温度受到一定限制，如地面温度不能超过 30℃，墙面和顶棚温度不能超过 45℃等。

② 中温辐射供暖

辐射板表面温度为 80～200℃时称为中温辐射供暖，一般采用钢制辐射板，以高压蒸汽和高温水为热媒。因辐射板表面温度越高，辐射强度越大，供暖效果越好，所以采用热水为热媒时温度不宜低于 110℃，高压蒸汽为热媒时压力应高于或等于 400kPa，不宜低于 200kPa。目前常用的钢制辐射板热辐射效率为 50%左右，即辐射散热和对流散热各占一半。这种辐射板适用于围护结构保温性能差，换气量大的高大厂房和半开敞车间的供暖。

③高温辐射供暖

辐射板表面温度为 500～900℃时称高温辐射供暖，一般指电力或红外供暖。这种供暖方式局限性较大，且由于表面温度过高，室内空气干燥，如果没有加湿措施，人的舒适感会很差。

3）大空间建筑局部辐射供暖

高大工业厂房、商场、体育馆、展览厅、车站等大空间建筑的局部区域或局部工作地点供暖可以采用钢制辐射板进行辐射供暖。

采用钢制辐射板供暖时，其散热量包括辐射散热和对流散热两部分，可按下面的公式进行计算。

$$Q = Q_r + Q_c \quad W \tag{10-24}$$

$$Q_r = \varepsilon C_0 \varphi A \left[\left(\frac{T_1}{100} \right)^4 - \left(\frac{T_2}{100} \right)^4 \right] \tag{10-25}$$

$$Q_c = \alpha A (t_1 - t_2) \tag{10-26}$$

式中　　Q_r——辐射板的辐射放热量，W；

$\quad\quad Q_c$——辐射板的对流放热量，W；

$\quad\quad \varepsilon$——辐射板表面材料的黑度，它与油漆的光泽等有关，无光漆取 0.91～0.92；

$\quad\quad C_0$——绝对黑体的辐射系数，$C_0 = 5.67 W/(m^2 \cdot K^4)$；

$\quad\quad \varphi$——辐射角系数，对封闭房间 $\varphi \approx 1.0$；

$\quad\quad A$——辐射板的表面积，m^2；

$\quad\quad T_1$——辐射板的表面平均温度，K；

$\quad\quad T_2$——房间围护结构的内表面平均温度，K；

$\quad\quad \alpha$——辐射板的对流换热系数，$W/(m^2 \cdot ℃)$；

$\quad\quad t_1$——辐射板的平均温度，℃；

$\quad\quad t_2$——辐射板前的空气温度，℃。

实际上，辐射板的散热量受辐射板的构造（如板厚、加热管管径和间距、加热板与钢板的接触情况、板面涂料、板背面保温程度等）和使用条件（如使用热媒温度、辐射板附近空气流速、板的安装高度和角度等）等多种因素的影响，因而理论计算也难以准确，通常根据实验结果，给出不同构造的辐射板在不同条件下的散热量，供工程设计选用。

当钢制辐射板作为大空间建筑局部区域供暖的散热设备时，考虑到温度较低区域的影响，可按整个房间全面辐射供暖计算热负荷，乘以该局部区域与所在房间面积的比值，并乘以表 10-7 的修正系数，确定局部区域辐射供暖的耗热量。

局部区域辐射供暖耗热量的修正系数[21]　　　　表 10-7

供暖面积与房间总面积比值	0.5	0.4	0.25
修正系数	1.30	1.35	1.50

4）红外辐射采暖器

红外辐射采暖器利用燃烧化石燃料的烟管或电能来激发发热元件，使其产生特定波长的红外线直接辐射物体和人体，然后通过对流换热加热室内空气。人们在房间固定位置，采用红外辐射采暖器直接对人体辐射供暖，在室内空气温度比对流采暖时下降2℃的情况下，仍能感到相同的实感温度，满足热舒适要求。电采暖使用方便，一次投资小，但由于电能直接转化为低品位热能，不节能，所以以红外辐射采暖器只是在一些无集中供暖地区或者非寒冷地区少量应用。

5）局部辐射供暖的背景环境要求

在局部辐射供暖时，人体舒适感是辐射强度与周围空气温度综合作用的结果，并且要有一定比例。如辐射强度太大，周围空气温度太低，人体接受到辐射的一面感觉有烘烤感，而背面有冷感，所以要求一定的房间背景温度。一般地，为了满足人体热舒适需求，局部辐射供暖时室内背景环境温度比实感温度（或对流供暖的室内温度）低2～3℃。

（2）局部辐射供冷

传统的人工环境系统将室内热、湿环境和空气品质的控制，全部都由送风来解决。这类空调系统形式存在的主要问题是：送风量较大，能耗高，容易造成吹风感等人体不舒适问题；空气处理过程的换热环节多，能量传递的不可逆损失大；以空气为冷媒，能量传递密度小、占用空间大；在保证室内空气品质时有其局限性，其所必需的空调箱、风管往往成了细菌繁殖的基地和细菌传播的途径，易引起头痛、头晕、胸闷等“空调病”。为了创造舒适且健康的室内环境，空调界也开始审视空调系统自身的问题，特别是供冷方式的问题，洁净且节能的辐射空调方式再度引起人们的重视。

辐射供冷系统一般以水作为冷媒传递能量，密度大、占用空间小、效率高；冷媒通过特殊结构的系统末端设备——辐射板，将能量传递到其表面，并通过对流和辐射的方式直接与室内环境换热，减少了冷量从冷源到室内环境之间的传递环节和不可逆损失。辐射供冷系统应工作在“干工况”，即辐射板表面温度控制应高于室内空气露点温度。

辐射供冷在温湿度独立控制空调系统中广泛应用。辐射供冷系统负责除去室内显热负荷，通风系统则负责人员所需新鲜空气的输送、热湿处理、室内湿环境调节以及污染物的稀释和排放，有些通风系统也负责部分显热负荷。

不同的通风方式，例如传统的混合送风、新型的置换通风或个性化送风等，均可与辐射冷却系统配合应用，构成特点不同的人工环境系统；而辐射供冷系统的冷源也逐渐多样化，除传统的制冷机制取的冷水外，由深井抽取并回灌的深井水、利用环境中不饱和湿空气制取的低温冷水、经由冷却塔直接蒸发得到的冷水等自然冷源都能作为其冷源加以利用。

利用辐射传热特性，也可设置局部辐射板，并与局部送风系统结合，创造所需空气参数的局部环境。

2. 局部对流热摄取

对流热摄取即利用各种气流组织实现室内局部区域的热湿交换的过程，它是空调供冷、供热最常见的形式之一。例如，风机盘管送风和全空气系统送风等。传统的全面混合通风形式着眼于整个室内空间空气参数的均匀统一，并用低温冷水同时处理室内的热湿负荷，能量利用效率和通风效率都较低。

前述的局部送风、置换通风等方式是在全面混合通风基础上出现的改进气流组织形式，它以保障工作区空气参数为目标，使送风直接服务于工作区。这些技术在室内营造了一种非均匀热环境，例如，在夏天的非工作区，其温度往往可以较高，具有一定的节能效果。但因一般系统多采用一次回风形式，高温空气仍需采用低温冷水进行处理，限制了这些技术的节能优势的充分发挥。此外，对于高大空间，其上层空间的空气温度也往往远高于室内温度，完全不需要低温冷水进行处理。如果采用前述的局部排除法，虽可将这些高温热量直接排至室外，但由于需要补充新风并进行热湿处理，因此其能耗仍然很大。为了更为节能地处理高大空间上部的这部分高温热量，便发展形成了局部对流摄取技术。

局部对流摄取是在室内局部的高温区域设置换热器（如风机盘管），通过对流换热方式将高温空气的热量转移到高温冷水中从而减小室内负荷的排热方式。由于这些区域的空气温度较高（如高大空间上层空气的温度通常在35℃以上），因此可以不用冷水机组制取的低温冷水而直接采用自然冷源或其他方式获得的高温冷水即可实现有效排热，节能潜力巨大。图 10-32 给出了两种利用自然环境低品位冷源进行局部对流热摄取的方式。除了冷却塔和地埋管外，有条件的地区也可以利用地下水、地表水等作为冷源进行局部摄取。利用这些自然环境的低品位能源时往往只需消耗一定的风机和水泵能耗，能效很高。

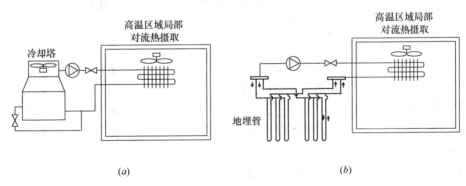

图 10-32 利用自然界低品位能源进行局部对流热摄取
(a) 冷却塔；(b) 地埋管

局部对流热摄取使室内负荷大幅度减小，使得需要通过低温冷水处理的房间负荷大大降低。

（二）局部湿摄取

采用局部冷冻除湿或在房间局部位置设置吸湿剂可以对室内空气中的水蒸气进行局部去除。

1. 冷冻局部湿摄取

在房间中设置局部冷表面，使冷表面温度低于室内空气露点温度，这样在冷表面附近空气中的水蒸气就会在冷表面上冷凝结露，从而利用冷冻除湿方式摄取空气中的水分。

2. 吸湿剂局部湿摄取

在正常温度下要求室内空气具有很低的相对湿度时（如露点温度低于 4℃），用冷冻法除湿效果不佳，此时可以用固体吸湿剂进行除湿。作为局部湿摄取的静态吸湿（除湿），室内空气以自然对流形式，与固体吸湿剂进行热湿交换，其中的水蒸气被固体吸湿剂吸附。固体吸湿剂与空气接触面积越大，吸湿效果越好，吸湿速度越快。空气中含湿量越大，吸湿量越大。

氯化钙是常用的固体吸湿剂，当用于库房吸湿时，为使密闭库房内的空气相对湿度降低到 70% 以下并维持 15 天时间，单位体积库房氯化钙用量见表 10-8。氯化钙静态吸湿的放置方法有：吊槽、硬槽、地槽、活动木架等。

氯化钙单位体积用量[22]　　　　　　　　　　　　　表 10-8

相对湿度（%）	<70	70～80	80～90	>90
单位体积用量（kg/m³）	0.20～0.25	0.25～0.30	0.30～0.40	>0.5

采用硅胶的静态吸湿，一般用于仪表运输或贮存，以及防潮要求比较严格的某些工业生产的个别工序。用硅胶可使局部空间（如工作箱、仪表箱等）内的相对湿度保持在15%～20% 范围内。为使硅胶与空气有充分的接触面积，一般将硅胶平放在玻璃器皿或包装在纱布袋中，在密闭的工作箱内，当要求将箱内的空气相对湿度由 60% 降低到 20%，并保持 7 天左右时，每 1m³ 的箱体内可放硅胶 1～1.2kg。

（三）局部污染物摄取

通过过滤除去空气中的颗粒污染物是典型的局部污染物摄取案例，采用吸附方法消除室内有害气体和 VOCs 等可挥发性有机物也是如此。目前比较常用的吸附剂主要是活性炭，其他的吸附剂还有人造沸石、分子筛等。吸附可以分为物理吸附和化学吸附两类，活性炭吸附属于物理吸附。物理吸附是由于吸附质和吸附剂之间的范德华力而使吸附质聚集到吸附剂表面的一种现象。活性炭吸附主要用来处理的常见有机物包括苯、甲苯、二甲苯、乙醚、煤油、汽油、光气、苯乙烯、恶臭物质、甲醛、己烷、庚烷、甲基乙基酮、丙酮、四氯化碳、萘、醋酸乙酯等气体。

采用吸附剂的局部污染物摄取，是将吸附剂放置在房间中，被吸附剂吸取室内的有害气体。如在新装修房间中，悬挂内装活性炭的小饰物，对室内装修和家具可能产生的苯、甲苯、甲醛等有害气体进行去除。

第四节　气　压　控　制

由于一些对象空间对气压参数具有特殊要求，故本节将简要介绍气压控制原理和方法。空气的压力控制实质上是控制对象空间内空气各组分的分子数量，往往与气体成分控制密切相关。从气体成分角度看，同样也包含了各组分比例基本不变的整体保障和控制部分组分变化的局部保障思想。

一、气压控制原理

（一）气压

环绕地球的空气层对地球表面积形成的压力称为大气压力，通常以北纬 45°处海平面的全年平均气压作为一个标准大气压，其数值为 101.3kPa。大气压力 B 随海拔高度和气温的不同而存在差异。海拔高度越高，其大气压力越小；气温越低，空气密度越大，大气压力越高。例如，我国西藏拉萨市的海拔高度为 3658m，夏季 $B=65.23$kPa；天津市的海拔高度为 3.3m，夏季 $B=100.48$kPa；而冬季 $B=102.66$kPa，比夏季略高。

空气对作用面造成的压强称为气压。在人工环境系统中，通常用仪表来测量对象空间中空气的实际压力，仪表指示的压力称为工作压力 p_g（或称表压），不是总压力 p（绝对压力），而是相对于参考环境（如当地大气）的相对压力。p_g 与空气的绝对压力 p、参考环境大气压力 B 之间存在如下关系：

$$p = B + p_g \tag{10-27}$$

当总压力 $p>B$ 时，工作压力 $p_g>0$；当 $p=B$ 时，$p_g=0$；当 $p<B$ 时，工作压力 $p_g<0$，此时将 p_g 的绝对值称为真空度，表示偏离大气压力 B 的程度，真空度越高，表征总压力（绝对压力）越小。

载人航天器和潜艇等密闭空间内的大气总压，是指舱内空气的绝对压力 p。

（二）气压控制原理

气压控制就是将对象空间内的压力调节并保持在工艺要求范围内的工艺过程。气压控制包括增压和减压两个方面，将某个空间的压力调节到高于周围环境压力的过程即为增压，反之则为减压。

由式（10-27）可知，实现对象空间内气压控制的方法按其原理可分为总压控制和分压控制两种。

（1）总压控制

总压控制就是不改变空气各组分的比例，而同时调整所有组分的分压力 p_i 的方法。对对象空间采取抽吸或压缩措施，同时减小或提高空气（混合气体）各组分的分压力 p_i，以实现总压的降低或提高。只要有空气的源或汇，即可利用该方法获得所需压力。

总压控制在大气环境中普遍采用。对于密闭空间而言，提高压力时采用空压机，降低压力时则采用真空泵；对于具有一定气密性的非密闭空间（如房间）而言，也可以采用该方法维持其内部的正压和负压，其压力维持设备主要是风机。

（2）分压控制

分压控制是指单独调整某一种或几种气体组分分压力 p_i 的方法。对对象空间采用某种措施单独去除或增加某些气体组分，可以降低或提高空间内相应组分的分压，同时可以调节密闭空间的总压。从前文的分析中可以看出，空气成分控制实质上就是分压控制的具体应用。

二、总压控制

总压控制包括空气压缩和真空获得两个方面，实现总压控制的设备主要包括空压机、真空泵和鼓风机（也称风机）。不过风机只能维持较低的正压和负压。本小节仅对获得较高正压和较低负压（真空）的总压控制方法进行介绍。

（一）空气压缩

采用空气压缩机（简称空压机）将某个特定空间内的压力升高至周围大气压力之上的方法称为空气压缩。

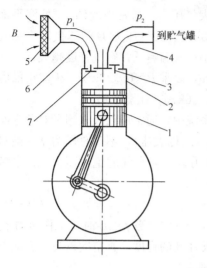

图 10-33　活塞式空压机的结构简图

1—活塞；2—气缸；3—排气阀；4—排气管；

5—过滤器；6—吸气管；7—吸气阀

1. 空压机的工作原理

空压机的工作原理与制冷压缩机的原理完全相同，以图 10-33 所示的活塞式空压机为例来简要说明其工作原理。

当活塞 1 向下移动时，气缸 2 内的压力低于吸气管压力 p_1（大气压力 B 的空气流经入口过滤器后的压力），吸气阀 7 打开，空气在大气压力作用下进入气缸 2 中，此过程称为吸气过程；当活塞 1 向上移动时，吸气阀 7 关闭，气缸内的气体被压缩，此过程称为压缩过程；当气缸内空气压力增高至略大于排气管压力 p_2 后，排气阀 3 打开，压缩空气排入输气管道（再进入贮气罐），此过程称为排气过程。活塞 1 的往复运动是由电动机（或内燃机）带动转动，通过曲轴、连杆等转化成直线往复运动而产生的。图示为一个活塞一个气缸的工作情况，大多数空压机是多缸多活塞式结构。

2. 空压机的类型

空压机的类型很多，可以按其工作原理、输出压力、输出流量等进行分类。

（1）按工作原理不同可分为：容积型和速度型两种基本形式。其中，容积型包括活塞式、螺杆式、滑片式、涡旋式等；速度型包括轴流式、离心式等。

（2）按输出压力不同可分为：鼓风机（$p \leqslant 0.2\text{MPa}$）、低压空压机（$0.2\text{MPa} < p \leqslant 1\text{MPa}$）、中压空压机（$1\text{MPa} < p \leqslant 10\text{MPa}$）、高压空压机（$10\text{MPa} < p \leqslant 100\text{MPa}$）、超高压空压机（$p > 100\text{MPa}$）。

（3）按输出流量不同可分为：微型空压机（$q_z \leqslant 0.017\text{m}^3/\text{s}$）、小型空压机（$0.017\text{m}^3/\text{s} < q_z \leqslant 0.17\text{m}^3/\text{s}$）、中型空压机（$0.17\text{m}^3/\text{s} < q_z \leqslant 1.7\text{m}^3/\text{s}$）、大型空压机（$q_z > 1.7\text{m}^3/\text{s}$）。

3. 影响空压机性能的因素

与制冷压缩机相同[23]，空压机的性能也用容积效率 η_V 来表示，容积效率 V_s（m^3/s）是实际输气量与理论输气量 V_h（m^3/s）之比。即

$$\eta_V = \frac{V_s}{V_h} \tag{10-28}$$

理论输气量取决于压缩机的结构，而实际输气量则受活塞的余隙容积、进排气阻力、泄漏和吸气预热的影响，通常分别用容积系数 λ_v、压力系数 λ_p、泄漏系数 λ_l 和温度系数 λ_t 来衡量这四个因素对实际输气量的影响程度[28]。容积效率与四个系数之间的关系为

$$\eta_V = \lambda_v \lambda_p \lambda_l \lambda_t \tag{10-29}$$

因此，在空压机的设计与使用过程中，应尽可能采取措施改善四个系数，以提高空压

机的实际输气量。

4. 多级压缩

当排气压力较高时，为降低排气温度、提高容积系数、节省压缩功，通常采用带级间冷却的多级压缩形式。但级数增加使构造复杂，体积和重量增加，而且管路、中间冷却器和气阀总阻力会增加，机械效率也会降低，因而实际省功效益要比理论值小；如果级间冷却不良，则降低排气温度和减少压缩功的效果变差。

在多级压缩空压机中，每级之间的最佳压缩比应使该级的指示效率最高为宜。各级压缩比的分配主要依据省功原则，即各级压力比相等时各级耗功也相等，总耗功最小。但实际上，一般后级压缩比应小于前级。这是因为后级比前级的冷却效果差，同时后级吸气温度因中间冷却不充分而比前级高，若采用相同压缩比，则后级的耗功会较大，总耗功不会最省，排气温度也会更高；此外，后级的尺寸较小，使得相对余隙容积较大，若采用与前级同样的压缩比，其容积损失也会较大。最佳压缩比一般应在 2～4 范围内。

（二）真空获得

为达到工艺要求，采取一定措施将一个特定对象空间内的气体压力降低至低于周围大气环境压力的方法，称为真空获得（简称抽真空）。获得真空的设备通称为真空泵。

1. 真空泵的类型

真空泵按其工作原理主要可分为气体输送泵和气体捕捉泵两类[29]。在真空技术领域，气体捕捉泵应用很少，而主要采用气体输送泵。

（1）气体输送泵：工作时造成泵口的压力低于被抽工作空间的压力，产生压差，使空间内的气体分子流向真空泵被排出泵体，通过真空泵不断将气体吸入和排出，使空间内的气体压力大为降低，以获得真空。排气的方法有机械容积式排气法和高速流动输运排气法。其中能够直接传输到大气中去的真空泵有旋片泵、滑阀泵、往复泵、水环泵、水蒸气喷射泵等；不能直排大气而需要通过前级泵间接地把抽气输送到大气中去的真空泵有罗茨泵、油增压泵、油扩散泵等。

（2）气体捕捉泵：是用物理或化学方法将被抽吸的气体暂时或永久地固化、液化或吸附在泵体之内的一种真空泵。它使工作空间内的气体分子数减少，以降低压力实现真空。如钛泵、溅射粒子泵、分子筛吸附泵、低温泵等。

2. 真空泵的主要性能参数

真空泵的主要性能参数有极限压力、抽气速率、抽气量、启动压力等参数。

（1）极限压力：又称为极限真空，是指真空泵在规定工作条件下抽气稳定时所能达到的最低压力，Pa。极限压力是直接反映真空泵和整个系统的质量和状态的一个主要性能指标。

（2）抽气速率：又称抽气能力，是指在某一入口压力下泵入口处气体的体积流量，m^3/s 或 L/s。真空泵的抽气速率随入口处压力的不同而变化，泵的抽气速率与泵入口压力的关系曲线被称为真空泵的抽气特性曲线。

（3）抽气量：流经泵入口的气体流量，等于某一入口压力下抽气速率与该压力值的乘积，$Pa \cdot m^3/s$ 或 $Pa \cdot L/s$，是一个间接反映真空泵抽出气体质量流量的参数。

（4）启动压力：真空泵启动或正常工作时的最高压力，Pa。如单级旋片泵可以在大气压下启动，而罗茨泵就必须在 $10^2 \sim 10^3 Pa$ 下才能启动，故对于不能直接从大气压力下启动的真空泵，需要特别关注这一参数。真空泵的工作压力范围就是指极限压力与启动压力之间的范围，各种类型真空泵的工作压力范围参见图10-34。

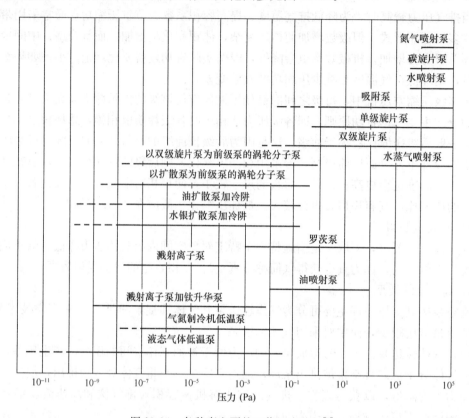

图 10-34 各种真空泵的工作压力范围[7]

（5）前级压力与最大前级压力：前级压力是排气压力低于一个大气压力的真空泵的出口压力，Pa；刚好使泵损坏的前级压力称为最大前级压力。这两项指标主要是针对非直排大气真空泵而言的。

（6）压缩比：对于给定气体的真空泵出口压力与入口压力之比。

明确真空泵的上述主要性能参数，便于根据具体情况选取符合工艺要求的真空泵。

三、分压控制

在载人航天器、潜艇和战时的防护工程等密闭空间中，其大气总压和 O_2 分压均采用分压控制方法。这些密闭空间的大气总压和气体分压越接近地球表面的大气环境，航天员等工作人员就越舒适，同时也更安全。在气调贮藏环境等半密闭空间内，通常采用燃烧法降低 O_2 分压同时增大 CO_2 的分压。

下面以载人航天器为例说明密闭空间的分压控制方法[24]。

在载人航天器中，为保证航天员的健康和生命安全，同时保证设备、仪器的正常运行，必须对空气总压以及各组分的分压进行控制。包括利用吸收、吸附等方法除去 CO_2 以及其他气体污染物；用过滤、静电清除等方法控制悬浮颗粒物的浓度；用携带氧源或化学制氧方法提供调节舱内大气的 O_2 分压；以及采用携带氮源调节舱内空气的总压等。

　　N_2 和 O_2 是航天器座舱大气的主体。N_2 是座舱泄漏的补充气源，用以维持舱内总压，也用于因出舱活动或其他应急措施（如灭火）座舱人为失压后的复压；O_2 主要是维持人员的呼吸代谢。航天界曾采用过 1/3 大气压的纯氧压力制度和 1/2 大气压制度（O_2：40%；N_2：60%），而目前国际上普遍采用以接近地球大气的氮氧混合气（即 1 大气压制度：$p=101.3$kPa；O_2：20.95%）作为载人航天器的大气体制[30]，该体制的核心就是控制氧分压和大气总压接近地球表面的大气环境。

　　为实现航天器舱内的气压控制，则必须具备 N_2 源和 O_2 源。作为氧、氮双元组分气体的压力控制，在正常情况下，一般遵循"先氧后氮"原则，优先检测和保证座舱大气的氧气分压，然后通过调节氮气分压实现大气总压的控制。舱内大气测控的主要信息源是氧分压和总压传感器，按照设定的控制限，根据图 10-35 所示的逻辑框图实现舱内氧分压和总压的自动控制。

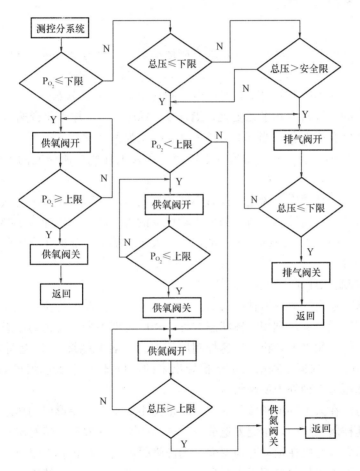

图 10-35　载人航天器的总压与氧分压控制逻辑框图[24]

　　由于座舱大气总压和氧气分压是与人的生命安全至关重要的两个参数，且供气和排气阀件是实现供气调压控制的关键执行器，因此供气和排气阀件的安全可靠性设计必须慎之又慎，为提高系统的可靠性，都需采用手动和自动双重控制。当供气阀件的自动供氧、供氮失效后，可启动手动供氧阀和手动供氮阀，以保证航天员的生命安全。

第五节　风　速　控　制

一些对象空间的主要控制参数是风速。例如：风洞是进行科学实验的设备，需模拟各种设备实际工作时的运动速度，故利用相对速度的原理为静止的设备提供高速流动空气；一个比赛场馆，在观众席主要关注的是环境舒适，而在比赛区不仅要保障环境适宜，更重要的是需确保运动器材（特别是羽毛球、乒乓球等轻器材）不受外风干扰。因此，风速控制是人工环境营造中的重要内容。

本节将介绍风速控制的基本原理与设备，并通过案例简要说明对象空间内风速参数的保障方法，体现了对象空间内风速分布的整体保障和局部保障思想。

一、风速及其控制原理

（一）风速

风速是指空气相对于地球某一固定地点的运动速率。风速是矢量，它既有大小，又有方向，一般用米每秒（m/s）或千米每小时（km/h）作度量单位。风速根据大小可分为五类[31]：当 Ma（气体质点的速度与当地声速的比值，称为马赫数）<0.3，称为低速风速，这时气流中的空气密度几乎无变化；当 $0.3<Ma<0.8$，称为亚音速风速，这时气流的密度在流动中已有所变化；当 $0.8<Ma<1.2$，称为跨音速风速；当 $1.2<Ma<5$，称为超音速风速；当 $Ma\geqslant5$，称为高超音速风速。在人工环境中所研究的风速基本都属于低速风速。

不同类别的人工环境中，风速发挥着不同的作用。对于服务于人类的人工环境，风速大小影响着人员的热舒适性等；对于服务于动植物的人工环境，风速大小影响着动植物的生长发育等；对于服务于产品的人工环境，风速大小影响着产品的生产、包装、运输、贮存、使用和维护等。

（二）风速控制原理

风速是用来描述空气流动特性的矢量。因此，风速的控制即为空气流动的控制。在人工环境领域，空气近似满足理想气体状态方程，密度近似不变，可视为理想不可压缩黏性流体。因此，从微观角度上分析，风速控制原理即为著名的纳维-斯托克斯方程[25]。由于纳维-斯托克斯方程是根据牛顿第二定律推导出来的，可知空气的流动即风速主要受质量力、黏性阻力和压力三种外力所制约。

（1）质量力。在人工环境领域，空气的质量力主要指由温差形成的热浮升力。在实际的人工环境风速控制系统中，由温差造成空气流动的典型现象有自然对流和热压通风等。

（2）黏性阻力。空气在运动时与壁面、局部障碍等之间存在黏性阻力会造成能量的损失，可分为沿程阻力损失和局部阻力损失。在人工环境风速控制系统中，黏性阻力所对应的结构部件主要有风管、风阀和风口等。

（3）压力。由于可以采用机械手段来提高或降低压力，在人工环境风速控制系统中，其对应的设备主要有风力发电机和风机等。风力发电机，将风能转为机械功从而用来发电，风速则会相应地进行降低。风机给系统输入机械能、增加压力，从而可提高风速。通过对这些设备的计算与设计，从而获得满足要求的风速控制。

风速控制从控制区域的角度来看，可以分为满足整个区域的风速控制、满足局部区域的风速控制和满足断面的风速控制。对于满足整个区域的风速控制，主要涉及工作区内的人员、动植物和产品等的风速保障，它与气流组织形式等相关；对于满足局部区域的风速控制，主要涉及局部射流、个性化通风、利用排风罩进行局部排除等；对于满足断面的风速控制，主要涉及风洞和风幕等，风洞控制的是每个断面满足一定的速度分布，而风幕控制的是某个断面满足一定的速度分布。

二、风速控制设备

根据上述分析可知，欲控制人工环境中的风速，需操作实际设备来完成，这些设备包括风机、风道、风阀以及风口等。下面将对影响风速最为关键的风机和风口进行阐述。

（一）风机

1. 风机的分类

以气体为介质，能将机械能传递给气体，提高气体的压力并抽吸或压送气体的机械称为风机。风机按照工作原理可以分为叶片式和容积式，具体见表 10-9。按照风机出口压力可以分为风扇、通风机、鼓风机和压缩机等，具体见表 10-10[26,27]。

风机按工作原理分类　表 10-9

叶片式		离心式
		轴流式
		混流式
容积式	往复式	活塞式、柱塞式
	回转式	叶氏风机
		罗茨风机
		螺杆风机

风机按出口压力分类　表 10-10

类型	出口压力（Pa）（表压）
风扇	$P<98Pa$（$10mmH_2O$）
通风机	$98Pa<P<14700Pa$（$1500mmH_2O$）
鼓风机	$14700Pa<P<196000Pa$（$20000mmH_2O$）
压缩机	$P>196000Pa$

叶片式风机，能量转换是在带有叶片的转子与连续绕流叶片的介质之间进行的。叶片与空气的相互作用力是惯性力。容积式风机的空气处于一个或多个封闭的工作腔中，通过工作腔的容积变化改变空气压力，机械与空气之间的相互作用力主要是静压力。

2. 风机的工作原理

（1）离心式风机

离心式风机主要由通流部件、传动部件和支撑部件组成。通流部件包括进风口（集流器）、叶轮、机壳和出风口等部件；传动部件主要由主轴、轴承和带轮（或联轴器）等组成；支撑部件是指轴承座和底座。图 10-36 是常见的中压离心式风机的典型结构示意图[26,27]。

离心式风机工作时通过叶轮高速旋转，将气体经过进风口沿轴向吸入叶轮，在叶轮内折转 90°流经叶道排出叶轮，最后由蜗壳将叶轮甩出的气体集中并导流后从出风口排出。气体在离心式风机中的流动先为轴向，后转变为垂直于风机主轴的径向运动，当气体通过叶轮的叶道时，由于叶片对气体做功，气体获得能量，压力提高、动能增加。

（2）轴流式风机

轴流式风机主要由集风器，叶轮，前、后导流器和扩散筒组成，其中叶轮和导叶组成

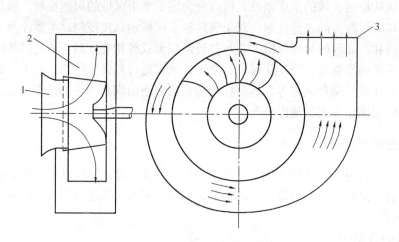

图 10-36 离心式风机的主要结构

1—进口（集流器）；2—叶轮；3—机壳

通风机的级。轴流式风机的级可以有多种形式，完整的通风机的级由前导叶、动叶和后导叶组成。图 10-37 是由动叶和后导叶组成风机的级的典型轴流式风机示意图。

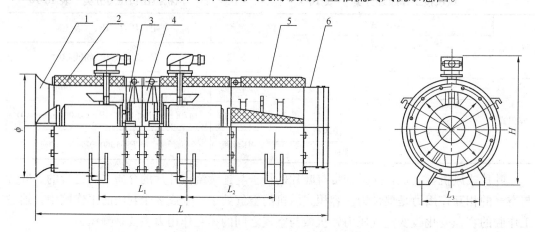

图 10-37 轴流式风机的主要结构

1—集流器；2—进风消声器；3——级叶轮；4—二级消声器；5—扩散消声器；6—风筒接头

轴流式风机工作时气流由集流器进入轴流式风机，经前导叶获得预旋后，在叶轮动叶中获得能量，再经后导叶，将一部分偏转的气流动能转变为静压能，最后气体流经扩散筒，将一部分轴向气流的动能转变为静压后输入到管路中。

（3）风机的特性分析

在一定转速下，风机的全压 P_F（其中 P_{tF} 为离心式风机的全压，P_{sF} 为轴流式风机的全压）、功率 N 和效率 η 等随风量 Q_v 的变化而变化，这种变化关系的曲线，称为风机特性曲线，具体如图 10-38 所示[26,27]。

从特性曲线图 10-38（a）可以看出，在一定风量 Q_v 下，风机的效率 η 随着风量的改变而变化，但其中必有一个最高效率点，对应于最高效率下的风量、风压和轴功率称为风机的额定工况。在选择风机时，应使其实际运转效率不低于 $0.9\eta_{max}$，此范围称为风机的

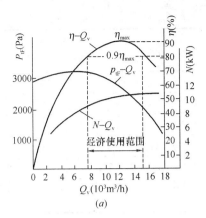 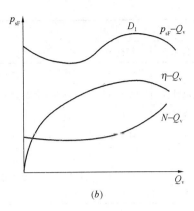

(a)　　　　　　　　　　　　(b)

图 10-38　风机特性曲线

(a) 离心式风机特性曲线；(b) 轴流式风机特性曲线

经济适用范围。风机效率曲线希望尽可能平坦，高效率区间尽可能大，以适应工况变化，使风机在较高效率下工作。

轴流式通风机的压力特性曲线一般都有马鞍形驼峰存在。而且同一台通风机的驼峰区随叶片装置角度的增大而增大，如图 10-38 (b) 所示。驼峰点 D_1 右边的特性曲线为单调下降区段，是稳定工作段。驼峰点 D_1 左边则为不稳定工作段，风机在该段工作有时会引起风机风量、风压（全压）和电动机功率的急剧波动甚至机体发生振动，产生不正常声响，此即喘振现象，严重时会造成风机损坏。而离心式风机风压曲线驼峰不明显，且随叶片后倾角度增大逐渐减小，其风压曲线工作段较轴流风机平缓（参见图 10-38a）。

离心风机的轴功率 N 随流量 Q_v 增加而增大，只有在接近气流短路（风管阻力很小、风量很大）时功率才略有下降。因而，为了保证安全启动，避免因启动负荷过大而烧坏电机，离心风机在启动时应将风道中的阀门关闭，待其达到正常转速后再将阀门逐渐打开。轴流风机在其叶片装配角不太大时，在稳定工作段内，功率 N 随流量 Q_v 增加而减小。所以轴流风机应在风阻最小时启动，以减少启动负荷。

（二）风口

1. 风口的分类

风口是通风空调系统中用于送风和回风的末端设备。由于回风口附近风速度衰减较快，对室内气流的影响较小，因此，这里主要对送风口的结构和特性进行介绍。

送风口的类型很多，表 10-11 给出了常用的送风口形式。

常见送风口的类型　　　　　　　　　　表 10-11

序号	大类[28,29]		小　类
	名称	结构图	
1	百叶风口	图 10-39	单层百叶风口、双层百叶风口、连动百叶风口、固定斜百叶风口、地面固定斜百叶风口
2	散流器	图 10-40	方矩形散流器、圆形散流器、圆盘形散流器、圆形斜片散流器、圆环形散流器、自力式变流型散流器

序号	大类[28,29]		小　类
	名称	结构图	
3	喷口	图 10-41	球形喷口、筒形喷口
4	旋流风口	图 10-42	可调叶片旋流风口、阶梯旋流风口
5	条缝风口	图 10-43	直片条缝风口、双槽条缝风口
6	格栅风口	图 10-44	侧壁格栅风口、可开启侧壁格栅风口
7	专用风口	图 10-45	自垂百叶风口、遮光风口、防雨百叶风口、门铰式回风口、定风向可调风量回风口、置换送风风口、高效过滤器送风风口、矩形网式回风口、矩形风管插板风口等

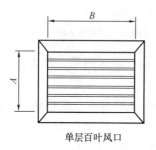
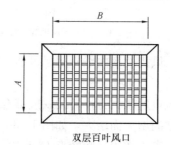

单层百叶风口　　　　　双层百叶风口

图 10-39　百叶风口

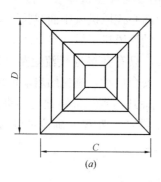
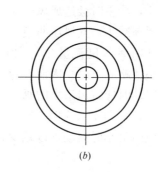

(a)　　　　　　　　　　(b)

图 10-40　散流器

(a) 方形散流器；(b) 圆形散流器

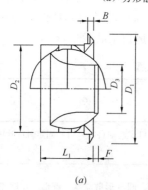
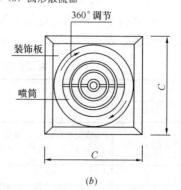

(a)　　　　　　　　　　(b)

图 10-41　喷口

(a) 球形喷口；(b) 筒形喷口

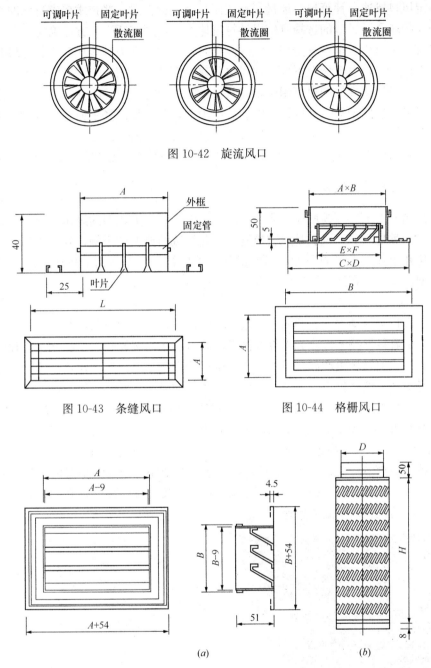

图 10-42　旋流风口

图 10-43　条缝风口

图 10-44　格栅风口

(a)　　　　　　　　　　　(b)

图 10-45　专用风口

(a) 防雨百叶风口；(b) 置换送风风口

除表 10-11 所述的分类外，还可以根据材质、安装方式等进行分类。使用时一般较多单独采用一种风口，必要时也可组合使用。

2. 风口的特性

不同的风口形式与布置方式将营造出不同的气流组织。风口的选型与布置需要综合考虑室内气流组织、噪声、建筑装修美观要求、安装维修以及经济性等方面的因素。在选型时，应确定风口风速，计算风口风量、有效面积、射程。对一些技术要求特殊的空调区域和风量较大的场合，风口的选择宜辅以计算流体力学模拟（CFD）方法确定。

单层百叶风口用于全空气空调系统的侧送时，其空气动力性能比双层百叶口略差，仅用于一般空调工程，多数情况下用作回风口。双层百叶风口用于全空气空调系统的侧送风口时，既可用于舒适性空调也可用于精度较高的工艺性空调。固定斜百叶风口可作送风，也可用作回风，适用于舒适性空调，安装于吊顶上，并与吊顶齐平或者安装在吊顶静压箱上，形成向下的斜送气流。地面固定斜百叶风口安装于地面，适用于下送风。

单层百叶风口性能如表 10-12 所示，而其余的风口特性参见文献［29］。

三、风速控制的典型案例

风速控制在人工环境领域应用非常广泛，下面将对两类典型的风速控制应用案例进行简要介绍。一类是风洞，风洞是风速控制在工业领域的典型应用例，其对风速值的要求一般较大，从几十 m/s 到几百 m/s；另一类是羽毛球馆，羽毛球馆的风速控制是民用领域的应用典型，要求比赛区的风速值很低，一般应不大于 0.2m/s。

（一）风洞

风洞是进行空气动力学实验的一项基本实验设备。早期的风洞试验主要应用于航空航天领域，但随着科学技术进步和世界经济发展，风洞已向多元化、广泛化、基础化方向发展，并已成为相关领域生产和科研的重要基础试验设备，如汽车、建筑、桥梁、暖通、微电子、环境治理、仪器仪表、生命科学以及农林、物流、旅游娱乐等行业。

由于风洞种类繁多，这里仅选取应用于建筑物风载试验的风洞作为示例[30]，从系统原理、参数要求、主要设备等三个方面进行介绍。

1. 风洞系统的结构原理

风洞系统的总体构成如图 10-46 所示，它包括两个完全相同的小型低速开口风洞和实验台组成。该风洞系统通过控制两风洞主流方向的速度变化，使气流在出口处交叉，产生瞬间风速、脉动风速以及湍流风速等。

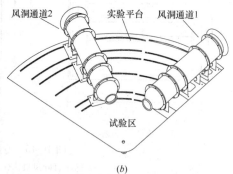

（a）　　　　　　　　　　　　　（b）

图 10-46　风洞系统[30]

（a）风洞系统实物图；（b）风洞系统示意图

每个小型低速开口风洞包括：进气段、动力段、过渡段、整流段、稳定段、缩流段以及各安装和固定部分，如图 10-47 所示。风洞洞体截面为圆形，内部直径为 330mm，总长为 1630mm。洞体采用分体式设计，各段间采用法兰连接。

表 10-12 (a)

单层百叶风口性能表（一）[29]

颈部风速 (m/s)	吹出角度	送风全压损失 (Pa)	送风静压损失 (Pa)	回风全压损失 (Pa)	回风静压损失 (Pa)	100×100 风量 (m³/h)	100×100 射程 (m)	100×200 / 150×150 风量 (m³/h)	射程 (m)	100×300 / 150×200 风量 (m³/h)	射程 (m)	100×400 / 200×200 风量 (m³/h)	射程 (m)	100×450 / 150×300 风量 (m³/h)	射程 (m)	100×500 / 150×350 / 200×250 风量 (m³/h)	射程 (m)	100×600 / 100×650 / 150×400 / 200×300 / 250×250 风量 (m³/h)	射程 (m)	100×700 / 100×750 / 150×450 / 150×500 / 200×350 / 250×300 风量 (m³/h)	射程 (m)	100×800 / 150×550 / 200×400 / 250×350 风量 (m³/h)	射程 (m)
1	A	1.10	0.50	7.00	13.0	36	1.05	70	1.49	110	1.81	125	1.96	160	2.22	190	2.41	215	2.57	270	2.83	290	3.01
	B	1.70	1.10				0.87		1.23		1.50		1.62		1.84		1.99		2.13		2.34		2.49
	C	2.10	1.50				0.67		0.94		1.15		1.24		1.41		1.53		1.63		1.79		1.91
	D	2.80	2.20				0.42		0.59		0.72		0.78		0.88		0.96		1.02		1.12		1.20
2	A	4.40	2.00	2.90	5.40	72	1.77	140	2.51	220	3.06	250	3.31	320	3.75	380	4.07	430	4.33	540	4.47	580	5.09
	B	6.70	4.30				1.47		2.08		2.54		2.74		3.11		3.37		3.59		3.59		4.21
	C	8.50	6.10				1.20		1.70		2.07		2.24		2.53		2.75		2.93		3.22		3.43
	D	11.1	8.70				0.72		1.02		1.25		1.35		1.53		1.66		1.77		1.95		2.07
3	A	9.90	4.40	6.70	12.2	108	2.34	210	3.31	330	4.04	375	4.37	480	4.95	570	5.36	645	5.71	810	6.29	870	6.71
	B	15.2	9.70				1.86		2.64		3.22		3.48		3.94		4.27		4.55		5.02		5.35
	C	19.0	13.5				1.60		2.27		2.77		3.00		3.39		3.68		3.92		4.32		4.69
	D	24.9	19.4				0.98		1.39		1.70		1.84		2.08		2.25		2.40		2.64		2.82
4	A	17.6	7.80	11.8	21.6	144	2.69	280	3.81	440	4.64	500	5.02	640	5.69	760	6.16	860	6.57	1080	7.24	1160	7.71
	B	27.0	17.2				2.20		3.12		3.80		4.11		4.66		5.05		5.38		5.93		6.32
	C	33.8	24.0				1.83		2.59		3.16		3.42		3.87		4.20		4.47		4.92		5.25
	D	44.3	34.5				1.18		1.66		2.03		2.19		2.49		2.69		2.87		3.16		3.37
5	A	27.5	12.2	18.5	33.8	180	2.94	350	4.16	550	5.07	625	5.49	800	6.21	950	6.73	1075	7.18	1350	7.90	1450	8.42
	B	42.1	26.8				2.54		3.60		4.39		4.75		5.38		5.83		6.21		6.84		7.29
	C	52.8	37.5				2.03		2.88		3.51		3.80		4.30		4.66		4.97		5.47		5.83
	D	69.2	53.9				1.33		1.89		2.30		2.49		2.82		3.06		3.26		3.29		3.82

注：吹出角度 A 是指叶片角度 0°占 100%，吹出角度 B 是指叶片角度 0°占 60%，叶片角度 22°占 40%，吹出角度 C 是指叶片角度 0°占 30%，叶片角度 22°占 40%，叶片角度 42°占 30%，吹出角度 D 是指叶片角度 0°占 15%，叶片角度 22°占 25%，叶片角度 42°占 40%，叶片角度 55°占 20%。

表 10-12 (b)

单层百叶风口性能表 (二)[29]

颈部风速 (m/s)	吹出角度	送风 全压损失 (Pa)	送风 静压损失 (Pa)	回风 全压损失 (Pa)	回风 静压损失 (Pa)	100×850 100×900 150×600 200×450 300×300 风量 (m³/h)	射程 (m)	100×1000 150×650 150×700 250×400 300×350 风量 (m³/h)	射程 (m)	150×750 150×800 200×550 200×600 250×450 300×400 风量 (m³/h)	射程 (m)	150×850 150×900 200×650 250×500 250×550 300×450 风量 (m³/h)	射程 (m)	150×1000 200×700 200×750 250×600 300×500 风量 (m³/h)	射程 (m)	200×800 200×850 250×650 300×550 风量 (m³/h)	射程 (m)	200×1000 250×800 300×700 风量 (m³/h)	射程 (m)	250×850 250×900 300×750 300×800 风量 (m³/h)	射程 (m)	300×1000 风量 (m³/h)	射程 (m)
1	A	0.11	0.05	0.07	0.13	325	3.15	360	3.40	480	3.64	480	3.86	540	4.06	600	4.26	750	4.55	800	4.70	1100	5.57
	B	0.17	0.11				2.61		2.82		3.01		3.20		3.36		3.53		3.77		3.89		4.76
	C	0.21	0.15				2.00		2.16		2.31		2.45		2.58		2.70		2.89		2.98		3.65
	D	0.28	0.22				1.25		1.35		1.45		1.54		1.62		1.69		1.81		1.87		2.29
2	A	0.44	0.20	0.29	0.54	650	5.32	720	5.75	860	6.14	960	6.52	1080	6.86	1200	7.19	1500	7.93	1600	8.40	2200	9.70
	B	0.67	0.43				4.41		4.76		5.08		5.40		5.68		5.95		6.57		6.96		8.03
	C	0.85	0.61				3.59		3.88		4.14		4.40		4.63		4.85		5.35		5.67		6.55
	D	1.11	0.87				2.17		2.43		2.50		2.66		2.80		2.93		3.23		3.42		3.95
3	A	0.99	0.44	0.67	1.22	975	7.02	1080	7.58	1290	8.09	1440	8.59	1620	9.05	1800	9.48	2250	10.45	2400	11.07	3300	12.79
	B	1.52	0.97				5.59		6.04		6.45		6.85		7.21		7.56		8.33		8.83		10.20
	C	1.90	1.35				4.81		5.20		5.55		5.89		6.21		6.50		7.17		7.60		8.78
	D	2.49	1.94				2.95		3.18		3.40		3.61		3.80		3.97		4.39		4.65		5.38
4	A	1.76	0.78	1.18	2.16	1300	8.07	1440	8.71	1720	9.31	1920	9.88	2160	10.40	2400	10.90	3000	12.02	3200	12.73	4400	14.71
	B	2.70	1.72				6.61		7.14		7.62		8.09		8.52		8.93		9.85		10.43		12.05
	C	3.38	2.40				5.49		5.93		6.33		6.72		7.08		7.42		8.18		8.67		10.01
	D	4.43	3.45				3.53		3.81		4.07		4.32		4.54		4.76		5.25		5.56		6.43
5	A	2.75	1.22	1.85	3.38	1625	8.81	1800	9.52	2150	10.17	2400	10.79	2700	11.36	3000	11.91	3750	13.13	4000	13.91	5500	16.07
	B	4.21	2.68				7.63		8.24		8.80		9.34		9.83		10.31		11.36		12.04		13.91
	C	5.28	3.75				6.10		6.59		7.07		7.47		7.87		8.24		9.09		9.63		11.12
	D	6.92	5.39				4.00		4.32		4.61		4.90		5.16		5.40		5.96		6.31		7.29

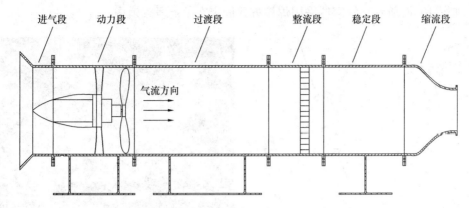

图 10-47　风洞洞体结构示意图[30]

进气段：进气段是气流的进入段，直接连通大气。尾部设计成 45°张角的扩张形式有利于得到横截面上更稳定的气流。

动力段：连接进气段与过渡段，内部安装风扇系统，为整个风洞系统提供驱动能量。由于风扇转动的需要，截面必为圆形。

整流段：上游连接过渡段，下游连接稳定段。整流段管道内安装整流装置，对气流进行导直。气流经整流段整流后进入稳定段，稳定段长度直接有影响气流均匀性，长直的等截面管道对气流具有稳定作用。

缩流段：稳定段下游连接缩流段，缩流段出口内径为 150mm，气流经过缩流段加速，达到实验所需的速度。

洞体由三个基座支撑，基座设置在实验台的扇形面板上，面板上开有圆弧形的凹槽，风洞洞体通过螺栓固定到扇形面板上，且两风洞可以沿弧形凹槽左右移动，以形成实验需要的 0～90°轴线夹角。

2. 风洞的参数要求

出口处风速最大值为 9m/s，脉动或湍流风速时平均风速最大值为 5m/s；风速变动 2m/s（5Hz）相当的转速信号控制电机的转速时不能超负荷工作；通过控制手段，可实现均匀流（电压不随时间改变）、Sin 流（电压值 sin 状随时间变化）和湍流信号（时间长度可达 10min 的信号）等三种空气流动。对于均匀流（即定常运转），在测量段入口处的湍流强度要小于 3%。

3. 风速的主要设备

风洞的主要设备有风扇、蜂窝器和收缩段。

（1）风扇。风扇系统是风洞的动力源，是整个系统的核心，其基本结构如图 10-48 所示。由图可见，风扇系统是由电机、安装基座、支架、联轴器、与风扇相配的风扇轴、风扇等零部件组成的，电机与风扇轴通过联轴器直接连接。风扇的结构如图 10-49 所示，该风扇材料为高强度 ABS 树脂，叶片外径为 318mm。

（2）蜂窝器。风扇旋转所产生的气流无论是气流速度还是方向都是不均匀的，紊流度也比较高，甚至其主流中还可能存在较大尺度的漩涡。因此，气流在进入收缩段之前还必须经过蜂窝器等整流装置以及一个稳定段，才能使气流变得均匀，以保证试验段流场的品质。本风洞选用的蜂窝器为外径 330mm、长度 45mm、蜂窝芯孔径 5.6mm 的六角形蜂窝网格，如图 10-50 所示。蜂窝器采用焊接方式固定在整流段管道内。

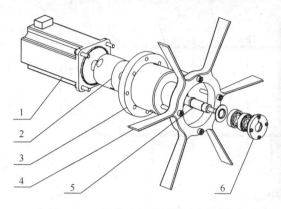

图 10-48 风扇系统的结构示意图[30]

1—电机；2—联轴器；3—电机安装基座；
4—动力系统连接支架；5—风扇轴；6—端盖

图 10-49 风扇的实物图[30]

图 10-50 蜂窝器的实物图[30]

（3）收缩段。气流经过一定长度的稳定段后进入收缩段，收缩段的作用是加速气流，使其达到实验所需的速度。收缩曲线的形状对气流的均匀性有很大影响。如果收缩段曲线设计不当，就不能得到均匀来流，之前对气流进行的整流与稳定也将前功尽弃。收缩段接近出口部分的曲线应比较平缓，以利于稳定气流。进口处的曲线应与稳定段保持连续。本风洞采用了维多辛斯基曲线的收缩段，具体如图 10-51 所示。

（二）羽毛球馆

一个羽毛球的标准重量为 5.5g，如此轻的物体遭遇任何不规则的气浪，它的运动轨迹都会被改变，在羽毛球比赛中羽毛球的飞行方向、落脚点、飞行轨迹都会受到比赛场区内空调气流的影响。因此，国际羽联对奥运会羽毛球比赛场馆气流组织具有严格的技术标准要求。羽

图 10-51 收缩段的实物图[30]

毛球比赛场馆比赛大厅距地 9m 以下气流速度必须不大于 0.2m/s[31]。下面以天津商业大学某体育馆[32]为例进行简要阐述。

1. 羽毛球馆概况

天津商业大学某体育馆是一座功能比较齐全的中小型体育馆，根据需要，其比赛大厅可作为羽毛球馆使用，如图 10-52 所示。

图 10-52 羽毛球馆的内部构造图[32]

2. 羽毛球馆的风口设计

风口的类型和布置决定了室内的气流组织形式，从而直接影响室内的空气速度分布。因此，风口的设计非常重要。

由于羽毛球馆空间较大，将其分为观众席区和比赛大厅两个区域，采用分区送风。观众席区采用在上部两侧网架结构下侧送风，百叶送风口尺寸为 $1250 \times 500 mm^2$，风速为 2.3m/s，回风口位于观众席和羽毛球场之间侧壁上；比赛大厅采用东侧靠墙地面以上 300mm 处双层百叶风口向场中心低速侧送，8 个 $1000 \times 1000 mm^2$ 的送风口水平均匀布置在东侧墙壁上，风速为 2.3m/s，并根据需要风口送风方向可灵活调节，回风口则

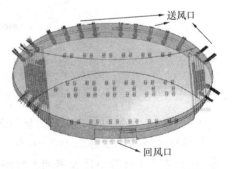

图 10-53 羽毛球馆的风口布置[32]

设在主席台下部，为 6 个 $1600 \times 1600 mm^2$ 的方向回风口。风口布置如图10-53所示。

3. 羽毛球馆的速度分布

羽毛球馆的建筑空间具有高大、复杂及不规则等特点，采用 CFD 模拟是对其室内速度分布预测的最好方法。通过 CFD 模拟，给出室内速度场、温度场，进而分析其是否满足体育馆气流速度和人体舒适性等要求，以此指导气流组织形式的设计。图 10-54 给出了该羽毛球馆 CFD 模拟获取的典型断面处的速度分布。

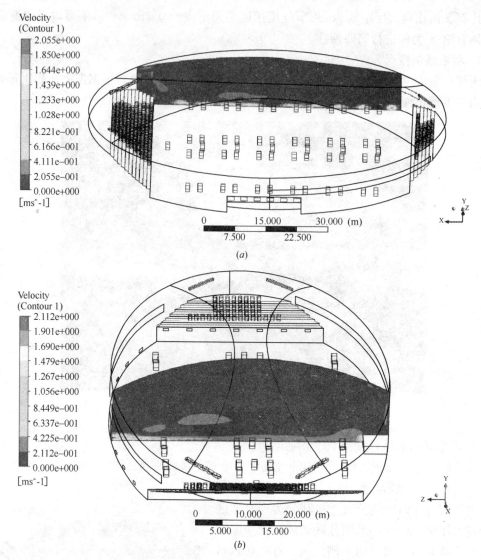

图 10-54　羽毛球馆内典型断面处的速度速度分布[32]

(a) Z 方向断面处的速度分布；(b) X 方向断面处的速度分布

从图 10-54（a）可看出，Z 方向（X 为长度方向，Y 为高度方向，Z 为宽度方向）断面的大部分区域的速度都小于 0.2m/s，只有在送风口附近的微小区域的速度大于 0.2m/s，但由于这些区域较小且远离羽毛球场地，因此不会对比赛有影响；从图 10-54（b）可看出，X 方向断面正好穿过底部的射流，因此射流附近的速度较高，但其他区域的速度都小于 0.2m/s。总体来讲，该羽毛球馆室内速度达到规范要求，能满足日常使用。

主 要 符 号 表

符号	符号意义，单位	符号	符号意义，单位
C_s	送风口浓度，kg/m³	n	换气次数，次/h
C_e	出风口浓度，kg/m³	Q	通风量，m³/s，m³/h

符号	符号意义，单位	符号	符号意义，单位
C_1	通风前污染物浓度，kg/m³	t	时间，s
$C_2(t)$	t 时刻污染物浓度，kg/m³	V	空间的容积，m³
$\dot{M}$	污染物散发速率，kg/s	τ_n	房间名义时间常数，s
A	面积，m²	T_s	平均辐射温度，℃
C_0	绝对黑体的辐射系数，5.67W/(m²·K⁴)	t	摄氏温度，℃
d_z	热射流直径，m	t_n	空气干球温度，℃
H	高度，距离，m	v	流速，m/s
h	定性尺寸，m	v_z	计算断面平均流速，m/s
L_z	热射流流量，m³/s	Z	有效距离，m
Q	热量，kW	α	对流换热系数，W/(m²·℃)
r	距离，m	ε	黑度
T	绝对温度，K	ρ	背景浓度，kg/m³
T_e	实感温度，℃	φ	辐射角系数
B	大气压力，kPa	V_h	空压机的理论输气量，m³/s
p	压力，Pa	V_s	空压机的实际输气量，m³/s
η_V	空压机的容积效率	λ_l	泄漏系数
λ_v	容积系数	λ_t	温度系数
λ_p	压力系数	Ma	马赫数
N	功率	CFD	Computational Fluid Dynamics

参 考 文 献

[1] Sandberg M. Ventilation efficiency as a guide to design[J]. ASHRAE transactions，1983，89：455-479.

[2] 李强民，邓伟鹏. 排除人员活动区内人体释放污染物的有效通风方式——置换通风[J]. 暖通空调，2004，34(2)：1-4.

[3] 赵彬，李先庭，彦启森. 室内空气流动数值模拟的风口模型综述[J]. 暖通空调，2000，30(5)：33-37.

[4] 何天祺. 供暖通风与空气调节[M]. 重庆：重庆大学出版社，2003. 3：178.

[5] 曾涛. 体育建筑设计手册[M]. 北京：中国建筑工业出版社，2001：207.

[6] Sandberg M. Blomqvist C. Displacement Ventilation Systems in Office Rooms[J]. ASHARE Transactions，1989，95 (2)：1041-1049.

[7] Nielsen P. V. Velocity distribution in a room ventilated by displacement ventilation and wall-mounted air terminal devices[J]. Energy and Buildings，2000，31(3)：179-187.

[8] Xing H. Measurement and calculation of the neutral height in a room with displacement ventilation

[J]. Building and Environment，2002，37：961-967.

［9］ Chen Q，Glicksman L R，Yuan X，et al. Performance evaluation and development of design guide-lines for displacement ventilation[S]. ASHRAE Research Project-RP-949，Report to ASHRAE TC，1998.

［10］ 许钟麟. 空气洁净技术原理(第三版)[M]. 2003，科学出版社.

［11］ 孙一坚 主编. 工业通风(第二版)[M]. 北京：中国建筑工业出版社，1993.

［12］ 谭天佑，梁凤珍. 工业通风除尘技术[M]. 北京：中国建筑工业出版社，1984.

［13］ 郑洪男，端木琳，张晋阳. 日本工位空调系统的研究与应用[J]. 制冷空调与电力机械，2005，26(1)：58-61.

［14］ 杨建荣，李先庭，A. Melikov. 个性化送风微环境的实验测试研究[J]. 暖通空调，2004，34(9)：87-90.

［15］ 杨建荣，李先庭，彦启森，Melikov. A. K. 个性化送风波动对热感觉和室内空气品质的影响[J]. 清华大学学报(自然科学版)，2003，43(10)：1405-1407.

［16］ 李俊. 个性送风特性及人体热反应研究[D]. 清华大学，2004.

［17］ Zhao Rongyi，Xia Yizai，Li Jun. New conditioning strategies for improving the thermal environment[C]. Proceedings of International symposium on building and urban environmental engineering，Tianjin，1997，pp. 6-11.

［18］ Bauman，F. S.，Carter，T. G.，Baughman，A. V.，Arens，E. A. Field study of the impact of a desktop task/ambient conditioning system in an office building[J]. ASHRAE Transactions，1998，104(1)：1153-1171.

［19］ 苏夺，陆琼文. 辐射空调方式及其发展方向[J]. 制冷空调与电力机械，2003，24(5)：26-30.

［20］ 荣秀惠，肖兰生，隋锋贞 编. 实用供暖工程设计[M]. 北京：中国建筑工业出版社，1987.

［21］ 贺平，孙刚 编著. 供热工程(新四版)[M]. 北京：中国建筑工业出版社，2009.

［22］ 电子工业部第十设计研究院. 空气调节设计手册(第二版)[M]. 北京：中国建筑工业出版社，1995.

［23］ 彦启森，石文星，田长青 编著. 空气调节用制冷技术(第四版)[M]，北京：建筑工业出版社，2010.

［24］ 王普秀 主编. 航天环境控制与生命保障工程基础(上册)[M]. 北京：国防工业出版社，2003.

［25］ 恽起麟. 风洞实验[M]. 北京：国防工业出版社，2000.

［26］ 张玉成，仪登利，冯殿义. 通风机设计与选型[M]. 北京：化学工业出版社，2011.

［27］ 成心德. 离心通风机[M]. 北京：化学工业出版社，2007.

［28］ 中国建筑科学研究院. JG/T 14—2010 通风空调风口[S]. 北京：中国标准出版社，2010.

［29］ 中国建筑标准设计研究院. GJB T—1138 风口选用与安装[S]. 北京：中国计划出版社，2010.

［30］ 刘子娟. 主动控制湍流模拟风洞系统设计[D]. 上海交通大学，2013.

［31］ 曹越. 体育馆空调制冷设计中的一些问题：介绍国家奥林匹克体育中心综合体育馆[J]. 暖通空调，1991(5)：35-38.

［32］ 肖金辉，天津商业大学风雨操场空调系统节能及室内环境特性研究[D]. 天津商业大学，2013.

第四篇 / 人工环境的分析方法

在创造需要的人工环境之前，通常需要进行分析与设计，有时还需要对拟创造的人工环境进行动态模拟分析，并对最终的效果进行预测、评价。

本篇首先介绍人工环境的评价指标及其测量方法，包括热舒适、送风有效性、污染物排除有效性等内容；然后介绍人工环境最常用的两类分析方法：集总参数法和分布参数法。

集总参数法将整个对象空间当成均匀参数处理，非常适合于长时间的非稳态过程的计算；而分布参数则可细致刻画对象空间各处的不均匀性，适合于稳态工况的分析计算。

本篇共分三章，第十一章介绍人工环境的常用评价指标及其测量方法，第十二、十三章分别介绍用于人工环境分析和评价的集总参数法和分布参数法。

第十一章 人工环境的评价指标

第一节 热 舒 适 指 标

常见的人体热舒适描述方法，包括 PMV (Predicted Mean Vote)、PPD (Predicted Percentage of Dissatisfied)、有效温度 ET (Effective Temperature)、标准有效温度 SET，以及过渡活动状态的热舒适指标：相对热指标 RWI (Relative Warmth Index) 和热损失率 HDR (Heat Deficit Rate) 等，这些指标是人体对热湿环境的反应。此外，本节还介绍其他与气流组织相关的热舒适描述参数：不均匀系数和空气扩散性能指标 $ADPI$ 等。

一、预测平均评价 PMV[1] 和预测不满意百分比 PPD

PMV (Predicted Mean Vote) 指标是利用了人体热平衡的原理而得出的，其理论依据是当人体处于稳态的热环境下，人体的热负荷越大，人体偏离热舒适的状态就越远。即人体热负荷 TL 正值越大，人感觉越热，负值越大，人感觉越冷。P. O. Fanger 收集了1396 名美国与丹麦受试对象的冷热感觉资料，得到了表征人体热感觉与人体热负荷间关系的回归公式：

$$PMV = [0.303\exp(-0.036M) + 0.0275] TL \tag{11-1}$$

其中人体热负荷 TL 是人体产热量与人体向外界散出热量之间的差值。值得注意的是，这里有一个假定条件，即人体的平均皮肤温度 t_{sk} 和出汗造成的潜热散热 E_{sw} 是人体保持舒适条件下的数值。因此，当人体偏离热舒适较多情况下，例如在热或者寒冷状态下，PMV 的预测值存在有较大偏差的。同时，由定义可知，人体热负荷 TL 就是人体热平衡方程 (2-1) 中的蓄热率 S，即把蓄热率看作是造成人体不舒适的热负荷。如果将其中对流、辐射和蒸发散热的各项展开，可以得到如下公式：

$$\begin{aligned}
TL = M - W - &\{3.96 \times 10^{-8} f_{cl}[(T_{cl} + 273)^4 - (T_r + 273)^4] + f_{cl}h_c(T_{cl} - T_a) \\
&+ 3.05 \times 10^{-3}[5733 - 6.99(M - W) - P_a] + 0.42(M - W - 58.15) \\
&+ 1.7 \times 10^{-5}M(5867 - P_a) + 0.0014M(34 - T_a)\}
\end{aligned}$$

$$\tag{11-2}$$

式中　M——人体能量代谢率，决定于人体的活动量大小，W/m^2；

　　　W——人体所做的机械功，W/m^2；

　　　f_{cl}——服装的面积系数；

　　　h_c——对流换热系数，$W/(m^2 \cdot K)$；

　　　T_a——人体周围空气温度，℃；

　　　T_{cl}——人体表面的温度，℃；

　　　T_r——环境的平均辐射温度，℃；

　　　P_a——人体周围水蒸气分压力，kPa。

PMV 指标采用了 7 级分度，见表 11-1。

PMV 热感觉标尺 表 11-1

热感觉	热	暖	微暖	适中	微凉	凉	冷
PMV 值	+3	+2	+1	0	−1	−2	−3

PMV 指标代表了同一环境下绝大多数人的感觉，因此可用 PMV 指标预测热环境下人体的热反应。由于人与人之间存在生理差别，故 Fanger 又提出了预测不满意百分比 PPD[1] 指标来表示人群对热环境不满意的百分数，并利用概率分析方法，确定了 PMV 与 PPD 指标之间的数学关系：

$$PPD = 100 - 95\exp[-(0.03353PMV^4 + 0.2179\ PMV^2)] \tag{11-3}$$

由于，PMV 指标是在稳定条件下利用热舒适方程导出的，其仅适用于稳态热环境中的人体热舒适评价，而不适用于动态热环境（或者称为过渡热环境）的热舒适评价。因为在 PMV 指标中，人体热负荷 TL 又相当于人体热平衡方程中的蓄热率 S。如果人从寒冷的环境进入到温暖的环境里，人体的蓄热率 S 是正值，但该蓄热率有助于改善人体的热舒适，因此并不能看作是导致不舒适的人体热负荷。从炎热环境进入到中性环境也是一样的。在这种情况下，蓄热率 S 为负值是有助于改善人体的热感觉的，而并不会成为人体的热负荷。

二、有效温度 ET* 和标准有效温度 SET

1919 年，美国采暖通风与空调工程师学会（ASHRAE）鉴于人们在空调工程中急需有关湿度对舒适影响的资料，新建了一个实验室对其进行研究。"有效温度指标"是它的首批科研课题之一，直到 1967 年的 ASHRAE 手册仍然采用了这个指标。

有效温度 ET（Effective Temperature）通过人体实验获得，并将相同有效温度的点作为等舒适线系绘制在湿空气焓湿图上或绘成诺模图的形式。其定义为："干球温度、湿度、空气流速对人体温暖感或冷感影响的综合数值，该数值等效于产生相同感觉的静止饱和空气的温度。"但有效温度过高地估计了湿度在低温下对凉爽和舒适状态的影响。因此又产生了新的有效温度 ET^*。

1971 年，Gagge 等人把皮肤湿润度的概念引进 ET^*，以提供一个适用于穿标准服装、坐着工作的人体舒适指标。其数值是通过对身着 0.6clo 服装、静坐在流速 0.15m/s 空气中的人，进行的热舒适实验，并采用相对湿度为 50% 的空气温度作为与其冷热感相同环境的等效温度而得出的；即同样着装和活动的人，在某环境中的冷热感与在相对湿度 50% 空气环境中的冷热感相同，则后者所处环境的空气干球温度就是前者的 ET^*。该指标只适用于着装轻薄、活动量小、风速低的环境。在 ASHRAE 舒适标准 54-74 和 ASHRAE 的 1977 年版手册基础篇中，可以查阅到相关的内容。

在综合考虑了不同的活动水平和衣服热阻后，新有效温度的内容又有所扩展，形成了更为通用的指标——标准有效温度（SET）。不同于仅根据主观评价、由经验推导得到的有效温度指标，它以人体生理反应模型为基础，由人体传热的物理过程分析得出，因而被称为是合理的导出指标。

标准有效温度包含平均皮肤温度和皮肤湿润度，以便确定某个人的热状态。

ASHRAE 的标准有效温度 SET（Standard Effective Temperature）[2]定义为：在温度为 SET 的假想等温热环境中，空气相对湿度为 50%，空气静止，人体身着与活动量对应的标准服装，其皮肤润湿度和通过皮肤的换热量与实际环境下相同。SET 与 ET^* 主要的不同是考虑了服装热阻的影响。

$$M_{sk} = \alpha_s \cdot f_{cls} F_{cls}(T_{sk} - SET) + w\alpha_{es} \cdot f_{cls} F_{pcls}(P_{sk,s} - 0.5P_{SET,s}) \quad (11\text{-}4)$$

根据皮肤表面的热平衡方程：

$$M_{sk} = \alpha_s \cdot f_{cls} F_{cls}(T_{sk} - T_O) + w\alpha_{es} \cdot f_{cls} F_{pcls}(P_{sk,s} - P_a) \quad (11\text{-}5)$$

则有：

$$SET = T_O + \frac{w}{\psi_s}(P_a - 0.5P_{SET,s}) \quad (11\text{-}6)$$

$$\psi_s = (\alpha_s \cdot F_{cls} / \alpha_{es} \cdot F_{pcls}) \quad (11\text{-}7)$$

式中　M_{sk}——人体皮肤的代谢量，W/m^2；

$\quad\quad\alpha_s$——考虑服装潜热热阻的综合对流换热系数，$W/(m^2 \cdot K)$；

$\quad\quad f_{cls}$——人体着衣时与裸体时的表面积之比；

$\quad\quad F_{csl}$——着衣传热效率；

$\quad\quad T_{sk}$——皮肤温度，K；

$\quad\quad w$——皮肤湿润度；

$\quad\quad\alpha_{es}$——考虑服装潜热热阻的综合对流传质系数，$W/(m^2 \cdot K)$；

$\quad\quad F_{pcls}$——着衣传湿效率；

$\quad\quad P_a$——空气压力，Pa；

$\quad\quad T_O$——操作温度（Operative Temperature），K。

表 11-2 给出了 ASHRAE 里的不同 SET 对应的温热感觉、生理现象及健康状态[3]。

不同 SET 下对应的温热感觉、生理现象及健康状态[3]　　　　　表 11-2

SET（℃）	热 感 觉		生 理 现 象	健 康 状 态
	冷热感觉	舒适感		
40～45	限值	限值	体温上升、体温调节不畅	血液循环不畅
35～40	非常热	非常不舒服	出汗、血压增加	危险增加
30～35	暖和	不舒服		脉搏不稳定
25～30	中性	舒服	生理正常	正常
20～25				
15～20	微凉	略为不舒服	散热加快，需要添加衣服	
10～15	冷	不舒服	手脚血管收缩	黏膜皮肤干燥
5～10	非常冷	非常不舒服		血液循环不良、肌肉酸痛

确定某一状态下的标准有效温度 SET 值需要分两步进行，首先要求出一个人的皮肤温度和皮肤湿润度，可通过实测完成，也可较为容易地利用第二章中提到的 Gagge 二节点体温调节数学模型计算出来。在这里，我们采用后一计算方法。第二步就是求出产生相同皮肤温度和皮肤湿润度的标准环境温度，可借助变换热损失方程通过对人体的传热分析

完成。若所讨论的活动量不是标准情况，则把标准环境的衣着情况修正为活动量的函数便可解决这个问题。

由于 SET 没有限制室内外的情况，因此可以利用 SET 进行室外热环境热舒适评价。这里人体对短波的吸收率和长波发射率已考虑在内。SET 在计算过程中所采用的人体新陈代谢率为 1.0met、着衣量为 0.5clo。利用 SET 分布参数，就可以方便地计算及评价室外不同建筑布局、不同绿化方式对应下的室外热舒适状况。

我国有研究者通过回归统计，提出一种可由室外环境参数直接计算 SET 的关联式[4]，

$$SET = 2.364 + 0.622t_a + 6.63\varphi - 1.653V$$
$$+ 0.197(0.95 \times (\bar{t}_r + 273.15)4 + 0.5q_s / \tag{11-8}$$
$$(5.67 \times 10^{-8})0.25 - 273.15)$$

上式的显著性水平小于 0.01。平均相对误差小于 3%。适用范围 $20 < t_a < 40℃$，$20\% < \varphi < 90\%$，$0.01 < V < 5m/s$，$20 < \bar{t}_r < 60℃$，$50 < q_s < 1000$ W/m。

式中　t_a——周围环境空气温度，℃；

φ——相对湿度，%；

V——风速，m/s；

q_s——太阳总辐射照度，W/m^2；

$\bar{t}_r$——室内测试点的平均辐射温度，℃。

其简易计算式为：

$$T_r^4 = B_{sky} \cdot T_{sky}^4 + B_{hum} \cdot T_{hum}^4 \tag{11-9}$$

在这里，T_r 为室内测试点的平均辐射温度，K；$T_r = \bar{t}_r + 273.15$；B_{sky} 为天空辐射的角系数；B_{hum} 为人体表面辐射的角系数；$B_{sky} + B_{hum} = 1$；T_{sky} 为有效天空温度，或称天空背景温度，K。

一种估算有效天空温度的方法，是根据地面附近空气与大气层的辐射热平衡关系式而得到的：

$$\sigma T_{sky}^4 = Q_{sky} = Q_{air} = \varepsilon_{air}\sigma T_a^4 \tag{11-10}$$

$$T_{sky} = \sqrt[4]{\varepsilon_{sky} T_a^4} \tag{11-11}$$

式中　T_a——距地面 1.5～2.0m 高处的空气温度，K；

ε_{air}——地面附近空气的发射率，可用式 $\varepsilon_{air} = 0.741 + 0.0062t_{dp}$ 计算。t_{dp} 为地面附近的空气露点温度，℃。

建立标准有效温度的最初设想是预测人体排汗时的不舒适感，经过发展，现在已经能表示各种衣着条件、活动强度和环境变量的情况。标准有效温度值反映了人体热感觉，但与空气温度并没有直接的关系，比如，一个穿轻薄服装的人坐在 24℃、相对湿度 50% 和较低空气流速的房间里，根据定义他是处于标准有效温度为 24℃ 的环境中。如果他脱去衣服，标准有效温度就降至 20℃，因为他的皮肤温度与一个穿轻薄服装坐在 20℃ 空气中的人皮肤温度相同。尽管标准有效温度反映了人体热感觉，但由于它需要计算皮肤温度和皮肤湿润度，因此应用比较复杂，反而不如只能描述坐着活动的 ET* 应用广泛。

三、过渡活动状态的热舒适指标 *RWI* 和 *HDR*

在实际的人工环境工程设计中，经常会遇到人员短暂停留的过渡区间。该过渡区间可能连接着两个不同空气温度、湿度等热环境参数的空间。人员经过或在该区间作短暂停留而且活动状态有所改变的时候，对该空间的热环境参数的感觉与他在同一空间作长期静止停留时的感觉是不同的。因此需要给出人体对这类过渡空间的热舒适指标，以指导这类空间空调设计参数的确定。

相对热指标 *RWI*（Relative Warmth Index）和热损失率 *HDR*（Heat Deficit Rate）是美国运输部为确定地铁车站站台、站厅和列车空调的设计参数提出的考虑人体在过渡空间环境的热舒适指标。这两个指标是根据 ASHRAE 的热舒适实验结果得出的。RWI 适用于较暖环境，而 HDR 适用于冷环境。但它没有考虑人体在过渡区间受到变化温度刺激时出现的热感觉"滞后"和"超前"的现象，而仅考虑了过渡状态人体的热平衡。它对动态过程的考虑反映在：

（1）认为人在一种活动状态过渡到另一种状态时，要经过 6min 的过程代谢率 M 才能达到最终活动状态下的稳定代谢率。在这个过渡过程中，代谢率与时间呈线性关系。

（2）人的活动会导致出汗并湿润服装，同时人的活动会扰动周围气流，导致服装热阻有所改变。认为一种活动状态过渡到另一种活动状态时，服装热阻要经过 6min 方能达到新的稳定值，其间服装热阻与时间呈线性关系。

1. 相对热指标 *RWI*

RWI 是无量纲指标。如果在两种不同的环境条件和活动情况下，具有相同的 *RWI* 值，则表明人在这两种情况下的热感觉是近似的。其定义式为：

$$RWI = \frac{M(\tau)\left[I_{cw}(\tau) + I_a\right] + 6.42(t - 35) + RI_a}{234} \quad (P_a \geqslant 2269\text{Pa}) \qquad (11\text{-}12)$$

$$RWI = \frac{M(\tau)\left[I_{cw}(\tau) + I_a\right] + 6.42(t - 35) + RI_a}{65.2(5858.44 - P_a)/1000} \quad (P_a \geqslant 2269\text{Pa}) \qquad (11\text{-}13)$$

RWI 的分度与 ASHRAE 热感觉标度之间的关系见表 11-3。图 11-1 给出了 *RWI* 与不舒适感觉百分比的关系。

RWI 的分度与 ASHRAE 热感觉标度之间的关系[5]　　　　　　　表 11-3

热感觉	ASHRAE 热感觉标度	相对热指标 *RWI*	热感觉	ASHRAE 热感觉标度	相对热指标 *RWI*
暖	2	0.25	中性	0	0.08
稍暖	1	0.15	稍凉	−1	0.00

如果给定各连续过渡空间的空气参数、人员衣着以及进入这些空间后的活动状态，计算各连续过渡空间的 *RWI* 值，就可以得到人员依次进入这些过渡空间时的相对热感觉是比前一个空间更凉爽些还是更暖些，也可以用于确定各功能空间的设计参数。

2. 热损失率 *HDR*

热损失率 *HDR* 综合考虑了温度、湿度、辐射、风速、人体代谢率、服装等影响人体热舒适的因素，反映了人体单位皮肤面积上的热损失，单位是 W/m^2。

人的平均皮肤温度是随着外界环境的变化而变化的，感觉基本舒适的平均皮肤温度范

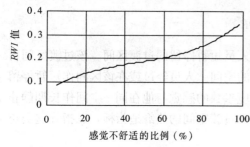

图 11-1　*RWI* 满意度曲线

围约为 30.6~35℃。在冷环境下，人体的体温调节中枢首先会使皮肤血管收缩，皮肤温度降低，从而减少散热量。当平均皮肤温度下降到舒适下限 30.6℃时，如果散热量仍然大于发热量，体温进一步下降，人体出现热赤字（heat deficit）。*HDR* 值即表示人体在较冷环境下，平均皮肤温度为舒适皮肤温度下限时的净热损失速率，即负的人体蓄热率。

HDR 的定义式如下：

$$HDR = D/\Delta\tau = 28.39 - M(\tau) - \frac{6.42(t - 30.56) + RI_a}{I_{cw}(\tau) + I_a} \tag{11-14}$$

式中　D——热赤字，J/m^2；

$\Delta\tau$——暴露时间，s；

M——新陈代谢率，W/m^2；

t——环境空气的干球温度，℃；

I_{cw}——服装热阻，clo；

I_a——服装外空气边界层热阻，clo；

R——单位皮肤面积的平均辐射得热，W/m^2。

HDR 对时间的积分即热赤字。*HDR*≤0 是不出现热赤字的必要条件。由于人体具有一定的蓄热量，当人体的热赤字达到约 100kJ/m² 时，才会感到冷不适。相反，当人体蓄热量达到 100kJ/m² 时，将感到热不适。即当-*HDR*>100/Δτ 时，人体就感到冷不适。也就是说，在过渡空间中，适宜的 *HDR* 值与人员的逗留时间成反比。因此，可采取人员的平均逗留时间来确定适宜的过渡空间室内设计参数。

在上述 *RWI* 和 *HDR* 表达式中，$I_{cw}(\tau)$ 是衣服被汗湿润后的热阻，和代谢率 $M(\tau)$ 一样在改变活动状态后的前 6min 内是两个状态之间的时间 τ 的线性函数，单位为 clo；即有：

$$I_{cw}(\tau) = I_{cw1} + (I_{cw2} - I_{cw1})\frac{\tau}{360}$$

$$M(\tau) = M_1 + (M_2 - M_1)\frac{\tau}{360}$$

当 $\tau < 360$s　　　(11-15)

$$I_{cw}(\tau) = I_{cw2}$$

$$M(\tau) = M_2$$

当 $\tau \geqslant 360$s　　　(11-16)

如果考虑人体运动诱导产生的相对风速为 V_a，则根据文献［6］给出的图线所导出的服装外空气边界层 I_a 的拟合公式有：

$$I_a = 0.3923V_a^{-0.4294} \tag{11-17}$$

如果考虑到低温时的辐射和对流修正，也可以采用如下公式[7]：

$$I_a = \frac{1}{0.61(T/298)^3 + 1.9\sqrt{V_a}(298/T)} \tag{11-18}$$

式中　T——空气温度，K。

四、热应力指数 *HSI*

热应力指数 *HSI*（Heat Stress Index）是由匹兹堡大学的 Belding 和 Hatch 于 1955 年提出的。其目的在于把环境变量综合成一个单一的指数，用于定量表示热环境对人体的作用应力。具有相同指数值的所有环境条件作用于某个人所产生的热过劳均相同。例如 A 和 B 是两个不同的环境，A 环境空气温度高但相对湿度低，B 环境空气温度低但相对湿度高。如果两个环境具有相同的热应力指数值，则对某个人应产生相同的热过劳。

热应力指数 *HSI* 假定皮肤温度恒定在 35℃，在蒸发热调节区内，认为所需要的排汗量为 E_{req} 等于代谢量减去对流和辐射散热量，不计呼吸散热，则得出热应力指数 HSI 为：

$$HSI = E_{req}/E_{max} \times 100 \tag{11-19}$$

该指数在概念上与皮肤湿润度相同。规定 E_{max} 的上限值为 390W/m²，相当于典型男子的排汗量为 1L/h。表 11-4 给出了对热应力指数含义的说明。

热应力指数的意义[5]　　表 11-4

HSI	暴露 8h 的生理和健康情况的描述
−20	轻度冷过劳
0	没有热过劳
10～30	轻度至中度热过劳。对体力工作几乎没有影响，但可能减低技术性工作的效率
40～60	严重的热过劳，除非身体健壮，否则就免不了危及健康。需要适应环境的能力
70～90	非常严重的热过劳。必须经过体格检查以挑选工作人员。应保证摄入充分的水和盐分
100	适应环境的健康年轻人所能容忍的最大过劳
大于 100	暴露时间受体内温度升高的限制

五、湿黑球温度 WBGT

湿黑球温度 *WBGT*（Wet-Bulb-Globe Temperature）是一个环境热应力指数，它考虑了室外炎热条件下太阳辐射的影响，适用于室外炎热环境，目前在评价户外作业热环境时应用广泛。其标准定义式为：

$$WBGT = 0.7t_{nwb} + 0.2t_g + 0.1t_a \tag{11-20}$$

当处在阴影下时，方程（11-20）可简化为：

$$WBGT = 0.7t_{nwb} + 0.3t_a \tag{11-21}$$

式中　t_{nwb}——自然湿球温度，指非通风的湿球温度计测量出来的湿球温度，℃；

　　　t_g——黑球温度，℃；

　　　t_a——空气干球温度，℃。

黑球温度与空气温度、平均辐射温度及空气运动有关，而自然湿球温度则与空气湿度、空气运动、辐射温度和空气温度有关。因此，*WBGT* 事实上是一个与影响人体环境热应力的所有因素都有关的函数。

我国有研究者通过回归统计，提出一种可由室外环境参数直接计算 $WBGT$ 的关联式，此时湿黑球温度被表示为 $WBGT^*$，其表达式如下[8]：

$$WBGT^* = 0.8288t_a + 0.0613\bar{t}_r$$
$$+ 0.007377q_s + 13.8297\varphi - 8.7284V^{-0.0551} \tag{11-22}$$

式中 $\bar{t}_r$——环境平均辐射温度，℃；

     V——环境风速，m/s；

     q_s——太阳总辐射照度，W/m²；

     φ——相对湿度，%。

上式应用范围为：空气干球温度 t_a 为 20～45℃；环境平均辐射温度 $\bar{t}_r$ 为 20～65℃；相对湿度 φ 为 10%～100%；环境风速 V 为 0.1～7.1m/s。

文献[8]认为，上式与 $WBGT$ 的计算公式（11-20）的总相关系数为 0.9858，平均相对误差为 4%；并提出如果出于使用简便的目的，用空气温度代替平均辐射温度，用太阳直射照度代替总辐射照度，造成的平均相对误差为 4.5% 左右。

$WBGT$ 指数被广泛应用于估算工业环境的热应力潜能（Davis 1976）。在美国，国家职业安全和健康协会（NIOSH）提出了热应力极限的标准（NIOSH 1986）；ISO 标准 7243 也采用了 WBGT 作为热应力指标，表 11-5 为 ISO 标准 7243 推荐的 WBGT 阈值。

ISO7243 推荐 *WBGT* 阈值[5]   表 11-5

新陈代谢水平	新陈代谢率 M（W/m²）	WBGT 阈值（℃）			
		热适应好的人		热适应差的人	
0	$M < 117$	33		32	
1	$117 < M < 234$	30		29	
2	$234 < M < 360$	28		26	
		能否感觉空气流动		能否感觉空气流动	
		（不能）	（能）	（不能）	（能）
3	$360 < M < 468$	25	26	22	23
4	$M > 468$	23	25	18	20

1986 年，NIOSH 以体重 70kg 且皮肤表面积为 1.8m² 的工作人员为参考对象，提出了 $WBGT$ 与安全工作时间极限的关系如图 11-2 所示。

六、风冷却指数 *WCI*

在非常寒冷的气候中，影响人体热损失的主要因素是空气流速和空气温度。1945 年，Siple 和 Passel 将这两个因素综合成一个单一的指数来表示在皮肤温度为 33℃ 时皮肤表面的冷却速率。这一指数被称为风冷却指数 WCI（Wind Chill Index），即[5]：

$$WCI = (10.45 + 10\sqrt{V_a} - V_a)(33 - t_a) \quad [\text{kcal}/(\text{m}^2 \cdot \text{h})] \tag{11-23}$$

式中 V_a——风速，m/s；

t_a——环境空气温度,℃。

风冷却指数 WCI 对人体的生理效应的表现关系如表 11-6 所示。由于该指数描述的热感觉适合于穿合适衣服的极地探险者,因此表中的"凉"与 ASHRAE 热感觉标度中的"凉"所表征的感觉是不一致的。风冷却指数的线算图由图 11-3 给出。

表 11-6

风冷却指数与人体的生理效应[11,12]

$WCI[\text{kcal}/(\text{m}^2 \cdot \text{h})]$	生 理 效 应	$WCI[\text{kcal}/(\text{m}^2 \cdot \text{h})]$	生 理 效 应
200	愉快	1200	极度寒冷
400	凉	1400	裸露的皮肤冻伤
600	很凉	2000	裸露的皮肤在 1min 内冻伤
800	冷	2500	裸露的皮肤在半分钟内冻伤
1000	很冷		

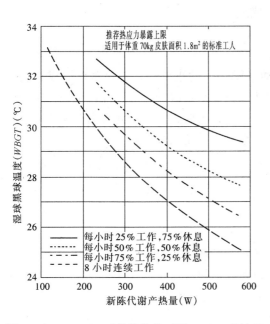

图 11-2 ASHRAE 手册推荐的不同 WBGT 条件下
的安全工作时间极限[9]

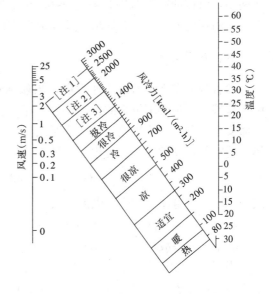

图 11-3 风冷却指数的线算图[5]
注:1. 裸露的皮肤在 30s 内冻伤
　　2. 裸露的皮肤在 1min 内冻伤
　　3. 暴露的皮肤冻伤

七、当量温度 ET

许多研究者对暖体假人这一热环境测试工具,在热舒适方面的应用进行了探索。最早尝试进行暖体假人制作并用于热环境实验的是英国人[13]。1929 年,一个简易的以英国热舒适标准为基础制作的"暖体假人"宣告完成,它是一个直径 190mm,高度 550mm 的铜制垂直圆柱体。选择这一尺寸是考虑到,它通过对流和辐射散热的比例与人体类似。圆柱体由内部热源加热,保持表面散热量为 $55\text{W}/\text{m}^2$,如果表面温度超过 24℃,继电器能自动切断电源。

　　某一热环境的当量温度 ET（Equivalent Temperature），就是指温度均一的假想封闭空间的温度，黑色的假人在其中散失的热量与真实环境一致。相比黑球温度计，假人的优点在于，它可以加热，从而对空气流动造成的冷却效果进行修正，在风速较大的情况下，这一修正显得尤其必要。

　　也有人曾经研究过热环境物理量与人的主观感觉之间的关系，用上述的简易假人对环境进行了测试，结果发现当量温度与主观感觉之间具有很高的相关系数。基于以上测试结果提出的当量温度实验公式为[13]：

$$ET = 0.522t_a + 0.478t_{mrt} - 0.21\sqrt{v}(37.8 - t_a) \quad (℃) \tag{11-24}$$

式中　t_a——空气温度，℃；

　　　t_{mrt}——平均辐射温度，℃；

　　　v——气流速度，m/s。

　　研究表明，由上式计算的结果要偏冷。由于它未包含空气湿度项，故限定在 25℃ 以下使用，风速的适用范围是 $0.05\sim0.5\text{m/s}$[14]。这一指标可用于评价速度和温度梯度较大、太阳辐射不对称、热环境不均匀的车室内或座舱内环境。

八、舒适指标 CF

　　随着载人航天技术的高速发展，出舱活动（EVA）的重要性日益显著，已成为载人航天领域中一项必不可少的关键技术。保证航天员出舱活动时的热舒适性，是确保航天员生命安全、顺利完成出舱任务的重要条件之一。为了评价航天员在不同代谢率和环境下的热舒适状况，文献［15］提出了一种舒适指数的概念，其定义式为：

$$CF = t_{sk} - 33.6 + q_{sweat} - q_{shiver} \tag{11-25}$$

式中　t_{sk}——身体平均皮肤温度，℃；

　　　q_{sweat}——出汗散热，kcal/min；

　　　q_{shiver}——寒战产热，kcal/min。

　　当 CF 值为零时，舒适程度最高。当 CF 值大于零时，航天员将感觉较热。当 CF 值小于零时，航天员将感觉较冷。舒适指数用来评价相对热舒适在低代谢率时是有效的，在高代谢率时可根据个体的具体情况进行适当调整[16]。

九、不均匀系数

　　不均匀系数是与气流组织相关的热舒适指标。我们知道，室内各点的温度、风速等存在不同程度的差异，利用不均匀系数这一指标就可以表征由这种差异引起的室内热舒适性的不同。

　　在工作区内选择 n 个测点，分别测得各点的温度和风速，求其算术平均值为：

$$\bar{t} = \frac{\sum t_i}{n} \tag{11-26}$$

$$\bar{v} = \frac{\sum v_i}{n} \tag{11-27}$$

　　均方根偏差为

$$\sigma_t = \sqrt{\frac{\sum(t_i - \bar{t})^2}{n}} \tag{11-28}$$

$$\sigma_v = \sqrt{\frac{\sum(v_i - \bar{v})^2}{n}} \tag{11-29}$$

则不均匀系数的定义为：

$$k_t = \frac{\sigma_t}{t} \tag{11-30}$$

$$k_v = \frac{\sigma_v}{t} \tag{11-31}$$

这里，速度不均匀系数 k_v、温度不均匀系数 k_t 都是无量纲数。k_t、k_v 的值越小，表示气流分布的均匀性越好。

十、空气扩散性能指标 ADPI

对舒适性空调而言，相对湿度在 $30\%\sim70\%$ 的范围内对人体舒适性影响较小，空气温度与风速对人体的综合作用是人体热舒适性的主要影响因素。根据实验结果，有效温度差与室内风速之间存在下列关系[5]：

$$\Delta ET = (t_i - t_n) - 7.66(v_i - 0.15) \tag{11-32}$$

式中 ΔET——有效温度差；

t_i，t_n——工作区某点的空气温度和给定的室内设计温度，℃；

v_i——工作区某点的空气流速，m/s。

并且认为当 ΔET 在 $-1.7\sim+1.1$ 之间多数人感到舒适。因此，定义满足规定风速和温度要求的测点数与总测点数之比为空气扩散性能指标 ADPI（Air Diffusion Performance Index），即：

$$ADPI = \frac{-1.7 < \Delta ET < 1.1 \text{ 的测点数}}{\text{总测点数}} \times 100\% \tag{11-33}$$

$ADPI$ 的值越大，说明感到舒适的人群比例越大。在一般情况下，应使 $ADPI \geqslant 80\%$。

第二节　空气质量评价指标

一、空气龄与污染物年龄

空气龄的概念最早于 20 世纪 80 年代由 Sandberg 提出[17]。根据定义，空气龄是指空气进入房间的时间。在房间内污染源分布均匀且送风为全新风时，某点的空气龄越小，说明该点的空气越新鲜，空气质量就越好。它还反映了房间排除污染物的能力，平均空气龄小的房间，去除污染物的能力就强。由于空气龄的物理意义明显，因此作为衡量空调房间空气新鲜程度与换气能力的重要指标而得到广泛的应用。

从统计角度来看，房间中某一点的空气由不同的空气微团组成，这些微团的年龄各不相同。因此该点所有微团的空气龄存在一个频率分布函数 $f(\tau)$ 和累计分布函数 $F(\tau)$：

$$\int_0^\infty f(\tau)\mathrm{d}\tau = 1 \tag{11-34}$$

累计分布函数与频率分布函数之间的关系为：

$$\int_0^\tau f(\tau)\mathrm{d}\tau = F(\tau) \tag{11-35}$$

某一点的空气龄 τ_p 是指该点所有微团的空气龄的平均值：

$$\tau_\mathrm{p} = \int_0^\infty \tau f(\tau)\mathrm{d}\tau \tag{11-36}$$

传统上空气龄概念仅仅考虑房间内部，即房间进风口处的空气龄被认为是 0（100% 的新鲜空气）。为综合考虑包含回风、混风和管道内流动过程的整个通风系统的效果，清华大学李先庭等人提出了全程空气龄的概念，即指空气微团自进入通风系统起经历的时间，并将房间入口处空气龄取为 0 而得到的空气龄称为房间空气龄[18][19]。较之房间空气龄，全程空气龄可看成绝对参数，不同房间的全程空气龄可进行比较。

与空气龄类似的时间概念还有空气从当前位置到离开出口的残留时间 τ_rl（residual lifetime）、反映空气离开房间时的驻留时间 τ_r（residence time）等，见图 11-4。对某一位置的空气微团，其空气龄、残留时间和驻留时间的关系为：

$$\tau_\mathrm{p} + \tau_\mathrm{rl} = \tau_\mathrm{r} \tag{11-37}$$

对空气龄、残留时间，均可以求出它们在空间中的体平均值：

$$\overline{\tau_\mathrm{p}} = \frac{\sum \tau_{pi}V_i}{V} \tag{11-38}$$

$$\overline{\tau_\mathrm{rl}} = \frac{\sum \tau_{rli}V_i}{V} \tag{11-39}$$

式中　τ_{pi}，τ_{rli}——分别是空间第 i 部分的空气龄和残留时间；

　　　　V_i——空间第 i 部分的体积。

对于一个通风房间来说，体平均的空气龄越小，说明房间里的空气从整体上来看越新鲜。

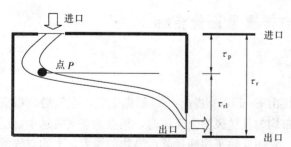

图 11-4　空气龄、残留时间和驻留时间的关系

房间内某点的污染物年龄类似于空气龄的概念，是指污染物从产生到当前时刻的时间，也是该点排出污染物有效程度的指标。相似的概念还有污染物驻留时间，即污染物从产生到离开房间的时间。

和空气龄类似，房间中某一点的污染物由不同的污染物微团组成，这些微团的年龄各不相同。因此该点所有污染物微团的污染物年龄存在一个频率分布函数 $A(\tau)$ 和累计分布函数 $B(\tau)$。累计分布函数与频率分布函数之间的关系为：

$$\int_0^\tau A(\tau)\mathrm{d}\tau = B(\tau) \tag{11-40}$$

与空气龄不同的是，某点的污染物年龄越短，说明污染物越容易来到该点，则该点的空气质量越差。反之，污染物年龄越大，说明污染物越难达到该点，该点的空气质量越好。

二、换气效率

对于理想"活塞流"的通风条件，房间的换气效率最高。此时，房间的平均空气龄最小，它和出口处的空气龄、房间的名义时间常数存在以下的关系：

$$\bar{\tau}_\mathrm{p} = \frac{1}{2}\tau_\mathrm{e} = \frac{1}{2}\tau_\mathrm{n} \tag{11-41}$$

因此，可以定义新鲜空气置换原有空气的快慢与活塞通风下置换快慢的比例为通风效率[20][21]：

$$\eta_\mathrm{a} = \frac{\tau_\mathrm{n}}{2\,\bar{\tau}_\mathrm{p}} \times 100\% \tag{11-42}$$

式中　$\bar{\tau}_\mathrm{p}$——房间空气龄的平均值，s。

根据换气效率的定义式可知，$\eta_\mathrm{a} \leqslant 100\%$。换气效率越大，说明房间的通风效果越好。如图 11-5 所示，典型通风形式的换气效率如下：活塞流，$\eta_\mathrm{a}=100\%$；全面孔板送风，$\eta_\mathrm{a} \approx 100\%$；单风口下送上回，$\eta_\mathrm{a}=50\%\sim100\%$。

与房间总体换气效率相对应，房间各点的换气效率可用下式定义：

$$\eta_i = \frac{\tau_\mathrm{n}}{\tau_\mathrm{p}} \times 100\% \tag{11-43}$$

式中　τ_p——房间某一点的空气龄，s。

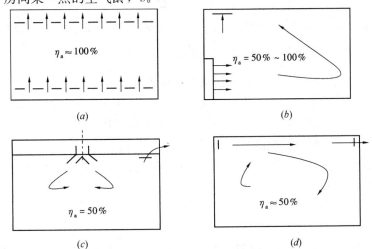

图 11-5　不同通风方式下的换气效率

(a) 近似活塞流；(b) 下送上回；(c) 顶送上回；(d) 上送上回

三、污染物含量和排空时间

污染物主要包括固体颗粒物、微生物和有害气体。据报道，室内的有害气体多达 300 多种[22]。除了常见的挥发性有机物（VOCs）、甲醛、氡等有害气体外，一些无害物质如 CO_2 的量过多也会对人体产生不利影响。浓度是衡量室内污染物的直接标志。目前，对污染物浓度的控制主要是针对某一种污染物，规定浓度的上限值。

体平均浓度是某一空间污染物浓度的平均反映，其定义式如下：

$$\overline{C} = \frac{\Sigma C_i V_i}{V} \tag{11-44}$$

式中　C_i——空间第 i 部分的浓度；

　　　V_i——空间第 i 部分的体积。

对一个通风房间来说，当初始状况房间内无污染物且送风中不含该污染物时，房间中的污染物存在下述质量平衡关系：

$$\dot{m}\tau - Q\int_0^\tau C_e(\tau)\mathrm{d}\tau = M(\tau) \tag{11-45}$$

即在 τ 时间内产生的污染物减去在时间 τ 内自排风口排出的污染物等于该时刻房间内的污染物总量。

式中　$\dot{m}$——房间内污染源散发速率；

　　　$M(\tau)$——第 τ 时刻房间内的污染物总量。

对上式两侧求导，得：

$$\dot{m} - QC_e(\tau) = \frac{\partial M(\tau)}{\partial \tau} \tag{11-46}$$

在稳定状态时，出口浓度等于房间内产生的污染物浓度和通风量的比值，即：

$$C_e(\infty) = \frac{\dot{m}}{Q} \tag{11-47}$$

将式（11-46）代入式（11-47），进行积分可得稳定状态下房间污染物的总量：

$$M(\infty) = Q \cdot \int_0^\infty [C_e(\infty) - C_e(\tau)]\mathrm{d}\tau \tag{11-48}$$

对于均匀混合的情况，房间各处的污染物浓度处处相等。对于实际中非均匀混合的情况，污染物浓度在各处存在差异，不同通风形式下的房间污染物总量也不同。例如，若排风口接近污染源，则房间污染物总量较小，反之则较大。因此，房间的污染物总量在一定程度上也反映了房间内气流组织的情况。

在房间污染物总量的基础上，定义排空时间为稳定状态下房间污染物的总量除以房间的污染物产生率[20]，即：

$$\tau_t = \frac{M(\infty)}{\dot{m}} \tag{11-49}$$

排空时间反映了一定的气流组织形式排除室内污染物的相对能力。排空时间越大，说明这种气流组织形式排除污染物的能力越小。它和污染源的位置有关，而和污染源的散发强度无关。污染源越靠近排风口，排空时间越小。

四、排污效率与余热排除效率

设房间内部污染物浓度的体平均值为 $\overline{C}$，排空时间可以写成：

$$\tau_t = \frac{\overline{C} \cdot V}{\dot{m}} \tag{11-50}$$

将名义时间常数的定义 $\tau_n = \dfrac{V}{Q}$ 以及式 $C_e(\infty) = \dfrac{\dot{m}}{Q}$ 代入上式，可得

$$\tau_t \cdot C_e = \overline{C} \cdot \tau_n \tag{11-51}$$

定义排污效率为：

$$\varepsilon = \frac{\tau_n}{\tau_t} = \frac{C_e}{\overline{C}} \tag{11-52}$$

即排污效率等于房间的名义时间常数和污染物排空时间的比值，或出口浓度和房间平均浓度的比值。

在进口空气带有相同的污染物时，记入口浓度为 C_s，则此时排污效率定义式为：

$$\varepsilon = \frac{C_e - C_s}{\overline{C} - C_s} \tag{11-53}$$

排污效率也可定义成基于房间污染物最大浓度的形式：

$$\varepsilon = \frac{C_e - C_s}{C_{max} - C_s} \tag{11-54}$$

以上两种排污效率的定义都是对整个房间而言，对房间内任一点也可求出各点的排污效率：

$$\varepsilon_p = \frac{C_e - C_s}{C_p - C_s} \tag{11-55}$$

式中　　C_p——房间内任一点的浓度。

排污效率是衡量稳态通风性能的指标，它表示送风排除污染物的能力。对相同的污染物，在相同的送风量时，能维持较低的室内稳态浓度，或者能较快地将室内初始浓度降下来的气流组织形式的排污效率高。影响排污效率的主要因素是送排风口的位置（气流组织形式）和污染源所处位置。

当我们把余热也当成一种污染物时，就能得到余热排除效率（又称为投入能量利用系数）。与污染物排除效率不同的是，当我们考察余热的排除效率时，我们通常仅关心工作区的温度，而不是整个室内空间的温度。

余热排除效率用温度来定义，用来考察气流组织形式的能量利用有效性。其定义式为：

$$\eta_t = \frac{t_e - t_s}{\overline{t_i} - t_s} \tag{11-56}$$

式中　　$\overline{t_i}$——工作区平均温度，℃；

$\quad\quad t_e$——排风温度，℃；

$\quad\quad t_s$——送风温度，℃。

不同的气流组织形式，即使产生相同的舒适性，消耗的能源也存在着差异。当 $\overline{t_i} < t_e$ 时，$\eta_t > 1$；反之，$\eta_t < 1$。在不同的气流组织形式中，下送上回的形式 η_t 较高，一般排风

温度高于平均温度，因此 η_t 一般大于 1，说明下送上回的气流组织形式能量利用效率较高。

五、送风可及性

为评价短时间内的送风有效性，清华大学李先庭等人于 2003 年提出了送风可及性 A_{SA}（accessibility of supply air）的概念[23]，它能反映送风在任意时刻到达室内各点的能力。

假设通风系统送风中包含某种指示剂，并且室内没有该指示剂的发生源，那么室内空气会逐渐含有这种送风指示剂。送风可及性定义为：

$$A_{SA}(x,y,z,\tau) = \frac{\int_0^\tau C(x,y,z,t)\,dt}{C_{in}\tau} \tag{11-57}$$

式中　$A_{SA}(x,y,z,\tau)$——无量纲数，在时段 τ 时室内位置为（x,y,z）处的送风可及性；

$C(x,y,z,t)$——在时刻 t 室内（x,y,z）处的指示剂浓度；

C_{in}——送风的指示剂浓度；

τ——从开始送风所经历的时段，也就是用于衡量通风系统动态特性的有限时段，s。

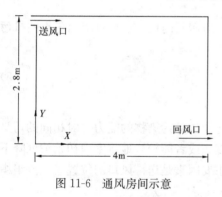

图 11-6　通风房间示意

送风可及性反映了在给定的时间内从一个送风口送入的空气到达考察点的程度，它是一个不大于 1 的正数。可及性的数值越大，反映该风口对（x,y,z）点的贡献越大。根据可及性的物理意义，稳态下，也就是时间无限长时，可及性反映的是空间各点的空气来自各个送风口的比例，在数值上与 Kato 等人定义的 SVE4 相等[24][25]。也容易推知，稳态下所有风口对（x,y,z）点的可及性之和等于 1。图 11-6 给出了一个典型的上送下回混合通风环境，图 11-7 展示了该环境下送风可及性随时间的演变过程。

送风可及性只与流场相关，当流动形式确定时，可及性也相应确定。当室内没有某种组分的源存在时，那么由该组分在各风口的输入速率及相应的可及性即可预测室内该组分的动态的输运过程[22]。

可及性的应用范围很广，包括送风使得冷量和热量快速到达某处、解救人质的应急通风以及研究空调系统中污染物的传播等。

六、污染源可及性

为评价室内突然释放的某种污染物在有限时段内对室内环境的影响，李先庭等人定义了反映这种影响程度大小的量化指标——污染源可及性 A_{cs}（accessibility of contaminant source）[21]。假设送风中不包含这种污染物，则空间某点的污染源可及性如下定义：

$$A_{CS}(x,y,z,\tau) = \frac{\int_0^\tau C(x,y,z,t)\,dt}{\overline{C}\tau} \tag{11-58}$$

$\overline{C}$ 是稳态下回风口处的平均污染物浓度，其值为：

$$\overline{C} = \sum_i S_i / G \tag{11-59}$$

式中　$A_{CS}(x,y,z,\tau)$——无量纲数，在时段 τ 时，室内位置为 (x,y,z) 处的污染源
　　　　　　　　　　　　　可及性；

　　　$C(x,y,z,t)$——在时刻 t 室内 (x,y,z) 处的污染物浓度；

　　　　　　　S_i——该污染物在室内某处的发生源，编号为 i；

　　　　　　　G——送风质量流量；

　　　　　　　τ——从污染物开始扩散时所经历的时段，也就是用于衡量污染物
　　　　　　　　　　动态影响效果的有限时段，s。

污染源可及性反映了污染物源在任意时段内对室内各点的影响程度。由于室内某点的

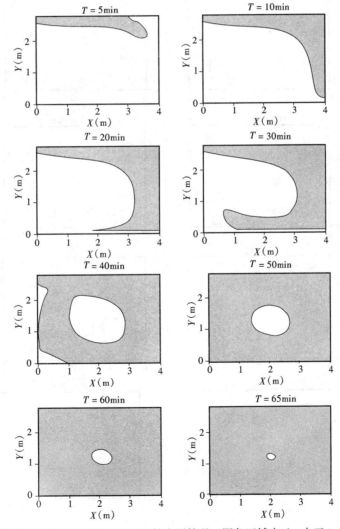

图 11-7　不同时刻的送风可及性发展情况（深色区域内 A_{SA} 大于 0.5）

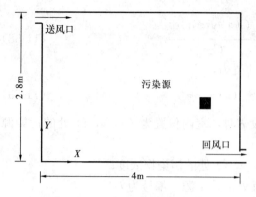

图 11-8　通风房间及污染物位置示意图

浓度可能高于排风口处稳态平均浓度 $\overline{C}$，因此 A_{CS} 可能大于 1。图 11-9 展示的是某典型混合通风环境引入一个污染源（图 11-8）时的污染源可及性随时间的变化过程。

当污染物源位于送风口处时，$A_{SA}(x,y,z,\tau) = A_{CS}(x,y,z,\tau)$，即污染源可及性等于送风的可及性。

污染源可及性也只与污染源的位置和流场相关。当各风口某种组分的浓度为 0 时，由该组分在空间中源的散发速率及相应的可及性即可预测室内各点该组分的浓度变化过程，可用于指导如何在任意时段内通过通风系统去除污染物的影响[21]。

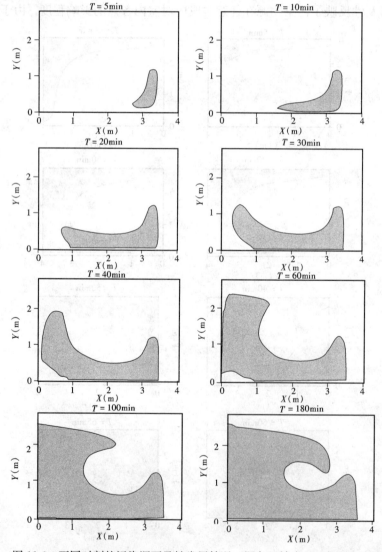

图 11-9　不同时刻的污染源可及性发展情况（深色区域内 A_{CS} 大于 1.0）

第三节　工艺评价指标

在各种工艺生产过程中，室内环境参数要求和一般的人居环境参数要求不同，因此工艺环境的评价方法也不同。通常不能按照一般人居环境的评价方法对其进行评价，而需要采用相应的特殊评价指标（如能耗、质量、精度）来评价这些工艺过程实际的环境参数是否达到要求。本节以数据机房和洁净室为例，给出了它们对应的工艺评价指标。

一、数据机房热环境评价指标

数据机房通常是指拥有大量计算机设备、服务器设备、网络设备、存储设备等网络通信、处理、存储、传输、管理设备的物理空间。为了保障这些重要设备的正常运行，需要一系列的辅助系统，如 UPS 电源、空调系统、照明系统和消防系统等。

数据机房中有大量的芯片设备，发热量巨大，通常这些设备又必须全天候运行。为了保障数据中心的正常运行，必须有效排除机房的发热量，使得各类设备处于适宜的环境条件中。其中，数据机房空调系统正是保障设备处于正常工作环境的重要辅助设备之一，通常采用温度、供热指数、回热指数、机架冷却指数、回风温度指数等指标来评价数据机房热环境和气流组织能否使设备正常运行，并采用能量利用效率指标来评价数据机房的能耗状况。

1. 数据中心的等级与所需环境条件

《电子信息系统机房设计规范》GB 50174—2008[27] 和 ASHRAE TC 9.9[28] 中均对数据中心所需环境温度做出了相关的规定。

根据国标 GB 50174—2008 的规定，电子信息系统机房应根据使用性质、管理要求及由于场地设备故障导致网络运行中断在经济和社会上造成的损失或影响程度，将电子信息系统机房划分为 A 、B 、C 三级。温、湿度及空气含尘浓度要求按表11-7取值。

GB 50174—2008 对数据机房的环境需求[27]　　　　　　　　表 11-7

温湿度要求		数据机房等级			备注
		A 级	B 级	C 级	
开机	温度（℃）	20～25，±1	20～25，±2	18～28	
	湿度（%）	45～55，±5	45～55，±10	35～75	
关机	温度（℃）	5～35	5～35	5～35	不结露
	湿度（%）	40～70	20～80	不结露	

ASHRAE TC 9.9 将数据中心机房分为 A1～A4 四个等级，不同等级数据中心的温湿度要求如表 11-8 所示。

ASHRAE 数据机房环境需求[28]　　　　　　　表 11-8

	数据中心等级	设备运行时			设备关闭时		
		干球温度（℃）	相对湿度	最大露点温度（℃）	干球温度（℃）	相对湿度	最大露点温度（℃）
推荐值	A1～A4	18～27	露点温度5.5～15℃，60%	—	—	—	—
允许值	A1	15～32	20%～80%	17	5～45	8%～80%	27
	A2	10～35	露点温度－12℃，20%～80%	21	5～45	8%～80%	27
	A3	5～40	露点温度－12℃，8%～85%	24	5～45	8%～80%	27
	A4	5～45	8%～90%	28	5～45	8%～80%	27

各个等级数据中心机房对应的温湿度允许范围或推荐范围如图 11-10 所示。

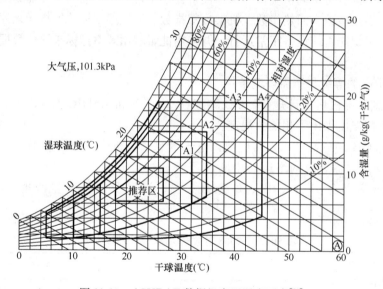

图 11-10　ASHRAE 数据机房温湿度要求[29]

2. 供热指数 SHI 与回热指数 RHI

供热指数 SHI 是指数据机房从送风口到机柜入口处冷量的损失值占从送风口到机柜出口处总冷量损失的比重[29]，可以用下式表示

$$SHI = \frac{\delta Q}{Q + \delta Q} = \frac{\sum_j \sum_i M_{i,j}^r C_p \left[(t_{in}^r)_{i,j} - t_{ref} \right]}{\sum_j \sum_i M_{i,j}^r C_p \left[(t_{out}^r)_{i,j} - t_{ref} \right]} \tag{11-60}$$

式中　δQ——送风口到机柜入口处送风冷量的损失值，kW；

　　　Q——机柜入口处到机柜出口处送风冷量的损失值，kW；

$M^r_{i,j}$——通过第 j 排第 i 个机柜的空气质量流量，kg/s；

C_p——空气的定压比热容，kJ/(kg·K)；

$(t^r_{in})_{i,j}$——第 j 排第 i 个机柜入口处空气温度，℃；

$(t^r_{out})_{i,j}$——第 j 排第 i 个机柜出口处空气温度，℃；

t_{ref}——送风口出的空气温度，℃。

从上式可以看出 SHI 值在 $0\sim1$ 范围内，供热指数越小，即越接近零，说明送风气流在流经机柜前损失的冷量越小，浪费的冷量越少。

回热指数 RHI 是指用于冷却服务器机柜所损失的冷量占从送风口到机柜出风口处总的冷量损失的比重，用下式表示[29]：

$$RHI = \frac{Q}{Q+\delta Q} = \frac{\sum_j \sum_i M^r_{i,j} C_p \left[(t^r_{out})_{i,j} - (t^r_{out})_{i,j}\right]}{\sum_j \sum_i M^r_{i,j} C_p \left[(t^r_{out})_{i,j} - t_{ref}\right]} \tag{11-61}$$

式中各参数含义和 SHI 表达式相同。回热指数越大说明用于机柜冷却的冷量占总冷量的比值就越大，能量利用效率就越高。

3. 机架冷却指数 RCI

数据机房中常用机架冷却指数来描述机架入口空气温度高于或者低于推荐温度值的程度。RCI_{HI} 描述了机架入口温度高于推荐值的程度，RCI_{LO} 描述了机架入口温度低于推荐值的程度[30]。

机架冷却指数 RCI_{HI} 定义如下[31]：

$$RCI_{HI} = \left[1 - \frac{\Sigma(T_x - T_{max,rec})_{T_x > T_{max,rec}}}{(T_{max,all} - T_{max,rec})n}\right] \times 100\% \tag{11-62}$$

式中　T_x——机柜入口处 x 的平均温度，℃；

n——机柜入口数量；

$T_{max,rec}$——机架入口推荐温度范围的上限，℃。例如可以采用 ASHRAE TC 9.9 中的推荐温度范围的上限；

$T_{max,all}$——机架入口允许温度范围的上限，℃。例如可以采用 ASHRAE TC 9.9 中的允许温度范围的上限。

RCI_{HI} 描述了机架入口温度高于推荐值的情况，RCI_{HI} 为 100%，说明所有机架入口的温度均小于推荐温度范围上限值；RCI_{HI} 不是 100% 时，说明存在高于推荐值的机架入口温度，且当该值越小时，服务器运行环境就越不健康，如表 11-9 所示。

RCI_{HI} 参考评价范围[32]　　　　　　　表 11-9

等级	RCI_{HI}
理想	100%
优	≥100%
中	91%～95%
差	≤90%

机架冷却指数 RCI_{LO} 定义如下[31]：

$$RCI_{LO} = \left[1 - \frac{\Sigma(T_{\min,rec} - T_x)_{T_x < T_{\min,rec}}}{(T_{\min,rec} - T_{\min,all})n} \right] \times 100\% \qquad (11-63)$$

式中　$T_{\min,rec}$——机架入口推荐温度范围的下限，℃。例如可以采用 ASHRAE TC 9.9 中的推荐温度范围的下限；

$T_{\min,all}$——机架入口允许温度范围的下限，℃。例如可以采用 ASHRAE TC 9.9 中的允许温度范围的下限。

RCI_{LO} 描述了机架入口温度低于推荐值的情况，RCI_{LO} 为 100%，说明所有机架入口的温度均大于推荐温度范围下限值；RCI_{LO} 不是 100% 时，说明存在低于推荐值的机架入口温度，且当该值越小时，说明机架入口处温度越低，能量浪费越严重。

4. 回风温度指数 RTI

Herrlin 提出的回风温度指数是用来衡量通过数据中心机柜气流组织的特性，在一定程度上反映了冷热气流混合的强度。其定义式如下[33]：

$$RTI = \frac{T_{return} - T_{supply}}{\Delta T_{equipment}} \times 100\% \qquad (11-64)$$

式中　T_{return}——机房回风温度，℃；

T_{supply}——地板送风温度，℃；

$\Delta T_{equipment}$——IT 设备机柜进出口温度差，℃。

在理想情况下，$RTI=1$，说明通过机柜的气流无回流或者短路的情况；当 $RTI>1$ 时，即送回风口温差大于机柜进出口的温差，通过机柜的部分空气没有及时排到回风口，而是和机柜入口处的空气混合，出现空气再循环现象，对机柜局部环境造成不利影响；当 $RTI<1$ 时，说明有部分送风没有进入机柜，被"旁通"了，然后和机柜出口空气混合，即出现了气流短路现象，造成机房回风口温度偏低。

5. PUE 和 DCIE

PUE 是 Power Usage Effectiveness 的简写，由绿色电网组织（The Green Grid）于 2007 年提出，是评价数据中心能源利用效率的指标。

其定义式如下：

$$PUE = \frac{数据中心总设备能耗}{IT 设备能耗} \qquad (11-65)$$

PUE 是一个比值，是 $DCIE$（data center infrastructure efficiency）的反比。PUE 已经成为国际上比较通行的数据中心能源利用效率的衡量指标。PUE 值越接近于 1，表明该数据中心的绿色化程度越高。

通过 PUE 值可以看出数据机房能源利用效率随着时间或者 IT 设备投入使用数量的改变而变化的情况。从时间上看，随着室外气象环境的变化，数据机房存在免费供冷的条件。通过合理改变供冷方式可以降低 PUE 值，甚至在某些情况下利用免费冷源使得 PUE 接近于 1。

二、洁净室的测定与评价方法

1. 洁净室的状态与测定

当洁净室处于不同状态时，其测定结果也不同，因此，在测定前必须规定洁净室处于何种状态。当空气净化系统投入运行，但工艺设备尚未投入运行时的状态称为"空态"；当系统、工艺设备已投入运行，但室内没有工作人员的状态称为"静态"；当系统、工艺设备和工作人员都处于运行和操作状态时，称此状态为"动态"。

洁净室的测定包括鉴定测定、监督测定和特殊测定三种类型。

鉴定测定又称为特性测定，其主要的目的是确认洁净室的性能是否达到设计要求，这种测定的测定内容最为全面，包括众多测试项目，例如检漏、风量测定、速度测定、气流流型测定、静压测定、过滤器效率测定、浓度测定等。

监督测定又叫日常测定，其主要目的是确认洁净室的性能是否能够保持，系统的诸参数是否能够调节。这种测定需以特性测定为基础，通过日常少数测点推测洁净环境的变化规律。

特殊测定又称为临时测定，主要目的是查明局部问题出现的原因，包括含尘度和风速等项目的测定。

2. 洁净度等级评定

（1）定值估计评定法

定值估计是指在总体样本中随机采样，确定采样方法（测点数），每个测点进行多次采样的平均含尘浓度为 N_i，然后通过许多个采样点来估算总体平均值。

$$\overline{N} = \frac{1}{n}\sum_{i=1}^{n}N_i \tag{11-66}$$

式中　N_i——每点多次采样的平均值；

　　　$\overline{N}$——总体平均值。

也有采用样本最大浓度的评定方法，该方法不允许洁净室有任何一点的浓度超过洁净室级别对应的浓度要求。由于最大的浓度值测量具有一定的随机性，造成的误差比较大，因此该方法并不严格。

（2）区间估计评定法

区间估计是指由一个随机浓度值区间来估计总体的平均浓度 N 的方法[34]，此区间称为置信区间，被估计的浓度值 N 有一定的概率落在这个置信区间的范围内，这个概率称为置信概率，用 P 表示。

可以认为样本的浓度 N 服从正态分布，即

$$\varphi(N) = \frac{1}{\sigma\sqrt{2\pi}}e^{-\frac{(N-\overline{N})^2}{2\sigma^2}} \tag{11-67}$$

如果 N 近似服从正态分布，则可以用大样本的标准差代替总体样本的标准差。而实际测量中的抽样样本数量有限，即测点数较少，一般不大于 30，属于小子样本，因此需要对小子样本的标准差进行修正，才能替代总体样本的标准差。

即用 σ_N 代替 σ，$\sigma_N = \frac{S}{\sqrt{n}} = \sqrt{\frac{\Sigma(N_i-\overline{N})^2}{(n-1)n}}$，称之为平均值的误差。则有 $N = \overline{N} \pm t(\alpha,f)\sigma_{\overline{N}}$，其中 t 为置信因子，α 为显著性水平，$t(\alpha,f) = \frac{N-\overline{N}}{\sigma_{\overline{N}}}$，它随着 α 和 n 而改变，$\alpha = 1-P$，其中 P 为置信水平。当 $n-1<10$ 时，曲线和正态分布差别较大；当 $n-1>30$

时，近似正态分布；当 $n-1>100$ 时，可以直接用正态分布代替。这种分布称为 t 分布。

对于洁净室而言，人们更关心含尘浓度的上限值是否超过了标准值，因此应该采用单侧 t 分布。例如，当要求 $\alpha=0.05$ 时，这是指超过上限浓度的概率为 5%；相应的，低于下限浓度（假想的）的概率同样也是 5%，那么处于两个界限之间的概率是 90%，而处于小于上界限浓度的概率为 95%。所以，当要求置信概率为 95% 时，即小于上界限浓度的概率高达 95% 时，如果有单侧 t 分布表直接可以查的对应的 t 值即可，如果需要查双侧 t 分布表中的 t 值时，则需查找 $\alpha=0.1$ 的那一栏的数据，见表 11-10。

双侧 t 分布　　　　　　　　　　　　　　表 11-10

α ＼ $f=n-1$	1	2	3	4	5	6	7	8	9	10
0.10	6.31	2.92	2.35	2.13	2.02	1.94	1.90	1.86	1.83	1.81
0.05	12.71	4.30	3.18	2.78	2.57	2.45	2.37	2.31	2.26	2.23

（3）评定标准

根据美国联邦标准 209C（USA Fedral Standard 209C）中的要求，洁净度需要达到下面的两条标准。

1）每个采样点的 n 次平均浓度≤级别的上限浓度；

2）各点平均值，即室内平均浓度构成的 95% 置信上限（室内平均统计值）≤级别浓度上限。

上述两条标准实际上是要求每个测点的浓度平均值小于洁净室规定的浓度上限值，另外，从统计角度来看，要求测试的置信概率≥95%。

3. 洁净室速度场均匀度的评价

美联邦标准 209B 对平行流洁净室的速度场均匀度有如此规定：当室内有一个测点的速度值超过或低于平均速度的 20% 时，就判定速度场不均匀。但是这种规定显然过于严格，很难保证。后来该标准有所放松，即要求 80% 测点的速度和平均速度差值在 ±20% 以内，其余的测点速度偏差值在 ±30% 以内即可。

洁净室速度场的均匀度可采用乱流度进行评价[34]。乱流度的定义式及其要求如下：

$$\beta_v = \frac{\sqrt{\dfrac{\sum(V_i-\overline{V})^2}{n}}}{\overline{V}} \leqslant 0.2 \tag{11-68}$$

式中　　V_i——各个测点的速度值，m/s；

　　　　$\overline{V}$——洁净室的平均速度，m/s。

由公式（11-68）可知，乱流度是指所有测点速度分布的标准差与平均速度的比值，这和日本空气洁净协会在 1987 年提出的速度均匀度的定义和要求是一致的[35]，即，

$$\frac{\text{标准偏差}}{\text{平均速度}} \leqslant 0.2。$$

4. 洁净室其他评价指标

评价洁净室的指标还有流线平行度和下限风速等指标。

（1）流线平行度。平行的气流流线是减少污染源散发的污染物在垂直于流线方向传播的必要条件。单向流气流组织要求流线平行，在一定距离（1.05m）内，流线间的夹角最大不能超过25°；流线应尽可能垂直于送风面，流线偏离垂直线的角度（气流偏转角）应小于25°，如图 11-11 和图 11-12 所示。

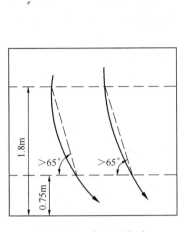

图 11-11　气流平行度

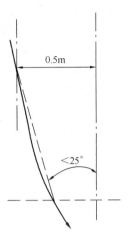

图 11-12　气流偏转角

（2）下限风速。下限风速是指保证能有效控制室内污染扩散范围和室内空气自净（全室空气被污染时）的最小风速，与污染源散发尘粒特性（包括人）以及室内流场情况有关。表 11-11 给出了常见情况下的下限风速推荐值。

单向流洁净室的下限风速推荐值[36]　　　　　　　　　　表 11-11

洁净室	下限风速（m/s）	条件
垂直	0.12	无明显热源（只有一般仪器），平时无或很少有人出入
单向流	0.3	无明显热源的一般情况
	≥0.5	有人和明显热源，若 0.5 仍不够，则应控制热源尺度或隔热
水平	0.3	平时很少有人或无人进出
单向流	0.35	一般情况
	≥0.5	要求更高或人员进出频繁的情况

第四节　综合评价方法

同一个人工环境其评价指标往往不止一个，很难使得各个指标同时达到最优，因此需要构建一套综合评价方法，以此来权衡不同指标的影响。本节以体育馆为例，对其气流组织形式给出综合评价方法，其思想也可推广到其他人工环境的评价中。

一、人工环境评价的影响因素权重

对于评价人工环境内的气流组织形式就有多个指标，不同指标的侧重点不同，欲想科学地评价人工环境，必须综合各类指标。如对于体育馆而言，首先要考虑某种气流组织是否分别满足了观众席和比赛区的不同需求，同时还要考虑到这种气流组织形式是否保证一定的新鲜空气；另外，还要看它的能源消耗如何。因此，对人工环境气流组织进行评价应该兼顾各个方面，必须对以上相关因素进行综合分析和研究，以获得对气流组织的总体评价。本节选择加权平均 IPMV（代表观众席的满意度）、比赛区的满意度、修正换气效率、修正能量利用系数四种评价指标分别代表四类因素来综合评价体育馆的气流组织形式。

由于对每种评价指标的关注程度不同，故需根据不同指标的重要程度赋予一定的权重。令 a_i 表示第 i 个指标的权重，则 $A = \{a_1, a_2, a_3, a_4\}$ 构成了权重向量，则有：

$$\sum_{i=1}^{4} a_i = 1 \tag{11-69}$$

权重向量 $A = \{a_1, a_2, a_3, a_4\}$ 在评价体系中起着重要作用，它的取值直接影响甚至改变气流组织形式的最后选择。根据模糊数学的理论，确定权重向量的方法有专家法、经验分析法、统计法、层次分析法、矩阵分析法、综合法等多种。这里仅介绍矩阵分析法和统计法。

（1）矩阵分析法：矩阵分析法分为两个步骤。

首先，需要确定 4 个指标中任意两个指标在体育馆中的相对重要程度，根据表 11-12 确定两因素相比的判断值 $F(Z_i)$。

其次，将上述判断值 $F(Z_i)$、$F(Z_j)$ 分别带入下式

$$N_{ij} = F(Z_i) / F(Z_j) \qquad i, j = 1, 2, 3, 4 \tag{11-70}$$

得到判断矩阵 N，再通过计算矩阵 N 的特征值，获得其最大特征值 $\lambda_{\max}$，并求得其对应的特征向量为 ζ，对 ζ 进行标准化后可得到权重矩阵 A。

影响因素重要程度判断值　　　　　　　　　　　　　　　　表 11-12

指标 Z_i, Z_j 相比重要程度等级	$F(Z_i)$	$F(Z_j)$	其他
同等重要	1	1	
略微重要	3	1	
明显重要	5	1	
强烈重要	7	1	
重要程度介于各级之间	2，4，6，8	1	取两个等级判断值的中值

（2）统计法：就是请 m 位专家对各因素提出权重分配 a_{ij}（$i = 1, 2, \cdots m$；$j = 1, 2, 3, 4$），然后，取各专家给出权重的算术平均值或加权平均值给出权重向量。

1）算术评价统计法

$$A = \left(\frac{1}{m} \sum_{i=1}^{m} a_{i1}, \frac{1}{m} \sum_{i=1}^{m} a_{i2}, \frac{1}{m} \sum_{i=1}^{m} a_{i3}, \frac{1}{m} \sum_{i=1}^{m} a_{i4} \right) \tag{11-71}$$

2）加权平均统计法

$$a_j = \sum_{i=1}^{k} X_i W_i (j = 1, 2, 3, 4) \tag{11-72}$$

式中 X_i——设定的 k 种权重之一；

　　 W_i——这种权重在 m 位专家给出的权重建议中的频率。

二、气流组织形式综合评分办法

对于每种气流组织形式，如果能够综合观众席满意度、比赛区满意度、修正换气效率、修正能量利用系数这四种评价指标来给出评价结果（目标函数是满分为 100% 的得分值），就可以对气流组织形式的效果进行量化，实现在固定权重向量 A 下的评价结果。

其中，观众席满意度定义为[37]：

$$S_{\mathrm{IPMV}} = 95 \times e^{-(0.03353 \times IPMV^4 + 0.2179 \times IPMV^2)} \tag{11-73}$$

式中，$IPMV$ 为加权 PMV。

比赛区的满意度由下式表示[37]：

$$S_{\mathrm{g}} = a_{\mathrm{v}} S_{\mathrm{v}} + a_{\mathrm{t}} S_{\mathrm{t}} + a_{\mathrm{h}} S_{\mathrm{h}} \tag{11-74}$$

式中 S_{v}、S_{t}、S_{h} 分别为风速、温度、湿度的满意度，a_{v}、a_{t}、a_{h} 分别为风速、温度、湿度在比赛区气流组织评价中的权重。

修正的换气效率 η' 数学描述如下[37]：

$$\eta' = \frac{\tau_{\mathrm{n}}}{2\langle \tau \rangle_{\mathrm{D}}} \tag{11-75}$$

式中，τ_{n} 为时间常数，$\langle \tau \rangle_{\mathrm{D}}$ 为加权空气龄。

修正的能量利用系数 ε' 定义为[37]：

$$\varepsilon' = \frac{t_{\mathrm{e}} - t_{\mathrm{s}}}{\langle t \rangle_{\mathrm{D}} - t_{\mathrm{s}}} \tag{11-76}$$

其中，t_{e}，t_{s} 分别为排风温度和送风温度，$\langle t \rangle_{\mathrm{OD}}$ 为结合了人员分布密度 OD（occupied density）的房间加权平均温度。

用权重向量乘以各项指标的得分，即可得到该种气流组织形式的最后得分[37]：

$$S = a_1 S_{\mathrm{IPMV}} + a_2 S_{\mathrm{g}} + a_3 S_{\eta'} + a_4 S_{\varepsilon'} \tag{11-77}$$

这样，对于任何一种气流组织，都可以给出综合了四个因素（观众席满意度、比赛区满意度、送风有效性、节能）的评分（分值在形式上是百分制得分），通过评分可以得出任意一种气流组织效果的绝对值和相对值。利用这些分值可以实现以下功能：

1）比较单个体育馆的多种气流组织形式；

2）评价已建成的体育馆的气流组织形式；

3）比较不同体育馆气流组织形式的设计效果。

三、体育馆气流组织形式选择步骤

综上所述，根据上述体育馆气流组织的评价方法，对于任何一座体育馆的气流组织设计，都可以采用图 11-13 所述步骤，选出一种合理的气流组织形式。

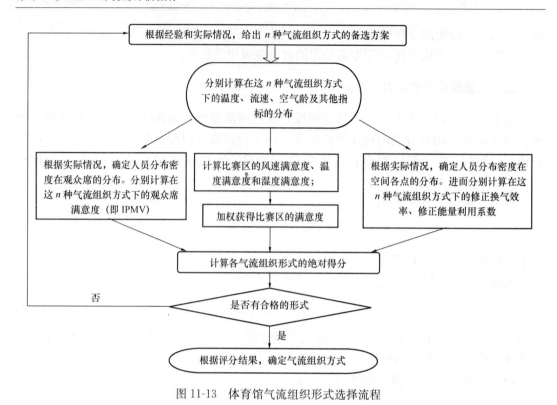

图 11-13 体育馆气流组织形式选择流程

主 要 符 号 表

符号	符号意义，单位	符号	符号意义，单位
A_{cs} (x,y,z,τ)	无量纲数，在时段 τ 时，室内位置为 (x,y,z) 处的污染物可及性	R	单位皮肤面积的平均辐射得热，W/m^2
A_{SA} (x,y,z,τ)	无量纲数，在时段 τ 时，室内位置为 (x,y,z) 处的送风可及性	h_c	对流换热系数，$W/(m^2 \cdot K)$
C (x,y,z,t)	在时刻 t 室内 (x,y,z) 处的指示剂浓度	I_a	服装外空气边界层热阻，clo
		I_{cw}	服装热阻，clo
C_i	空间第 i 部分的浓度	M, M_{sk}	人体能量代谢率，决定于人体的活动量大小，W/m^2
C_{in}	送风的指示剂浓度		
C_p	房间内任一点的浓度	$M(\tau)$	τ 时刻房间内的污染物总量
$C_p(\tau)$	测点处 τ 时刻的示踪气体浓度	m	脉冲法释放的示踪气体的质量
D	热赤字，J/m^2	$\dot{m}$	房间内污染源散发速率或上升法中示踪气体的释放速率
F_{csl}	着衣传热效率	P, p	空气压力，Pa；或大气透过率，p
F_{pcls}	着衣传湿效率	P_a	人体周围水蒸气分压力，kPa
f_{cl}, f_{cls}	服装的面积系数或人体着衣时与裸体时的表面积之比	Q	送风量
		q_s	太阳总辐射照度，W/m^2
G	送风质量流量	q_{shiver}	寒战产热，kcal/min

符号	符号意义，单位	符号	符号意义，单位
q_{sweat}	出汗散热，kcal/min	t_s	送风温度，℃
S_i	该污染物在室内某处的发生源，编号为 i	t_{sk}	身体平均皮肤温度，℃
		$\bar{t}_r$	室内测试点的平均辐射温度，℃
T,T_a	人体周围空气温度，K	V,V_a	空气流速，m/s
T_{cl}	人体表面的温度，K	v_i	工作区某点的空气流速，m/s
T_O	操作温度（Operative Temperature），K	V_i	空间第 i 部分的体积
		W	人体所做的机械功，W/m²
T_r	环境的平均辐射温度，K	α_{es},α_s	考虑服装潜热热阻的综合对流换热系数，W/(m²·K)
T_{sk}	皮肤温度，K		
Tu	湍流度，无量纲	ε_{air}	地面附近空气的发射率
t,t_a	周围环境空气温度，℃	φ	相对湿度
t_{dp}	地面附近的空气露点温度，℃	τ	用于衡量通风系统动态特性的有限时段，s
t_e	排风温度，℃		
t_g	黑球温度，℃	τ_p	为房间某一点的空气龄，s
t_{mrt}	平均辐射温度，℃	$\bar{\tau}_p$	房间空气龄的平均值，s
t_{nwb}	自然湿球温度，指非通风的湿球温度计测量出来的湿球温度，℃	τ_{pi},τ_{rli}	分别是空间第 i 部分的空气龄和残留时间
t_i,t_n	工作区某点的空气温度和给定的室内设计温度，℃	w	皮肤湿润度
		$\Delta\tau$	暴露时间，s
$\bar{t}_i$	工作区平均温度，℃	ΔET	有效温度差

重要述语和缩略语

ASHRAE   美国供热制冷空调工程师协会（the American Society of Heating, Refrigerating and Air-Conditioning Engineers）

ACS   污染源可及性（accessibility of contaminant source）

ADPI   空气扩散性能指标（Air Diffusion Performance Index）

ASA   送风可及性（accessibility of supply air）

CF   舒适指标

CFD   计算流体力学（Computational Fluid Dynamics）

ET   当量温度（Equivalent Temperature）

ET*   有效温度（Effective Temperature）

HDR   热损失率（Heat Deficit Rate）

HSI   热应力指数（Heat Stress Index）

IPMV   观众席加权总 PMV（Integrated PMV）

MRT	平均辐射温度（Mean Radiant Temperature）
NIOSH	美国国家职业安全和健康协会
OD	人员分布密度（occupied density）
pat	比赛区温度不满足点的体积比（percentage above standard temperature）
pav	比赛区风速不满足点的体积比（percentage above standard velocity）
PD	不满意率（Percent Dissatisfied）
PPD	预测不满意百分比（Predicted Percentage of Dissatisfied）
PMV	预测平均评价（Predicted Mean Vote）
RWI	相对热指标（Relative Warmth Index）
SET	标准有效温度（Standard Effective Temperature）
WBGT	湿黑球温度（Wet Bulb Global Temperature）
WCI	风冷却指数（Wind Chill Index）

参 考 文 献

［1］　Fanger P O，Thermal Comfort［M］．Robert E. Krieger Publishing Company，Malabar，FL，1982.

［2］　ASHRAE，Chapter 8—Physiological Principles and Thermal Comfort. In Handbook of Fundamentals，Atlanta：American Society of Heating［M］．Refrigerating and Air-Conditioning Engineers，Inc.，2001. p. 8.1～8.20.

［3］　吉田伸治．連成数値解析による屋外温熱環境の評価と最適設計法に関する研究［D］．平成 12 年度東京大学大学院博士論文．2001.

［4］　林波荣，绿化对室外热环境影响的研究［D］．北京：清华大学，2004.

［5］　朱颖心，建筑环境学［M］．北京：中国建筑工业出版社，2005.

［6］　Subway Environmental Design Handbook（Volume 1）［M］．United States Department of Transportation，1976

［7］　欧阳骅，服装卫生学［M］．北京：人民军医出版社，1985.

［8］　Dong L. Chen Q G.，A Correlation of WBGT Index Used for Evaluating Outdoor Thermal Environment［C］．Proceeding of International Conference of Human Environmental System. Tokyo，1991.

［9］　ISO 7243，2003，Hot Environments-Estimation of the heat stress on working man，based on the WBGT-index（wet bulb globe temperature）［S］．Geneva：International Standards Organization.

［10］　ASHRAE Handbook，Fundamentals（SI）［M］，American Society of Heating，Refrigerating and Air-conditioning，Engineers，Inc.，1791 Tullie Circle，N. E.，Atalanta，GA 30329，2001.

［11］　Mcintyre，Indoor Climate［M］．London：Applied Science Publisher，1980.

［12］　夏一哉，气流脉动强度与频率对人体热感觉的影响研究［D］．北京：清华大学，2000.

［13］　McIntyre D A. Indoor climate［M］．London：Applied science publishers Ltd，1980.

［14］　叶海，魏润柏，基于暖体假人的热环境评价指标［J］．人类工效学，11（2），2005.

［15］　Nyberg K L，Diller K R，Wissler E H. Analysis of LCG Thermal Performance and Control［R］．SAE972321.

［16］　吴志强，袁修干，沈力平，出舱活动过程中航天员的热舒适性分析［J］．中国安全科学学报，9（3），1999.

［17］　Sandberg M，Sjoberg M. The Use of Moments for Assessing Air Quality in Ventilated Rooms［J］．Building and Environment，1983，18（4）：181-197.

［18］　Li D，Li X，Yang X，Dou Chunpeng. Total air age in the room ventilated by multiple air-handling units：Part 1. An algorithm［J］．ASHRAE Transactions，2003，109：829-836.

［19］ Li X，Li D，Yang X，Yang J. Total air age：an extension of the air age concept［J］. Building and Environment，NOV 2003，38（11）：1263-1269.

［20］ Sandberg M. Ventilation efficiency as a guide to design［J］. ASHRAE Transactions 1983，89(2B)：455-479.

［21］ Zhao B，Li X，Li D，Yang J. Revised air-exchange efficiency considering occupant distribution in ventilated rooms［J］. Journal of the Air and Waste Management Association，2003，53(6)：759-763.

［22］ Yang J，Li X，Zhao B. Prediction of transient contaminant dispersion and ventilation performance using the concept of accessibility［J］. Energy and Buildings，2004，36(3)：293-299.

［23］ Li X，Zhao B. Accessibility：a new concept to evaluate the ventilation performance in a finite period of time［J］. Indoor Built and Environment，2004；13(4)：287-294.

［24］ Kato S，Murakami S，Kobayas H. New Scales For Evaluating Ventilation Efficiency as Affected by Supply and Exhaust Openings Based on Spatial Distribution of Contaminant［C］. 12th International Symposium on Contamination Control，The Japan Air Cleaning Association，1994：177-186.

［25］ Hayashi T，Ishizu Y，Kato S，Murakami S. CFD analysis on characteristics of contaminated indoor air ventilation and its application in the evaluation of the effects of contaminant inhalation by a human occupant［J］. Building and Environment 37(2002)：219-229.

［26］ Zhao B，Li X，Chen X，Huang D. Determining ventilation strategy to defend indoor environment against contamination by integrated accessibility of contaminant source (IACS)［J］. Building and Environment. 2004；39(9)：1031-1038.

［27］ 中国电子工程设计院，等. GB 50174—2008，电子信息系统机房设计规范［S］. 北京：中国计划出版社，2009.

［28］ ASHRAE TC 9.9，2011 Thermal Guidelines for Data Processing Environments-Expanded Data Center Classes and Usage Guidance［R］.

［29］ Sharma R K，Bash C E，Patel C D. Dimensionless parameters for evaluation of thermal design and performance of large scale data centers［C］// Proceedings of the American Institute of Aeronautics and Astronautics (AIAA)，St. Louis，MO，2002，Paper AIAA- 2002- 3091.

［30］ Herrlin M K. Airflow and Cooling Performance of Data Centers：Two Performance Metrics［J］. ASHRAE Transactions，2008，114（2）：182-187.

［31］ Herrlin M K. Rack cooling effectiveness in data centers and telecom central offices：The rack cooling index (RCI)［J］. Transactions-American Society of Heating Refrigerating and Air conditioning Engineers，2005，111(2)：725.

［32］ 张量，许鹏. 数据中心热工环境评价指标综述［M］. 建筑节能，2014，6：031.

［33］ Herrlin M K. Improved data center energy efficiency and thermal performance by advanced airflow analysis［C］//Digital Power Forum，2007：10-12.

［34］ 许钟麟. 空气洁净技术原理(第三版)［M］. 北京：科学出版社，2003.

［35］ 日本空气清净协会. 性能评价指针(案)［R］. 1987，12.

［36］ 张吉光. 净化空调［M］. 北京：国防工业出版社，2003.

［37］ 孟彬. 体育馆气流组织评价方法［D］. 北京：清华大学，2004.

第十二章 集总参数分析法

集总参数分析法是一种简化的分析问题方法，它将对象空间简化为一个控制区域，在该控制区域内忽略空气的热量、组分及动量的传输阻力，认为在该区域内的人工环境参数，如空气的温度、湿度及污染物浓度等趋于一致，并且在同一瞬间处于同一状态，也即将控制区域的连续参数聚集在一个点上，并以该点的参数代表整个区域。在集总参数分析方法中，被研究的人工环境参数仅是时间的一元函数，而与空间坐标无关。

本章将在集总参数分析方法的基础上，建立对象空间的热、湿及空气组分平衡方程组，研究和分析在典型设计周期下对象空间的自然人工环境参数及典型设计周期下人工环境负荷的变化规律。

第一节 室内空气的热湿与组分平衡方程

本节主要研究室内空气的热、湿与组分平衡关系，其研究对象为室内空气，因此，在建立室内空气的热、湿与组分平衡方程时，设定影响对象空间人工环境参数的各因素，如内扰及外扰等，均为已知条件，由此建立室内空气的热、湿与组分平衡方程，以确定对象空间中的室内空气在已知内、外扰作用条件下的温湿度及组分变化情况。

一、空气的热湿平衡方程

在建立室内空气的热湿平衡方程时，认为室内热源发热量、室内湿源产湿量、各围护结构表面的热流及散湿量、外界的太阳辐射量、新风与渗透空气的得热与得湿量等均为已知值，并且忽略各围护结构之间的互辐射换热影响，因此，对所论的对象空间，其室内空气的热湿平衡关系可分别表示为：

空气的热平衡关系：

围护结构表面向空气的放热量＋新风与渗透得热量＋室内热源放热量

＋太阳辐射得热量－人工环境系统的显热除热量＝单位时间室内空气显热量增值

(12-1)

空气的湿平衡关系：

内扰散湿量＋新风与空气渗透得湿量＋围护结构的散湿量

－人工环境系统的除湿量＝单位时间室内空气含湿量的增量　　(12-2)

在上述热湿平衡关系的基础上，用数学式表示室内空气的热湿平衡方程为：

$$\sum_{k=1}^{N} q_{w,k}(n) + q_a(n) + q_s(n) + q_r(n) - SHE(n) = V(\rho c)_a \frac{t_a(n) - t_a(n-1)}{\Delta \tau} \quad (12\text{-}3)$$

$$W(n) + W_a(n) + \sum_{k=1}^{N} W_{w,k}(n) - DE(n) = V\rho_a \frac{d_a(n) - d_a(n-1)}{\Delta \tau} \quad (12\text{-}4)$$

式中　　　　$q_{w,k}(n)$——第 n 时刻第 k 围护结构表面的热流量，W；

$q_a(n)$——第 n 时刻室内新风与渗透得热量，W；

$q_s(n)$——第 n 时刻室内热源的总放热量，W；

$q_r(n)$——第 n 时刻室内空气的太阳辐射得热量，W；

$W(n)$——第 n 时刻室内湿源散湿量，kg/s；

$W_a(n)$——第 n 时刻新风与渗透空气得湿量，kg/s；

$W_{w,k}(n)$——第 n 时刻第 k 围护结构表面散湿量，kg/s；

$DE(n)$——第 n 时刻人工环境系统的除湿量，kg/s；

N——围护结构表面的个数；

$SHE(n)$——第 n 时刻人工环境系统的显热除热量，W；

V——对象空间的体积，m³；

$(\rho c)_a$——第 n 时刻室外、内空气的热容，J/(m³·℃)；

$t_a(n),t_a(n-1)$——第 n 时刻及第（$n-1$）时刻室内空气的温度，℃；

$d_a(n),d_a(n-1)$——第 n 时刻及第（$n-1$）时刻室内空气的含湿量，kg/kg 干空气。

因此，在影响室内空气热湿状况的各内、外扰条件已知的情况下，通过式（12-3）及式（12-4）推导得到各时刻室内空气的温湿度状况为：

$$t_a(n) = t_a(n-1) + \frac{\Delta\tau}{V(\rho c)_a}\Big[\sum_{k=1}^{N}q_{w,k}(n) + q_a(n) + q_s(n) + q_r(n) - SHE(n)\Big] \quad (12\text{-}5)$$

$$d_a(n) = d_a(n-1) + \frac{\Delta\tau}{V\rho_a}\Big[W(n) + W_a(n) + \sum_{k=1}^{N}W_{w,k}(n) - DE(n)\Big] \quad (12\text{-}6)$$

二、空气的组分平衡方程

空气的组分平衡涉及两个方面，即空气自然组分的平衡及空气中污染物的组分平衡。空气自然组分的平衡，是指在对象空间中构成空气成分的 O_2、CO_2、N_2 等组分的平衡。通常而言，空气自然组分的平衡只在潜艇、飞船、深埋地下的人防工程等生命保障系统及部分动植物的特殊生存环境系统中才得到重视和关注；而在常规的人工环境控制系统中，我们通常较为关注的是对象空间空气中污染物的组分平衡及其组分浓度的时空分布，而空气自然组分的平衡往往不是我们关注的重点。因此，本小节主要介绍空气中污染物的组分平衡关系。

在对象空间中，室内空气污染物的组分浓度主要取决于如下几个因素[1]：

（1）室外空气污染物的浓度　除了潜艇和宇宙飞船之类的特殊物体外，一般对象空间总是包裹于室外空气之中，因此，随着室外空气污染物浓度的时空变化，在空气扩散与渗透等作用下，室内空气的质量必然会发生相应的变化，空气污染物的组分平衡也随之被破坏而又逐渐达到另一个新的平衡。

（2）室内污染源的性质与特点　根据污染物的释放特征，室内污染源可分为阵发性污染源和连续性污染源两类。阵发性污染源一般因人的活动而触发，一旦活动停止，污染物浓度将急剧下降；而连续性污染源会相对平稳地释放污染物，室内污染物浓度与释放速率成正比，随源强和温度的提高，室内污染物浓度将会增大。

（3）对象空间室内外的空气交换　对象空间室内外空气的交换是自然通风与机械通风

的结果，室内外空气交换率一方面决定着室内污染物浓度跟随室外空气污染物浓度的变化速率，另一方面也决定了降低污染物浓度所需要的时间。

（4）污染物的耗损　不论污染物产生于室内或室外，都可能通过某种途径耗损，包括大气的转化（如 O_3 的分解，SO_2 转化为硫酸盐等）、颗粒物沉降及室内表面对气体或蒸气的吸收和吸附等。

在考虑影响空气污染物浓度的各因素后，对于特定的对象空间可以建立任意时刻空气污染物的组分平衡关系为：

$$单位时间室内污染物增量 = 室外渗入污染物量 + 室内污染源释放量$$
$$- 室内渗出污染物量 - 室内降解或净化污染物量$$
$$(12-7)$$

用数学式表示在第 n 时刻对象空间空气污染物的组分平衡方程为：

$$V\frac{C_{a,in}(n) - C_{a,in}(n-1)}{\Delta\tau} = \frac{\chi(1-\eta)V}{3600}C_{a,out}(n) + S(n)$$
$$+ L_{a,sa}C_{a,sa}(n) - L_{a,pa}C_{a,in}(n) - \psi(n) - CE(n) \quad (12-8)$$

式中　$C_{a,in}(n), C_{a,out}(n), C_{a,sa}(n)$——室内、室外及人工环境系统送风污染物的浓度,$kg/m^3$；

χ——渗透换气次数，次/h；

η——因洗涤效应去除的污染物浓度分数；

$S(n)$——第 n 时刻室内污染物的产生速率，kg/s；

$\psi(n)$——第 n 时刻室内空气污染物的衰减速率，kg/s；

$L_{a,sa}, L_{a,pa}$——人工环境系统的送风量及排风量，m^3/s；

$CE(n)$——第 n 时刻人工环境系统的污染物去除量，kg/s。

因此，在已知影响室内空气污染物浓度分布的各因素后，便可由室内空气污染物组分平衡方程（12-8）确定各时刻室内空气的污染物浓度分布为：

$$C_{a,in}(n) = \frac{\Delta\tau}{V + \Delta\tau L_{a,pa}}\left[\frac{V}{\Delta\tau}C_{a,in}(n-1) + \frac{\chi(1-\eta)V}{3600}C_{a,out}(n)\right.$$
$$\left. + S(n) + L_{a,sa} \cdot C_{a,sa}(n) - \psi(n) - CE(n)\right] \quad (12-9)$$

同时利用室内空气的组分平衡方程可以确定在对象空间中的人工环境系统正常运行条件下，为维持室内空气污染物浓度不变，人工环境系统各时刻对于污染物的最小去除量为：

$$CE(n) = \frac{\chi(1-\eta)V}{3600}C_{a,out}(n) + S(n) + L_{a,sa} \cdot C_{a,sa}(n) - L_{a,pa} \cdot C_{a,in}(n) - \psi(n)$$
$$(12-10)$$

在已知室内空气污染物发生源的特性、人工环境系统的送排风量及室外空气污染物浓度分布等条件后，利用式（12-10）可以针对对象空间的人工环境系统进行设计与控制。

第二节　各向同性围护结构条件下的热湿平衡方程组

对象空间人工环境的参数主要包括空气的温度、湿度及组分浓度等，而对象空间的内扰与外扰是影响这些被控参数的最主要、最直接的因素。内扰主要为室内设备、照明、人体的散热与散湿、室内污染物的释放等；而外扰则主要为围护结构的传热与传湿、太阳辐射、人工环境系统的送排风等。为分析对象空间在内扰与外扰综合作用下的室内环境，采用集总参数法建立对象空间的热湿平衡方程组是确定和分析对象空间人工环境系统的冷热负荷及空气的热湿状况的基本方法。

对于具有各向同性围护结构的对象空间，由于其围护结构具有相同的传热特性及内部与外部环境参数（内外边界条件），因此，在具有各向同性特性的围护结构中，围护结构的内表面具有相同的热流状况与温度分布，在考虑围护结构内表面的热平衡状况时可不考虑各围护结构之间的互辐射传热作用，同时进入对象空间的外界太阳辐射得热对各围护结构的热影响可认为均匀一致。

一、热平衡方程

1. 围护结构内表面的热平衡方程

对于具有各向同性围护结构的对象空间，其所有围护结构内表面的参数可用相同的参数来表示。因此，对于具有各向同性围护结构的对象空间，其内表面的热平衡方程可表述为一个方程式，用文字表达为：

$$围护结构的导热量＋与室内空气的对流换热量＋直接辐射得热 = 0 \quad (12\text{-}11)$$

在第 n 时刻，对于具有各向同性围护结构的对象空间而言，单位面积围护结构内表面的热平衡方程用数学式表示为：

$$q_c(n) + \alpha[t_a(n) - t_b(n)] + q_r(n) = 0 \quad (12\text{-}12)$$

式中　$t_a(n)$——第 n 时刻对象空间室内空气的温度，℃；

$t_b(n)$——第 n 时刻围护结构的内表面温度，℃；

α——围护结构内表面的对流换热系数，W/（m² · ℃）；

$q_c(n)$——第 n 时刻围护结构内表面由于两侧温差传热所获得的热量，W/m²；

$q_r(n)$——第 n 时刻围护结构表面直接获得的太阳辐射热量和各种内扰的辐射热量，W/m²。

式（12-12）中围护结构的温差传热得热量，可根据围护结构的热特性不同采用不同的方法进行计算，如对具有热惰性的板壁围护结构，其温差传热量可采用变换法或反应系数法进行计算；而对于热惰性小的薄壁结构的围护结构，可忽略围护结构的蓄热性能，围护结构的温差传热量可按稳定传热进行考虑。

（1）有热惰性的板壁围护结构温差传热量

在对象空间中，由于其内外扰量在不断地发生变化，因此，围护结构的传热过程是一个非稳态传热过程。对于热惰性较大的板壁围护结构，由于其蓄热性能的影响，围护结构内表面的热平衡方程为一个复杂的微分方程，其传热量很难用简单的关系式来表达，计算时可应用传热反应系数与内外表面吸热反应系数进行求解，则单位面积围护结构内表面的温差传热量可表示为：

$$q_c(n) = \sum_{j=0}^{NS} Y(j) t_{a,\text{out}}(n-j) - \sum_{j=0}^{NS} Z(j) t_b(n-j) \quad (12\text{-}13)$$

式中　$t_{a,\text{out}}$——室外空气温度，℃；

$Y(j),Z(j)$——围护结构的传热反应系数和内表面吸热反应系数，$W/(m^2 \cdot ℃)$，计算方法详见文献[2]；

NS——取用的反应系数的项数。

（2）薄壁围护结构的温差传热

对于热惰性小的薄壁围护结构，因其蓄热性能很小，可以忽略不计，因此为简化计算可将其传热过程按稳定传热考虑，即：

$$q_c(n) = \frac{t_{a,out}(n) - t_b(n)}{\dfrac{1}{K} - \dfrac{1}{\alpha}} = \frac{K\alpha}{\alpha - K}t_{a,out}(n) - \frac{K\alpha}{\alpha - K}t_b(n) \tag{12-14}$$

式中　K——薄壁围护结构的传热系数，$W/(m^2 \cdot ℃)$。

（3）围护结构内表面直接承受的辐射得热量

假设太阳辐射（包括散射辐射和直射辐射）及照明、设备和人体的辐射得热均匀地分布在对象空间各围护结构的内表面上，因此，在第 n 时刻围护结构内表面接受的总辐射得热量为：

$$q_r(n) = \frac{SJ(n) + J_Z(n)(1 - \omega_Z) + J_R(n)(1 - \omega_R) + J_S(n)(1 - \omega_S)}{F} \tag{12-15}$$

式中　$SJ(n)$——第 n 时刻射入室内的总太阳辐射得热量，W；

$J_Z(n)$——第 n 时刻来自照明的得热量，W；

$J_R(n)$——第 n 时刻来自人体的显热得热量，W；

$J_S(n)$——第 n 时刻来自设备的显热得热量，W；

ω_Z，ω_R，ω_S——照明、人体显热和设备显热等得热量中对流部分所占的比例，可按表12-1取用；

F——对象空间围护结构的总内表面积，m^2。

房间显热得热中对流与辐射比例分配[2]　　　　表 12-1

序号	得热种类	辐射百分比	对流百分比
1	太阳辐射（无遮阳）	95	5
2	太阳辐射（有遮阳）	58	42
3	日光灯	50	50
4	白炽灯	80	20
5	人体	40	60
6	设备	20～80	80～20
7	空气渗透	0	100
8	围护结构传热	60	40

因此，由式(12-12)～(12-15)可以得到对象空间围护结构内表面的热平衡方程为：

对于具有热惰性的板壁围护结构：

$$-[\alpha + Z(0)]t_b(n) + \alpha t_a(n) = -\sum_{j=0}^{NS} Y(j)t_{a,out}(n-j) - \sum_{j=1}^{NS} Z(j)t_b(n-j) - q_r(n) \tag{12-16}$$

对于薄壁围护结构：

$$-\left(\frac{K\alpha}{\alpha - K} + \alpha\right)t_b(n) + \alpha t_a(n) = -\frac{K\alpha}{\alpha - K}t_{a,out}(n) - q_r(n) \tag{12-17}$$

2. 空气的热平衡方程

对于具有各向同性围护结构的对象空间，其室内空气的热平衡主要受室内家具（设施）、设备与围护结构等的吸放热以及空气渗透换热等因素的综合影响。因此，对于对象空间室内空气的热平衡关系可表达为：

围护结构内表面向空气的放热量＋渗透得热量＋各种对流得热量

－人工环境系统的显热除热量＝单位时间室内空气显热量增值 　　　　(12-18)

根据上述空气的热平衡关系，对具有各向同性围护结构的对象空间，其室内空气的热平衡方程为：

$$F\alpha[t_b(n) - t_a(n)] + [q_{1,con}(n) - q_{2,con}(n)] + L_a(n)(\rho c)_{a,out}[t_{a,out}(n) - t_a(n)]$$

$$- SHE(n) = V(\rho c)_{a,in}\frac{t_a(n) - t_a(n-1)}{\Delta\tau} \tag{12-19}$$

即：

$$F\alpha t_b(n) - \left[F\alpha + L_a(n)(\rho c)_{a,out} + \frac{V(\rho c)_{a,in}}{\Delta\tau}\right]t_a(n)$$

$$= SHE(n) - q_{1,con}(n) + q_{2,con}(n) - L_a(n)(\rho c)_{a,out}t_{a,out}(n) - \frac{V(\rho c)_{a,in}}{\Delta\tau}t_a(n-1)$$

$$\tag{12-20}$$

式中　　　$q_{1,con}(n)$——第 n 时刻来自照明、人体显热和设备显热等的对流得热，W，

$\qquad\qquad q_{1,con}(n) = J_Z(n)\omega_Z + J_R(n)\omega_R + J_S(n)\omega_S$；

$\qquad q_{2,con}(n)$——第 n 时刻由于吸收室内热量致使水分蒸发所消耗的显热量，W；

$\qquad L_a(n)$——第 n 时刻的空气渗透量，m^3/s；

$(\rho c)_{a,out}$，$(\rho c)_{a,in}$——第 n 时刻室外、内空气的热容，J/（$m^3\cdot\text{℃}$）。

3. 对象空间的热平衡方程组

在上述对象空间围护结构内表面热平衡方程及对象空间内空气的热平衡方程的基础上，我们可以列出在具有各向同性围护结构的对象空间中的热平衡方程组，即：

对于有热惰性的板壁围护结构对象空间：

$$\begin{cases} -[\alpha + Z(0)]t_b(n) + \alpha t_a(n) = -\sum_{j=0}^{NS}Y(j)t_{a,out}(n-j) - \sum_{j=1}^{NS}Z(j)t_b(n-j) - q_r(n) \\[2mm] F\alpha t_b(n) - \left[F\alpha + L_a(n)(\rho c)_{a,out} + \frac{V(\rho c)_{a,in}}{\Delta\tau}\right]t_a(n) \\[2mm] = SHE(n) - q_{1,con}(n) + q_{2,con}(n) - L_a(n)(\rho c)_{a,out}t_{a,out}(n) - \frac{V(\rho c)_{a,in}}{\Delta\tau}t_a(n-1) \end{cases}$$

$$\tag{12-21}$$

对于薄壁围护结构对象空间：

$$\begin{cases} -\left(\frac{K\alpha}{\alpha - K} + \alpha\right)t_b(n) + \alpha t_a(n) = -\frac{K\alpha}{\alpha - K}t_{a,out}(n) - q_r(n) \\[2mm] F\alpha t_b(n) - \left[F\alpha + L_a(n)(\rho c)_{a,out} + \frac{V(\rho c)_{a,in}}{\Delta\tau}\right]t_a(n) \\[2mm] = SHE(n) - q_{1,con}(n) + q_{2,con}(n) - L_a(n)(\rho c)_{a,out}t_{a,out}(n) - \frac{V(\rho c)_{a,in}}{\Delta\tau}t_a(n-1) \end{cases}$$

$$\tag{12-22}$$

将对象空间的热平衡方程组表示为矩阵的形式为：

$$\boldsymbol{A} \cdot \boldsymbol{T}(n) = \boldsymbol{B} \tag{12-23}$$

式中　$\boldsymbol{T}(n)$——第 n 时刻围护结构表面及室内空气温度向量，$\boldsymbol{T}(n) = [t_b(n), t_a(n)]^T$；

　　　　$\boldsymbol{A}$，$\boldsymbol{B}$——分别为系数矩阵和常数矩阵，对于不同围护结构的对象空间，系数矩阵与常数矩阵的表达式分别为：

对于具有热惰性的板壁围护结构：

$$\boldsymbol{A} = \begin{bmatrix} -[\alpha + Z(0)] & \alpha \\ F\alpha & -\left[F\alpha + L_a(n)(\rho c)_{a,out} + \dfrac{V(\rho c)_{a,in}}{\Delta\tau}\right] \end{bmatrix}$$

$$\boldsymbol{B} = \begin{bmatrix} -\displaystyle\sum_{j=0}^{NS} Y(j) t_{a,out}(n-j) - \sum_{j=1}^{NS} Z(j) t_b(n-j) - q_r(n) \\ SHE(n) - q_{1,con}(n) + q_{2,con}(n) - L_a(n)(\rho c)_{a,out} t_{a,out}(n) - \dfrac{V(\rho c)_{a,in}}{\Delta\tau} t_a(n-1) \end{bmatrix}$$

对于薄壁围护结构：

$$\boldsymbol{A} = \begin{bmatrix} -\left(\dfrac{K\alpha}{\alpha - K} + \alpha\right) & \alpha \\ F\alpha & -\left[F\alpha + L_a(n)(\rho c)_{a,out} + \dfrac{V(\rho c)_{a,in}}{\Delta\tau}\right] \end{bmatrix}$$

$$\boldsymbol{B} = \begin{bmatrix} -\dfrac{K\alpha}{\alpha - K} t_{a,out}(n) - q_r(n) \\ SHE(n) - q_{1,con}(n) + q_{2,con}(n) - L_a(n)(\rho c)_{a,out} t_{a,out}(n) - \dfrac{V(\rho c)_{a,in}}{\Delta\tau} t_a(n-1) \end{bmatrix}$$

二、空气的湿平衡方程

对象空间空气的湿平衡主要受室内内扰（室内人员、设备、开放的水面或湿表面等）的散湿、围护结构的吸湿与放湿、渗透空气的得湿及人工环境系统的除湿等影响，在第 n 时刻对象空间室内空气的湿平衡关系为：

$$\begin{aligned} &内扰散湿量 + 空气渗透得湿量 + 围护结构的吸放湿量 \\ &- 人工环境系统的除湿量 = 单位时间室内空气含湿量的增量 \end{aligned} \tag{12-24}$$

对于具有各向同性围护结构的对象空间，在第 n 时刻室内空气的湿平衡方程用数学式表示为：

$$W(n) + L_a(n)\rho_{a,out}[d_{a,out}(n) - d_a(n)] + W_w(n)F - DE(n) = V\rho_{a,in}\frac{d_a(n) - d_a(n-1)}{\Delta\tau} \tag{12-25}$$

式中　$W(n)$——第 n 时刻室内内扰散湿量，kg/s，对于室内人员的散湿量可按表 8-1 计算；对于室内开放水面或湿表面的散湿量按式（8-3）计算；

　　　　$W_w(n)$——围护结构在第 n 时刻向室内空气的吸湿或放湿量，kg/（m² · s），当围护结构对室内空气放湿时取正号，当围护结构从室内空气中吸湿时取负号；围护结构对室内空气的吸湿与放湿量可按式（7-37）和式（7-38）

进行计算，即：

$$W_w(n) = k_v[P_{out}(n) - P_{in}(n)] \tag{12-26}$$

$d_{a,out}(n)$——第 n 时刻室外空气的含湿量，kg/kg 干空气。

利用对象空间室内空气的湿平衡方程（12-25），我们可以确定在各向同性围护结构条件下对象空间人工环境系统的除湿量 $DE(n)$ 与室内空气含湿量 $d_a(n)$ 之间的关系。在保持对象空间内空气的温湿度标准不变的情况下，第 n 时刻对象空间内人工环境系统的除湿负荷 $ML(n)$（kg/s）为：

$$ML(n) = DE(n) = W(n) + L_a(n)\rho_{a,out}[d_{a,out}(n) - d_a(n)] + W_w(n)F \tag{12-27}$$

因此，在以上各向同性围护结构条件下对象空间的热平衡方程组及空气湿平衡方程的基础上，可以计算在具有确定围护结构及内外扰作用下对象空间人工环境系统的除热、除湿负荷，以及在自然状态下对象空间内的自然参数分布情况，利用以上热湿平衡方程组可为具有各向同性围护结构对象空间的自然参数分析与负荷分析提供依据。

采用与湿平衡方程类似的方法可以对污染物的情况进行计算，这里不再赘述。

第三节　各向异性围护结构条件下的热湿平衡方程组

在构成对象空间的各围护结构中，通常由于对象空间所处的内外环境及围护结构传热特性的不同，对象空间的各围护结构表现为各向异性的特征，在构成对象空间的各围护结构中均具有不同的热湿特性与蓄热性能，即在不同的围护结构中具有不同的表面温度、热流密度及湿传递通量等。因此，在对具有各向异性特征的围护结构进行热湿分析时需分别予以考虑。

通常，在人工环境系统中，我们所研究的对象空间处于复杂的环境中，其围护结构一般为各向异性，在构成对象空间的各围护结构中均表现出不同的热特性与参数分布。而各向同性围护结构则是根据围护结构自身的特点及其所处环境参数的特性对各向异性围护结构的一个极大简化，是各向异性条件下的一种特殊情况，因此，研究具有各向异性围护结构条件下对象空间中的热湿平衡关系更具有普遍性和通用性，它是对象空间人工环境自然参数分析与负荷分析的基础。

一、热平衡方程

对象空间的热平衡包括围护结构的热平衡与区域内空气的热平衡，它是计算对象空间的自然室温、人工环境系统除热和除湿负荷的最基本方程，是进行对象空间全年空调负荷分析、间歇运行人工环境系统热环境分析及围护结构与人工环境系统设计与运行的基础，同时也是对象空间人工环境参数控制的依据。

1. 围护结构内表面的热平衡方程

对于对象空间围护结构的第 i 个内表面，作用在该内表面上的热量共有四个，即经过第 i 个表面的传导热量 $q_{c,i}$、第 i 个表面对空气的对流放热量 $q_{con,i}$、各内表面间的辐射换热量及 i 表面的直接承受辐射得热 $q_{r,i}$。对于对象空间围护结构的各个内表面，其热平衡关系的表示通式为：

导热量＋与室内空气的对流换热量＋各表面间互辐射热量＋直接承受的辐射热量＝0

$$(12-28)$$

对于对象空间围护结构第 n 时刻第 i 个内表面而言，由式（12-28）可得围护结构内表面的热平衡方程为：

$$q_{c,i}(n) + \alpha_i[t_a(n) - t_{b,i}(n)] + \sum_{k=1}^{N_i} \sigma_b \varepsilon_{ik} \varphi_{ik} \left[\left(\frac{T_{b,k}(n)}{100} \right)^4 - \left(\frac{T_{b,i}(n)}{100} \right)^4 \right] + q_{r,i}(n) = 0$$

$$(12-29)$$

式中　$T_{b,i}(n), T_{b,k}(n)$——第 n 时刻围护结构的第 i 和第 k 个内表面温度，K；

α_i——围护结构第 i 内表面的对流换热系数，W/(m² · ℃)；

σ_b——黑体辐射常数，等于 5.67W/(m² · ℃)；

ε_{ik}——围护结构内表面 i 与第 k 个内表面间的系统黑度，约等于 i 和 k 表面自身黑度的乘积，即 $\varepsilon_{ik} \approx \varepsilon_i \cdot \varepsilon_k$；

φ_{ik}——围护结构内表面 i 对内表面 k 的辐射角系数；

N_i——对象空间不同围护结构内表面总数；

$q_{c,i}(n)$——第 n 时刻围护结构第 i 内表面由于两侧温差传热所获得的热量，W/m²；

$q_{r,i}(n)$——第 n 时刻围护结构第 i 内表面直接获得的太阳辐射热量和各种内扰的辐射热量，W/m²。

由于对象空间的围护结构具有蓄热能力，同时影响围护结构的内、外扰量又在不断地发生变化，因此，具有各向异性围护结构的内表面的热平衡方程是一组复杂的微分方程组。对于各围护结构的温差传热量，可采用变换法或应用传热及内外表面吸热反应系数法进行计算，在本节中其传热量采用传热与内外表面吸热反应系数法计算，分别如下。

（1）有热惰性的板壁围护结构温差传热量（$i=1, 2, \cdots, m$）

$$q_{c,i}(n) = \sum_{j=0}^{N_s} Y_i(j) t_{a,out}(n-j) - \sum_{j=0}^{N_s} Z_i(j) t_{b,j}(n-j) \qquad (12-30)$$

式中　$Y_i(j), Z_i(j)$——第 i 围护结构的传热反应系数和内表面吸热反应系数，W/(m² · ℃)，计算方法详见文献 [2]。

（2）薄壁围护结构的温差传热量（$i=m+1, m+2, \cdots\cdots, N_i$）

对于热惰性很小的薄壁围护结构（如门、窗、玻璃等），可以忽略其蓄热性能对传热的影响，因此在计算该类围护结构的传热量时可按稳定传热过程进行考虑，同式（12-14），即：

$$q_{c,i}(n) = \frac{t_{a,out}(n) - t_{b,i}(n)}{\dfrac{1}{K_i} - \dfrac{1}{\alpha_i}} = \frac{K_i \alpha_i}{\alpha_i - K_i} t_{a,out}(n) - \frac{K_i \alpha_i}{\alpha_i - K_i} t_{b,i}(n) \qquad (12-31)$$

（3）各围护结构内表面间的互辐射得热量

围护结构各内表面之间的互辐射得热量可按线性化进行近似计算，即：

$$\sum_{i=1}^{N_i} \sigma_b \varepsilon_{ik} \varphi_{ik} \left[\left(\frac{T_{b,k}(n)}{100} \right)^4 - \left(\frac{T_{b,i}(n)}{100} \right)^4 \right] = \sum_{k=1}^{N} \alpha_{ik}^r [t_{b,k}(n) - t_{b,i}(n)] \qquad (12-32)$$

式中 α_{ik}^r——围护结构第 i 和 k 内表面之间的辐射换热系数，$W/(m^2 \cdot \text{℃})$，其值为：

$$\alpha_{ik}^r = \sigma_b \varepsilon_{ik} \varphi_{ik} \frac{\left(\dfrac{T_{b,k}(n)}{100}\right)^4 - \left(\dfrac{T_{b,i}(n)}{100}\right)^4}{t_{b,k}(n) - t_{b,i}(n)} \approx 4 \times 10^{-8} \sigma_b \varepsilon_{ik} \varphi_{ik} \left[\frac{T_{b,k}(n) + T_{b,i}(n)}{2}\right]^3$$

(12-33)

（4）直接承受的辐射得热量

假设太阳散射辐射及照明、设备和人体的辐射得热均匀分布在对象空间各围护结构的内表面上，同时认为各围护结构内表面的太阳直射辐射也是均匀地分布在该围护结构的内表面上。因此，在第 n 时刻围护结构第 i 内表面所得到的辐射得热量为：

$$q_{r,i}(n) = \frac{SJ_d(n) + J_Z(n)(1-\omega_Z) + J_R(n)(1-\omega_R) + J_S(n)(1-\omega_S)}{\displaystyle\sum_{k=1}^{N} F_k} + \frac{SJ_{i,D}(n)}{F_i}$$

(12-34)

式中 $SJ_d(n)$——第 n 时刻射入室内的总太阳散射辐射得热量，W；

    $SJ_{i,D}(n)$——第 n 时刻投射到第 i 内表面上的太阳直射辐射得热量，W；

    F_k, F_i——对象空间第 k 和第 i 围护结构的内表面积，m^2。

其他各参数同前。

因此，由式(12-29)～式(12-34)可以得到在各向异性条件下对象空间围护结构第 i 个内表面的热平衡方程为：

对于具有热惰性的板壁围护结构 $(i=1, 2, \cdots\cdots, m)$：

$$-[\alpha_i + Z_i(0)]t_{b,i}(n) + \sum_{\substack{k=1 \\ k \neq i}}^{N} \alpha_{ik}^r t_{b,k}(n) + \alpha_i t_a(n) = -\sum_{j=0}^{NS} Y_i(j)t_{a,\text{out}}(n-j)$$

$$+ \sum_{j=1}^{NS} Z_i(j)t_{b,i}(n-j) - q_{r,i}(n)$$

(12-35)

对于薄壁围护结构 $(i=m+1, m+2, \cdots\cdots, N)$：

$$-\left[\alpha_i + \frac{K_i \alpha_i}{\alpha_i - K_i}\right] \cdot t_{b,i}(n) + \sum_{\substack{k=1 \\ k \neq i}}^{N} \alpha_{ik}^r t_{b,k}(n) + \alpha_i t_a(n) = -\frac{K_i \alpha_i}{\alpha_i - K_i} t_{a,\text{out}}(n) - q_{r,i}(n)$$

(12-36)

2. 空气的热平衡方程

由于在研究的对象空间内，室内的整体热特性受家具、设备及空气渗透等因素的影响。因此，对象空间的空气热平衡包括室内家具、设备及围护结构的吸放热过程，可表示为：

各内表面向空气的放热量＋新风与渗透得热量＋各种对流得热量

－人工环境系统的显热除热量＝单位时间室内空气显热量增值   (12-37)

根据上述热平衡关系，对象空间空气的热平衡方程为：

$$\sum_{k=1}^{N} F_k \alpha_k [t_{b,k}(n) - t_a(n)] + [q_{1,con}(n) - q_{2,con}(n)] + L_a(n)(\rho c)_{a,out}[t_{a,out}(n) - t_a(n)]$$

$$- SHE(n) = V(\rho c)_{a,in} \frac{t_a(n) - t_a(n-1)}{\Delta \tau} \tag{12-38}$$

式中 α_k——第 k 围护结构内表面的对流换热系数，W/(m²·℃)。

因此，由式（12-35）、（12-36）及式（12-38）构成了各向异性围护结构条件下对象空间的热平衡方程组，通过对热平衡方程组的求解，便可得出对象空间的冷热负荷和室内温度状况。而对于采用人工环境系统的控制区域，在室内空气温度连续维持恒定的条件下，便可由热平衡方程组确定人工环境系统的逐时显热除热（或供热）负荷为：

$$CL_x(n) = SHE(n) = \sum_{k=1}^{N} F_k \alpha_k [t_{b,k}(n) - t_a(n)] + [q_{1,con}(n) - q_{2,con}(n)]$$

$$+ L_a(n)(\rho c)_{a,out}[t_{a,out}(n) - t_a(n)] \tag{12-39}$$

而当对象空间人工环境系统各时刻的供冷或供热量 $SHE(n)$ 一定时，则可计算出室内空气的温度及围护结构内表面的温度变化，因此，对象空间的热平衡方程可用于人工环境系统间歇及连续运行时室内热环境状况的计算及室内热环境的热稳定性评价。

二、空气的湿平衡方程

在各向异性围护结构条件下，对象空间室内空气的湿平衡关系与各向同性围护结构条件下基本相同，空气的湿平衡主要受室内内扰（室内人员、设备、开放水面或湿表面等）的散湿、围护结构的吸湿与放湿、新风与渗透空气的得湿及人工环境系统的除湿等影响，在第 n 时刻各向异性围护结构条件下对象空间室内空气的湿平衡方程为：

$$W(n) + L_a(n)\rho_{a,out}[d_{a,out}(n) - d_a(n)] + \sum_{k=1}^{N} W_{w,k}(n)F_k - DE(n)$$

$$= V\rho_{a,in} \frac{d_a(n) - d_a(n-1)}{\Delta \tau} \tag{12-40}$$

式中 $W_{w,k}(n)$——第 k 面围护结构在第 n 时刻向室内空气的吸湿或放湿量，kg/(m²·s)，当围护结构对室内空气放湿时取正号，当围护结构从室内空气中吸湿时取负号；围护结构对室内空气的吸湿与放湿量可按式（7-37）和式（7-38）进行计算，即：

$$W_{w,k}(n) = k_{v,k}[P_{out,k}(n) - P_{in,k}(n)] \tag{12-41}$$

在保持被控室内空气的温湿度标准不变的情况下，利用对象空间的湿平衡方程式（12-40）可确定第 n 时刻该区域内人工环境系统的除湿负荷 $ME(n)$（kg/s）为：

$$ME(n) = DE(n) = W(n) + L_a(n)\rho_{a,out}[d_{a,out}(n) - d_a(n)] + \sum_{k=1}^{N} W_{w,k}(n)F_k$$

$$\tag{12-42}$$

第四节 典型设计周期下的自然参数

对于包裹于室外大气中的某一对象空间，室外空气通过围护结构等与室内进行热湿交换，从而影响对象空间人工环境系统的冷热负荷及湿负荷。然而，室外空气状态是处在逐时、逐刻的变化之中，因此，对于采用空调的对象空间，采用怎样的室外空气参数作为空调负荷计算的依据是人工环境系统经济、有效运行的关键，这在很大程度上决定了人工环境系统设备容量及设备投资的大小。

在本节中，根据对象空间的功能及空调负荷分布的特点以及第六章提出的典型设计周期的概念，利用上节介绍的对象空间的热湿平衡方程组针对对象空间在典型设计周期下的自然参数进行计算与分析。

一、典型设计周期下的自然参数

在上述定义的典型设计周期下，根据典型设计周期内室外逐时空气参数、逐时太阳辐射强度、对象空间的逐时室内外空气交换量及室内逐时得热量，我们可利用前述对象空间的热湿平衡方程组及空气的组分平衡方程来计算在典型设计周期下对象空间在未采用空调方式时的室内自然参数的分布，如对象空间内空气的温度、湿度、污染物浓度及围护结构各内表面温度的变化规律。

例如对某一对象空间，设其典型设计周期为 PD 小时，在典型设计周期下室外空气逐时温度 $t_{a,out}(n)$ $(n=1,2\cdots PD)$、空气的逐时含湿量 $d_{a,out}(n)$、逐时空气交换量 $L_a(n)$、各内表面的逐时辐射得热量 $q_{r,i}(i=1,2\cdots N)$ 已知的条件下，则应用围护结构内表面的热平衡方程（12-35）、（12-36）及空气的热平衡方程（12-38）可以计算在典型设计周期下对象空间在未采用空调方式时围护结构的各内表面温度及自然室温的变化规律。

将对象空间围护结构内表面热平衡方程组与空气热平衡方程组联立便可得到对象空间在典型设计周期下的热平衡方程组：

$$\begin{cases} -[\alpha_i+Z_i(0)]t_{b,i}(n)+\sum_{\substack{k=1\\k\neq i}}^{N}\alpha_{ik}^r t_{b,k}(n)+\alpha_i t_a(n) \\ =-\sum_{j=0}^{NS}Y_i(j)t_{a,out}(n-j)+\sum_{j=1}^{NS}Z_i(j)t_{b,i}(n-j)-q_{r,i}(n)(i=1,2,\cdots,m) \\ -\left[\alpha_i+\dfrac{K_i\alpha_i}{\alpha_i-K_i}\right]t_{b,i}(n)+\sum_{\substack{k=1\\k\neq i}}^{N}\alpha_{ik}^r t_{b,k}(n)+\alpha_i t_a(n)=-\dfrac{K_i\alpha_i}{\alpha_i-K_i}t_{a,out}(n)-q_{r,i}(n) \\ (i=m+1,m+2,\cdots,N) \\ t_a(n)=\dfrac{\sum_{k=1}^{N}F_k\alpha_k t_{b,k}(n)+\xi_2-SHE(n)}{\xi_1} \\ (n=1,2,3\cdots PD) \end{cases}$$

$$(12\text{-}43)$$

整理式（12-43）为：

$$\begin{cases} -\left[\alpha_i + Z_i(0) - \dfrac{F_i\,(\alpha_i)^2}{\xi_1}\right]t_{\mathrm{b},i}(n) + \sum_{\substack{k=1\\k\neq i}}^{N}\left(\alpha_{ik}^r + \dfrac{F_k\alpha_k\alpha_i}{\xi_1}\right)t_{\mathrm{b},k}(n) \\[2mm] = -\sum_{j=0}^{NS} Y_i(j)t_{\mathrm{a,out}}(n-j) + \sum_{j=1}^{NS} Z_i(j)t_{\mathrm{b},i}(n-j) - q_{\mathrm{r},i}(n) - \dfrac{\xi_2 - SHE(n)}{\xi_1} \\[2mm] (i = 1,2\cdots m) \\[2mm] -\left[\alpha_i + \dfrac{K_i\alpha_i}{\alpha_i - K_i} - \dfrac{F_i\,(\alpha_i)^2}{\xi_1}\right]t_{\mathrm{b},i}(n) + \sum_{\substack{k=1\\k\neq i}}^{N}\left(\alpha_{ik}^r + \dfrac{F_k\alpha_k\alpha_i}{\xi_1}\right)t_{\mathrm{b},k}(n) \\[2mm] = -\dfrac{K_i\alpha_i}{\alpha_i - K_i}t_{\mathrm{a,out}}(n) - q_{\mathrm{r},i}(n) - \dfrac{\xi_2 - SHE(n)}{\xi_1} \\[2mm] (i = m+1,m+2,\cdots,N,n=1,2,3,\cdots,PD) \end{cases}$$

$$(12\text{-}44)$$

其中

$$\xi_1 = L_{\mathrm{a}}(n)(\rho c)_{\mathrm{a,out}} + \frac{V(\rho c)_{\mathrm{a,in}}}{\Delta\tau} + \sum_{k=1}^{N} F_k\alpha_k \qquad (12\text{-}45\mathrm{a})$$

$$\xi_2 = q_{1,\mathrm{con}}(n) - q_{2,\mathrm{con}}(n) + \frac{V(\rho c)_{\mathrm{a,in}}}{\Delta\tau}t_{\mathrm{a}}(n-1) + L_{\mathrm{a}}(n)(\rho c)_{\mathrm{a,out}}t_{\mathrm{a,out}}(n) \quad (12\text{-}45\mathrm{b})$$

上述方程组用矩阵的形式表示为：

$$\boldsymbol{A}\boldsymbol{T}(n) = \boldsymbol{B} \qquad (12\text{-}46)$$

式中　$\boldsymbol{T}(n)$——第 n 时刻对象空间围护结构内表面温度向量，$\boldsymbol{T}(n) = [t_{\mathrm{b},1}(n), t_{\mathrm{b},2}(n),$ $t_{\mathrm{b},3}(n)\cdots t_{\mathrm{b},N}(n)]^T$；

$\boldsymbol{A}$——系数矩阵，取决于对象空间围护结构的热传递特性；

$\boldsymbol{B}$——常数矩阵，除与对象空间围护结构热特性有关外，还取决于第 n 时刻该区域的辐射得热量、周围环境温度及第 n 时刻以前围护结构的内表面温度。

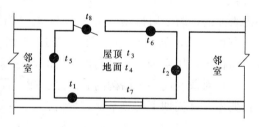

图 12-1　典型被控区域

对于图 12-1 所示具有典型围护结构的对象空间，内围护结构 2 和 5 互为不同空调区域的内外表面，上下楼板表面 3 和 4 也互为内外表面，围护结构 7 为外窗，8 为外门。则对应式（12-46）的系数矩阵及常数矩阵可表示为：

$$A = \begin{bmatrix} -\alpha_1 - Z_1(0) + \psi_{1,1} & \alpha_{1,2}^r + \psi_{1,2} & \alpha_{1,3}^r + \psi_{1,3} & \alpha_{1,4}^r + \psi_{1,4} & \alpha_{1,5}^r + \psi_{1,5} & \alpha_{1,6}^r + \psi_{1,6} & \alpha_{1,7}^r + \psi_{1,7} & \alpha_{1,8}^r + \psi_{1,8} \\ \alpha_{2,1}^r + \psi_{2,1} & -\alpha_2 - Z_2(0) + \psi_{2,2} & \alpha_{2,3}^r + \psi_{2,3} & \alpha_{2,4}^r + \psi_{2,4} & \alpha_{2,5}^r + \psi_{2,5} + Y_2(0) & \alpha_{2,6}^r + \psi_{2,6} & \alpha_{2,7}^r + \psi_{2,7} & \alpha_{2,8}^r + \psi_{2,8} \\ \alpha_{3,1}^r + \psi_{3,1} & \alpha_{3,2}^r + \psi_{3,2} & -\alpha_3 - Z_3(0) + \psi_{3,3} & \alpha_{3,4}^r + \psi_{3,4} + Y_4(0) & \alpha_{3,5}^r + \psi_{3,5} & \alpha_{3,6}^r + \psi_{3,6} & \alpha_{3,7}^r + \psi_{3,7} & \alpha_{3,8}^r + \psi_{3,8} \\ \alpha_{4,1}^r + \psi_{4,1} & \alpha_{4,2}^r + \psi_{4,2} & \alpha_{4,3}^r + \psi_{4,3} + Y_4(0) & -\alpha_4 - Z_4(0) + \psi_{4,4} & \alpha_{4,5}^r + \psi_{4,5} & \alpha_{4,6}^r + \psi_{4,6} & \alpha_{4,7}^r + \psi_{4,7} & \alpha_{4,8}^r + \psi_{4,8} \\ \alpha_{5,1}^r + \psi_{5,1} & \alpha_{5,2}^r + \psi_{5,2} + Y_5(0) & \alpha_{5,3}^r + \psi_{5,3} & \alpha_{5,4}^r + \psi_{5,4} & -\alpha_5 - Z_5(0) + \psi_{5,5} & \alpha_{5,6}^r + \psi_{5,6} & \alpha_{5,7}^r + \psi_{5,7} & \alpha_{5,8}^r + \psi_{5,8} \\ \alpha_{6,1}^r + \psi_{6,1} & \alpha_{6,2}^r + \psi_{6,2} & \alpha_{6,3}^r + \psi_{6,3} & \alpha_{6,4}^r + \psi_{6,4} & \alpha_{6,5}^r + \psi_{6,5} & -\alpha_6 - Z_6(0) + \psi_{6,6} & \alpha_{6,7}^r + \psi_{6,7} & \alpha_{6,8}^r + \psi_{6,8} \\ \alpha_{7,1}^r + \psi_{7,1} & \alpha_{7,2}^r + \psi_{7,2} & \alpha_{7,3}^r + \psi_{7,3} & \alpha_{7,4}^r + \psi_{7,4} & \alpha_{7,5}^r + \psi_{7,5} & \alpha_{7,6}^r + \psi_{7,6} & -\alpha_7 - \dfrac{K_7\alpha_7}{\alpha_7 - K_7} + \psi_{7,7} & \alpha_{7,8}^r + \psi_{7,8} \\ \alpha_{8,1}^r + \psi_{8,1} & \alpha_{8,2}^r + \psi_{8,2} & \alpha_{8,3}^r + \psi_{8,3} & \alpha_{8,4}^r + \psi_{8,4} & \alpha_{8,5}^r + \psi_{8,5} & \alpha_{8,6}^r + \psi_{8,6} & \alpha_{8,7}^r + \psi_{8,7} & -\alpha_8 - \dfrac{K_8\alpha_8}{\alpha_8 - K_8} + \psi_{8,8} \end{bmatrix}$$

$$(12\text{-}47)$$

其中

$$\psi_{i,j} = \frac{F_j \cdot \alpha_i \cdot \alpha_j}{\xi_1} \tag{12-48}$$

$$
\boldsymbol{B} = \begin{bmatrix}
-\sum_{j=0}^{NS} Y_1(j)t_{a,out}(n-j) + \sum_{j=1}^{NS} Z_1(j)t_1(n-j) - q_{r,1}(n) - \dfrac{\xi_2 - SHE(n)}{\xi_1} \\[2mm]
-\sum_{j=1}^{NS} Y_2(j)t_5(n-j) + \sum_{j=1}^{NS} Z_2(j)t_2(n-j) - q_{r,2}(n) - \dfrac{\xi_2 - SHE(n)}{\xi_1} \\[2mm]
-\sum_{j=1}^{NS} Y_3(j)t_4(n-j) + \sum_{j=1}^{NS} Z_3(j)t_3(n-j) - q_{r,3}(n) - \dfrac{\xi_2 - SHE(n)}{\xi_1} \\[2mm]
-\sum_{j=1}^{NS} Y_4(j)t_3(n-j) + \sum_{j=1}^{NS} Z_4(j)t_4(n-j) - q_{r,4}(n) - \dfrac{\xi_2 - SHE(n)}{\xi_1} \\[2mm]
-\sum_{j=1}^{NS} Y_5(j)t_2(n-j) + \sum_{j=1}^{NS} Z_5(j)t_5(n-j) - q_{r,5}(n) - \dfrac{\xi_2 - SHE(n)}{\xi_1} \\[2mm]
-\sum_{j=0}^{NS} Y_6(j)t_z(n-j) + \sum_{j=1}^{NS} Z_6(j)t_6(n-j) - q_{r,6}(n) - \dfrac{\xi_2 - SHE(n)}{\xi_1} \\[2mm]
-\dfrac{K_7\alpha_7}{\alpha_7 - K_7}t_{a,out}(n) - q_{r,7}(n) - \dfrac{\xi_2 - SHE(n)}{\xi_1} \\[2mm]
-\dfrac{K_8\alpha_8}{\alpha_8 - K_8}t_{a,out}(n) - q_{r,8}(n) - \dfrac{\xi_2 - SHE(n)}{\xi_1}
\end{bmatrix}
\tag{12-49}
$$

因此，在设定人工环境系统的显热除热负荷 $SHE(n) = 0$ 时便可通过求解矩阵方程（12-46）得到对象空间第 n 时刻围护结构各内表面的自然温度为：

$$\boldsymbol{T}(n) = \boldsymbol{A}^{-1}\boldsymbol{B} \tag{12-50}$$

在利用式（12-50）求得围护结构各内表面的自然温度后，可通过下式求得对象空间在典型设计周期下自然室温的变化规律为：

$$t_a(n) = \frac{\sum\limits_{k=1}^{N} F_k\alpha_k t_{b,k}(n) + q_{1,con}(n) - q_{2,con}(n) + \dfrac{V(\rho c)_{a,in}}{\Delta\tau}t_a(n-1) + L_a(n)(\rho c)_{a,out}t_{out}(n)}{L_a(n)(\rho c)_{a,out} + \dfrac{V(\rho c)_{a,in}}{\Delta\tau} + \sum\limits_{k=1}^{N} F_k\alpha_k} \tag{12-51}$$

在忽略对象空间围护结构的湿传递影响情况下，当已知对象空间在典型设计周期下的逐时室内散湿量 $W(n)$、室外空气的逐时含湿量 $d_{a,out}(n)$ 及进入室内的逐时渗透空气量 $L_a(n)$ 时，可通过空气的湿平衡方程（12-40）计算在自然状况下对象空间中空气的含湿量分布，即得到在典型设计周期下室内空气湿度的自然变化规律：

$$d_a(n) = \frac{W(n)\Delta\tau + L_a(n)\rho_{a,out}d_{a,out}(n)\Delta\tau + V\rho_{a,in}d_a(n-1)}{L_a(n)\rho_{a,out}\Delta\tau + V\rho_{a,in}} \tag{12-52}$$

二、典型设计周期下自然参数分析实例

为将对象空间在典型设计周期下的热湿平衡方程组得到具体的应用，现以某一具有各向同性围护结构的对象空间在典型设计周期下的自然参数分析为例进行说明。

【**例 12-1**】　设某一具有各向同性围护结构的对象空间，对象空间容积为 500m³，围护结构的总内表面 400m²，围护结构的空气渗透量为 200m³/h，围护结构的内表面对流换热系数为 8.7W/(m²·℃)，围护结构为薄壁致密结构，传热系数 $K=1.65$W/(m²·℃)，室内人员 10 人，典型设计周期时间为 48h（8∶00 至第三日 8∶00），在典型设计周期下室外气象参数及室内得热负荷分别如表 12-2 和表 12-3 所示，在初始时刻对象空间内空气温度为 28℃，空气含湿量为 16.0g/kg。计算该对象空间在典型设计周期下的自然参数分布。

典型设计周期下室外气象参数　　　　　　　　　　　　　　　　表 12-2

时刻	8∶00	9∶00	10∶00	11∶00	12∶00	13∶00	14∶00	15∶00	16∶00	17∶00	18∶00	19∶00
$t_{a,out}(n)$	31.76	32.5	33.45	34.52	35.61	36.63	37.45	37.96	37.9	37.64	37.18	36.51
$d_{a,out}(n)$	17.69	20.45	19.04	17.2	15.95	18.13	20.01	18.47	20.61	19.96	17.6	17.56
时刻	20∶00	21∶00	22∶00	23∶00	0∶00	1∶00	2∶00	3∶00	4∶00	5∶00	6∶00	7∶00
$t_{a,out}(n)$	35.65	34.62	33.46	32.22	30.94	30.46	29.38	28.44	27.71	27.23	27.26	27.96
$d_{a,out}(n)$	16.72	17.26	18.72	17.91	19.23	18.71	20.52	18.33	19.74	20.45	16.86	19.22
时刻	8∶00	9∶00	10∶00	11∶00	12∶00	13∶00	14∶00	15∶00	16∶00	17∶00	18∶00	19∶00
$t_{a,out}(n)$	29.16	30.73	32.48	34.22	35.75	36.91	37.58	37.69	37.41	36.88	36.13	35.2
$d_{a,out}(n)$	19.87	18.47	20.81	20.95	21.6	22.92	18.65	18.62	18.49	20.82	21.39	24.47
时刻	20∶00	21∶00	22∶00	23∶00	0∶00	1∶00	2∶00	3∶00	4∶00	5∶00	6∶00	7∶00
$t_{a,out}(n)$	34.13	32.97	31.79	30.62	29.53	28.97	28.97	28.97	28.97	28.97	28.97	28.97
$d_{a,out}(n)$	21.62	20.32	19.92	16.79	14.42	17.89	15.43	17.73	16.68	15.59	18.22	18.62

对象空间得热负荷　　　　　　　　　　　　　　　　表 12-3

时刻	8∶00	9∶00	10∶00	11∶00	12∶00	13∶00	14∶00	15∶00	16∶00	17∶00	18∶00	19∶00
$SJ(n)$	3388.5	4410.6	5194.8	5687.8	5856	5687.8	5194.8	4410.6	3388.5	2198.3	921	0
$J_Z(n)+J_S(n)$	4500	4600	4700	4700	4700	4700	4700	4700	4700	4700	4700	6700
$J_R(n)$	600	600	600	600	600	600	600	600	600	600	600	600
$W(n)$ (kg/h)	1.5	1.5	1.5	1.5	1.5	1.5	1.5	1.5	1.5	1.5	1.5	1.5
时刻	20∶00	21∶00	22∶00	23∶00	0∶00	1∶00	2∶00	3∶00	4∶00	5∶00	6∶00	7∶00
$SJ(n)$	0	0	0	0	0	0	0	0	0	0	856.4	2063
$J_Z(n)+J_S(n)$	6700	6700	6700	6700	6700	2000	2000	2000	2000	2000	2000	4500
$J_R(n)$	600	600	600	600	600	600	600	600	600	600	600	600
$W(n)$ (kg/h)	1.5	1.5	1.5	1.5	1.5	1.5	1.5	1.5	1.5	1.5	1.5	1.5
时刻	8∶00	9∶00	10∶00	11∶00	12∶00	13∶00	14∶00	15∶00	16∶00	17∶00	18∶00	19∶00
$SJ(n)$	3187.3	4152.8	4893.7	5359.4	5518.2	5359.4	4893.7	4152.8	3187.3	2063	856.4	0
$J_Z(n)+J_S(n)$	4500	4600	4700	4700	4700	4700	4700	4700	4700	4700	4700	6700
$J_R(n)$	600	600	600	600	600	600	600	600	600	600	600	600
$W(n)$ (kg/h)	1.5	1.5	1.5	1.5	1.5	1.5	1.5	1.5	1.5	1.5	1.5	1.5
时刻	20∶00	21∶00	22∶00	23∶00	0∶00	1∶00	2∶00	3∶00	4∶00	5∶00	6∶00	7∶00
$SJ(n)$	0	0	0	0	0	0	0	0	0	0	789.4	1919.8
$J_Z(n)+J_S(n)$	6700	6700	6700	6700	6700	2000	2000	2000	2000	2000	2000	4500
$J_R(n)$	600	600	600	600	600	600	600	600	600	600	600	600
$W(n)$ (kg/h)	1.5	1.5	1.5	1.5	1.5	1.5	1.5	1.5	1.5	1.5	1.5	1.5

【解】

（1）由于该围护结构为各向同性，因此可根据公式（12-15）计算各时刻围护结构内表面直接承受的辐射得热量 $q_r(n)(\mathrm{W/m^2})$，如表 12-4 所示；

（2）第 n 时刻室内空气来自照明、人体显热和设备显热的对流得热量 $q_{1,con}(n)(\mathrm{W})$ 可按下式进行计算，式中 ω_Z，ω_R，ω_S 分别取值为 0.5，0.5，0.6，计算结果如表 12-4 所示；

$$q_{1,con}(n) = J_Z(n)\omega_Z + J_R(n)\omega_R + J_S(n)\omega_S$$

（3）各时刻室内水分蒸发所消耗的显热量为（室内人员的散湿量 $w=41.7\mathrm{g/(h \cdot 人)}$）：

$$q_{2,con}(n) = r[W(n)-10w]/3.6 = 2501 \times (1.5-0.417)/3.6 = 752.4\mathrm{W}$$

围护结构直接承受的辐射得热量   表 12-4

时刻	8：00	9：00	10：00	11：00	12：00	13：00	14：00	15：00	16：00	17：00	18：00	19：00
$q_r(n)$	15.0	17.7	19.8	21.0	21.4	21.0	19.8	17.8	15.2	12.3	9.1	9.3
$q_{1,con}(n)$	2610.0	2660.0	2710.0	2710.0	2710.0	2710.0	2710.0	2710.0	2710.0	2710.0	2710.0	3710.0
时刻	20：00	21：00	22：00	23：00	0：00	1：00	2：00	3：00	4：00	5：00	6：00	7：00
$q_r(n)$	9.3	9.3	9.3	9.3	9.3	3.4	3.4	3.4	3.4	3.4	5.5	11.7
$q_{1,con}(n)$	3710.0	3710.0	3710.0	3710.0	3710.0	1360.0	1360.0	1360.0	1360.0	1360.0	1360.0	2610.0
时刻	8：00	9：00	10：00	11：00	12：00	13：00	14：00	15：00	16：00	17：00	18：00	19：00
$q_r(n)$	14.5	17.0	19.0	20.2	20.6	20.2	19.0	17.2	14.7	11.9	8.9	9.3
$q_{1,con}(n)$	2610.0	2660.0	2710.0	2710.0	2710.0	2710.0	2710.0	2710.0	2710.0	2710.0	2710.0	3710.0
时刻	20：00	21：00	22：00	23：00	0：00	1：00	2：00	3：00	4：00	5：00	6：00	7：00
$q_r(n)$	9.3	9.3	9.3	9.3	9.3	3.4	3.4	3.4	3.4	3.4	5.4	11.3
$q_{1,con}(n)$	3710.0	3710.0	3710.0	3710.0	3710.0	1360.0	1360.0	1360.0	1360.0	1360.0	1360.0	2610.0

（4）在上述参数的基础上，可计算对象空间热平衡方程组（12-23）中的各系数矩阵和常数矩阵，并由矩阵方程计算各时刻当对象空间未采用空气调节方式时围护结构表面及室内空气的自然温度分布，结果如表 12-5，表中 $t_b(n)$ 和 $t_a(n)$ 分别为围护结构表面及室内空气的自然温度；

（5）利用对象空间空气的湿平衡方程（12-52）计算对象空间室内空气在自然状态下的含湿量 $d_a(n)(\mathrm{g/kg})$ 的变化规律，计算结果如表 12-5 所示。

对象空间自然参数的计算结果   表 12-5

时刻	8：00	9：00	10：00	11：00	12：00	13：00	14：00	15：00	16：00	17：00	18：00	19：00
$t_b(n)$	38.6	41.9	44.2	45.9	47.2	48.1	48.5	48.2	47.2	45.7	43.8	44
$t_a(n)$	38.5	42.1	44.4	46.1	47.5	48.4	48.8	48.6	47.6	46.1	44.3	44.6
$d_a(n)$	16.48	17.62	18.03	17.79	17.27	17.51	18.23	18.3	18.96	19.25	18.78	18.43
时刻	20：00	21：00	22：00	23：00	0：00	1：00	2：00	3：00	4：00	5：00	6：00	7：00
$t_b(n)$	43.3	42.3	41.2	40	38.7	33.7	32	30.9	30.1	29.6	30.3	34.5
$t_a(n)$	44	43	41.9	40.7	39.4	34.1	32.2	31.1	30.2	29.7	30.4	34.7
$d_a(n)$	17.94	17.75	18.03	18	18.35	18.46	19.05	18.85	19.1	19.49	18.74	18.88

续表

时刻	8:00	9:00	10:00	11:00	12:00	13:00	14:00	15:00	16:00	17:00	18:00	19:00
$t_b(n)$	37.2	40	42.7	45.1	46.9	48	48.3	47.8	37.2	40	42.7	45.1
$t_a(n)$	37.5	40.2	42.9	45.3	47.1	48.3	48.6	48.1	37.5	40.2	42.9	45.3
$d_a(n)$	19.17	18.97	19.49	19.91	20.4	21.12	20.41	19.9	19.17	18.97	19.49	19.91

时刻	20:00	21:00	22:00	23:00	0:00	1:00	2:00	3:00	4:00	5:00	6:00	7:00
$t_b(n)$	46.5	44.8	42.7	42.7	41.8	40.7	39.5	38.3	37.2	32.2	30.7	30
$t_a(n)$	46.9	45.2	43.2	43.4	42.5	41.4	40.3	39.1	38	32.6	30.9	30.2
$d_a(n)$	19.5	19.88	20.31	21.5	21.54	21.19	20.83	19.68	18.18	18.09	17.34	17.45

　　将典型设计周期下对象空间的自然参数变化规律在图 12-2 和图 12-3 中用曲线加以表示。

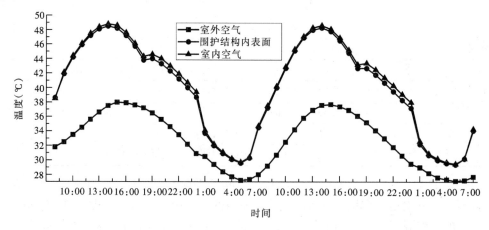

图 12-2　典型设计周期下被控区域内自然温度的变化曲线

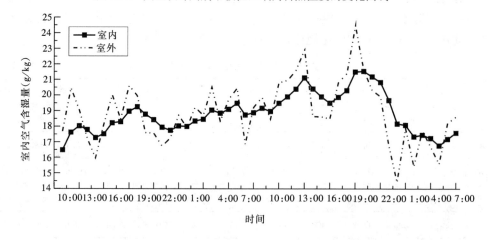

图 12-3　典型设计周期下被控区域内空气的自然含湿量的变化曲线

第五节 典型设计周期下的负荷分析

上节通过对象空间的热湿平衡方程组分析了在典型设计周期下对象空间在无内部除（加）热、除（加）湿情况下室内空气温度、湿度及围护结构内表面温度等自然参数的变化规律，这为本节的负荷分析提供了基础。所谓人工环境系统的负荷，是指为维持对象空间室内人工环境参数为某恒定值时，在单位时间内需要从对象空间室内除去或补充的某参数量，如在人工环境的温度控制子系统中，人工环境系统的负荷为单位时间的供热量或供冷量。本节主要基于集总参数法，利用对象空间的热湿平衡方程组对对象空间在典型设计周期、连续运行工况下人工环境系统的负荷进行分析，为人工环境系统的设计与运行提供理论依据。

一、典型设计周期下的负荷分析

对象空间人工环境系统连续运行时的空调负荷主要包括显热负荷和潜热负荷，它是在消除对象空间内扰与外扰作用的综合影响、维持对象空间内温度和湿度水平不变的情况下，由人工环境系统除去的冷（热）负荷和湿负荷。

在人工环境系统连续运行工况下，对象空间室内空气的温度与湿度维持在某个基准值条件下，即对象空间空气的温度 $t_a(n)$ 和含湿量 $d_a(n)$ 为已知的常数，分别为 t_a 和 d_a。因此，在已知对象空间在典型设计周期下室外空气逐时温度 $t_{a,out}(n)(n=1,2\cdots PD)$ 与湿度 $d_{a,out}(n)$ 及各时刻的空气渗透量 $L_a(n)$，便可通过对象空间围护结构内表面热平衡方程组（12-35）、（12-36）及室内空气的热平衡方程（12-38）确定对象空间人工环境系统在连续运行工况下的显热除（加）热负荷。

在负荷计算与分析时先根据围护结构内表面热平衡方程组确定各内表面温度：

$$\begin{cases} -\left[\alpha_i + Z_i(0)\right]t_{b,i}(n) + \sum_{\substack{k=1\\k\neq i}}^{N} \alpha_{ik}^r t_{b,k}(n) \\ = -\sum_{j=0}^{NS} Y_i(j)t_{a,out}(n-j) + \sum_{j=1}^{NS} Z_i(j)t_{b,i}(n-j) - q_{r,i}(n) - \alpha_i t_a(n)\ (i=1,2\cdots m) \\ -\left[\alpha_i + \dfrac{K_i\alpha_i}{\alpha_i - K_i}\right]t_{b,i}(n) + \sum_{\substack{k=1\\k\neq i}}^{N} \alpha_{ik}^r t_{b,k}(n) = -\dfrac{K_i\alpha_i}{\alpha_i - K_i}t_{a,out}(n) - q_{r,i}(n) - \alpha_i t_a(n) \\ (i=m+1,m+2,\cdots,N) \end{cases}$$

$$(12\text{-}53)$$

以矩阵的形式表示为：

$$\boldsymbol{AT}(n) = \boldsymbol{B} \tag{12-54}$$

式中 $\boldsymbol{T}(n)$——第 n 时刻对象空间围护结构内表面温度向量。

$$\boldsymbol{T}(n) = \left[t_{b,1}(n), t_{b,2}(n), t_{b,3}(n)\cdots t_{b,N}(n)\right]^T$$

对于如图 12-1 所示的典型对象空间，式（12-54）中的系数矩阵 A 与常数矩阵 B 分别为：

$$A = \begin{bmatrix} -\alpha_1 - Z_1(0) & \alpha_{1,2}^r & \alpha_{1,3}^r & \alpha_{1,4}^r & \alpha_{1,5}^r & \alpha_{1,6}^r & \alpha_{1,7}^r & \alpha_{1,8}^r \\ \alpha_{2,1}^r & -\alpha_2 - Z_2(0) & \alpha_{2,3}^r & \alpha_{2,4}^r & \alpha_{2,5}^r + Y_2(0) & \alpha_{2,6}^r & \alpha_{2,7}^r & \alpha_{2,8}^r \\ \alpha_{3,1}^r & \alpha_{3,2}^r & -\alpha_3 - Z_3(0) & \alpha_{3,4}^r + Y_4(0) & \alpha_{3,5}^r & \alpha_{3,6}^r & \alpha_{3,7}^r & \alpha_{3,8}^r \\ \alpha_{4,1}^r & \alpha_{4,2}^r & \cdot\; \alpha_{4,3}^r + Y_4(0) & -\alpha_4 - Z_4(0) & \alpha_{4,5}^r & \alpha_{4,6}^r & \alpha_{4,7}^r & \alpha_{4,8}^r \\ \alpha_{5,1}^r & \alpha_{5,2}^r + Y_5(0) & \alpha_{5,3}^r & \alpha_{5,4}^r & -\alpha_5 - Z_5(0) & \alpha_{5,6}^r & \alpha_{5,7}^r & \alpha_{5,8}^r \\ \alpha_{6,1}^r & \alpha_{6,2}^r & \alpha_{6,3}^r & \alpha_{6,4}^r & \alpha_{6,5}^r & -\alpha_6 - Z_6(0) & \alpha_{6,7}^r & \alpha_{6,8}^r \\ \alpha_{7,1}^r & \alpha_{7,2}^r & \alpha_{7,3}^r & \alpha_{7,4}^r & \alpha_{7,5}^r & \alpha_{7,6}^r & -\alpha_7 - \dfrac{K_7\alpha_7}{\alpha_7 - K_7} & \alpha_{7,8}^r \\ \alpha_{8,1}^r & \alpha_{8,2}^r & \alpha_{8,3}^r & \alpha_{8,4}^r & \alpha_{8,5}^r & \alpha_{8,6}^r & \alpha_{8,7}^r & -\alpha_8 - \dfrac{K_8\alpha_8}{\alpha_8 - K_8} \end{bmatrix}$$

$$(12\text{-}55)$$

$$B = \begin{bmatrix} -\sum_{j=0}^{NS} Y_1(j)t_{a,\text{out}}(n-j) + \sum_{j=1}^{NS} Z_1(j)t_1(n-j) - q_{r,1}(n) - \alpha_1 t_a(n) \\ -\sum_{j=1}^{NS} Y_2(j)t_5(n-j) + \sum_{j=1}^{NS} Z_2(j)t_2(n-j) - q_{r,2}(n) - \alpha_2 t_a(n) \\ -\sum_{j=1}^{NS} Y_3(j)t_4(n-j) + \sum_{j=1}^{NS} Z_3(j)t_3(n-j) - q_{r,3}(n) - \alpha_3 t_a(n) \\ -\sum_{j=1}^{NS} Y_4(j)t_3(n-j) + \sum_{j=1}^{NS} Z_4(j)t_4(n-j) - q_{r,4}(n) - \alpha_4 t_a(n) \\ -\sum_{j=1}^{NS} Y_5(j)t_2(n-j) + \sum_{j=1}^{NS} Z_5(j)t_5(n-j) - q_{r,5}(n) - \alpha_5 t_a(n) \\ -\sum_{j=0}^{NS} Y_6(j)t_{a,\text{out}}(n-j) + \sum_{j=1}^{NS} Z_6(j)t_6(n-j) - q_{r,6}(n) - \alpha_6 t_a(n) \\ -\dfrac{K_7\alpha_7}{\alpha_7 - K_7}t_{a,\text{out}}(n) - q_{r,7}(n) - \alpha_8 t_a(n) \\ -\dfrac{K_8\alpha_8}{\alpha_8 - K_8}t_{a,\text{out}}(n) - q_{r,8}(n) - \alpha_8 t_a(n) \end{bmatrix} \quad (12\text{-}56)$$

求解式（12-54）得出第 n 时刻对象空间围护结构的各内表面温度 $t_{b,i}(n)$：

$$T(n) = A^{-1}B \tag{12-57}$$

因此，在求得围护结构的各内表面温度 $t_{b,i}(n)$ 后，利用对象空间空气的热平衡方程式 （12-38）可以求得第 n 时刻对象空间的显热负荷为：

$$CL_x(n) = SHE(n) = \sum_{k=1}^{N} F_k\alpha_k[t_{b,k}(n) - t_a] + q_{1,\text{con}}(n) - q_{2,\text{con}}(n)$$
$$+ L_a(n)(\rho c)_{a,\text{out}}[t_{a,\text{out}}(n) - t_a] \tag{12-58}$$

同时由对象空间空气的湿平衡方程（12-40）可求出人工环境系统在第 n 时刻的湿负 荷为 $ML(n)$（kg/s）：

$$ML(n) = DE(n) = W(n) + L_a(n)\rho_{a,\text{out}}[d_{a,\text{out}}(n) - d_a] + \sum_{k=1}^{N} W_{w,k}(n)F_k \tag{12-59}$$

因此，在典型设计周期下对象空间人工环境系统在连续运行时各时刻的总热负荷为：

$$CL(n) = CL_x(n) + 1000DE(n) \times r \quad (\text{W}) \tag{12-60}$$

二、典型设计周期下负荷分析实例

【例12-2】 同例题12-1，为维持对象空间室内空气温度28℃、相对湿度65%（含湿量为15.46g/kg），计算该对象空间在典型设计周期下空气调节系统的热、湿负荷。

【解】

（1）在已知室内空气温度条件下，利用各向同性薄壁围护结构内表面热平衡方程（12-17）计算各时刻围护结构的内表面温度 $t_b(n)$（℃），计算结果如表12-6所示；

（2）根据式（12-58）或式（12-19）计算在各向同性薄壁围护结构条件下，对象空间空气调节系统在典型设计周期下的逐时显热负荷 $CL_s(n)$（W），计算结果如表12-6；

（3）根据式（12-27）计算对象空间在典型设计周期下空气调节系统的除湿负荷 $ML(n)$（kg/h），计算结果如表12-6；

（4）根据（2）和（3）计算所得显热负荷及湿负荷，可按下式计算空气调节系统的总热负荷（W），计算结果如表12-6。

$$CL(n) = CL(n) + 2501ML(n) \times 1000$$

围护结构内表面温度计算结果 表12-6

时刻	8:00	9:00	10:00	11:00	12:00	13:00	14:00	15:00	16:00	17:00	18:00	19:00
$t_b(n)$	30.11	30.5	30.88	31.19	31.44	31.59	31.64	31.55	31.29	30.97	30.59	30.48
$CL_s(n)$	9467	10932	12356	13526	14452	15066	15276	15000	14114	12984	11611	12186
$ML(n)$	2.03	2.7	2.36	1.92	1.62	2.14	2.59	2.22	2.74	2.58	2.01	2
$CL(n)$	10880	12806	13994	14858	15575	16553	17076	16544	16014	14776	13009	13579
时刻	20:00	21:00	22:00	23:00	0:00	1:00	2:00	3:00	4:00	5:00	6:00	7:00
$t_b(n)$	30.32	30.12	29.9	29.67	29.42	28.78	28.58	28.4	28.26	28.17	28.37	29.08
$CL_s(n)$	11559	10807	9960	9055	8120	3508	2719	2033	1500	1150	1852	5623
$ML(n)$	1.8	1.93	2.28	2.09	2.41	2.28	2.71	2.19	2.53	2.7	1.84	2.4
$CL(n)$	12811	12148	11546	10505	9792	5092	4605	3554	3256	3023	3128	7292
时刻	8:00	9:00	10:00	11:00	12:00	13:00	14:00	15:00	16:00	17:00	18:00	19:00
$t_b(n)$	29.57	30.1	30.62	31.06	31.39	31.57	31.59	31.44	31.15	30.79	30.37	30.23
$CL_s(n)$	7407	9413	11389	13048	14294	15012	15112	14609	13594	12299	10779	11230
$ML(n)$	2.56	2.22	2.78	2.82	2.97	3.29	2.27	2.26	2.23	2.79	2.92	3.66
$CL(n)$	9184	10956	13322	15005	16361	17297	16686	16178	15141	14235	12810	13774
时刻	20:00	21:00	22:00	23:00	0:00	1:00	2:00	3:00	4:00	5:00	6:00	7:00
$t_b(n)$	30.03	29.81	29.59	29.36	29.16	28.5	28.35	28.24	28.17	28.15	28.35	28.99
$CL_s(n)$	10449	9602	8741	7887	7091	2420	1858	1434	1164	1055	1761	5296
$ML(n)$	2.98	2.67	2.57	1.82	1.25	2.08	1.49	2.05	1.79	1.53	2.16	2.26
$CL(n)$	12518	11454	10527	9151	7959	3866	2895	2855	2410	2118	3264	6865

根据上述计算结果，该对象空间在典型设计周期下空气调节系统的热、湿负荷曲线如

图 12-4、图 12-5 所示。

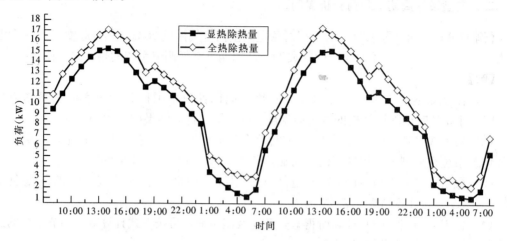

图 12-4 典型设计周期下被控区域的热负荷曲线

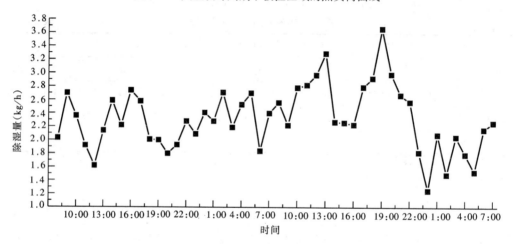

图 12-5 典型设计周期下被控区域的湿负荷曲线

主 要 符 号 表

符号	符号意义，单位	符号	符号意义，单位
A	系数矩阵	F	面积，m^2
B	常数矩阵	J	显热得热量，W
C	质量浓度，kg/m^3	K	传热系数，$W/(m^2 \cdot ℃)$
c	比热，$J/(kg \cdot ℃)$	k	水蒸气渗透系数，s/m
CE	污染物去除量，kg/s	L	风量，m^3/s
CL	除热负荷，W	ME	除湿负荷，kg/s
d	空气含湿量，kg/kg 干空气	ML	除湿负荷，kg/s
DE	除湿量，kg/s	N	围护结构数

续表

符号	符号意义，单位	符号	符号意义，单位
NS	反应系数的项数	Z	吸热反应系数，W/（m²·℃）
P	压强，Pa	α	对流换热系数，W/（m²·℃）
q	热流量，J/s，W	Δ	差值
r	汽化潜热，J/kg	ε	发射率
S	产生速率，kg/s	η	洗涤去除分数，%
SHE	显热除热量，W	σb	辐射常数，W/（m²·℃）
SJ	总太阳辐射得热量，W	χ	换气次数，kg/s
T	热力学温度，K	ψ	衰减速率
t	摄氏温度，℃	ρ	密度，kg/m³
T	温度向量	τ	时间，s
V	体积，m³	φ	角系数
W	散湿量，kg/s	ω	对流显热得热份额
Y	传热反应系数，W/（m²·℃）		

主要注角符号

a—空气；*b*—表面；*con*—对流；*D*—直射；*in*—内部；*out*—外部；*pa*—排风；*r*—太阳辐射；*R*—人体；*s*—源项；*S*—设备；*sa*—送风；*v*—水蒸气；*w*—围护结构表面；*x*—显热；*Z*—照明。

参 考 文 献

［1］ 朱天乐. 室内空气污染控制［M］. 北京：化学工业出版社，2003.
［2］ 彦启森，赵庆珠. 建筑热过程［M］. 北京：中国建筑工业出版社，1986.

第十三章　分布参数分析方法与评价示例

上章介绍的集总参数分析方法有一个基本前提是空间内空气均匀混合，空气参数在空间中各点基本一致。但实际上，室内各点空气参数不可能总是一致，即在空间中的分布不一定是均匀的。因此分布参数分析方法应运而生。总体而言，分布参数分析方法主要包括区域模型（zonal model）和计算流体力学（CFD）方法，下面将逐一介绍。

需要指出的是，本章的分析方法均以建筑房间为对象，这是由于这些方法产生和发展的背景均与建筑房间内的空气分布参数分析密切相关。实际上建筑房间是人工环境的一种对象空间，因此本章所述的各种分布参数分析方法同样适用于其他的人工环境空间。

在介绍分布参数分析方法之后，本章还将给出部分人工环境评价示例。

第一节　区　域　模　型

区域模型是在 20 世纪 70 年代由 Lebrun 首先提出的，主要用于描述住宅房间内的温度分层现象，预测房间温度、能源效率、热舒适以及空气质量等，后来该模型得到了广泛发展，应用领域扩展到机械通风和自然通风情况下室内环境的模拟。其研究焦点是分区方法和流量计算，本章将对传统的区域模型方法进行回顾，并对近年来的新进展进行介绍。

一、区域模型的基本概念

区域模型的基本思想是将房间划分为有限的不同区域（Zone），每个区域内的空气物理参数如温度、湿度、污染物浓度等保持均匀一致。每个区域都满足空气质量流量、组分质量和能量的平衡，通过建立相应的平衡方程可以求解每个区域的空气参数。区域之间的流量计算一般通过辅助手段进行，例如根据区域间的压差和流动关系来计算。图 13-1 以示意图的形式直观描述了区域模型，详细的数学描述由方程（13-1）和（13-2）给出。

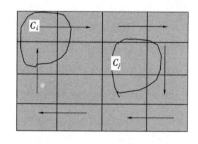

图 13-1　区域模型示意图

$$m_i \frac{\mathrm{d}C_i}{\mathrm{d}t} = \sum_{nb-i} \dot{m}_{nb-i} C_{nb-i} - \sum_{nb-i} \dot{m}_{i-nb} C_i + S \quad (13\text{-}1)$$

$$\mathrm{d}C(t)/\mathrm{d}t = A(t)C(t) + DC_0 + Eu \quad (13\text{-}2)$$

区域模型的提出基于以下假设：

（1）各区域内空气温度、密度等参数均匀一致；

（2）各区域直接相连的边界可以有流体穿过；

（3）各区域设有独立的定压点；

（4）各区域内流体沿高度方向的压力分布符合静水力学规律。

相比于计算流体力学方法，区域模型具有如下特点：

（1）房间节点数大大减少，且方程线性程度较好，从而使计算量显著减小；

（2）计算结果不及 CFD 详尽，但大大优于集总参数方法；

（3）特别适合于动态分析，例如较长时间段内室内环境参数的变化规律。

二、区域模型的基本方法

采用区域模型模拟室内环境时，通常按照下述步骤进行：

（1）分区：将房间划分为不同的区域（zone）；

（2）区域间的流量计算：计算区域之间空气流量的交换量；

（3）建立各个区域的空气参数平衡方程；

（4）联立求解平衡方程组得到结果。

下面对这些步骤进行详细介绍。

1. 分区

合理的分区是区域模型的基础，其目标是使得区域内的空气参数尽量均匀一致，原则是在反映室内空气参数分布主要特征的前提下尽可能减少区域的数目。传统的区域模型中往往采用两种主要的分区方法，一种是粗网格划分，即采用比 CFD 粗得多的网格方式对空间进行分区，另外一种是依据流动特征根据经验进行分区[1]，这就必须基于对流场有初步的认识，例如高大空间温度分层的垂直分区和机械通风的射流区等[2]。

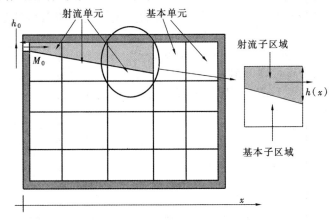

图 13-2　粗网格划分举例[1]

粗网格划分如图 13-2 所示，这种方式并无实际的物理意义。与之相比，按流动特征的划分方式则具有潜在的分区依据（图 13-3）。

2. 区域间的流量计算

这是区域模型的难点和关键，区域之间的流量受气流形式、主导传热方式等因素的影响，计算比较复杂。

常用的计算方法可分为三种，一是 CFD 计算，结果可信度高但耗时较长；二是实测，主要困难在于边界的不确定性；另外一种可行的方法是理论计算。

进行区域间流量计算时，首先需要明确常见的区域类型及其边界特征，这里将其分为三类：

（1）常规区域和普通边界：不受射流影响，区域之间的流动主要靠压差（密度差）驱

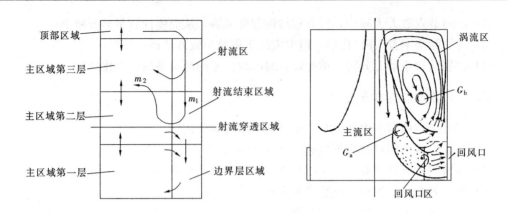

图 13-3　依据流动特征的分区方式[2]

动，流量和压差呈一定的非线性关系；

（2）特殊区域和特殊边界：受射流如送风射流和热羽流的影响，或者受边界层影响，流量由相应的流动控制规律描述；

（3）混合边界：区域的边界中部分为普通边界，部分为特殊边界。

下面将分别对这三类进行详细描述。

（1）常规区域和普通边界

水平边界面的情形较为单一，如图 13-4 所示。区域间的流量可按公式（13-3）进行计算。

$$m = \rho k A \Delta P^n \tag{13-3}$$

其中压差 ΔP 由下式计算得到

$$\Delta P = P_{\text{up\_ref}} - (P_{\text{down\_ref}} - \rho_{\text{down}} g h_{\text{down}}) \tag{13-4}$$

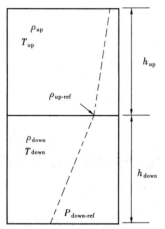

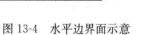

图 13-4　水平边界面示意

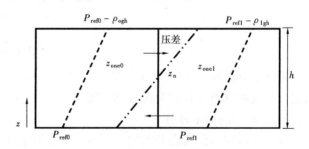

图 13-5　垂直边界面示意

垂直边界面的流量计算相对复杂一些，其示意图见图 13-5。计算之前，需要先确定中和点的高度 Z_n：

$$Z_n = \frac{\Delta P_{\text{ref}}}{\Delta \rho \cdot g} \tag{13-5}$$

式中　ΔP_{ref} 为参考点的压力差，$\Delta \rho$ 为邻域间的密度差。

任意高度 Z 的压差 ΔP：

$$\Delta P = P_1 - P_0 = \Delta \rho g (Z_n - Z) \tag{13-6}$$

从而可以根据公式（13-7）得到邻域之间的质量流量 m。

$$m_{0 \sim Z_n} = \int_0^{Z_n} \rho kA \mid \Delta P \mid^n dz = \int_0^{Z_n} \rho kA \mid \Delta \rho g \cdot (Z_n - Z) \mid^n dz = \rho kA \cdot \mid \Delta \rho g \mid^n \cdot \frac{\mid Z_n \mid^{n+1}}{n+1} \tag{13-7a}$$

$$m_{Z_n \sim H} = \int_{Z_n}^H \rho kA \mid \Delta P \mid^n dz = \int_{Z_n}^H \rho kA \mid \Delta \rho g \cdot (Z_n - Z) \mid^n dz = \rho kA \cdot \mid \Delta \rho g \mid^n \cdot \frac{(H - Z_n)^{n+1}}{n+1} \tag{13-7b}$$

根据邻域密度差的正负情况，垂直边界面可能出现以下几种情形，如图 13-6 所示。

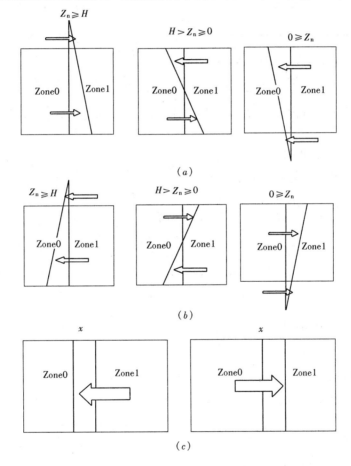

图 13-6　垂直边界面的几种情形

$(a) \Delta \rho = \rho_1 - \rho_0 < 0; (b) \Delta \rho = \rho_1 - \rho_0 > 0; (c) \Delta \rho = \rho_1 - \rho_0 = 0$

（2）特殊区域和特殊边界

这里针对边界层、热羽流和射流对应的区域间的质量流量给出计算式。

适用于边界层　　　　　　　　$m(z) = K_3 \Delta T^{1/3} z \tag{13-8}$

适用于热羽流

$$m(z) = K_2 Q(z)^{1/3} (z - z_0)^\beta \tag{13-9}$$

适用于射流

$$\frac{m(x)}{m_0} = K_1 \left(\frac{x}{b_0}\right)^{\alpha} \tag{13-10}$$

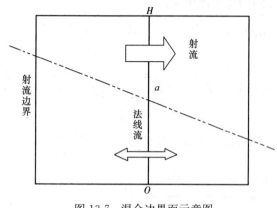

图 13-7　混合边界面示意图

当然，以上形式并非惟一，实际应用有不同形式。

（3）混合边界面

混合边界面（图 13-7）的质量流量就是普通边界和特殊边界的流量之和：

$$\dot{m} = \dot{m}_{a-H} + \dot{m}_{0-a} \tag{13-11}$$

3. 建立各个区域的空气参数平衡方程

$$m_i \frac{\mathrm{d}\Phi_i}{\mathrm{d}t} = \sum_{nb-i} \dot{m}_{nb-i}\mathrm{d}\Phi_{nb-i} - \sum_{i-nb} \dot{m}_{i-nb}\mathrm{d}\Phi_i + S_{\Phi} \tag{13-12}$$

上式适用于求解空气温度、湿度、组分浓度和颗粒物浓度等参数，不同情况下各项的具体形式不同。

4. 联立求解平衡方程组

在完成步骤 2 和 3 之后，联立求解平衡方程组：

$$\begin{cases} \mathrm{d}\Phi(t)/\mathrm{d}t = A(t)\Phi(t) + D\Phi_0 + Eu \\ \Phi(t) = (\Phi_1, \Phi_2, \cdots, \Phi_N)^T \\ A = \begin{bmatrix} a_{11} & a_{12} & \cdots & a_{1N} \\ a_{21} & a_{22} & \cdots & a_{2N} \\ \cdots & \cdots & \cdots & \cdots \\ a_{N1} & a_{N2} & \cdots & a_{NN} \end{bmatrix} \end{cases} \tag{13-13}$$

三、区域模型的应用示例

1. 自然通风

考虑一个二维房间（参见图 13-8），各壁面传热量已知，采用 4×4 的粗网格进行区域划分，根据密度（压）差计算区域间的流量，假定为常规区域和普通边界，建立空气温度平衡方程求解。

图 13-9 给出了区域模型的计算结果，其中图 13-9（a）为区域间流量计算值，图 13-9（b）为等温线分布。

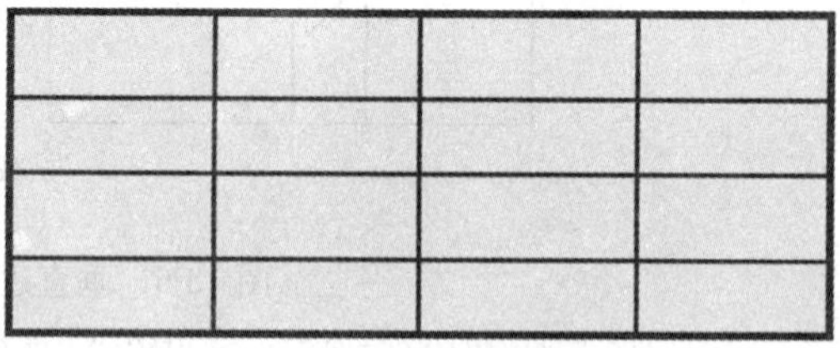

2. 机械通风

图 13-8　自然通风的区域模型示意

考虑三维多个房间的情形，各壁面的传热量、送风量和送风温度已知。采用粗网格结合热羽流特征进行区域划分：房间 1～3 各为 2×3×3 个区域，房间 4（中庭）为 2×3×9 个区域。对于常规区域和普通边界，采用密度（压）差计算流量，对于热羽流区域按照相应公式计算流量。建立空气温度平衡方程进行求解。模型和计算结果见图 13-10。

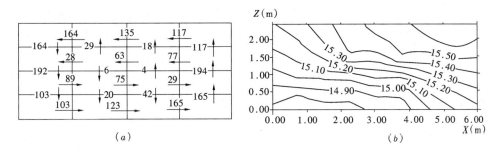

图 13-9 二维房间自然通风的区域模型计算结果

(*a*) 区域间流量；(*b*) 等温线分布

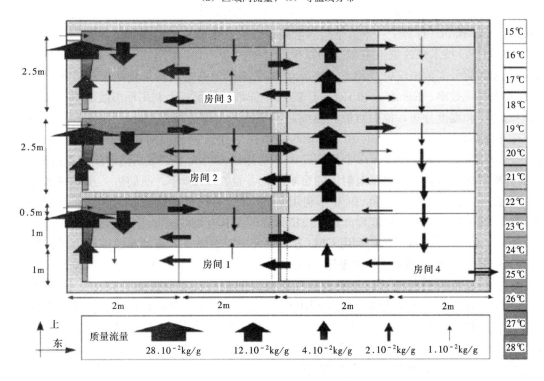

图 13-10 三维多个房间机械通风的区域模型计算结果

第二节 计算流体力学方法简介

一、计算流体力学方法的发展与特点

1933 年，英国人 Thom[3] 首次用手摇计算机数值求解了二维黏性流体偏微分方程，计算流体力学由此诞生。此后，Shortley 和 Weller 在 1938 年、Southwell 在 1946 年利用松弛方法（Relaxation method）求解了椭圆形微分方程，也即非黏性流体的偏微分方程组[4]，使 CFD 逐渐成为一门学科而为广大学者、科学家和工程师所研究和认识。在随后短短的几十年内，由于计算机技术和数值计算技术的高速发展，CFD 技术也得到了长足的发展，尤其是其在工程领域内的应用更是越来越广泛。

1974 年，丹麦的 P. V. Nielsen[4]首次将 CFD 技术应用于室内通风空调领域，模拟室内空气流动情况，他利用流函数和涡旋公式求解封闭二维流动方程，流体湍流采用 k-ε 模型进行模拟，通过将计算所得的房间某些断面速度分布和射流轴心速度的衰减与实验数据对比表明，数值计算的结果是可信的；1978 年，Nielsen 采用如今众所周知的守恒方程的原始变量形式（Primitive Variable Form）求解三维室内空气流动情况[4]，因为对于三维情形是没有流函数的，故他采用的是原始变量形式，并且，在该文中他首次提出了描述风口入流边界条件的盒子方法（Box Method）；1979 年，Nielsen 首次报道了有关浮力影响的室内非等温空气流动的数值计算情况[5]；1980 年，Gosman 利用 k-ε 模型对不同几何形状的房间进行了三维数值模拟，发现各种情形下的湍流动能 k 和湍流长度尺度 l 都是一致的，并首次提出指定速度法（Prescribe Velocity Method）来描述风口入口边界条件[6]；1983 年，Markatos 计算了一个大空间（电视播送室）内的三维流动和传热问题[7]，他提出了利用 CFD 技术来改进大空间空调系统设计的过程；1984 年，Ishihu 和 Kaneki 利用流函数和涡旋公式数值求解非稳态二维流动方程[18]，预测室内污染物浓度的分布，借此研究室内通风效率；Reinartz 和 Renz 于 1984 年详细计算了一个利用环形散流器送风的房间中的速度和温度分布，他们对散流器按照二维情形直接进行模拟，所用网格数为 50×50[8]。同在 1984 年，Alamdari 和 Hammond 描述了建筑物表面对流换热系数的计算方法[7]。1986 年，Awbi 和 Setark 利用 TEACH 程序模拟预测了二维贴壁射流的速度分布，从而分析室内障碍物以及墙壁对射流的影响[7]，并且在 1987 年，他们进一步对三维情形作了类似的工作[9]。Waters 在 1986 年利用 CFD 方法对许多建筑物如前庭、洁净室和机场候车厅等的速度分布和温度梯度进行模拟计算，尤其对烟气运动进行模拟分析[7]。1988 年，Jones 和 Reed 报道了他们利用 CFD 方法对大工厂空间空气流动和温度梯度进行模拟预测的情况[10]，其中利用了贴体坐标。Chen Qingyan 则在 1988 年利用 CFD 技术对建筑物能耗分析、室内空气流动以及室内空气质量等问题进行了分析和研究[11]。1990 年和 1991 年，Jones 和 Waters 报道了大量利用 CFD 技术对前庭、机场候机厅、洁净室以及办公室进行分析的实例[12]，Jones 甚至提出利用 CFD 方法来指导设计，以避免办公室类建筑中病态建筑的出现[13]。1989 年美国供暖、冷藏与空气调节工程师协会（ASHARE）专门成立了研究用 CFD 方法预测室内空气流动的研究机构，它组织和完成了 ASHARE 的第 464 号（RP464）研究课题"室内空气流动的数值计算"。这项课题比较完整地研究了 CFD 方法模拟室内空气流动的许多相关问题，其结果发表在 1994 年的 ASHARE 杂志上。至此，CFD 技术在室内通风空调领域内得以推广开来。

近年来，人们开始将更为高级和复杂的数值模拟技术应用于室内通风空调领域：Murakami 等人利用代数应力模型（ASM）和微分应力模型（DSM）等二阶封闭模型对水平非等温射流引起的三维室内空气流动进行模拟并与经典的 k-ε 两方程模型的结果作了对比，发现利用二阶封闭模型模拟所得结果较 k-ε 模型的结果好[14]。Emmerich 等则利用大涡模拟（LES）技术对三维房间内热空气流动和烟气传播进行了数值模拟，结果与实验数据吻合得很好[15]。但限于目前的计算机运算速度以及实际工程的要求，高级数值模拟技术，尤其是大涡模拟技术和直接数值模拟（DNS）还难以在工程中广泛应用。

国内在 20 世纪 80 年代初也开始了 CFD 在室内供热、通风、空调方面应用的研究。湖南大学的汤广发在 20 世纪 80 年代编写了一套二维层流计算程序，并成功地分析了通风墙体和标准工业厂房的自然对流等难度较大的工程问题。之后，他改进了 SIMPLE 算法，并对计算收敛、一般松弛法、源项松弛法、大空间多风口、多障碍物、室内热源等问题进行了研究，取得了大量的基础性研究成果。清华大学李先庭领导的课题组对空调风口入流边界条件和数值算法进行了研究，建立室内空气流动数值模拟的简捷体系，开发了在建筑环境与设备中用来分析流动与传热问题的模拟计算软件 STACH-3[16,17]。而且，该课题组对地板置换通风和座椅送风等通风系统、以体育场馆为主的高大空间的气流组织设计及其与空调负荷计算的关系、形式比较固定的洁净室空调气流组织形式等问题都进行了模拟研究，这些都可用于指导工程设计[18,19,20]。

总之，随着计算机技术、数值计算技术以及湍流模拟技术的发展，近年来关于室内空气流动情况的数值模拟也取得了长足的进步和发展。

CFD 具有成本低、速度快、资料完备且可模拟各种不同工况等独特的优点，故其逐渐受到人们的青睐，CFD 方法也越来越多地应用于暖通空调领域[21~25]。

简单地说，该方法就是在计算机上虚拟地做实验：依据室内空气流动的数学物理模型，将房间划分为许多小的控制体，把控制空气流动的连续微分方程组离散为非连续的代数方程组，结合实际的边界条件在计算机上数值求解离散所得的代数方程组，只要划分的控制体足够小，就可以认为离散区域上的离散值能够代表整个房间内空气分布情况。尽管 CFD 方法还存在可靠性和对实际问题的可算性等问题，但这些问题已经逐步得到发展和解决。因此，CFD 方法可应用于对室内空气分布情况进行模拟和预测，从而得到房间内空气各种物理量的详细分布情况。这对于保证良好的房间空调系统气流组织设计方案、提高室内空气质量（IAQ）以及减少建筑物能耗都有着重要的指导意义。

尽管数值模拟方法具有其他方法不可比拟的优越性，但是它也存在一定的局限性，可靠性是其主要缺点。室内空气流动通常属于湍流流动，但是目前人们对湍流的机理尚未完全清楚认识，也缺乏完整的湍流理论，只能借助一些半经验的方法对其进行模拟，因此数值计算结果的可靠性就成为制约数值模拟方法应用于暖通空调气流组织设计的主要因素。实际空调通风房间的边界条件可能比较复杂，如送风口入流边界条件、壁面边界条件、室内热源分布等；而数值模拟不一定能完全反映这些条件的作用，从而也会影响数值计算结果的可靠性。但是目前这方面的研究方兴未艾。

二、各种算法简介

实际的流场和压力、温度（非等温）以及湍流参数等有关系，它们是相互影响的，因此计算时需要耦合求解。为此，形成了一系列算法，下面就简要介绍之。

1. SIMPLE 算法

目前，用以进行流场计算的许多大型软件包都以 SIMPLE 算法为基础。这种计算方法由 Patankar 与 Spalding 在 1972 年提出[26]，SIMPLE（Semi-implicit Method for Pressure Linked Equation）意为求解压力耦合方程的半隐式方法。

SIMPLE 算法的基本思想是：利用交错网格（Staggered Grid）的概念解决有限容积法离散控制体的连续方程、动量方程而出现的速度场与压力场不连续的问题。利用压力修正将速度（包括速度修正值）用其表示，从而把连续性方程转化为求解没有专门微分方程表示的压力（修正）值。

SIMPLE 算法的步骤如下：

（1）假设压力场；

（2）求解动量方程得到速度场；

（3）求解压力修正方程；

（4）修正压力场和速度场；

（5）求解其他影响流场的变量，如温度、浓度或湍流动能等；

（6）判断是否收敛，如果收敛则停止迭代；否则以更新后的压力场为新的假设的压力场，跳到（2）继续计算，直至收敛；

（7）求解与速度无关的其他变量。

2. 有限元法

计算流体力学中另一类数值方法就是有限元法，近年来该方法也用于室内气流组织的数值计算[27, 28]。有限元法的基本原理是分块近似[29]：求解时，将求解域划分为许多几何形状简单、规则的单元子域；然后在单元内用一个比较简单的解析函数来逼近微分方程的解，这个函数称为单元的近似函数，或叫做插值函数。有限元法在单元内用一个选定的基函数和节点参数的线性组合来代替问题的解，其中节点参数是待定的。这样，每个单元只要有适当数量的节点参数值就可以满足对插值函数的光滑性和精度的要求。然后，在满足微分方程和相应初边值条件下对全部子域进行积分，总体合成，建立有限元方程组。这就把微分方程的定解问题化为求解代数方程组的问题，求解这一代数方程组便可求得节点参数值。这些节点参数值就是节点上的解，进而由近似函数表达式可求解各单元内任意点的近似解。有关有限元法在流动与传热问题应用的详细情况，读者可以查阅有关文献[29-31]。

有限单元法与结构化网格下的有限差分或有限容积法相比，最大优点在于能对复杂的非规则几何形状计算区域进行离散，增强了其解决问题的适应性。不过，有限元法应用于计算流体力学还有一些困难，如单元生成时要比有限差分和有限容积法复杂、难以离散过于复杂的几何区域等。

3. 有限差分法

这是求解偏微分方程数值解的最古老方法，对简单几何形状中的流动和传热问题最容易实施。其基本实施方法是：将求解区域用网格线的交点（节点）所组成的点的集合来代替。每个节点上，描写所研究的流动与传热问题的偏微分方程中的每一个导数项用相应的差分表达式来代替，从而在每一个节点上形成一个代数方程。这种方法与本章着重介绍的有限容积法较为类似，有些情况下两种方法会导致相同的离散结果。但是两者在获得离散方程的原理上完全不同，因此将它们当作两种不同的数值方法更为合适。有限差分法利于数学分析，比如其收敛性、稳定性的分析等；但是对于不规则区域的适应性较差[32]。

4. 有限分析法

有限分析法也像有限差分法、有限容积法一样，用一系列网格将计算域进行离散，所不同的是这种方法将每一个节点与其相邻的网格组成一个计算单元。在计算单元内把控制方程的非线性项（如 N-S 方程的对流项）局部线性化（即认为流速已知），并对该单元边界上未知函数的形式作出假设，把所选定的形式表达式中的常数或系数用单元边界节点的函数来表示，这样在该单元内的被求问题转化成了第一类边界条件下的问题，设法找出其分析解，并利用这一分析解找出该单元的内节点及其相邻节点上未知函数之间的关系式，这就是该内节点的离散方程。逐一对求解区域内的每一个节点建立离散方程，并对计算区域边界上不是第一类边界条件的每个节点补充一个方程，就可完成整个计算域内的离散方程的建立过程。有限分析法始于 20 世纪 80 年代[33]，可以克服高 Renolds 数下有限差分法和有限容积法的数值解容易发散或振荡的缺点，但其工作量较大，对计算域的适应性也较差[32]。

5. 边界元法

边界元法应用格林函数公式，并通过选择适当的权函数把空间求解区域上的偏微分方程（组）转换成其边界上的积分方程。它把求解域中任一点的求解变量（如温度）与边界条件联系起来。通过离散化处理，由积分方程导出边界节点上未知值的代数方程。解出边界上的未知值后就可以利用边界积分方程来获得内部任一点的被求函数之值。详细情况可参见文献［34-36］。边界元法的最大优点在于可以使求解问题的空间维数降低一阶，从而使计算工作量及所需的计算机容量大大减小。但边界元法需要已知求解偏微分方程的格林函数基本解，而 N-S 方程至今尚未找到其基本解。因此目前的处理方式是把 N-S 方程中的非线性项看作是扩散方程的源项并通过迭代方式求解[32]。

6. 谱分析方法

谱分析方法将被求解的函数用有限项级数展开来表示。例如，有限项的傅立叶展开、多项式展开等。因而，在谱方法中要建立的代数方程是关于这些系数的代数方程，而不是节点上被求函数值的代数方程。建立未知系数的代数方程的基本方法是加权余数法。即首先将近似解代入控制方程（设控制方程中所有的项均移到等号左边），再乘以近似解级数中的一个项称为权函数，然后对整个求解区域作积分，并要求该积分式等于零，得出一个关于待定系数的代数方程。这样以系数解中每一个含有待定系数的项作权函数，就可以得到总数与待定系数数量相等的代数方程组。求解该方程组，就得出了被求函数的近似解。谱分析方法用于偏微分方程的近似求解始于 20 世纪 70 年代末[37]，其优点是可以获得高精度的解；但不适宜用来编制通用程序，目前只在比较简单的流动与传热问题中应用[32]。近年来，该方法也用于大涡模拟和直接数值模拟[38]。

三、常用的气流组织计算软件

随着 CFD 技术在通风气流分布计算中的广泛应用，越来越多的商用 CFD 软件应运而生。这些商用软件通常配有大量的算例、详细的说明文档以及丰富的前处理和后处理功能。但是作为专业性很强的、高层次的知识密集度极高的产品，各种商用 CFD 软件之间也存在差异，下面将针对国内外常见的一些商用 CFD 软件进行简单介绍[32]。

1. PHOENICS

这是世界上第一个投放市场的 CFD 商用软件（1981 年），堪称 CFD 商用软件的鼻祖。由于该软件投放市场较早，因而曾经在工业界得到广泛的应用，其算例库中收录了600 多个例子。为了说明 PHOENICS 的应用范围，其开发商 CHAM 公司将其总结为 A 到 Z，包括空气动力学、燃烧器、射流等等。

另外，目前 PHOENICS 也推出了专门针对通风空调工程的软件 FLAIRE，可以求解 PMV 和空气龄等通风房间专用的评价参数。

2. FLUENT

这一软件是由美国 FLUENT Inc. 于 1983 年推出的，包含结构化和非结构化网格两个版本。可计算的物理问题包括定常与非定常流动、可压缩和不可压缩流动、含有颗粒/液滴的蒸发和燃烧过程、多组分介质的化学反应过程等。

值得一提的是，目前 FLUENT Inc. 又开发了专门针对暖通空调领域流动数值分析的软件包 Airpack，该软件具有风口模型、新零方程湍流模型等，并且可以求解 PMV、PPD 和空气龄等通风气流组织的评价指标。

3. CFX

该软件前身为 CFDS-FLOW3D，是由 Computational Fluid Dynamics Services/AEA Technology 于 1991 年推出的。它可以基于贴体坐标、直角坐标以及柱坐标系统，可计算的物理问题包括可压缩和不可压缩流动、耦合传热问题、多相流、颗粒轨道模型、化学反应、气体燃烧、热辐射等。

4. STAR-CD

该软件是 Computational Dynamics Ltd 公司开发的，采用了结构化网格和非结构化网格系统，计算的问题涉及导热、对流与辐射换热的流动问题，涉及化学反应的流动与传热问题及多相流（气液、气固、固液、液液）的数值分析。

5. STACH-3

该软件是清华大学建筑技术科学系自主开发的基于三维流体流动和传热的数值计算软件。在这个计算软件中，采用了经典的 $k\text{-}\varepsilon$ 湍流模型和适于通风空调室内湍流模拟的 MIT 零方程湍流模型，用于求解不可压缩湍流流动的流动、传热、传质控制方程。同时，该软件采用有限容积法进行离散，利用动量方程在交错网格上求解，对流差分格式可选上风差分、混合差分以及幂函数差分格式，算法为 SIMPLE 算法。该程序已经过大量的实验验证，具体的数学物理模型和数值计算方法见文献 [16，17，19，39-41]。

以上软件目前在我国的高校和一些研究机构都有应用，此外国际上还有将近 50 种商用 CFD 软件。

第三节　评价指标的数值计算

一、送风有效性指标的数值计算

1. 空气年龄

空气龄的输运方程与连续性方程、动量方程、湍流模型方程具有相同的形式，可采用下面的通用方程表示[43]。

$$\frac{\partial}{\partial x_j}(\rho u_j \tau_p) = \frac{\partial}{\partial x_j}\left(\Gamma_\tau \frac{\partial \tau_p}{\partial x_j}\right) + \rho \tag{13-14}$$

采用第二节介绍的数值计算方法，即可求得空间内的空气年龄分布。

2. 换气效率

由换气效率和房间各点的换气效率定义可知，只需数值计算得到各点的空气龄，即可方便求得换气效率[44]。

3. 送风可及性

送风可及性只与流场相关，当流动形式确定时，可及性也确定。当室内没有某种组分的源存在时，由该组分在各风口的输入速率及相应的可及性即可预测室内该组分的动态输运过程[46]。依据送风可及性的定义[45]，数值求解送风可及性需要求得室内各点不同时间段的空气组分浓度，这可由上节介绍的计算流体力学方法求得。

二、污染物排除有效性指标的数值计算

1. 污染物含量和排空时间

借助 CFD 方法，污染物的浓度可以通过求解污染物质量守恒方程解出。据此结合排空时间的定义[47]，计算得到稳定状态下房间污染物的总量，便可进一步计算得到排空时间。

2. 排污效率

由第 11 章介绍可见，排污效率是稳态指标，它表示的是送风排除污染物的能力。因此只需数值计算得到稳态情形下空间排风口处污染物浓度以及室内平均浓度，即可根据定义式求得排污效率。

3. 污染物年龄

污染物龄的获得和空气龄相似，有示踪气体测量和数值求解两种方法。数值求解污染物年龄遵循以下输运方程[48]：

$$\frac{\partial}{\partial t}(C\tau_\mathrm{w}) + \bigtriangledown \cdot (VC\tau_\mathrm{w} - D\bigtriangledown C\tau_\mathrm{w}) = C \tag{13-15}$$

4. 污染物可及性

与送风可及性类似，只需求得任意时段时空间内由污染物源导致的污染物浓度分布，即可根据污染物可及性的定义式求得任意时段内室内各点污染源的可及性[49,50]。

三、能量有效利用和热舒适指标的数值计算

能量有效利用和热舒适评价指标，与如下四个环境因素相关：空气温度、空气湿度、空气流速及平均辐射温度。这些参数均可通过前三节介绍的分布参数分析方法直接求得，于是可依据第 11 章介绍的各指标的定义式直接计算得到。

第四节 典型人工环境评价示例一

本篇前述内容已经对人工环境的常见评价指标进行了介绍，也对集总参数和分布参数的分析方法进行了阐述。然而，实际的人工环境多种多样，各自的控制目标不尽相同，对应的评价方法也有所差别，但其基本评价思路可以互相借鉴。本章第四节和第五节选取了射击场和体育馆这两类典型的人工环境，采用前述的评价指标，对其环境营造的评价方法进行了展示。

一、建筑概况

本节以北京奥运会射击馆为例介绍人工环境的评价方法。2008 年奥运会射击馆分 25m 资格赛馆、50m 资格赛馆和决赛馆等多个场馆，本节对决赛馆进行了模拟和评价。

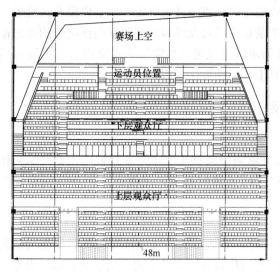

图 13-11　奥运设计决赛馆平面图

整个建筑长 48m，如图 13-11 所示，馆内分两层观众席，共计观众人数 2493 人。所评价的区域为决赛馆比赛场地，包括射击靶位和观众席。

比赛场地采用全空气系统，选用两台组合式空调机组，单台空调机组的送风量分别为 80000m³/h（安装在地下层空调机房内）和 40000m³/h（安装在三层空调机房内）。机组运行时根据室内人员的数量及其室外气象参数控制组合式空调机组的新、回风比例，过渡季节采用全新风送入室内。比赛场地内还设置了少量的立式暗装风机盘管作为冬季的值班采暖系统，同时在夏季承担部分室内负荷，以利于减小空调机组的送风量，从而减小全空气系统风道占用的建筑空间。

二、评价方法

采用计算流体力学方法，模拟体育场馆内的气流组织情况，进而进行评价[51]。

比赛馆共设置靶位 10 个，为了减少计算量，同时保证模拟的典型性，选取了中间的四个连续靶位所对应的建筑空间。北墙 6m 以下的高度向北延伸至靶位，虽然这一狭长区域完全在室内，但是两侧沿途专门安装了两组风机盘管以保证弹道区的温度和风速，而且这一区域与观众区有较大高度差，故可以当作两个相对独立的计算区域。本节涉及包括运动员席、教练员席、观众席在内的高大空间区域，与另一区域的交界面按照低速送/回风口进行处理。从座位布置来看，所模拟的区域的观众席应该是总座席数的 30％左右，坐满时可以容纳观众 750 人。

模拟中截取长度为 9m 的区域作为代表计算域（见图 13-12），因此计算域的尺寸为 9m（长）×40.9m（宽）×22.1m（高）。计算域中共包括四个靶位，南北墙和顶部、底部为正常绝热墙体。由于场馆东西墙回风的不对称性，将计算域的东西墙体设为开口，存在着空气的流入和流出，根据场馆两侧的实际回风量按比例设定空气交换量。

模拟选择的是夏季典型工况，空调送风管道均安装在顶部，利用散流器和旋流风口向下送风。回风口设置在座椅下、场地的侧墙和栏杆附近的建筑装饰立柱上。送风口情况和风量如表 13-1 所列，送风参数为 21℃/40％。比赛区设计参数：要求风速低于 0.15m/s、温度 24～28℃。回风口设置在座椅下和场地的侧墙。

送风口个数及风量　　　　　　　　　　　　　　　　　表 13-1

风口	单位风量（m³/h）	实际数量	模拟域数量
散流器	2110	10	2
旋流风口 A	3150	6	2
旋流风口 B	2800	17	4
旋流风口 C	2800	11	3

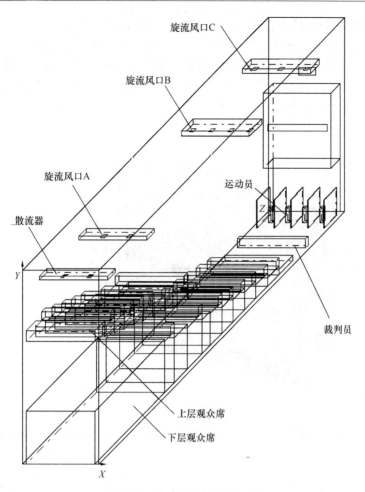

图 13-12　决赛馆计算域示意图

其中，方形散流器采用的是用 N 点（$N=9$）风口模型，如图 13-13 所示。由于位于中间的区域 O 的尺寸与散流器中心的正锥形导流叶片尺寸相同，该区域的空气出流速度近似为 0；用其他 8 个小风口描述整个散流器。其中，Ⅰ、Ⅲ、Ⅷ、Ⅵ四个风口有三个方向的速度，而其他四个风口只有垂直纸面方向和平面向外延伸方向的两个速度。对于风口模型的详细介绍可参见文献 [52]。

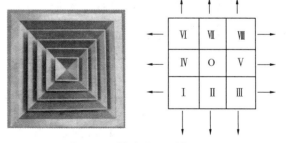

图 13-13　散流器风口模型图示

三、评价结果

1. 风速和温度分布

比赛场馆沿 x 方向存在着两个典型断面，一个是经过隔板所在的断面，另一个是不经过隔板的断面。由于篇幅所限，这里只列出不经过隔板的断面指标分布。

从图 13-14 流场分布和图 13-15 温度分布可以看出，顶部的旋流风口使得冷空气在高度落差较大的观众席前方区域直接下沉，与观众席被加热的空气充分混合，产生了较大的旋流区，基本保证了下层观众席的温度在 24～26℃。散流器送出的冷空气由于出口附近的贴附作用没有及时下沉，致使这部分的上层观众席存在过热区域。此外，旋流风口 A 和 B 组由于距离较远，中间一部分上层观众席产生的热量无法被及时带走，也产生了 28℃左右的过热区域；类似的，在该区域正下方的下层观众席相应位置，由于处于流场的"死区"，也出现零星的局部过热区域。

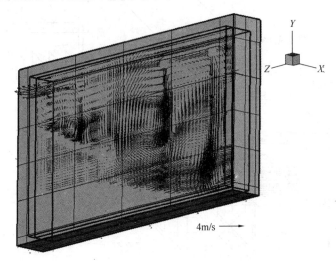

图 13-14　非隔板截面的三维速度场（$X=1.6$m）

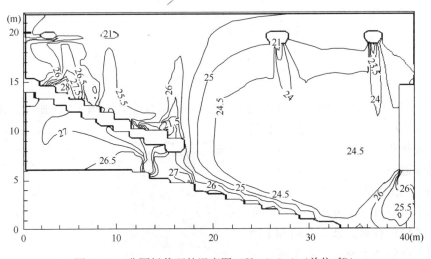

图 13-15　非隔板截面的温度图（$X=1.6$m）（单位：℃）

2. 气流组织效果评价

（1）比赛区满意度

对于射击馆来说，设计的特点之一是要求不同运动员位置处的环境基本相同，以保证运动员之间机会均等。为比较不同运动员位置的风速和温度情况，下面截取 $Z=39.2$m 截面局部，即过运动员的截面局部，以两个相邻靶位为例，对速度和温度进行比较。

从图 13-16 流场和运动员的相对位置看出，尽管由于具体位置的不同而使流动方向略有差异，但靶位区域人的高度范围内的风速基本保证在 0.15m/s 以下，而且不同靶位之间差异较小，可以保证比赛的公平性。

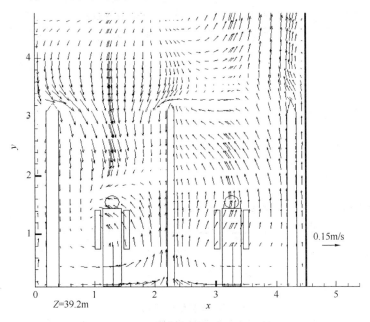

图 13-16 相邻靶位的速度场比较

从图 13-17 靶位局部温度场可以清晰地看出，运动员靶位附近的温度场均匀性很好，且维持在 24～25℃之间，有效地保证了比赛中运动员的舒适性和比赛的公平性。

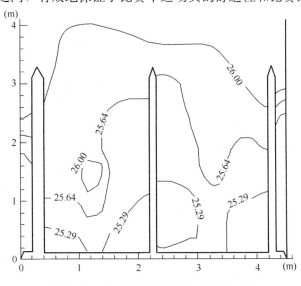

图 13-17 靶位附近的温度场（单位:℃）

射击馆的风速要求在 0.15m/s 之下，设定风速不满足率 pav（percentage above standard velocity）＝20％为上限，则可以画出如图 13-18 射击馆风速满意度图，取 3m 以下隔板所在区域为比赛区，计算得出平均风速＝0.13m/s，风速不满意度 pav＝15.1％，则由图中查得风速满意度为 75％。对于温度满意度 pat（percentage above standard temperature)，计算得出所有区域的温度都在设计温度 $24\sim28℃$ 之内，所以温度满意度为 100%。取风速权重 0.6、温度权重 0.4，可以求得比赛区满意度为 85%，如表 13-2 所示。

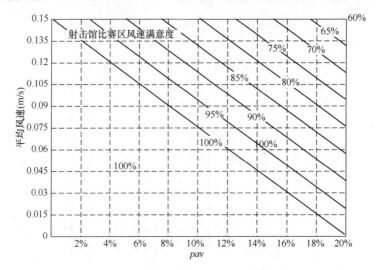

图 13-18　射击馆风速满意度的确定

比赛区满意度及其得分　　　　　　　　　　　　　　　　　　表 13-2

平均风速（m/s）	0.13	温度不满足率（pat）	0%
风速不满足率（pav）	15.1%	温度满意度	100%
风速满意度	75%	比赛区满意度得分	85%

（2）观众席满意度

该体育场馆有两个特殊性：一是建筑的特殊结构，即存在上下两层观众席；二是特殊的送回风方式，即顶部送风 1/4 为散流器、3/4 为喷口，回风为座椅回风结合馆东西两端的不对称回风。根据设计人员的要求，重点考察设计的馆内送回风形式是否能满足两层观众席结构下的各部分人员舒适要求。

对于观众席的满意度，首先计算 PMV 的分布（计算中取代谢率 $58W/m^2$，做功为 0，服装热阻 $0.12m^2·K/W$），结果如图 13-19 所示，下层观众席处于旋流风口正下方，送风从风口直接落下，导致下层观众在大部分位置感觉较冷。而对于上层观众席，散流器不能直接送到，感觉较热的位置比较多，个别在散流器正下方的位置感觉很冷，分析应该是由于风速过大所致。由图 13-15 的温度分布可以看到有较多的位置温度偏高，和 PMV 为正值的位置相符合。

设定观众席的人员分布密度 OD 分布为上排观众席：下排观众席$=0.53:0.47$，计算可得观众席加权总 PMV 为 $IPMV$（Integrated PMV）$=0.86$，根据 $IPMV$ 和观众席满意度的关系，可得观众席满意度得分为 78。

（3）修正换气效率和修正能量利用系数评价结果

对于整个空间，设定 OD 值为上排观众席：下排观众席：裁判区：比赛区$=0.32:0.28:0.3:0.1$。

通过计算可得整个空间的加权平均温度、修正能量利用系数以及修正能量利用系数的

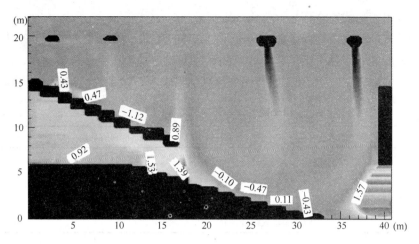

图 13-19 非隔板截面的 *PMV* 分布（*X*＝1.6m）

得分，如表 13-3 所示。由评价结果可知能量利用的效果一般。

修正能量利用系数及其得分 表 13-3

加权平均温度（℃）	25.5	修正能量利用系数	0.82
出口风温（℃）	24.7	能量利用得分	71

计算可得房间时间常数为 889.6s。图 13-20 显示了典型断面的空气龄分布，可以看到，整个空间只有上层观众席下部所在区域空气龄高，大概是 2500s 左右，这是因为这部分区域送风不能有效到达，同时没有回风口存在，所以几乎是新风到达的死区。同时，一般情况下这里几乎没有人员停留，设定 *OD* 值为零，所以对整个空间的加权平均空气龄没有影响。因此如表 13-4 所示，整个空间的加权平均空气龄较小，修正换气效率很大，换气效率得分为 77 分。

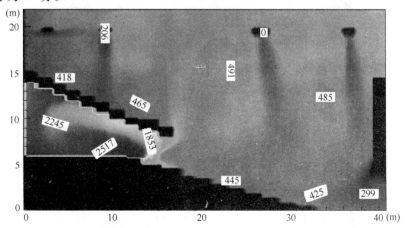

图 13-20 非隔板断面空气龄分布图（*X*＝1.6m）（单位：s）

修正换气效率和换气效率的比较 表 13-4

体平均空气龄（s）	673	换气效率	0.66
加权平均空气龄（s）	479	修正换气效率	0.93

（4）气流组织形式综合评分

根据设计者的要求，在满足比赛区要求、观众席要求、节能、高效这四个方面中最关心的是观众席的满意度是否满足、比赛区的风速和温度是否在设计参数之内，因此四方面的权重分别设定如表13-5所示。综合评分计算结果表明，该种气流组织设计良好。

修正换气效率和换气效率的比较　　　　　　　　　　　　　　　表13-5

	比赛区满意度	观众席满意度	修正能量利用系数	修正换气效率
指标数值	85%	0.86	0.82	0.93
得分	85	78	71	77
权重	0.4	0.5	0.05	0.05
气流组织形式综合得分				80.4

第五节　典型人工环境评价示例二

一、建筑概况

本节以北京五棵松体育文化中心为例介绍人工环境的评价方法。五棵松体育文化中心位于西长安街延长线，是北京为举办第29届奥运会规划安排的一处重要的比赛场地。其中，主体建筑分为上下两部分：上部为配套商业设施，下部为综合体育馆，建筑面积56435m²，奥运期间主要用于篮球比赛。本次对气流组织的模拟和评价针对的是综合体育馆的大空间部分。建筑平面如图13-21所示。观众席座位数上层约10000个，下层活动席约9000个（其中包括部分活动座椅）。四周呈规则的方形，内部面积126m×126m，高

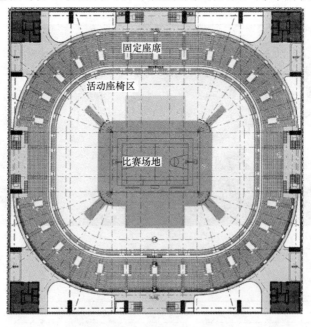

图13-21　五棵松文化体育中心大空间部分平面示意图

31.6m。室内设计温度 26℃。为体现"科技奥运"的思想，本建筑对节能要求较高，在气流组织设计中也考虑了节能因素。

下面采用前面的气流组织评价方法对该项目的一种气流组织形式进行评价[51,53]。

场馆的送回风形式如图 13-22 所示。其中，右侧平台和走廊部分是一个独立的空间，其上部和比赛馆大空间相通，并有自己的送回风口。由于本算例主要展示气流组织评价方法在比赛场馆大空间中的应用，因此对右侧平台和走廊的模拟结果不做介绍。比赛场馆的大空间分为观众席和比赛区两部分：观众席采用座椅下送风形式；比赛区热湿负荷由下层观众席的送风口负责，此时活动座椅没有投入使用。

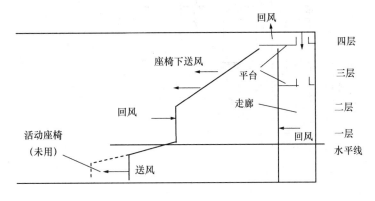

图 13-22　送回风形式示意图

采用计算流体力学方法评价此建筑，计算模型如图 13-23 所示，由于整个空间为立方体，平面是对称性很好的方形，计算中取四分之一区域作为计算域，计算域大小为 63m（长）×63m（宽）×31.6m（高），网格数为 82×34×41。内部热源和风量分配见表 13-6。

内部热源分配 表 13-6（a）

热源	观众区	场地	灯光
发热量（kW）	636.5	4.884	122

风量分配 表 13-6（b）

总送风量（m³/h）	场地（m³/h）	观众席（m³/h）	走廊（m³/h）
962500	180000	770000	12500

二、气流组织效果评价

模型中的典型断面分别是法线在 X、Z 两个方向的断面，实际上由于模型在平面上是方形的，在这两种断面处也有较好的对称性（除比赛区为长方形 18m（X）×12m（Z））。取过比赛区正中平面为典型剖面看流场，由于上下层观众席之间存在回风口，比赛区送风有较大部分走较短行程到回风口，形成一定的短路。比赛区风速很小，预计可以满足风速的要求。

截取两种典型断面查看比赛区的温度，如图 13-24 所示，可见比赛区温度很低，基本

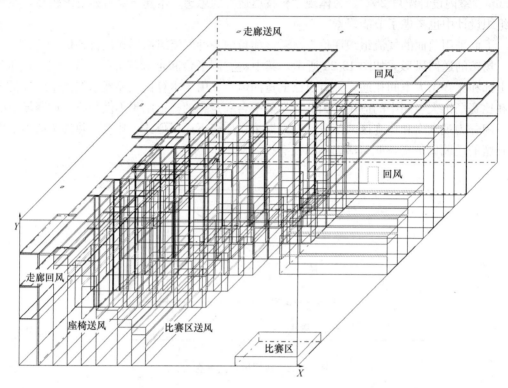

图 13-23　五棵松文化体育中心数值计算模型

上只比送风温度低 1℃ 左右，这是因为比赛区的送风风量较高。表 13-7 显示了比赛区和观众席送风风量和负荷的比例，可看到，两区送风风量和负荷比例差距很大。比赛区的低负荷、高风量导致比赛区温度远低于设计温度。同时，观众席的温度过高，如图 13-25 所示，两个典型断面处的观众席温度都偏高，很多地方超过了 30℃，甚至有 35℃ 的恶劣情况。这说明比赛区和观众区的风量比例搭配不当。

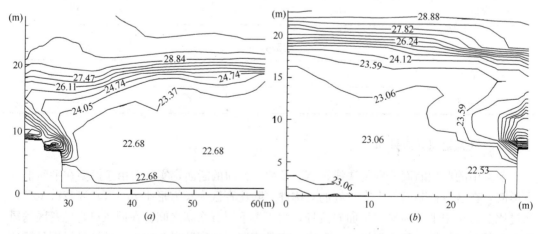

图 13-24　比赛区温度截面（单位：℃）

(a) Z＝6m；(b) X＝58m

由图 13-26 可以看到，观众区的 PMV 都大于 0，主要是因为温度过高所致，认为观众席各处重要程度均相等，计算得出 $IPMV=2.24$，说明观众席感觉很热，应该通过调整风量等手段加以解决。

比赛场地和观众席的风量和负荷比较 表 13-7

	风量（m³/h）	热负荷（kW）
比赛场地	180000	4.884
观众席	770000	636.5

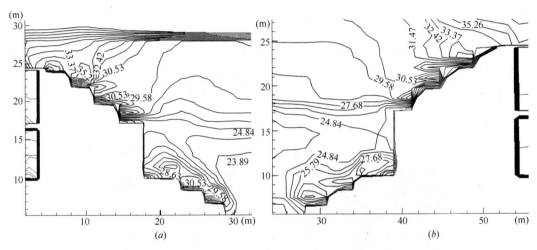

图 13-25 观众区温度截面（单位：℃）
(a) $Z=6$m；(b) $X=58$m

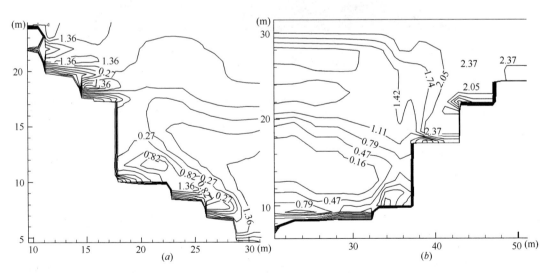

图 13-26 观众区 PMV 分布
(a) $Z=6$m；(b) $X=58$m

取 4m 以下为比赛区，风速和温度满意度如表 13-8 所示，可以看到，比赛场地风速满意度较好，但是比赛场地边缘风速不满意点增加，其平均风速过大。对于温度满意度情况，该体育馆设计温度为 26℃，取 24～28℃ 为满足区域，温度基本都在 24℃ 以下，不满足率很高。

比赛场地的温度和风速满意度
表 13-8

	比赛场地 （18m×12m）	比赛场地 （包括周边 2m）	比赛场地 （包括周边 4m）
平均风速	0.105	0.118	0.126
风速 pav（$v>0.2m/s$）	1.4%	8%	10.7%
温度不满足度	91%	93%	92.7%

图 13-27 是典型断面空气龄分布，很明显，送风口靠近观众席和比赛区，两区空气龄较低，空气新鲜程度较好。表 13-9 显示了修正换气效率和换气效率，其中观众席和比赛区的权重分别取为 0.6 及 0.4，观众席部分按各座椅重要程度处理。

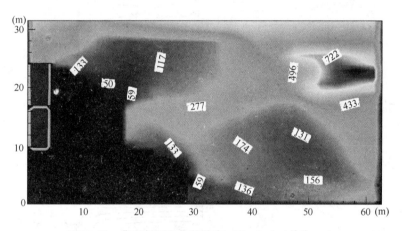

图 13-27　典型断面空气龄分布（$Z=6m$）（单位：s）

修正换气效率和换气效率的比较
表 13-9

时间常数（s）	286
体平均空气龄（s）	656
换气效率	0.22
加权平均空气龄（s）	114
修正换气效率	1.23

本节对体育场馆气流组织进行计算和评价，对于整个空间，虽然该气流组织下的修正换气效率能够满足要求，但由于风量分配不当，导致比赛区温度过低，而观众席温度过高，导致观众席很多位置过热，温度满意度较低。所以，应该通过调整风量等手段改善气流组织。

主 要 符 号 表

符号	符号意义，单位	符号	符号意义，单位
A	面积，m^2	t	时间，s
C	组分浓度，kg/kg	Z	高度，m
g	重力加速度，m/s^2	Z_n	中和点的高度，ⅲ
h	高差，m	ρ	密度，kg/m^3
m	质量流量，kg/s	$\Delta\rho$	邻域间密度差，kg/m^3
P	压力，Pa	τ_p	空气年龄，s
ΔP_{ref}	参考点压力差，Pa	τ_w	污染物龄，s
S	组分浓度源，kg/s	ϕ	各种空气流动物理量统称
T	空气温度，K		

参 考 文 献

[1] Inard C，Bouia H，Dalicieux P. Prediction of air temperature distribution in buildings with a zonal model[J]. Energy and Buildings，1996，24：125-132.

[2] Gagneau S，Allard F. About the construction of autonomous zonal models[J]. Energy and Buildings，2001，33：245-250.

[3] Roache Patrick J. Computational Fluid Dynamics[M]. United Kindom：Hermosa Publishers，1980.

[4] Nielsen P V，Restivo A，Whitelaw J H. The velocity characteristics of ventilated rooms[J]. Trans. ASME Journal of Fluids Engineering，1978，100(3)：291-298.

[5] Nielsen P V，Restivo A，Whitelaw J H. Buoyancy affected flows in Ventilated Rooms[J]. Num. Heat Transfer，1979，2(1)：115-127.

[6] Gosman A D，Nielsen P V，Restivo A，Whitelaw J H. The flow properties in rooms with smaill ventilation openings[J]. Trans. ASME Journal of Fluids Engineering，1980，102(3)，321-323.

[7] Jones P J and Whittle G E. Computational fluid dynamics for building air flow prediction-current status and capabilities[J]. Building and Environment，1992，27(3)：321-328.

[8] Reinartz A and Kaneki U. Calculation of the temperature and flow field in a room ventilated by a radial air distributor[J]. Int. J. Refrigeration，1984，7(4)：308-312.

[9] Awbi H B. The role of numerical solutions in room air distribution design[C]. Proceedings of International Conference (ROOMVENT 90)，Oslo，Norway，1990.

[10] Jones P J and Reed N. Air flow in large spaces[J]. PHOENICS Newsletter，1988，no. 13，CHAM Ltd.

[11] Chen Q. Indoor Airflow，Air Quality and Energy Consumption of Buildings[M]. Netherlands：Krips Repro Meppel，1988.

[12] Jones P J and Waters R A. Designing the environment in and around buildings[J]. Construction No. 76，July 1990.

[13] Jones P J. Room air distribution and ventilation effectiveness in air-conditioned offices[C]，Proceedings of 5th International Conference on Indoor Air Quality and Chinnock，Toronto：1990. (4)：133-

138.

[14]　Murakami S and Kato S. Comparison of numerical predictions of horizontal nonisothermal jet in a room with three turbulence models-k-εEVM, ASM, and DSM[J]. ASHRAE Transaction, 1994, 100(1): 697-704.

[15]　Emmerich S J and McGrattan K B. Application of a large eddy simulation model to study room airflow[J]. ASHRAE Transaction, 1998, 104(2): 1128-1136.

[16]　Zhao B, Li X, Yan Q. A simplified system for indoor airflow simulation[J]. Building and Environment, 2003, 38(4): 543-552.

[17]　赵彬，李先庭，彦启森. 用零方程湍流模型模拟通风空调室内空气流动[J]. 清华大学学报（自然科学版），2001，41(10)：109-113.

[18]　Zhao B, Zhang Z, Yang X, Li X, Huang D. Numerical Analysis of Microclimate of Desk Displacement Ventilation[J]. Journal of the IEST. 2004, Vol(2).

[19]　Zhao B, Li X, Lu J. Numerical simulation of air distribution in chair ventilated room by simplified methodology[J]. ASHRAE Transactions. 2002, 108: 1079-1083.

[20]　Zhao B, Cao L, Li X, Yang X, Huang D. Comparison of indoor environment of a locally concentrated clean room at dynamic and steady status by numerical method[J]. Journal of the IEST. 2004, 47: 94-100.

[21]　Chen Q. Prediction of room air motion by Reynolds-stress models[J]. Building and Environment, 1996, 31(3): 233-244.

[22]　Li Y, Deng Q, Heiselberg P. A dyamical systems approach to air flows in buildings[C]. Roomvent 2002, Proceedings of Roomvent 2002, The 7th International Conference on Air Distribution in Rooms. Copenhagen, Denmark, The Technical University of Denmark and Danvak: 593-596.

[23]　Chen Q. Computational fluid dynamics for HVAC: successes and failures[J]. ASHRAE Transactions, 1997, 103(1): 178-187.

[24]　吕文瑚，汤广发，文继红. 建筑数值风洞的基础研究[J]. 湖南大学学报，1994.6：114-118.

[25]　孙剑，汤广发，李念平等. 复杂外形建筑室内气流数值模拟研究[J]. 暖通空调，2002.2：8-16.

[26]　Patankar SV，张政译. 传热与流体流动的数值计算[M]. 北京：科学出版社，1989.

[27]　樊洪明. 洁净室流场大涡模拟[D]. 哈尔滨：哈尔滨建筑大学，2000.

[28]　邓启红，汤广发，面向对象有限元分析—求解暖通领域复杂传热与流动问题的有效途径[C]. 全国暖通空调制冷 2000 年学术文集，248-254.

[29]　张廷芳. 计算流体力学[M]. 大连：大连理工大学出版社.

[30]　孔详谦. 有限单元法在传热学中的应用. 第二版[M]. 北京：科学出版社，1986.

[31]　章本照. 流体力学中的有限元法[M]. 北京：机械工业出版社，1986.

[32]　陶文铨. 计算传热学的近代进展[M]. 北京：科学出版社，2000.

[33]　Chen C J, Neshart-Naseri H, Ho K S. Finite analytic numerical simulation of heat transfer in two-dimensional cavity flow[J]. Numerical Heat Transfer, 1981.4: 179-197.

[34]　姚寿广. 边界元数值方法及其工程应用[M]. 北京：国防工业出版社，1995.

[35]　刘希云，赵润祥. 流体力学中的有限元法与边界元法[M]. 上海：上海交通大学出版社，1993.

[36]　布雷拜 C A，沃克 S. 张治强 译. 边界元法的工程应用[M]. 西安：陕西科学技术出版社，1985.

[37]　Gottlieb D, Orszag S A. Numerical analysis of spectral methods: theory and applications[M]. Philadephia: Society for Industrial and Applied Mathematics. 1978.

[38]　是勋刚. 湍流[M]. 天津：天津大学出版社，1994.

[39]　赵彬，李冬宁，李先庭，彦启森. 室内空气流动数值模拟的误差预处理法[J]. 清华大学学报（自

然科学版），2001，41(10)：114-117.

[40] 赵彬，曹莉，李先庭. 洁净室孔板型风口入流边界条件的处理方法[J]. 清华大学学报(自然科学版)，2003，43(5)：690-692.

[41] 赵彬，李先庭，彦启森. 室内空气流动数值模拟的 N 点风口模型[J]. 计算力学学报，2003，20(1)：64-70

[42] Zhao B，Wu P，Song F，and et al. Numerical simulation of indoor PM distribution in the whole year by zonal model[J]. Indoor and Built Environment，2004 13(6)：453-462.

[43] 李先庭，江亿. 用计算流体力学方法求解通风房间的空气年龄[J]. 清华大学学报(自然科学版)，1998，38(5)：28-31

[44] 金招芬，朱颖心. 建筑环境学[M]. 北京：中国建筑工业出版社，2001.

[45] Li X，Zhao B. Accessibility：a new concept to evaluate the ventilation performance in a finite period of time[J]. Indoor Built and Environment，2004，13(4)：287-294

[46] Li D，Li X，Guo Y，Yang J，and Yang Xudong. A Generalized Algorithm for Simulating Contaminant Distribution in Complex Ventilation Systems with Re-Circulation[J]. Numerical Heat Transfer，2004.6(45)：583-599

[47] Sandberg M. Ventilation efficiency as a guide to design[J]，ASHRAE TRANSACTION 1983 Vol. 89(2B)：455-462

[48] Deng Q，Tang G. Ventilation effectiveness：physical model and CFD solution[C]. Proceedings of 4th International Conference on IAQVEC 2001，Changsha，Hunan，China：1759-1766.

[49] Zhao B，Li X，Chen X，Huang D. Determining ventilation strategy to defend indoor environment against contamination by integrated accessibility of contaminant source (IACS)[J]. Building and Environment，2004，39(9)：1035-1042

[50] Yang J，Li X，Zhao B. Prediction of transient contaminant dispersion and ventilation performance using the concept of accessibility[J]. Energy and Buildings，2004，36(3)：293-299

[51] 孟彬. 体育馆气流组织评价方法[D]. 北京：清华大学，2004.

[52] 赵彬. 室内空气流动数值模拟的风口模型研究及应用[D]. 北京：清华大学，2001.

[53] 马晓钧. 通风空调房间温湿度和污染物分布规律及其应用研究[D]. 北京：清华大学，2012.

高校建筑环境与能源应用工程学科专业指导委员会规划推荐教材

征订号	书　　名	作　者	定价(元)	备　　注
23163	高等学校建筑环境与能源应用工程本科指导性专业规范（2013 年版）	本专业指导委员会	10.00	2013 年 3 月出版
25633	建筑环境与能源应用工程专业概论	本专业指导委员会	20.00	2014 年 7 月出版
28100	工程热力学（第六版）	谭羽非　等	38.00	国家级"十二五"规划教材（可免费索取电子素材）
25400	传热学（第六版）	章熙民　等	42.00	国家级"十二五"规划教材（可免费索取电子素材）
22813	流体力学（第二版）	龙天渝　等	36.00	国家级"十二五"规划教材（附网络下载）
27987	建筑环境学（第四版）	朱颖心　等	43.00	国家级"十二五"规划教材（可免费索取电子素材）
18803	流体输配管网（第三版）（含光盘）	付祥钊　等	45.00	国家级"十二五"规划教材（可免费索取电子素材）
20625	热质交换原理与设备（第三版）	连之伟　等	35.00	国家级"十二五"规划教材（可免费索取电子素材）
28802	建筑环境测试技术（第三版）	方修睦　等	48.00	国家级"十二五"规划教材（可免费索取电子素材）
21927	自动控制原理	任庆昌　等	32.00	土建学科"十一五"规划教材（可免费索取电子素材）
29972	建筑设备自动化（第二版）	江　亿　等	29.00	国家级"十二五"规划教材（附网络下载）
18271	暖通空调系统自动化	安大伟　等	30.00	国家级"十二五"规划教材（可免费索取电子素材）
27729	暖通空调（第三版）	陆亚俊　等	49.00	国家级"十二五"规划教材（可免费索取电子素材）
27815	建筑冷热源（第二版）	陆亚俊　等	47.00	国家级"十二五"规划教材（可免费索取电子素材）
27640	燃气输配（第五版）	段常贵　等	38.00	国家级"十二五"规划教材（可免费索取电子素材）
28101	空气调节用制冷技术（第五版）	石文星　等	35.00	国家级"十二五"规划教材（可免费索取电子素材）
12168	供热工程	李德英　等	27.00	国家级"十二五"规划教材
29954	人工环境学（第二版）	李先庭　等	39.00	国家级"十二五"规划教材（可免费索取电子素材）
21022	暖通空调工程设计方法与系统分析	杨昌智　等	18.00	国家级"十二五"规划教材
21245	燃气供应（第二版）	詹淑慧　等	36.00	国家级"十二五"规划教材
20424	建筑设备安装工程经济与管理（第二版）	王智伟　等	35.00	国家级"十二五"规划教材
24287	建筑设备工程施工技术与管理（第二版）	丁云飞　等	48.00	国家级"十二五"规划教材（可免费索取电子素材）
20660	燃气燃烧与应用（第四版）	同济大学　等	49.00	土建学科"十一五"规划教材（可免费索取电子素材）
20678	锅炉与锅炉房工艺	同济大学　等	46.00	土建学科"十一五"规划教材

欲了解更多信息，请登录中国建筑工业出版社网站：www. cabp. com. cn 查询。

在使用本套教材的过程中，若有何意见或建议以及免费索取备注中提到的电子素材，可发 Email 至：jiangongshe@163.com。